DESIGN

高等院校包装专业系列教材

产品包装效果图 C4D表现

Product Packaging Rendering C4D Performance

陈达强　黄　丹　编　著

湖南大学出版社·长沙

内容提要

本书共有 3 部分、11 个章节。阐述了产品包装效果图的概念、特点及发展历程，系统讲解了产品包装效果图 C4D 基础阶段的基础建模与高级建模、摄像机、灯光、材质与纹理、环境与渲染、画面装饰效果处理方法和 C4D 应用阶段的各种产品包装效果图综合设计的训练方法与步骤，并列举了产品包装效果图的大量优秀作品实例。

本书可作为高等艺术设计院校包装设计专业教材，适合于作为初学者学习产品包装效果图的自学教材，也可作为艺术设计爱好者的参考书。

图书在版编目（CIP）数据

产品包装效果图C4D表现 / 陈达强，黄丹编著. -- 长沙：湖南大学出版社，2024.12

ISBN 978-7-5667-3557-7

Ⅰ.①产… Ⅱ.①陈… ②黄… Ⅲ.①产品包装—包装设计—高等学校—教材 Ⅳ.①TB482

中国国家版本馆CIP 数据核字（2024）第086385号

产品包装效果图 C4D 表现

CHANPIN BAOZHUANG XIAOGUOTU C4D BIAOXIAN

编　　著： 陈达强　黄丹

策划编辑： 蔡京声

责任编辑： 胡戈特

印　　装： 长沙创峰印务有限公司

开　　本： 889　mm×1194　mm　1/16　**印　张：** 15.25　**字　数：** 453千字

版　　次： 2024年12月第1版　**印　次：** 2024年12月第1次印刷

书　　号： ISBN 978-7-5667-3557-7

定　　价： 58.00元

出 版 人： 李文邦

出版发行： 湖南大学出版社

社　　址： 湖南·长沙·岳麓山　**邮　编：** 410082

电　　话： 0731-88822559（营销部）　88649149（编辑部）　88821006（出版部）

传　　真： 0731-88822264（总编室）

网　　址： http：//press.hnu.edu.cn

前 言

时代的发展日新月异，设计领域的竞争甚是激烈，这就要求当今的设计师们快出方案、多出方案、出好方案。在效果图盛行的今天，设计效果图是设计师的专业语言，包装设计师要不断更新观念，掌握产品包装效果图的基本理论、设计方法和表现形式，改变已势在必行。

“产品包装效果图”课是继“室内设计效果图”课、“工业产品设计效果图”课、“服装设计效果图”课之后在湖南工业大学包装设计艺术学院包装设计专业开设的另一门新型的专业必修课程。这在国内同等艺术设计院校包装设计专业中开了先河，也填补了包装设计专业无产品包装效果图设计课程的空白。其目的是训练学生掌握产品包装效果图的各种工具，使其具有设计产品包装的能力，尤其是快速完整地表达产品包装创意和设计构想的能力。

作为一种现代设计技能，产品包装效果图不仅涉及产品包装本身的功能、结构、材料、工艺、形态、色彩、表面处理与装饰以及与人、生态环境、工程学、美学、社会学的各方面相关的知识，同时还涉及为推销产品和宣传企业所做的市场营销等方面的设计。

本书中的包装效果图设计以 C4D 表现为重点，共分 3 大部分、11 个章节，即第一章“包装效果图简介”，第二章“走进 C4D”，第三章“基础建模”，第四章“高级建模”，第五章“摄像机”，第六章“灯光”，第七章“材质与纹理”，第八章“环境与渲染”，第九章“画面装饰效果处理方法”，第十章“综合实例”，第十一章“优秀 C4D 产品包装效果图作品赏析”。本书比较全面系统地介绍了包装效果图的基本体系，主要包含 C4D 基础和 C4D 应用两大部分的学习内容，对各种建模工具及渲染结合图例作了详细讲解和步骤介绍，深入浅出，读者可循序渐进，从中学习体会 C4D 工具在包装效果图设计中的应用价值。本书努力实现以下特色：

第一，在体现设计发展进程中技能传承性的同时将重点置于对技能本体内容的阐释和技能创新的探索上。因为极富创造力的设计本身就包含了技能的创新，而这往往也预示着新技术的出现。

第二，坚持理论的指导性，注重理论的总结、提炼和升华，理论结合实践，避免同类设计专业教材只停留于介绍手绘技法层面上的表现的情况，做到更具针对性和专业特色。

第三，视觉设计的创造性与传达性不能只停留在对设计理论的掌握上，最终要通过直观图形和图解思考的形式表现。本书采用了大量学生习作中的作原创图片和参考图片，力求将创造性思维与表现性技巧合二为一。

第四，在课堂教学和设计实践过程中，顺应时代的发展和社会需求，强化对电脑 3D 设计软件的学习应用，对学习者进行正确的设计观念的教育，使设计理论和电脑设计形成互动、互补的正确关系，使设计艺术手段更加丰富与完善。

我们衷心地希望读者通过学习，能正确掌握产品包装效果图设计的科学理论与方法，能在实践中加以创造性的应用，并不断吸取新知识，开拓新思想、新观念，积累新经验，在迎接未来的挑战中，在包装设计领域结出累累硕果。由于产品包装效果图目前尚处于探索研究阶段，希望本书的面世能起到抛砖引玉的作用。

由于编著者水平有限，书中难免有不足之处，恳请读者批评和指正。

陈达强　黄　丹

2023 年 8 月于株洲

目 录

第1部分 简介与概述

第2部分 C4D基础

第 1 部分

↗

简介与概述

JIANJIE
YU
GAISHU

包装效果图简介

走进 C4D

第一章　包装效果图简介

本章的学习，旨在使学生理解包装效果图的含义及其特性，建立设计的思维方式和对包装效果图的基本认识，从而使包装效果图设计理念得到完整体现。

教学目标：了解包装效果图的概念、特点，明确包装效果图课程在包装设计中的地位，熟悉包装效果图的发展趋势。

第一节　什么是效果图

包装效果图是在透视图的基础上，运用各种表现工具对所要开发的未来包装的形态、色彩、材质等造型特征进行综合设计表现的一种重要手段和形式。因为它是对新产品包装的设计预想，所以也常称之为产品包装设计预想图。

包装效果图作为传达设计信息、研究设计方案、提供评价依据的设计语言之一，不仅包含一定的科学技术因素，同时也包含着一定的美学艺术因素。设计师除了需要具备广博的工程和科学技术知识以及对社会、经济、文化和人类真正需求的深刻理解之外，还应具备一定的艺术修养、设计造型能力及熟练而高超的设计表现技能，这些是设计师得以充分施展创造潜力、完美实现设计、提高产品包装设计质量的基本保障。绘制包装设计效果图是设计师的基本功。

第二节　包装效果图特点

一、展现性

包装效果图要全面深入立体地表现新包装的形、色、质等，它比平面图、刀版图更能真实、具体、完整地展现设计外观和细节，能明确表示产品包装材料的质感、色彩、造型、设计理念等，在视觉感受上建立起设计者与观察者进行沟通和交流的渠道，比工程图样更直观和具体，使人可以一目了然地了解设计对象的状况和特点。

二、提效性

在设计过程中设计师往往需要在短时间内提出多种方案以供选择和发展。熟练掌握了 C4D（CINEMA 4D），能比传统的手绘概念效果图更准确、迅速、快捷地绘制出包装效果图，大大提高了设计效率，尤其是比费时费工的模型制作，更显示出其在经济上节约成本，在设计上快速高效的特点。

三、交互性

包装效果图的价值不仅在于展示商品，而且还增加了美观度，增加了商品的销售竞争力。在当今竞争激烈的市场中，产品包装效果图起着至关重要的作用。随着科技的不断进步，交互式体验包装效果图成为了一种新的展示创意包装趋势，包装效果图展示了其在提升产品价值和用户体验方面的巨大潜力。通过对包装效果图的精心设计，产品包装能够与客户进行互动，通过效果图展示出不同的造型、颜色和图案，从而吸引客户的注意力。这种交互式体验包装效果图不仅增加了产品的吸引力，还提升了客户与产品包装之间的情感连接。

四、系统性

从确定设计与开发的目标开始到最终实现设计是一个以包装为研究中心的系统化设计过程。它始终将设计的全过程作为一个系统来对待，系统中的各阶段都密切相关。而且在不同的设计阶段，设计效果图具有不同的传达功能和目的，因而也呈现出不同的表现层次和形式。效果图设计过程通常分为三个阶段，即准备阶段、构思草图阶段和电脑概念效果图完成阶段。

第三节　包装效果图主流表达方式

近些年我们能从铺天盖地的各类大奖赛中，特别是能从各设计公司设计的投标方案中发现很多电脑作品，并且表现的效果与制作的速度越来越好、越来越快了，硬件与软件都比以前优化了许多。在计算机技术飞速发展并快速渗透到各个学科领域的今天，电脑提供的各项软、硬件技术的支持，让设计人员实现了方便、快捷的制图操作，可以随时对方案设计进行保存和修改，不仅大大缩短了设计制作的时间，节省了人力和物力，而且许多通过电脑制作和表达的设计效果是传统手绘技法所无法达到的。这无疑是设计表现技术的革命，并已成为目前设计表现所采用的最主要的表达方式。电脑设计的优点是设计精确、效率高、便于修改，还可以大量复制，操作熟练之后非常便捷；缺点是在进行某些方面的设计时，难免比较呆板、冰冷、缺少生气，不利于进行更好的交流。在电脑绘图时代，电脑所具有的强大的制作功能可以代替传统手绘表现技法的许多工作。但是电脑毕竟不能代替人脑的一切，因为人的大脑要先提供创意构思，然后电脑才能完成设计效果的表达，即使是人工智能的到来也无法替代人脑创意，所以，电脑适合于设计后期阶段方案确定以后的概念设计制作。

课后习题 1：谈谈包装效果图的特点有哪些。

课后习题 2：如何对当今电脑技术高度发展下的包装效果图进行认识？

第二章　走进C4D

本章将带领读者进入 C4D 的世界，开始正式系统地学习 C4D，帮助读者深入了解 C4D 的内容、特点以及应用领域，掌握软件界面和常用命令操作。

教学目标：认识 C4D 在各种行业中的应用，熟悉 C4D 的基本界面和常用操作。

第一节　C4D概述

通过本节学习，读者能了解 C4D 的特点和优势，了解它广受国内艺术设计师欢迎的原因，带领读者初步了解这个强大的软件。

一、简介

C4D 是 CINEMA 4D 的简称，翻译为 4D 电影，其本身是 3D 表现软件，由德国 MAXON 公司出品，以极高的运算速度和强大的渲染功能为特色，是时下最流行的三维软件之一。本书主要对 C4D R18 版本进行重点讲解。R18 版本更新变化大，几乎囊括了设计工作常用的所有功能。R18 增加了预置库，有很多的预置模型可供选择，在工作中使用起来十分便捷。

二、特点

简洁适用。C4D 的操作界面更为简洁，因为它是基于图层的原理，学过 Photoshop、Illustrator 和 CorelDRAW 等平面软件的读者学习 C4D 会比较容易理解。

实时渲染。只要调节好 C4D 默认渲染器的材质，就可以快速呈现效果。

无缝衔接。C4D 与其他软件无缝衔接，可以做出很好的效果。在视频方面，C4D 与 After Effects（AE）的配合可用于产品包装。在平面方面，它也能和 Illustrator 配合，可用于制作电商广告、平面广告和包装。

三、应用

C4D 广泛应用于影视制作与特效、影视广告、视频设计（包括电视栏目包装、手机广告）、平面设计（包括电商设计、广告设计、DM 单设计）、包装设计、工业设计（包括产品设计）、建筑与室内设计等诸多领域，如图 2-1 所示。

图 2-1

第二节　C4D操作界面

本节将对 C4D 的基本界面和常用操作作详细讲解，这对于零基础读者来说是非常重要的，所以要认真了解、掌握并多加练习。

C4D 的操作界面分为以下十一个部分：菜单栏、常用工具栏、编辑工具栏、视图窗口、对象面板、属性面板、时间线、材质面板、坐标面板、界面、提示栏，如图 2-2 所示。

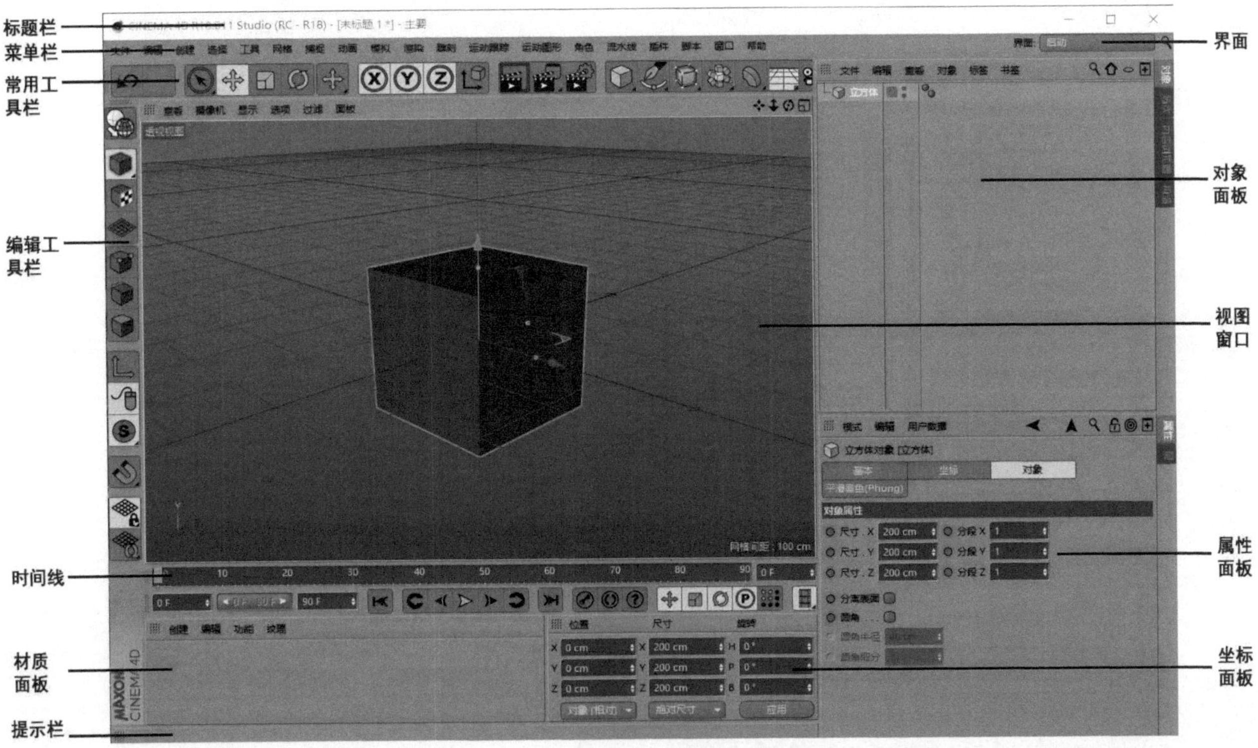

图 2-2

一、菜单栏

“菜单”栏的作用是对所有功能的整合，即界面中的所有功能在菜单栏中都可以找到。菜单栏提供了文件、编辑、创建、选择、工具、网格、捕捉、动画、模拟、渲染、雕刻、运动跟踪、运动图形、角色、流水线、插件、脚本、窗口、帮助等十九种菜单选项。在菜单栏上是标题栏，在界面的最顶端，会显示 C4D 的版本号（如 R18.011）和工程文件的名称，如图 2-3 所示。

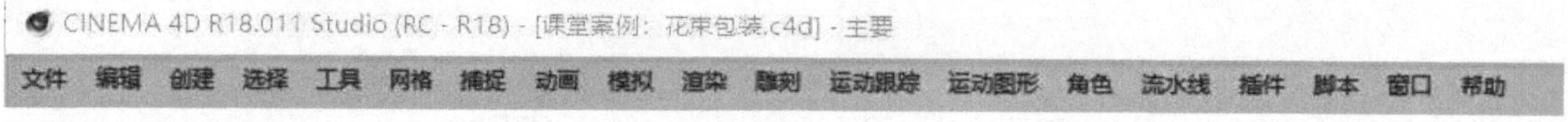

图 2-3

（一）创建

菜单栏中的“创建”选项，可以创建对象、样条和生成器等，所有的基础建模都在此选项中，如图 2-4 所示。与“创建”选项对应的图标在常用工具栏中有立方体、样条、细分曲面、阵列和扭曲等，如图 2-5 所示。

（二）选择

在大多数情况下，“选择”选项里的工具都是在可编辑对象状态下使用的，如图 2-6 所示。

主要工具命令参数解释

选择过滤：设置选择对象的类型，取消不想选择的。例如，场景中的新建球体和灯光，在选择菜单下，将选择过滤中的灯光选项取消，这时场景中的灯光就不可被选择了。

实时选择：选中圆形光标内的对象。

框选：用光标绘制矩形框，选择一个或多个对象。以选框的方式选择点线面，适合立方体类几何体。

套索选择：和样条中的草绘工具一样，可以自由选择，适合选择不相邻的点线面。

多边形选择：以多边形的方式来绘制选区。

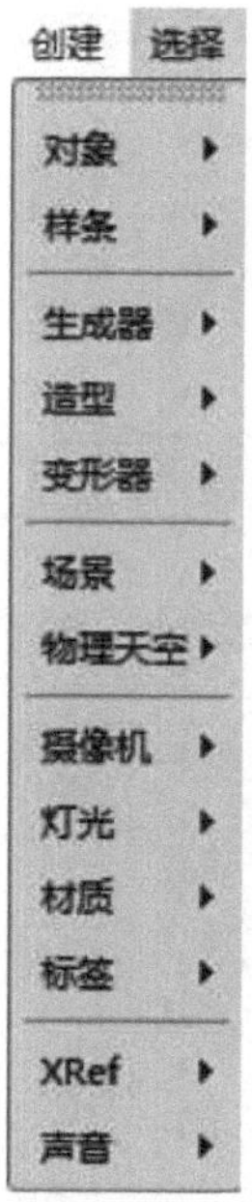

图 2-4

图 2-5

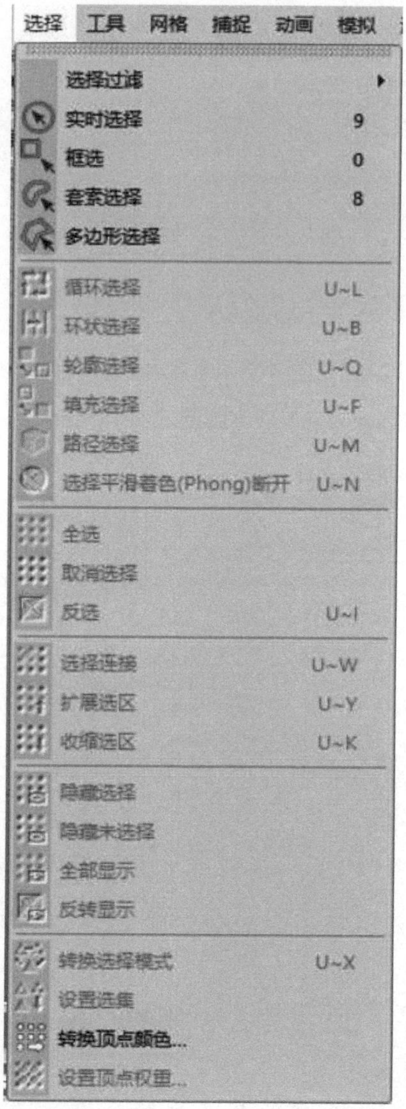

图 2-6

循环选择：作用是选择对象周围一圈的点、边或多边形，常用于多边形建模。快捷键是 U~L。

环状选择：和循环选择类似，切换为边模式后，可以选择不相邻的边。

填充选择：配合“循环选择”使用。“循环选择”的作用是选择边界线，而“填充选择”则是选择边界线内的点线面。例如，循环选择一圈面，再切换成填充选择，按住 Shift 键并单击“填充选择”，上面的部分就会被选中，如图 2-7 所示。

反选：选中选择对象以外的所有对象。

转换选择模式：快捷键为 U~X，工作中常用，特别是制作复杂的模型。例如，新建一个球体，转换为可编辑对象，切换为多边形模式，选择其中的一个面，选择“转换选择模式”，在弹出的菜单中选择“多边形到点”，单击“转换”按钮，选择的面会自动切换为接触的 4 个点，如图 2-8 所示。

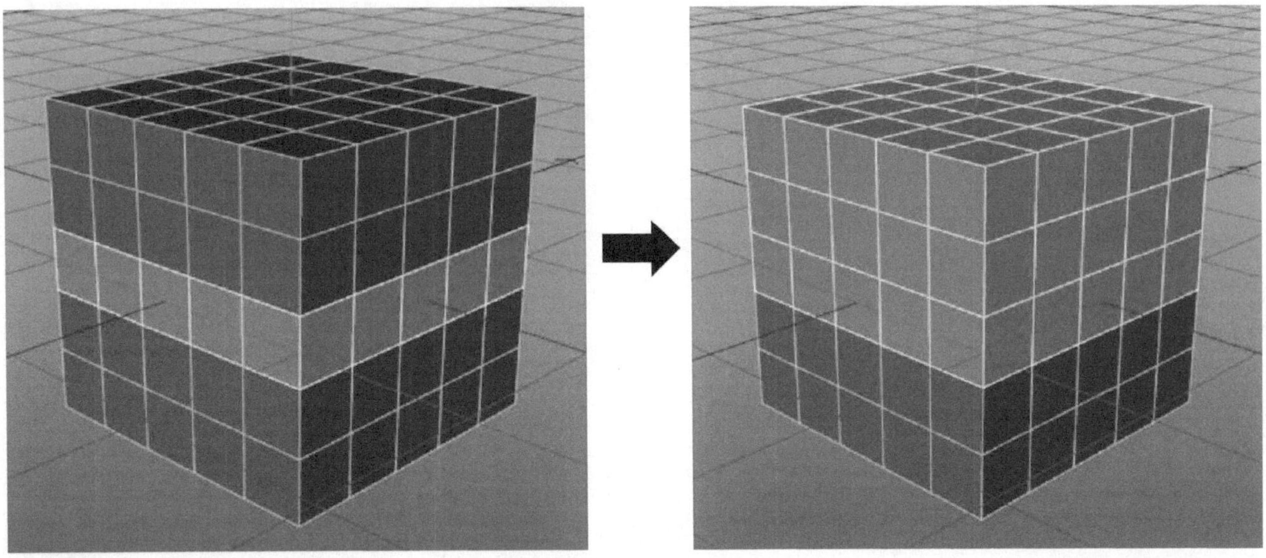

图 2-7

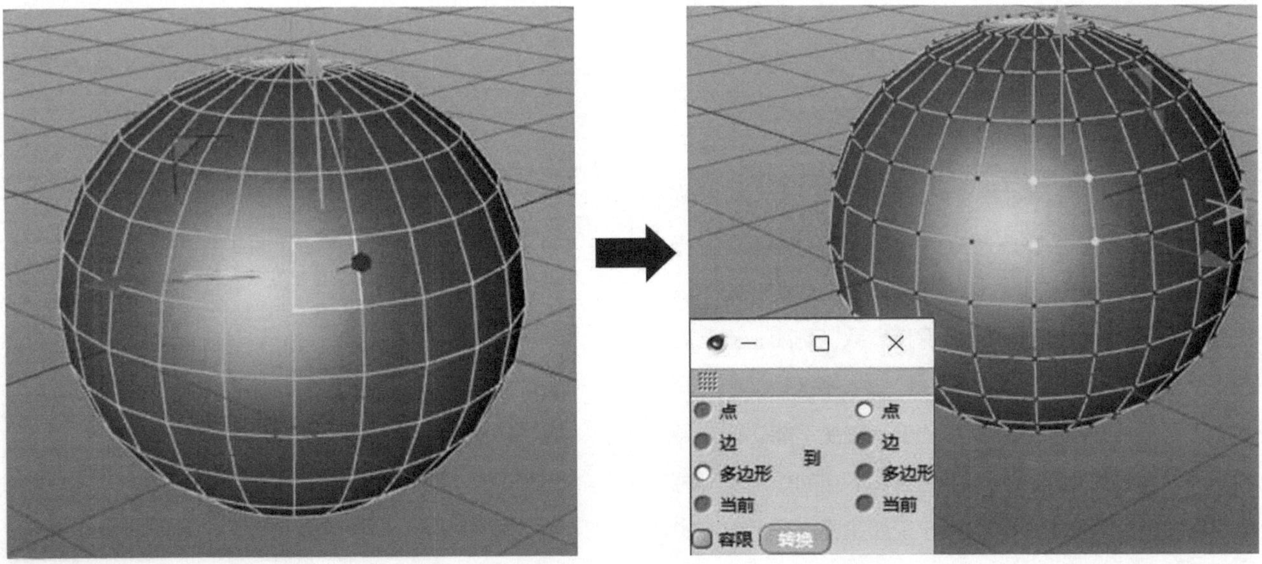

图 2-8

设置选集：此选项在材质中作为重点使用对象，它的作用是给几何体中特定的部分添加特定的材质。

设置顶点权重：设置受影响的范围。

知识点：菜单快捷打开方式

为了便于工作，在透视视图空白区域按 V 键，视图中会显示 6 个菜单界面，里面提供了常用的菜单命令。选“选择”就会弹出菜单面板，如图 2-9 所示。

上述选择工具是选择中比较重要的，读者要多加操作，反复练习，加深理解。

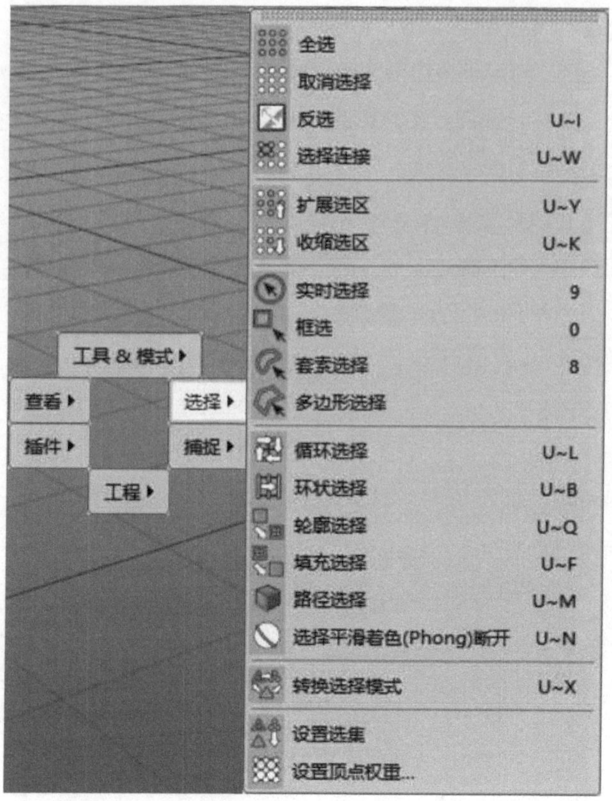

图 2-9

二、常用工具栏

“菜单”栏下方的“常用工具”栏中有“撤销 / 重做”“实时选择”“移动”“缩放”“旋转”“上一步使用命令”“锁定 / 解锁 X”“锁定 / 解锁 Y”“锁定 / 解锁 Z”“坐标系统”“渲染活动视图”“渲染到图片查看器”“编辑渲染设置”“立方体”“画笔”“细分曲面”“阵列”“扭曲”“地面”“摄像机”和“灯光”等，如图 2-10 所示。

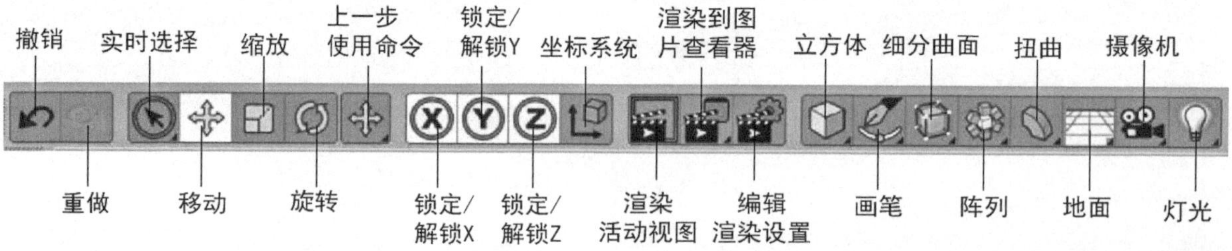

图 2-10

主要工具命令参数解释

坐标系统：分为对象坐标系统和全局坐标系统两种。对象坐标系统是按照对象自身的坐标轴进行显示；全局坐标系统是无论对象旋转任何角度，坐标轴都会与视图左下角的世界坐标保持一致。例如，新建立方体，旋转一个角度，如果想要立方体平行于工作平面运动，用默认对象坐标系统移动坐标轴是不能实现效果的，所以需要将坐标系统切换为全局。它的作用是使对象基于整个场景的坐标，平行于工作平面进行运动，如图 2-11 所示。

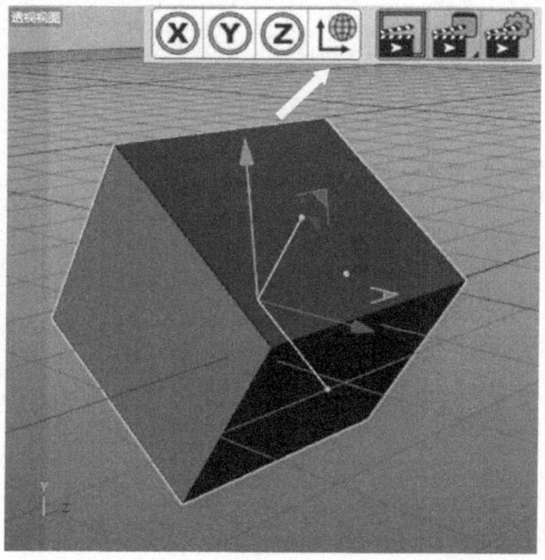

图 2-11

三、编辑工具栏

“编辑工具”栏中的大部分工具都是针对可编辑对象的，具有切换模型的点线面，调整模型的纹理和轴心的功能。可编辑对象的含义是可以对对象几何体（立方体和圆柱等）的点线面进行调整。如果想改变对象几何体形状或是选择点线面来进行操作，就必须要转换成可编辑对象，所以这时就需要配合“编辑工具”栏。“编辑工具”栏的选项命令有“转为可编辑对象”“模型”“纹理”“工作平面”“点”“边”“多边形”“启用轴心”“微调”“关闭视窗独显”“启用捕捉”“锁定工作平面”和“平直工作平面”等，都是一些常用命令和工具的快捷方式，如图 2-12 所示。

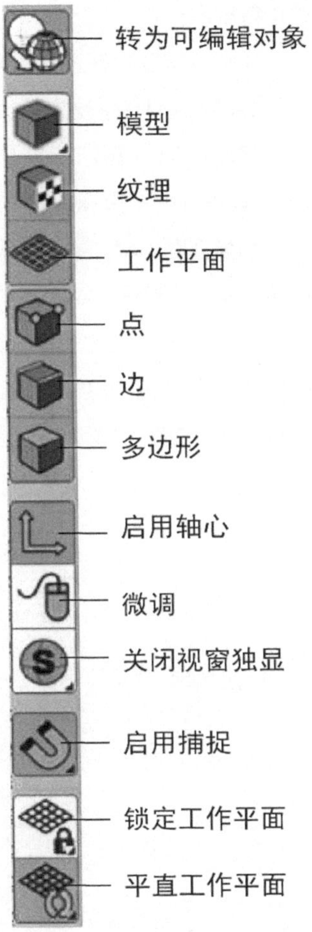

图 2-12

提示：“纹理”“点”“边”“多边形”“启动轴心”“微调”和“启用捕捉”只有在转换为可编辑对象以后才能使用。

四、视图窗口

“视图窗口”是编辑与观察模型的主要区域，具有实时操作、渲染窗口的功能，默认为单独显示的透视视图，如图 2-13 所示。

（一）显示

在透视视图中建模，对象几何体模型的显示模式要弄清。“显示”菜单用于切换对象不同的显示方式，如图 2-14 所示。

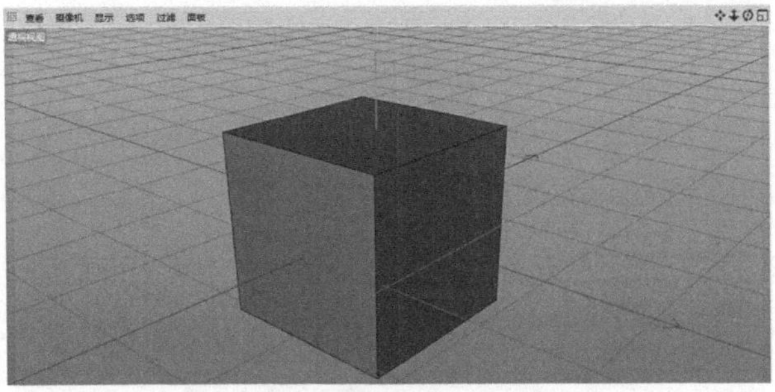

图 2-13

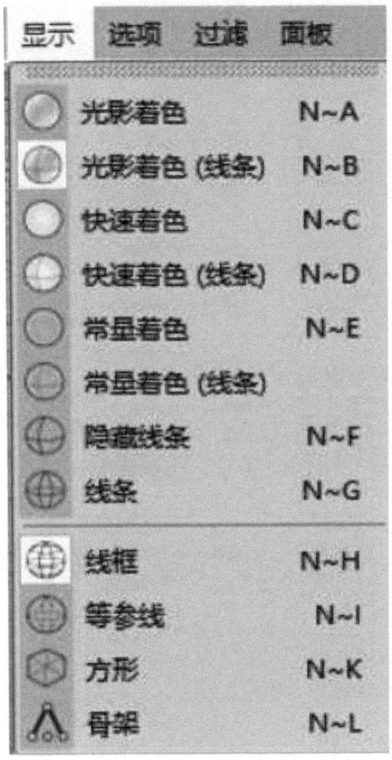

图 2-14

主要工具命令参数解释

光影着色：N~A 显示材质和灯光光影，不显示投影，用于建模完后看效果。

光影着色（线条）：N~B 显示材质、灯光光影和结构线条，不显示投影。可以明显看到几何体分段，建模过程常用。

以上两个是重点，需要牢记，其他类型只作了解。

（二）面板

滚动鼠标的滑轮切换四视图。四视图是默认视图，如果想切换成双视图或三视图，可以选择视图窗口的“面板”选项进行切换。“面板”菜单用于设置视图布局，如图 2-15 所示。

知识点 1：视图的控制

如果想要移动、旋转和缩放视图，大体有两种方法可以实现。一种是视图右上角有 4 个图标，分别代表视图的移动、旋转、缩放和切换视图，如图 2-16 所示；还有一种方法是使用快捷键，这也是最常用的方法，需要读者牢记：

（1）C4D 的模型视图操作都是基于 Alt 键。

旋转：Alt+ 鼠标左键。

移动：Alt + 鼠标中键（滚轮）。

缩放：Alt + 鼠标右键（或滚动鼠标滚轮）。

切换视图：单击鼠标中键（滚轮），会从默认的透视图切换为四视图，如图 2-17 所示。

（2）按数字“1”键拖动鼠标左键可以移动模型，按数字“2”键拖动鼠标左键可以缩放模型，按数字“3”键拖动鼠标左键可以旋转模型。

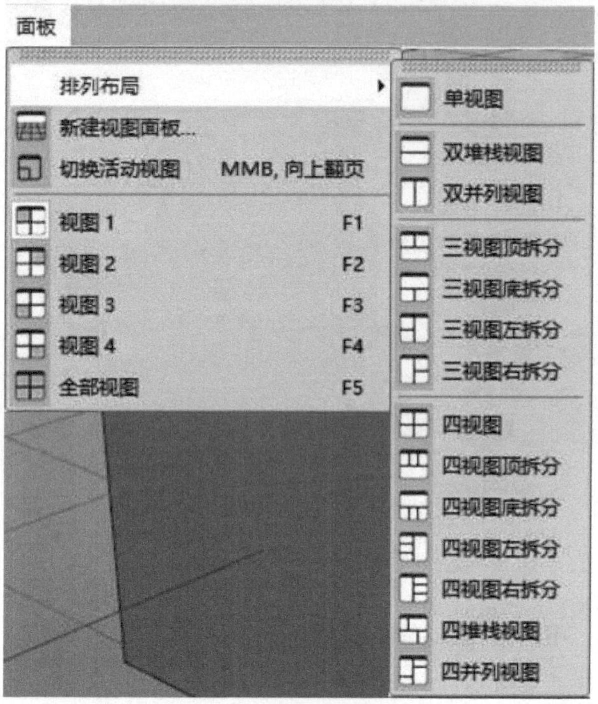

图 2-15

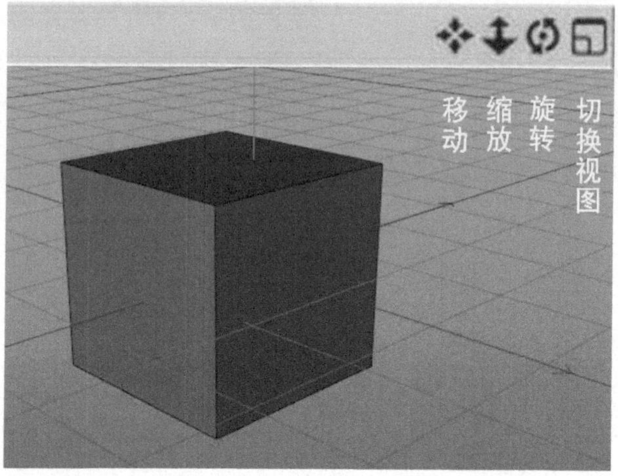

图 2-16

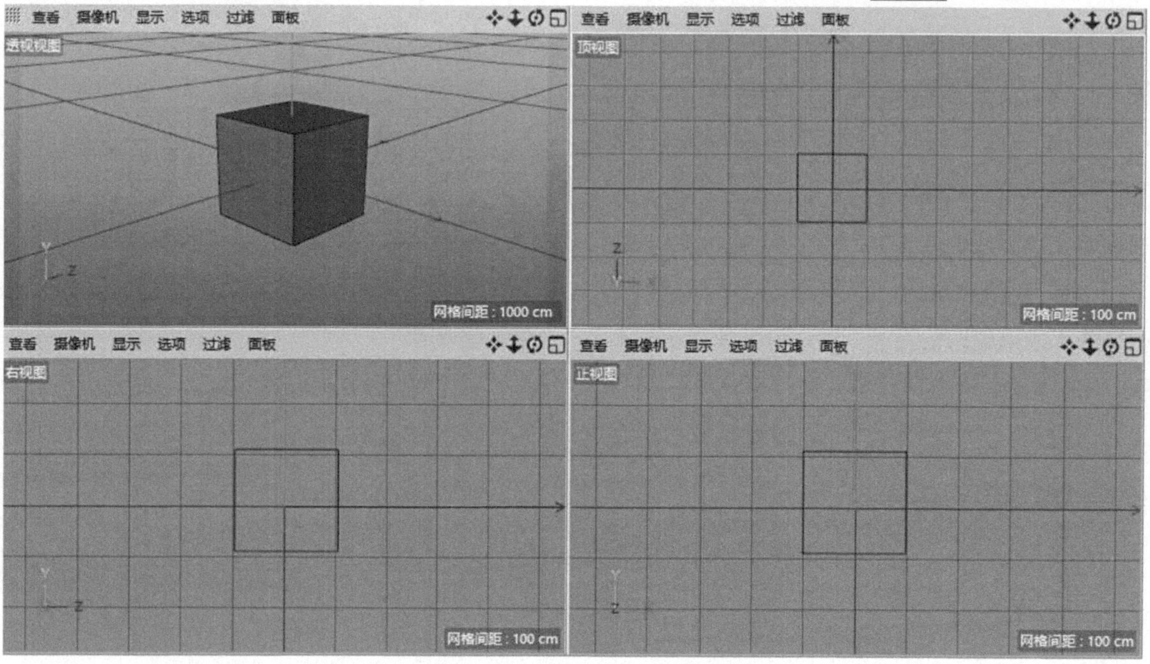

图 2-17

知识点 2：轴向

新建模型后，都会默认有 3 个光标轴向：红色代表 X 轴，绿色代表 Y 轴，蓝色代表 Z 轴，与透视视图中左下角的 3 个坐标方向轴对应，如图 2-18 所示。

五、动画编辑面板

动画编辑面板位于视图窗口下方，其中包含时间线和动画。

观察和设置关键帧并调试动画。选项中比较重要的有“时间轴与滑块”“时间线区域设定”“转到起点”“转到终点”“转到上一帧”“转到下一帧”“记录关键帧”和“转到上一关键帧”“转到下一关键帧”等，如图 2-19 所示。

六、材质面板

“材质”面板用于创建、编辑和管理材质。

创建材质：双击空白区域即可创建材质球，如图 2-20 所示。

编辑材质：用鼠标右键单击材质球，在弹出的菜单中选择“编辑”编辑选项，即可弹出材质编辑面板，也可以双击材质球图标、即可弹出“材质编辑器”面板，调节材质的各项属性，如图 2-21 所示。

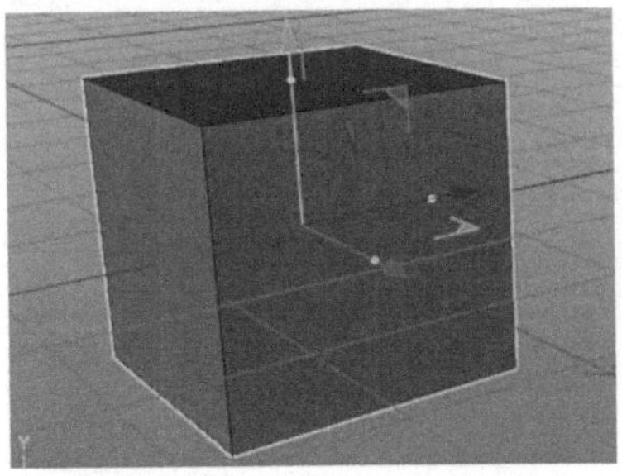

图 2-18

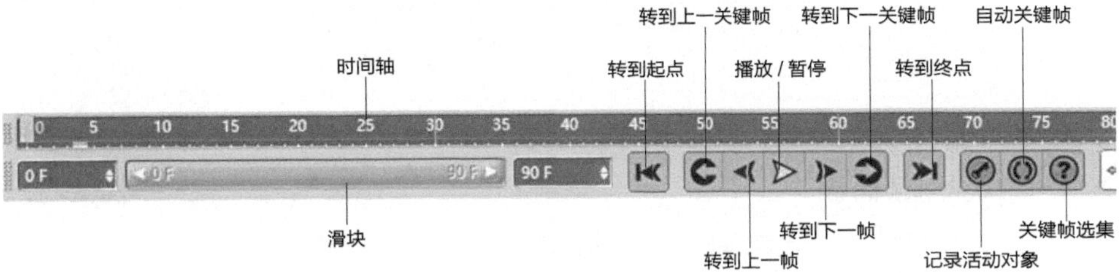

图 2-19

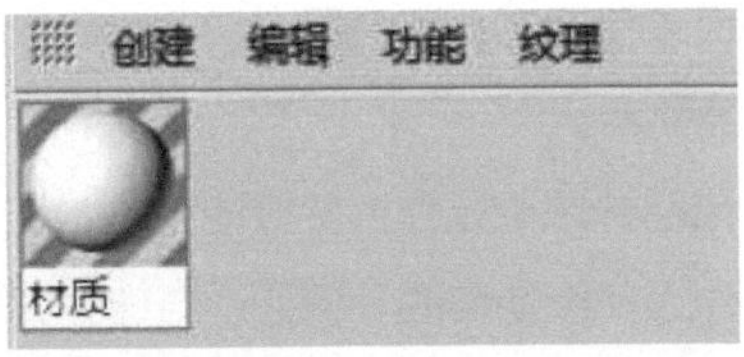

图 2-20

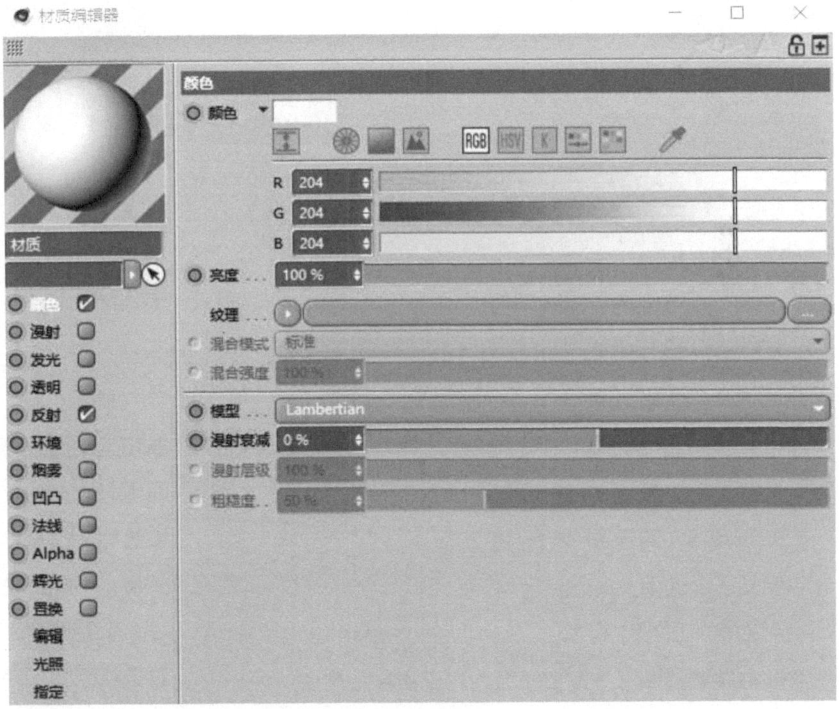

图 2-21

七、坐标面板

“坐标”面板用于记录并调节物体在三维空间中的位置、尺寸和旋转角度。位置和尺寸各有 3 种坐标类型，位置包括“对象（相对）”“对象（绝对）”和“世界坐标”，尺寸包括缩放比例、绝对尺寸和相对尺寸。在坐标面板中改变数值后，需要单击“应用”才可以变化，如图 2-22 所示。

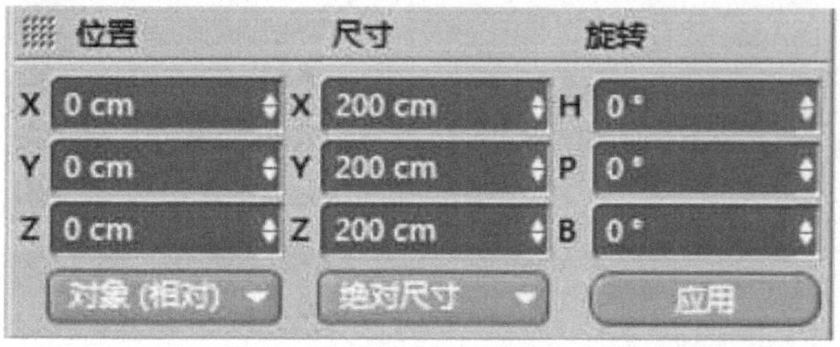

图 2-22

八、对象面板

“对象”面板就是层面板，执行的命令都会在对象面板中显示。用于显示所有的对象，也会清晰地显示各物体之间的层级关系。除了“对象”面板外，还有“场次”“内容浏览器”和“构造”3 个面板如图，2-23 所示。

图 2-23

“对象”面板中的重要选项有“图层”“渲染器可见”“启用”和“标签”，如图 2-24 所示。

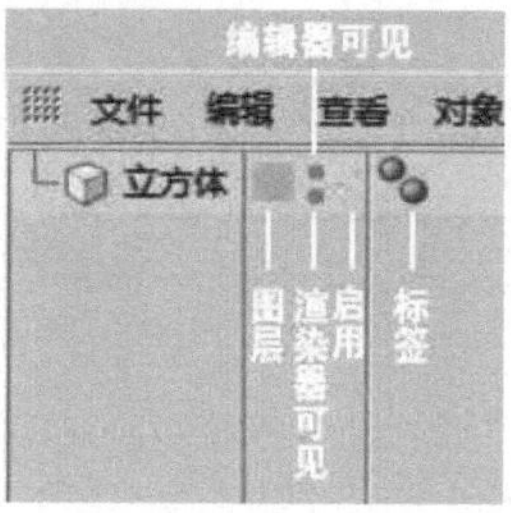

图 2-24

知识点 3：对象面板中的父子级关系

“对象”面板中有一个非常重要的概念，即父子级，对于初学者来讲认识它们非常重要，搞清它们之间的关系才能更好地工作。

什么是父子级？举个例子，创建一个球体和一个立方体，此时，这两个几何体属于平级关系，不会相互产生上下级关系。如果选中球体，拖拽至立方体的下方时出现向下的箭头，然后松开鼠标，这时球体和立方体就会形成父子级的关系，立方体是父级，球体是子级。如果移动立方体，球体会跟随立方体一起移动，如图 2-25 所示。而移动球体，立方体不会移动，如图 2-26 所示。这就是父子级的概念。

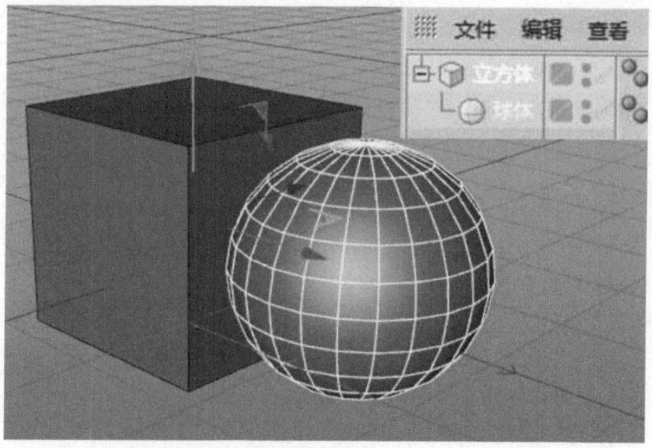

图 2-25

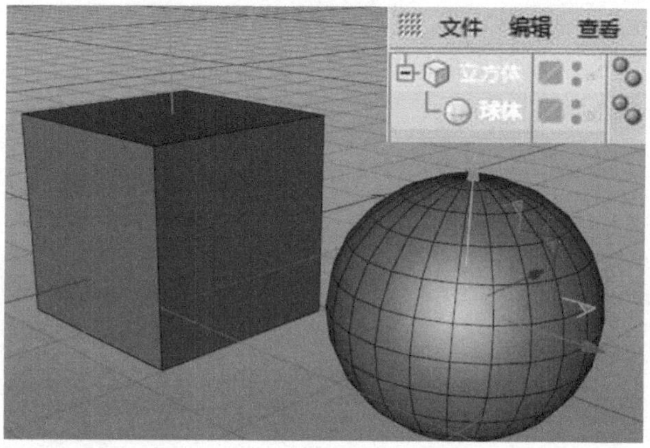

图 2-26

提示：在 C4D 中，绿色的图标（如生成器、造型器和运动图形等）都是作为父级来使用的，绿色图标之间也可以产生父子级关系；紫色的图标（如变形器和效果器等）都是作为子级来使用的，紫色图标只能是同级关系，不能产生父子级关系。

蓝色图标对于紫色图标来说是作为父级使用的，而对于绿色图标来说是作为子级使用的。例如，新建立方体，分别添加“克隆”“细分曲面”（绿色图标）“膨胀”和“锥化”（紫色图标），如图 2-27 所示。

通过图 2-27，可以明显看到，绿色图标之间是可

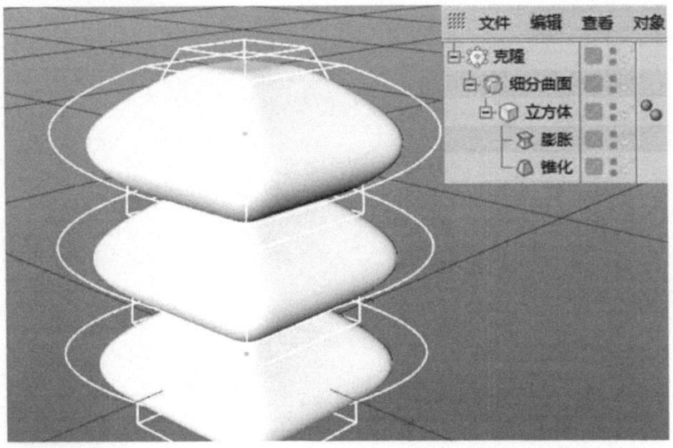

图 2-27

以作为父子级使用的，而紫色图标必须是同级才可以产生效果的，蓝色图标立方体作为绿色的子级和紫色的父级。读者要认真掌握、加深理解此关系。

九、属性面板

“属性”面板用于调节所有对象、工具和命令的参数属性，可以查看并修改对象属性。例如，新建一个立方体，查看属性面板，会出现“基本”“坐标”“对象”和“平滑着色（Phong）”4 个属性，如图 2-28 所示。

其中“对象”可以调整立方体的尺寸大小及圆角等特殊属性。这要提到一个重要属性：分段。分段必须配合视图窗口中的“光影着色（线条）”的模式才可以明显看到，其作用是为几何体增加更多的点线面，能更好地建模，实现更多的效果，如图 2-29 所示。

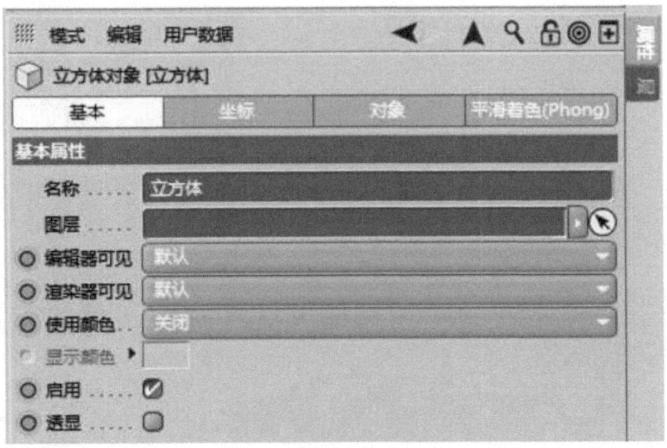

图 2-28

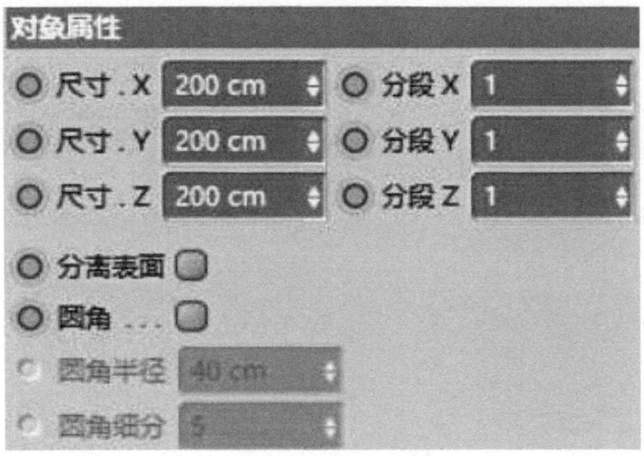

图 2-29

十、界面

如果不小心把 C4D 界面打乱了，可以在软件界面右上角的“界面”选项中选择“Standard”，如图 2-30 所示。

十一、提示栏

C4D 的提示栏位于界面最下方，用来显示光标所在区域、工具的提示信息，以及显示错误警告信息，如图 2-31 所示。

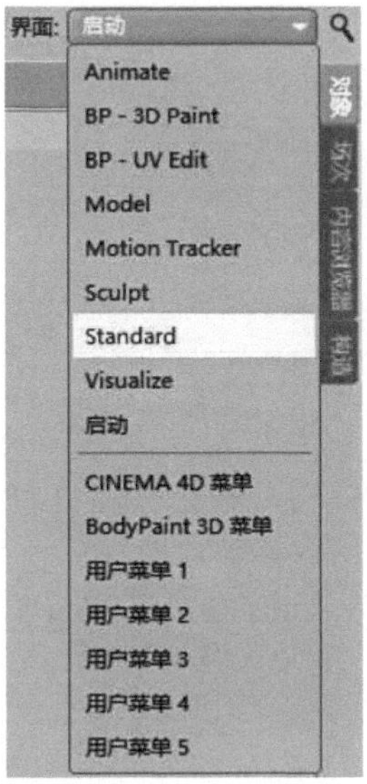

图 2-30

图 2-31

课后习题 1：C4D 的界面有哪些？

课后习题 2：如何理解父子级的概念及使用？

第2部分

↗

C4D基础

C4D
JICHU

基础建模

高级建模

摄像机

灯光

材质与纹理

环境与渲染

画面装饰效果处理方法

第三章　基础建模

本章将讲解 C4D 的基础建模技术，通过拼凑模型来完成建模。对于一些简单的模型，只需通过几何体或是样条就可拼凑完成。

教学目标：掌握参数化几何体，掌握样条线，了解基本的建模思路。

第一节　参数化几何体对象

参数化几何体（对象）是 C4D 中自带的基本模型，用户可直接创建出这些模型，如图 3-1 所示。所谓参数化对象，就是依靠参数调节物体的外形。

“对象”就是一些参数化几何体，对象工具包括空白、立方体、圆锥、圆柱、圆盘、平面、多边形、球体、圆环、胶囊、油桶、管道、角锥、宝石等。

一、空白

“空白”在视图默认显示为没有尺寸的圆点，其主要用途为作为对象成组后的父层级。在“属性”面板中可以设置“空白”的其他显示方式，如图 3-2 所示。

当模型建得比较多的时候，空白就可以编组，并可以给每组添加名称，有利于建模的条理性，不至于模型建多了出现混乱。群组的快捷键是 Alt+G。

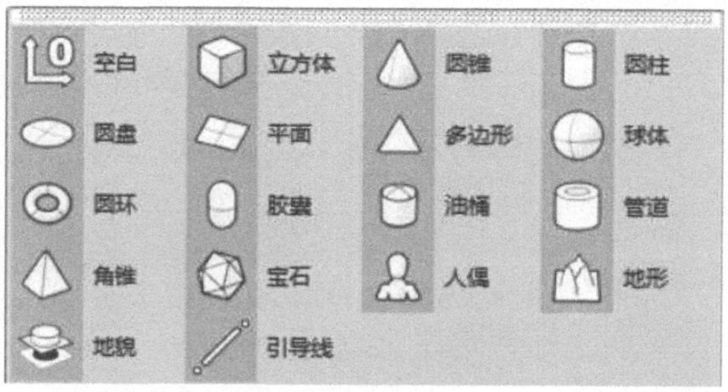

图 3-1

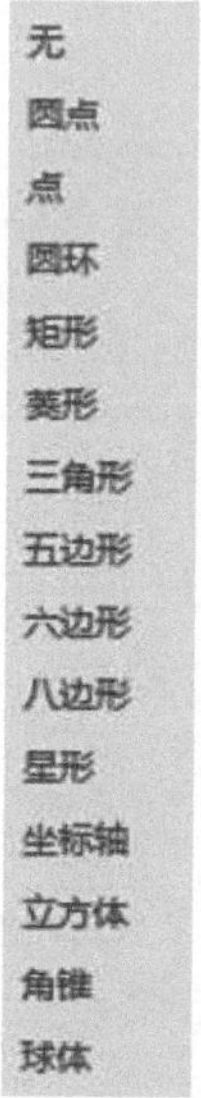

图 3-2

二、立方体

“立方体”工具是参数化几何体中常用的几何体之一。直接使用立方体可以创建出很多模型，同时还可以将立方体用作多边形建模的基础物体。纸盒包装用此工具建模最多，立方体的参数如图 3-3 所示。

主要工具命令参数解释

尺寸 .X：控制立方体在 X 轴的长度。

尺寸 .Y：控制立方体在 Y 轴的长度。

尺寸 .Z：控制立方体在 Z 轴的长度。

分段 X/ 分段 Y/ 分段 Z：这 3 个参数用于设置沿着对象的每个轴的分段数量。

圆角：勾选该选项后，立方体呈现圆角效果，同时激活“圆角半径”和“圆角细分”选项。

圆角半径：控制圆角的大小。

圆角细分：控制圆角的圆滑程度。

课堂练习：**用立方体工具制作容器模型**

学习目标：掌握立方体的创建方法及模型拼凑的思路。

本案例的容器模型是由不同尺寸的立方体拼凑而成的，制作步骤如图 3-4 至图 3-9 所示。

（1）单击“立方体”按钮，在场景中创建一个立方体，然后在“对象属性”面板中设置“尺寸 .X”为“20 cm”，“尺寸 .Y”为“20 cm”，“尺寸 .Z”为“15 cm”，如图 3-4 所示。

（2）选中（1）创建的立方体，然后按住 Ctrl 键移动复制出一个新的立方体，修改复制出的新立方体参数，设置“尺寸 .X”为“18 cm”，“尺寸 .Y”为“3 cm”，“尺寸 .Z”为“13 cm”，如图 3-5 所示。

知识点：复制对象的方法

第 1 种：选中对象后按快捷键 Ctrl+C 复制对象，然后按快捷键 Ctrl+V 原位粘贴对象，接着移动、旋转或缩放对象。

第 2 种：选中对象后按住 Ctrl 键不放，然后移动、旋转或缩放物体，即可复制出新的对象。在日常制作中，这种方法的使用频率较高。

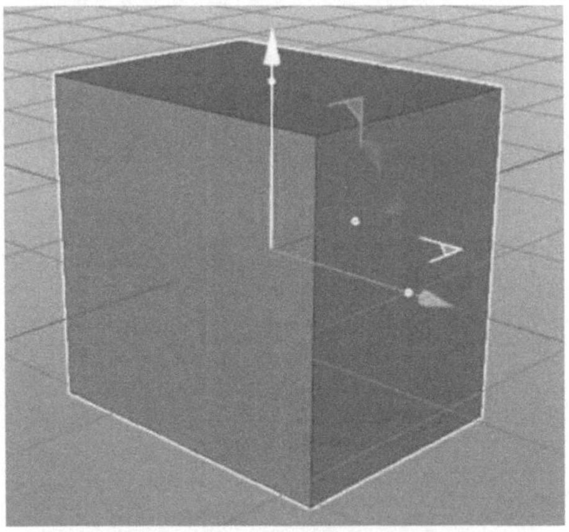

图 3-4

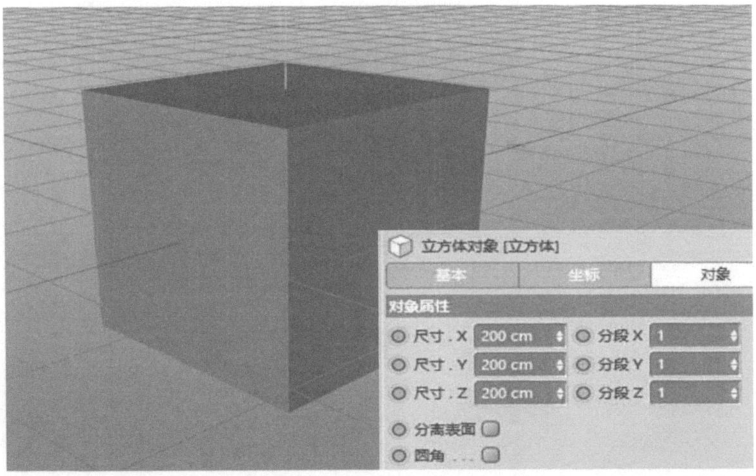

图 3-3

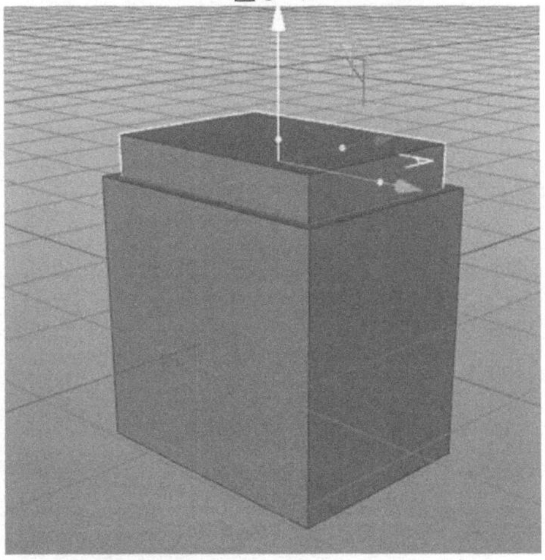

图 3-5

（3）单击选中任何一个创建的立方体，按住 Ctrl 键再复制一个立方体2，修改复制出的新立方体参数，“尺寸.X”为“7 cm”，“尺寸.Y”为“3 cm”，“尺寸.Z”为“6 cm”，如图 3-6 所示。

（4）单击选中创建的立方体 2，按住 Ctrl 键再复制一个立方体 3，修改复制出的新立方体参数，设置“尺寸.X”为“5 cm”，“尺寸.Y”为“6 cm”，“尺寸.Z”为“4 cm”，如图 3-7 所示。

（5）选中单击创建的立方体 3，按住 Ctrl 键再复制一个立方体 4，修改复制出的新立方体参数，设置“尺寸.X”为“11 cm”，“尺寸.Y”为“4 cm”，“尺寸.Z”为“8 cm”，如图 3-8 所示。

（6）模型最终效果如图 3-9 所示。

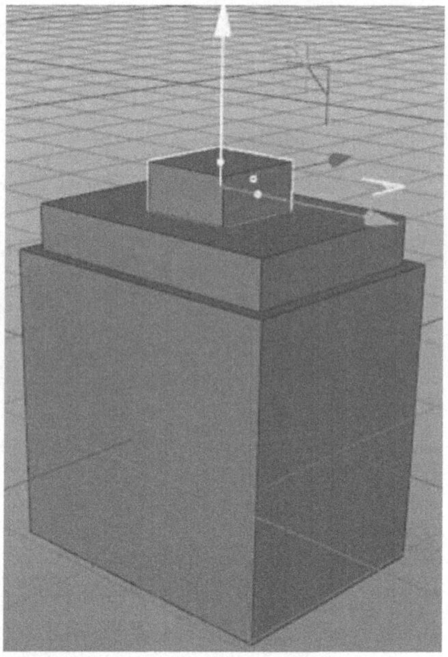

图 3-6

图 3-7

图 3-8

图 3-9

三、圆锥

圆锥造型在现实生活中经常出现，比如冰激凌蛋卷外包装、巧克力外包装、锥形雪糕包装纸等。“圆锥”工具的参数面板由“对象属性”“封顶”和“切片”3 部分组成，如图 3-10 所示。

主要工具命令参数解释

顶部半径：设置圆锥顶部的半径，最小值为 0。

底部半径：设置圆锥底部的半径，最小值为 0。

高度：设置圆锥的高度。

高度分段：设置圆锥高度轴的分段数。

旋转分段：设置围绕圆锥表面和底部的公段数，数值越大，圆锥越圆滑。

方向：设置圆锥的朝向。

封顶：取消勾选该选项后，圆锥顶部和底部的圆面会消失。

封顶分段：控制顶部和底部圆面的分段数。

顶部 / 底部：勾选该选项后，会激活“圆角分段”“半径”和“高度”选项，控制圆锥顶部和底部的圆角大小。

切片：控制是否开启“切片”功能。

起点 / 终点：设置围绕高度轴旋转生成的模型大小。

提示：切片里有“起点”和“终点”两个选项，当勾选切片时，“起点”和“终点”才能被激活使用。对于“起点”和“终点”这两个选项，正数值将按逆时针移动切片的末端，负数值将按顺时针移动切片的末端，如图 3-11 和图 3-12 所示。

课堂练习：**用圆锥工具制作容器模型组合**

学习目标：掌握圆锥的创建方法及模型拼凑的思路。

本案例的容器组合模型是由相同尺寸的圆锥拼凑而成的，制作步骤如图 3-13 至图 3-17 所示。

（1）单击“圆锥”按钮，在场景中创建一个圆锥，然后在“对象属性”面板中，“顶部半径”为“0 cm”，“底部半径”为“4 cm”，“高度”为“12 cm”，“方向”为“-Z”，如图 3-13 所示。

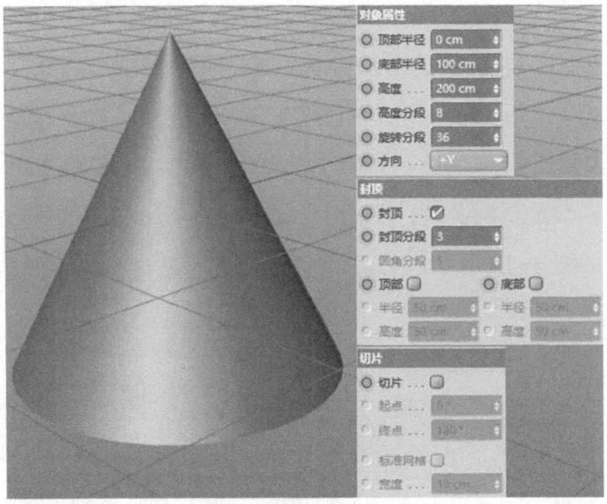

图 3-10

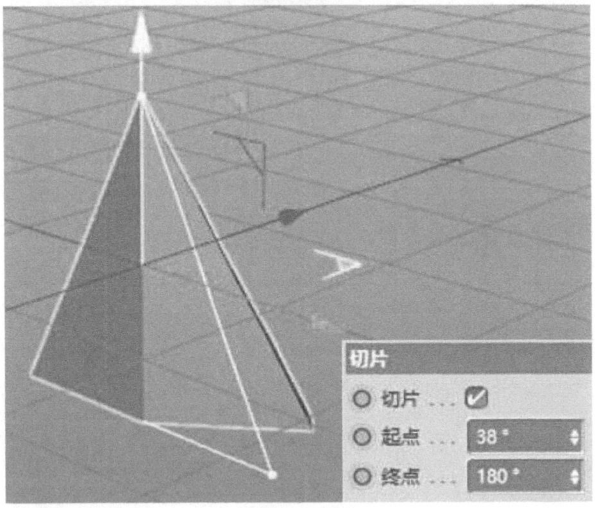

图 3-11

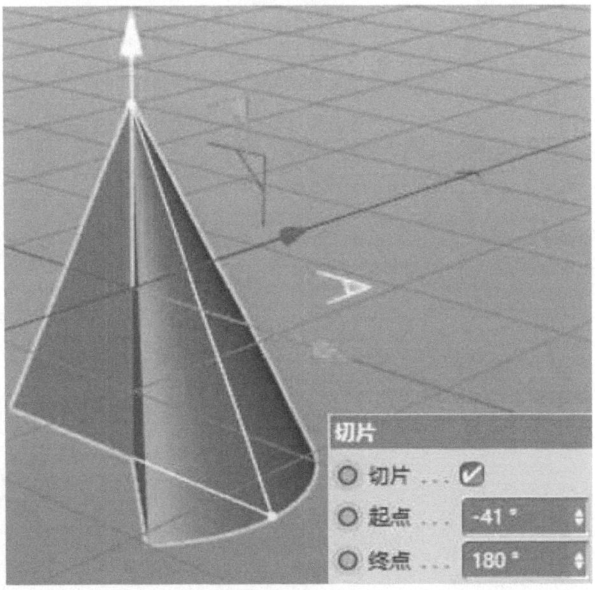

图 3-12

（2）在造型工具集里选“阵列”，在对象面板中把圆锥拖放到阵列下方，把视窗切换到顶视图，点击“阵列”选项，在阵列属性面板中，在视窗上方“显示”工具集里选“光影着色（线条）”，在属性面板中设置“半径”为“6 cm”，设置“副本”为“7 cm”，如图 3-14 所示。

（3）把鼠标移到对象面板，左键点击“阵列”，“阵列”两字会由黑色变成白色，再点击右键，在弹出的面板中选“转为可编辑对象”选项，也可以在模式工具栏上方选“选转为可编辑对象”选项，如图 3-15 所示。

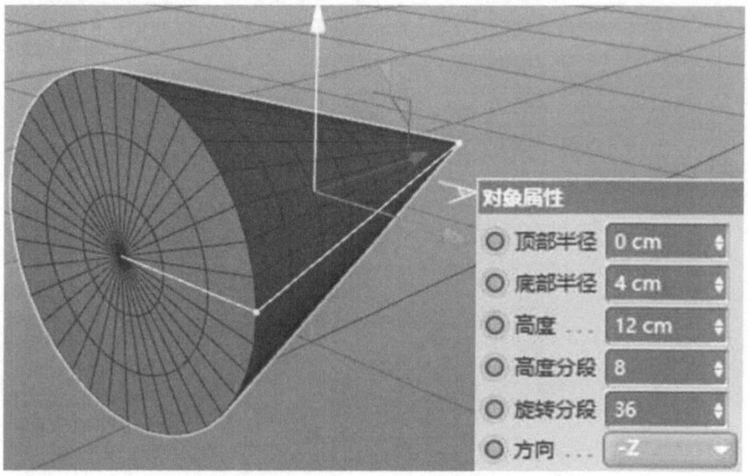

图 3-13

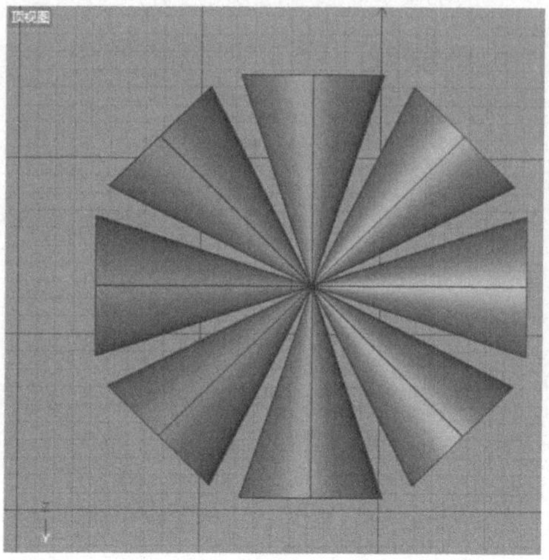

图 3-14

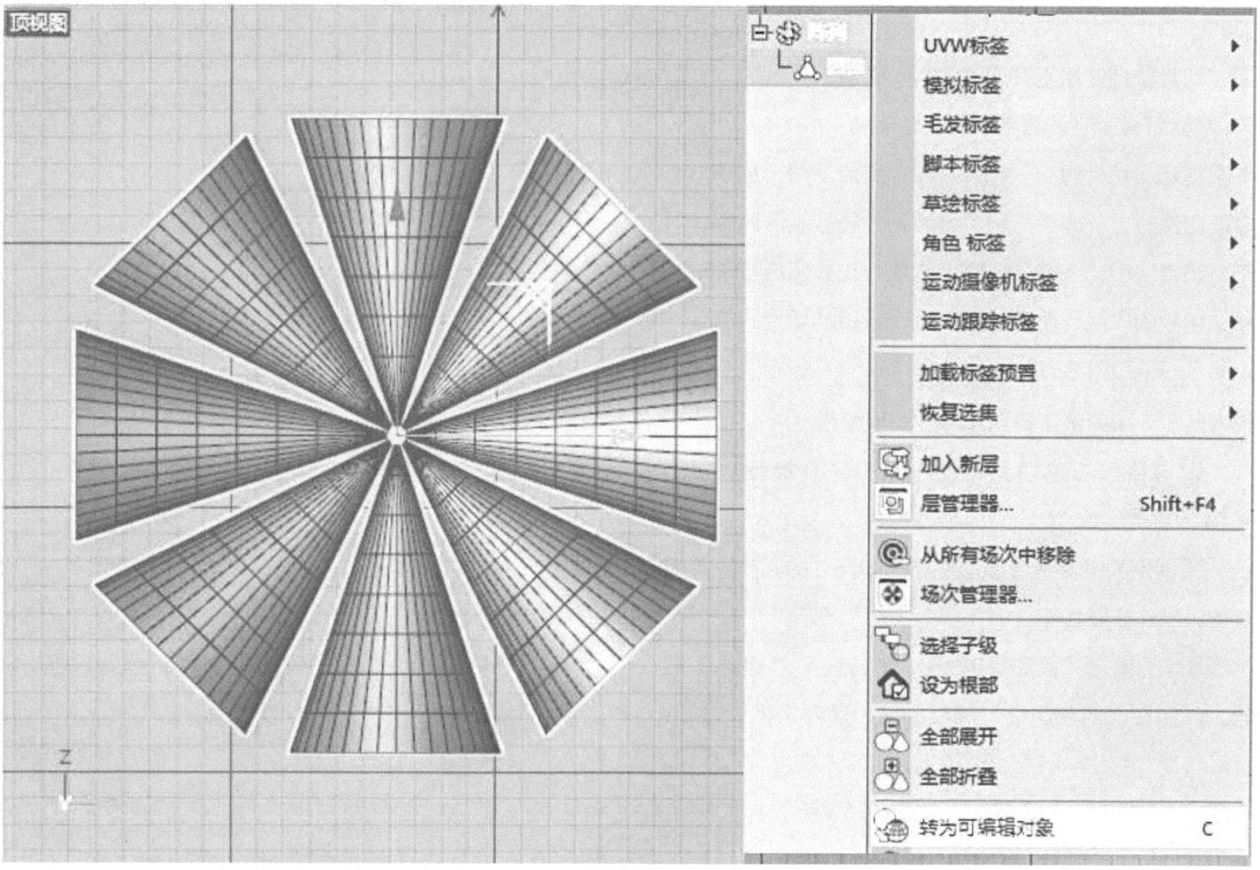

图 3-15

（4）在“阵列”里选“圆锥 .5”，也可以在视窗里选模型右下角的一个圆锥，然后对选中的圆锥进行拖动，如图 3-16 所示。

（5）切换到透视视图，调整合适的角度，按键盘上的 Shift+R 键，模型组合最终效果如图 3-17 所示。

四、圆柱

“圆柱”工具也是参数化几何体常用的重要几何体之一。圆柱的参数面板与圆锥一样，由“对象属性”“封顶”和“切片”3 部分组成，如图 3-18 所示。

主要工具命令参数解释

半径：设置圆柱的半径。

高度：设置圆柱的高度。

“封顶”和“切片”的参数含义与圆锥中相同，这里不再赘述。

课堂练习：用圆柱工具制作容器模型

学习目标：掌握圆柱的创建方法及模型拼凑的思路。

本案例的容器模型是由不同尺寸的圆柱拼凑而成的，制作步骤如图 3-19 至图 3-24 所示。

（1）单击“圆柱”按钮，在场景中创建一个圆柱，在“对象属性”选项卡中设置“半径”为“3 cm”，设置“高度”为“14 cm”，“显示”为“光影着色（线条）”光影着色 (线条) N~B，如图 3-19 所示。

（2）在场景中复制创建一个圆柱，然后在“对象

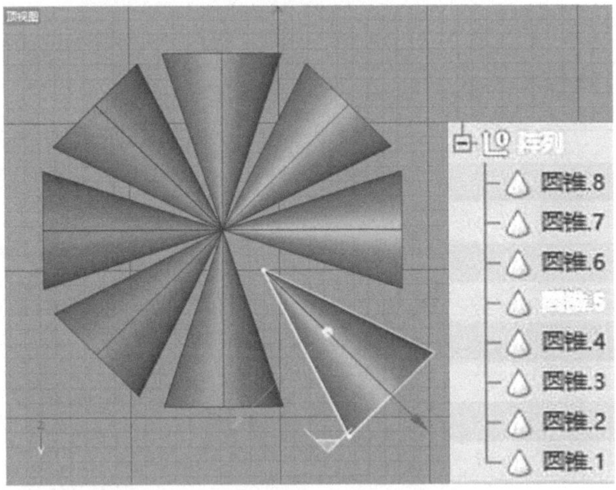

图 3-16

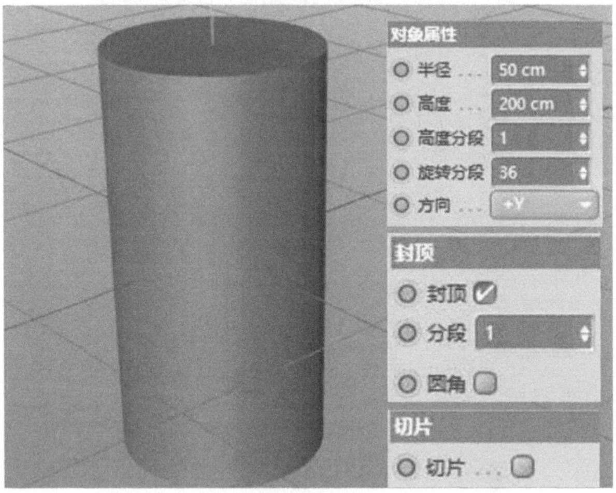

图 3-18

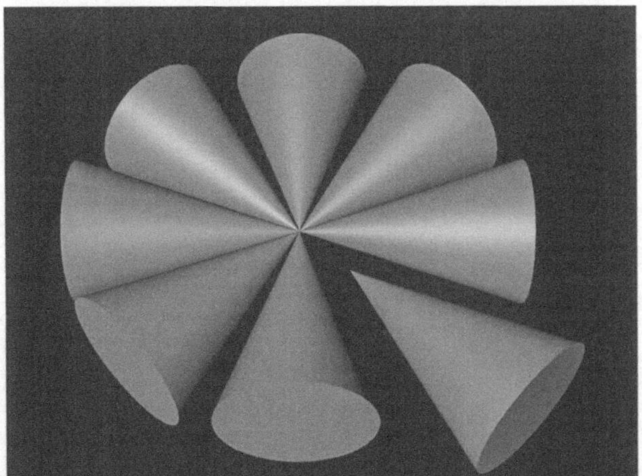

图 3-17

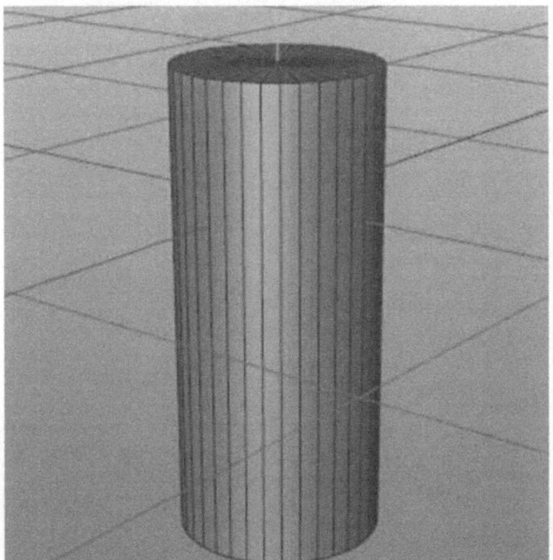

图 3-19

属性”选项卡中设置“半径”为“3.5 cm”，“高度”为“2 cm”，接着在“封顶”选项卡中勾选“圆角”选项，再设置“分段”为“5”，“半径”为“0.5 cm”，最后将修改好的圆柱放置在圆柱底部，再复制一个创建的圆柱，移上来与第一个创建的圆柱间距为 0.5 cm，再复制创建三个圆柱，移到圆柱底部位置。创建的三个圆柱的位置如图 3-20 所示。

图 3-20

（3）按住 Ctrl 键，将（1）创建的圆柱沿 Y 轴向上复制一份，设置“半径”为“2 cm”，“高度”为“1 cm”，位置如图 3-21 所示。

图 3-21

（4）创建一个圆柱，然后在“对象属性”选项卡中设置“半径”为“1 cm”，“高度”为“6 cm”，接着摆放在如图 3-22 所示的位置。

图 3-22

（5）创建一个圆柱，然后在“对象属性”选项卡中设置“半径”为“1.2 cm”，“高度”为“2 cm”，接着将其摆放在（4）创建的圆柱上方，如图 3-23 所示。

图 3-23

（6）容器的最终效果如图 3-24 所示。

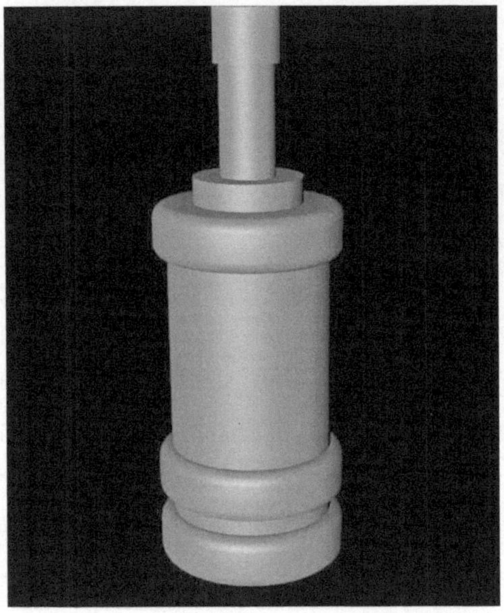

图 3-24

五、平面

“平面”工具在建模过程中使用的频率非常高，主要是用作背景，例如墙面和地面等均可由该工具创建。创建的平面及其参数面板如图 3-25 所示。

主要工具命令参数解释

宽度：设置平面的宽度。

高度：设置平面的高度。

宽度分段：设置平面宽度轴的分段数量。

高度分段：设置平面高度轴的分段数量。

课堂练习：**用平面工具制作包装容器背景**

学习目标：掌握平面的创建方法及模型背景的思路。

本案例的背景模型是由不同尺寸的平面拼凑而成的，以下是 3 种不同背景制作方法，制作步骤如图 3-26 至图 3-40 所示。

（1）第一种是首先创建一个平面，设置“高度”为“400 cm”，设置“宽度”为“400 cm”，“宽度分段”为“20”，“高度分段”为“20”，“方向”为“+Y”，将平面按住 Ctrl 键复制一个平面，“高度”为“400 cm”，“宽度”为“400 cm”，“宽度分段”为“20”，“高度分段”为“20”，“方向”为“+Z”。这些尺寸根据需要可以调整，创建复制的平面如图 3-26 所示。

（2）将创建的两个平面的“高度”为“220 cm”，两个平面的“宽度”“宽度分段”和“高度分段”不变，方向不变，如图 3-27 所示。

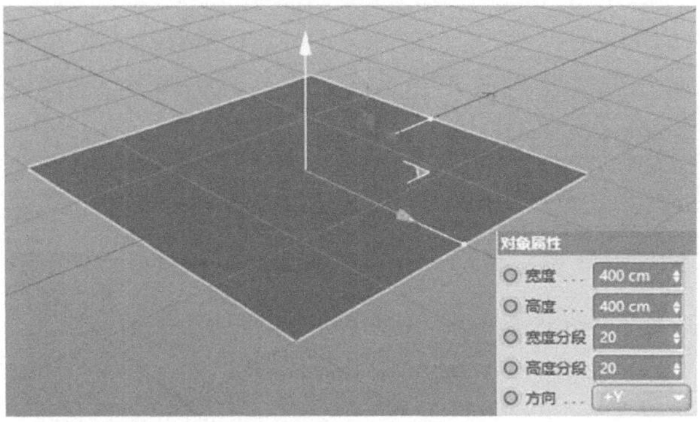

图 3-25

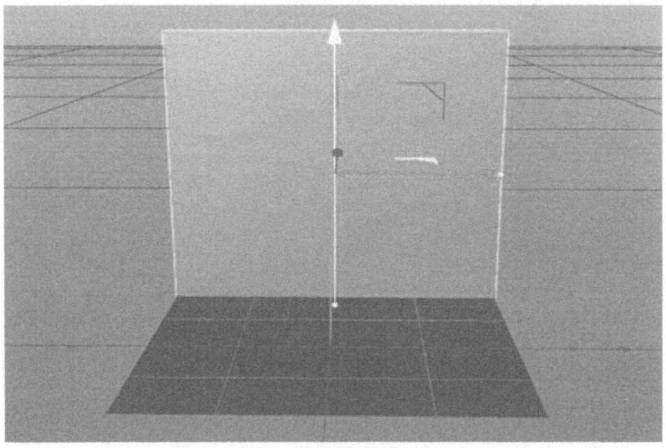

图 3-26

图 3-27

图 3-28

（3）在做好的背景场景中加进一个前面做的容器模型，效果如图3-28所示。

提示：这个场景呈现出来的是灯光下的白模效果，关于白模及灯光技术在后面的章节中会详细讲解。

（4）第二种制作背景方法是将第一种制作的两个平面再增加一个，具有三个平面。按住 Ctrl 键复制一个平面，设置“高度”为“400 cm”，“宽度”为“400 cm”，“宽度分段”为“20”，“高度分段”为“20”，“方向”为“-X”，沿着 X 坐标方向向左移动到合适的位置。这些尺寸根据需要可以调整，创建复制的平面位置如图 3-29 所示。

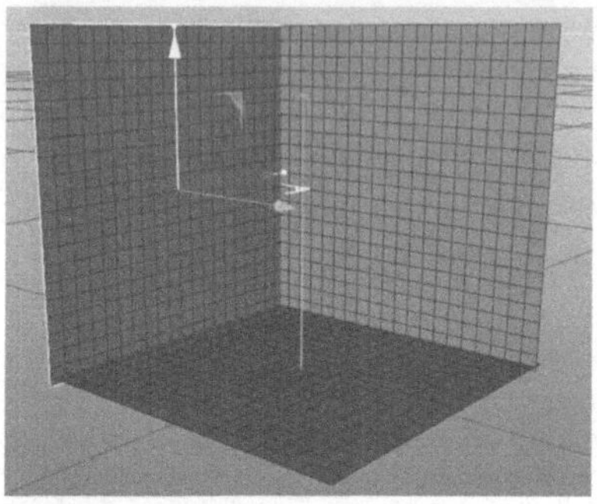

图 3-29

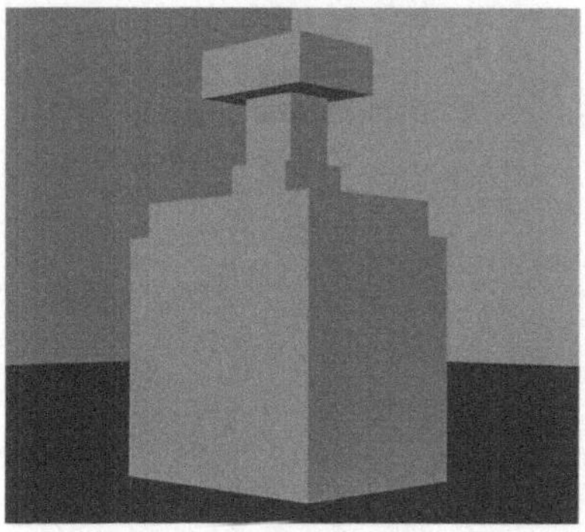

图 3-30

（5）在场景中加进一个前面做好的容器模型，按 Shift+R 键，效果如图 3-30 所示。

（6）第三种就是首先创建一个平面，“高度”为“400 cm”，“宽度”为“400 cm”，“宽度分段”为“8”，“高度分段”为“8”，“方向”为“+Y”，如图 3-31 所示。

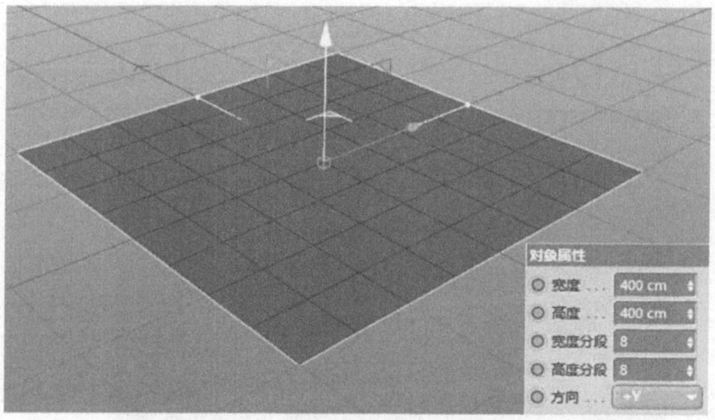

图 3-31

（7）鼠标移到“对象”面板的“平面”，左键点击“平面”，“平面”由黑色字体变为白色，鼠标移到视窗左边的模式工具栏上方，点击“转为可编辑对象”，再点击“多边形”模式，再用“框选”工具在视窗中顶视图框选“平面”一半，被框选的部分呈黄色，在透视视图场景中可见很明显的一半，如图 3-32 至图 3-33 所示。

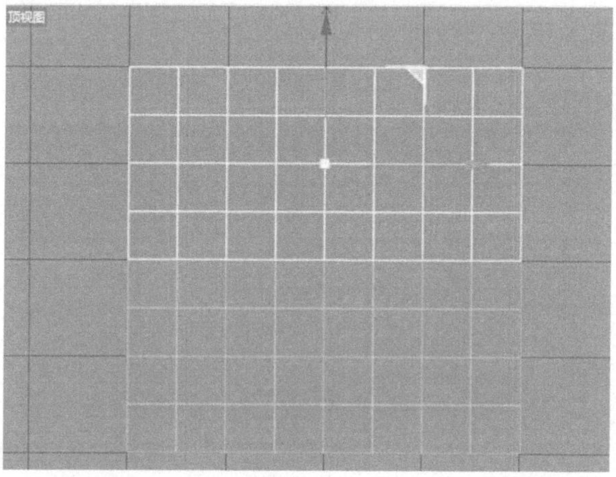

图 3-32

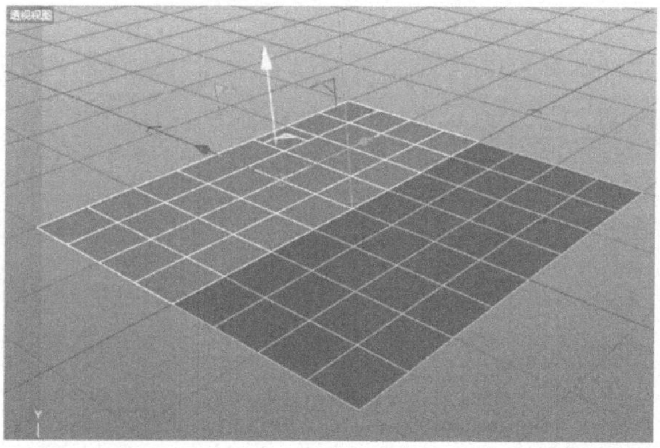

图 3-33

（8）把视窗切换到右视图，选择“旋转”工具，将被选择的部分旋转 180°，如图 3-34 所示。

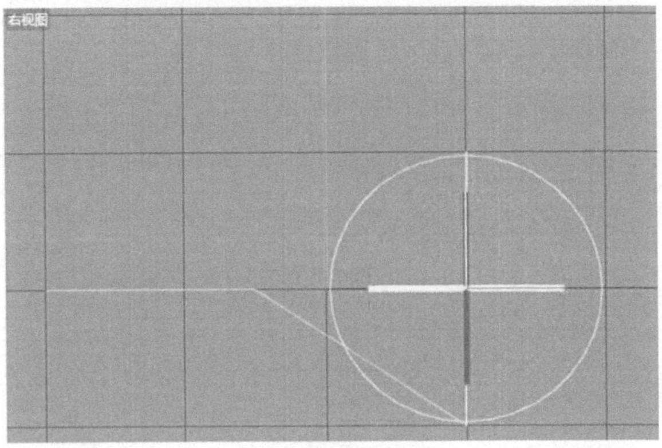

图 3-34

（9）把“旋转”工具切换到“移动”工具，点绿色光标箭头，沿 Y 轴往上拉，使倾斜的线与水平线处在同一水平上，同时调整一下距离，鼠标左键点击蓝色光标箭头，往左移动绿色光标至绿色轴线上，再切换到透视视图看看效果，如图 3-35 至图 3-36 所示。

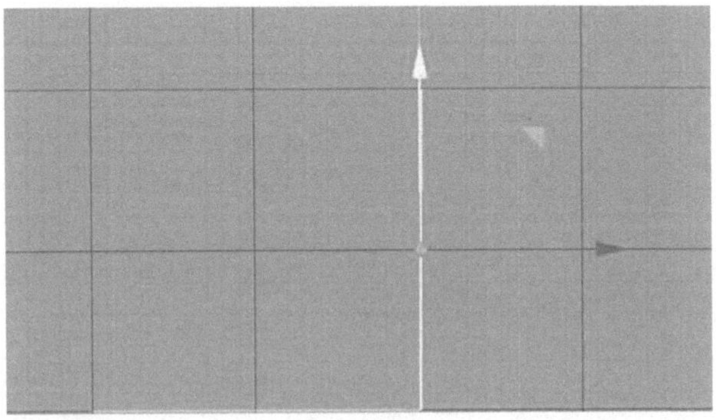

图 3-35

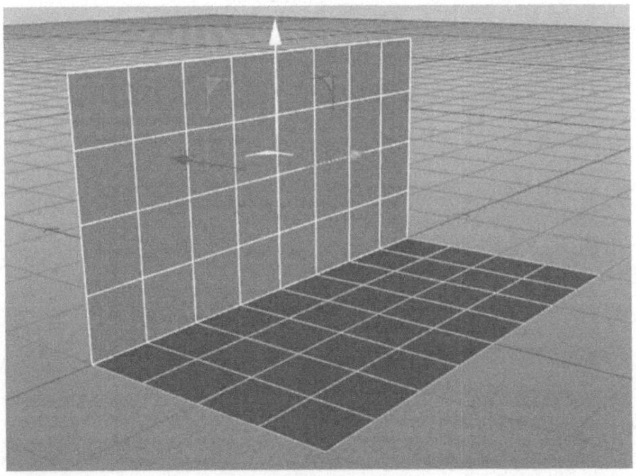

图 3-36

（10）在模式工具栏中选“边”模式，按 Shift 键增选平面模型的垂直面与水平面相交的夹角线，选择后显橙黄色。在透视视图中点鼠标右键，会弹出“线”模式窗口面板，选择“倒角” 倒角，如图 3-37 所示。

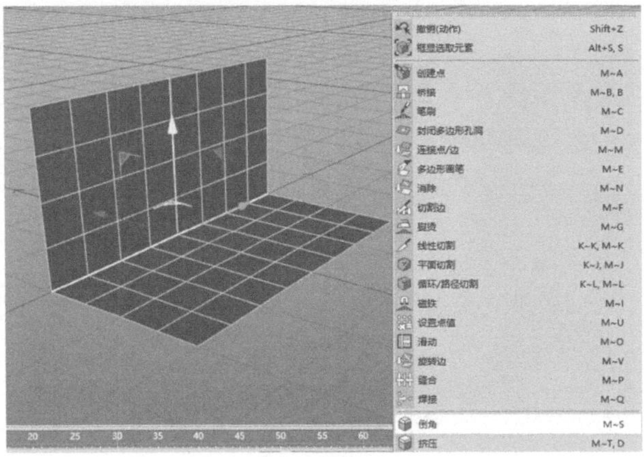

图 3-37

（11）在“倒角”属性面板中把“偏移”参数改为“25 cm”，“细分”设为“12”，如图 3-38 所示。

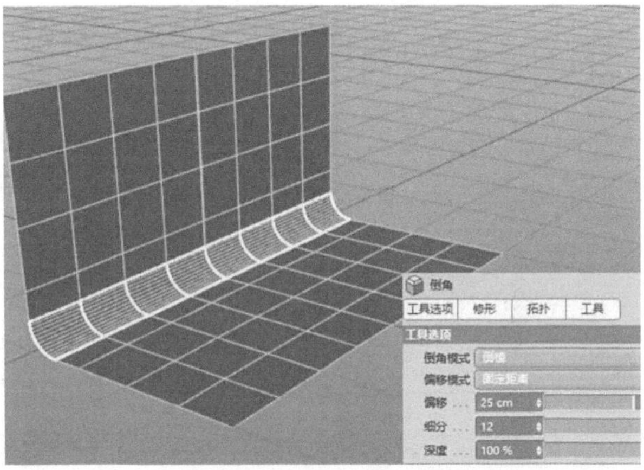

图 3-38

（12）在场景中加进一个前面做好的容器模型，按 Shift+R 键，效果如图 3-39 至图 3-40 所示。

图 3-39

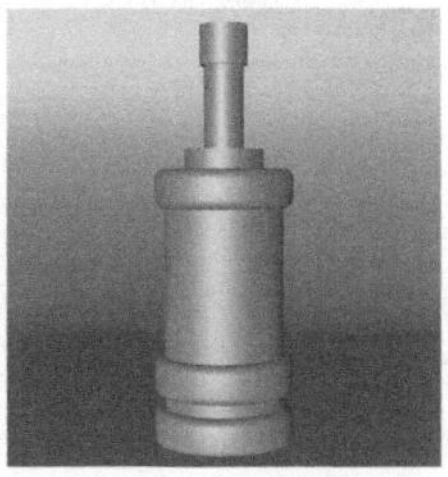

图 3-40

六、球体

“球体”工具也是参数化几何体中常用的几何体之一。在 C4D 中，可以创建完整的球体，也可以创建半球体、球体的某个部分作吉祥物的头部与身体造型等，其参数面板如图 3-41 所示。

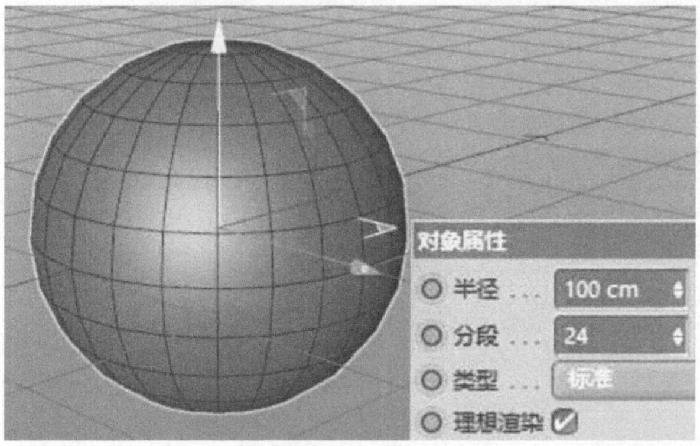

图 3-41

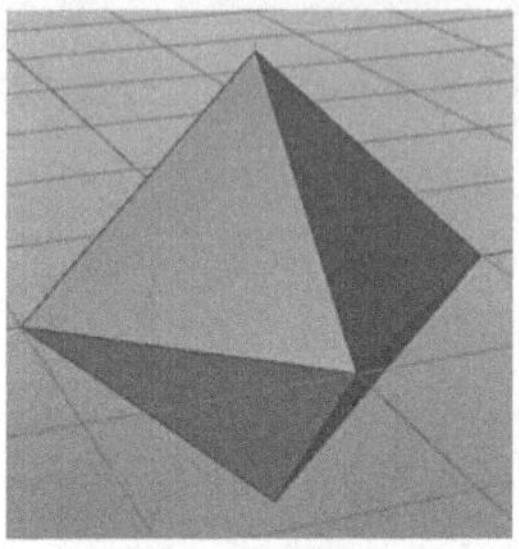

图 3-42（分段 3）

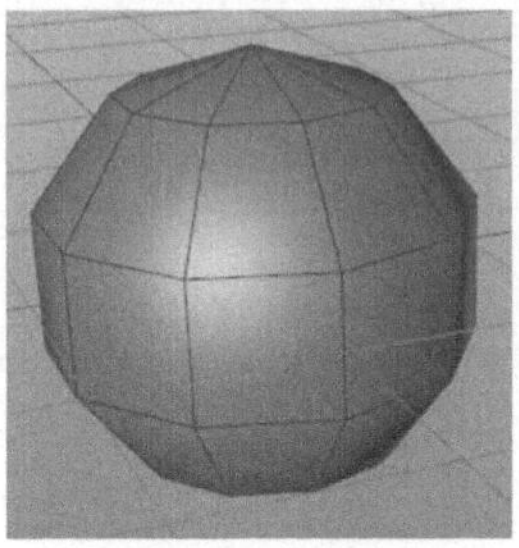

图 3-43（分段 9）

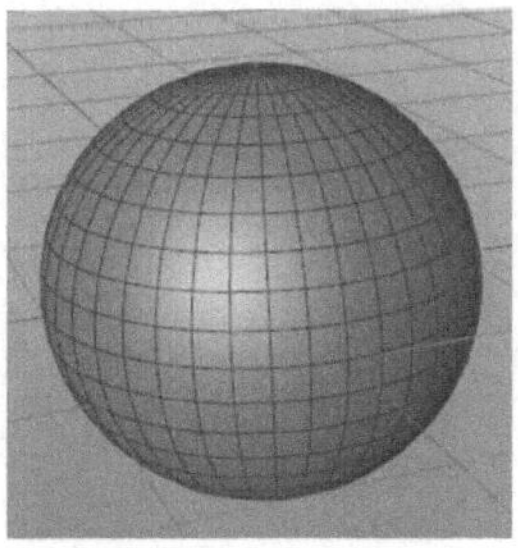

图 3-44（分段 40）

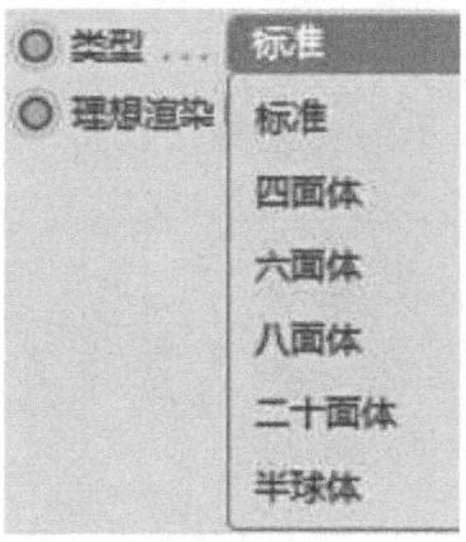

图 3-45

主要工具命令参数解释

半径：设置球体的半径。

分段：设置球体的分段数目，默认为24。分段数越多，球体越圆滑，反之棱角越多。最小分段为 3，图 3-42、图 3-43 和图 3-44 是分段分别为 3、9 和 40 时的球体。

类型：设定球体的类型，包括“标准”“四面体”“六面体”“八面体”“二十面体”和“半球体”，如图 3-45 所示。

课堂练习：用球体工具制作球形包装

学习目标：掌握球体的创建方法

本案例的圆球形包装模型是由半球和圆球拼凑而成的，制作步骤如图 3-46 至图 3-56 所示。

（1）单击“球体”按钮，在场景中创建一个球体，在“对象属性”选项卡中设置“半径”为“100 cm”，“分段”为“24”，“类型”为“半球体”，如图 3-46 所示。

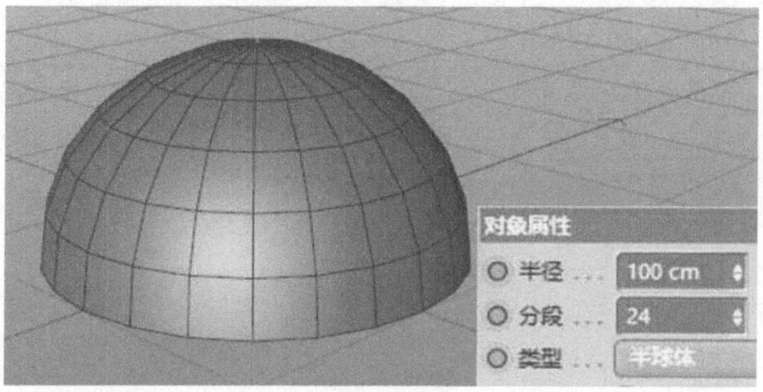

图 3-46

（2）在“坐标”选项卡中设置“R.P”为 180°，半球体如图 3-47 所示。

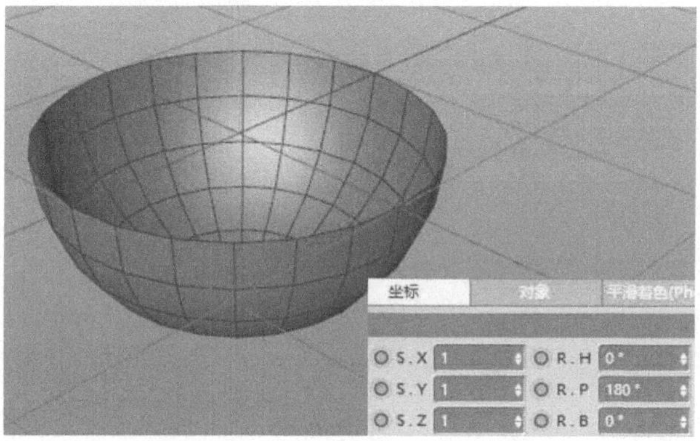

图 3-47

（3）半球体没有厚度，不符合现实中的球型盒。执行“模拟”—“布料”—“布料曲面”菜单命令，如图 3-48 所示。此时在“对象”面板中出现“布料曲面”的图标，如图 3-49 所示。

（4）在“对象”面板中选中“球体”选项，然后拖拽到“布料曲面”选项的下方，成为其子层级，如图 3-50 所示。

图 3-48

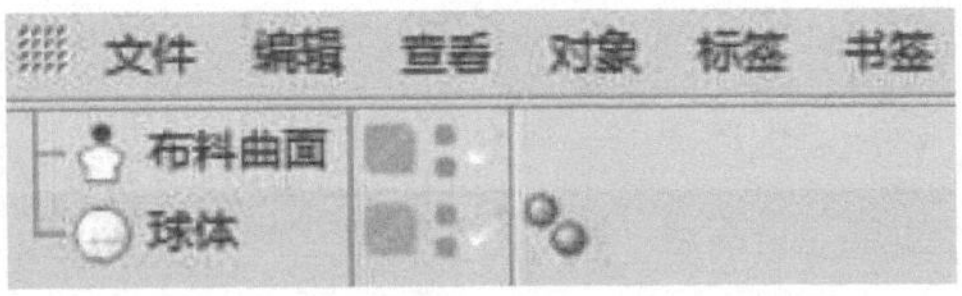

图 3-49

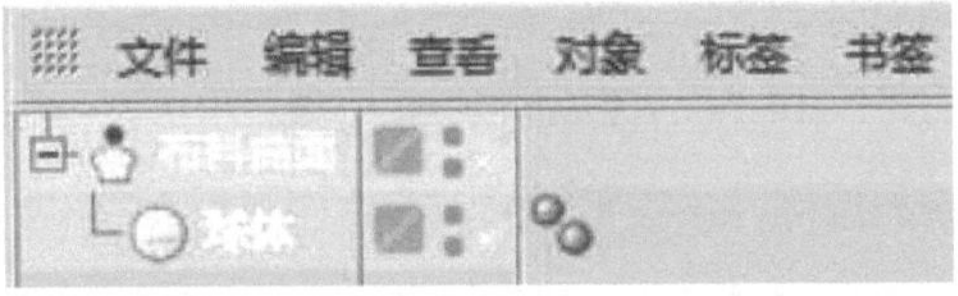

图 3-50

（5）选中“布料曲面”选项，然后在“对象属性”选项卡中设置“厚度”为“2 cm”，半球体此时就有了厚度，如图 3-51 所示。

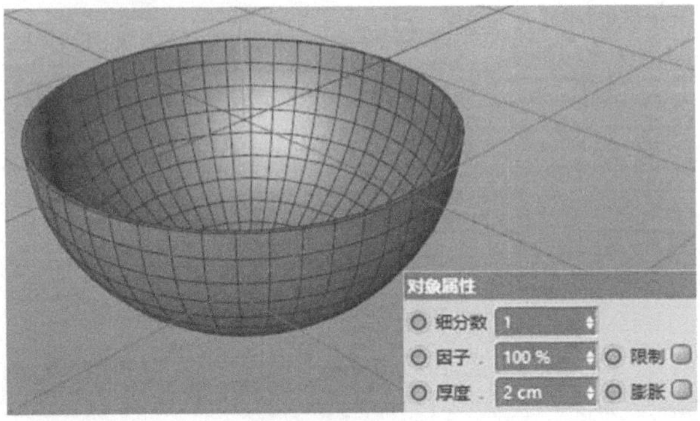

图 3-51

（6）按住 Ctrl 键，沿 X 轴向左复制一份，如图 3-52 所示。

（7）创建一个球体，摆放在第一个半球体之中，设置“半径”为“58 cm”，如图 3-53 所示。

（8）按住 Ctrl 键复制两个球体，“半径”设置为“18 cm”，摆放在大球体上方，如图 3-54 所示。

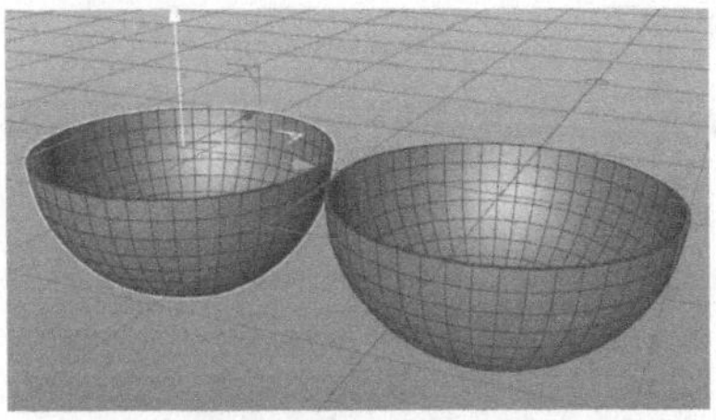

图3-52

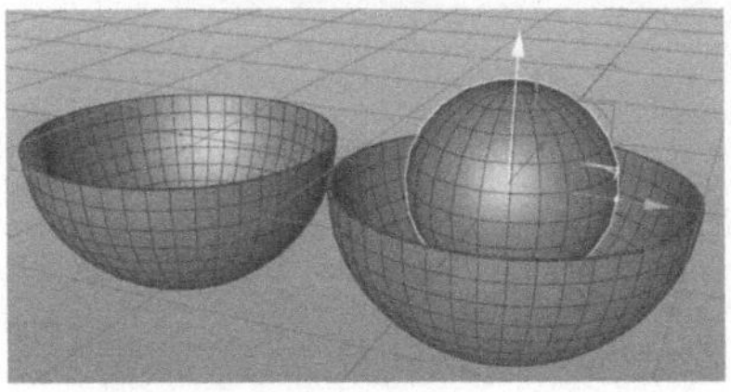

图 3-53

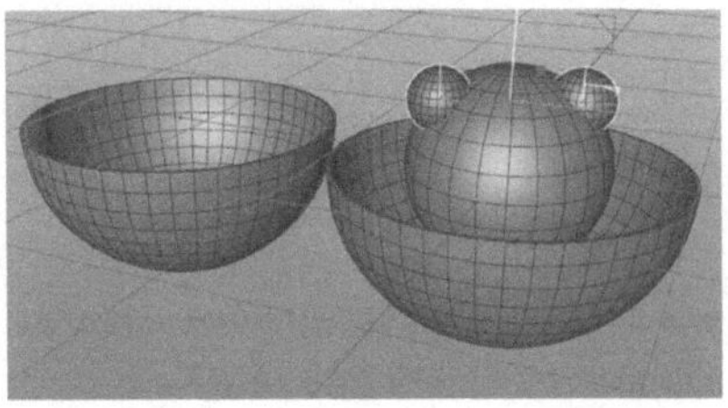

图 3-54

（9）复制两个球体，“半径”设置为“10 cm”，摆放在大球体中间，再复制一个球体，“半径”设置为“5 cm”，摆放在大球体下方，如图 3-55 所示。

（10）最后按 Shift+R 键，圆球型包装模型的最终效果如图 3-56 所示。

图 3-55

图 3-56

七、圆环

“圆环”工具可以用于创建环形或具有圆形横截面的环状物体。圆环的参数面板由“对象属性”和“切片”两部分组成，如图 3-57 和图 3-58 所示。

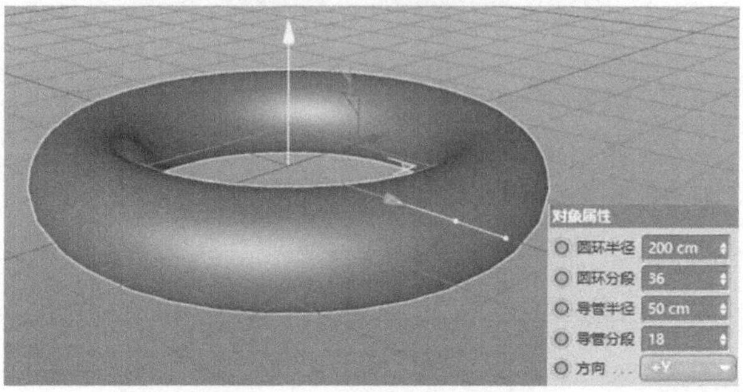

图 3-57

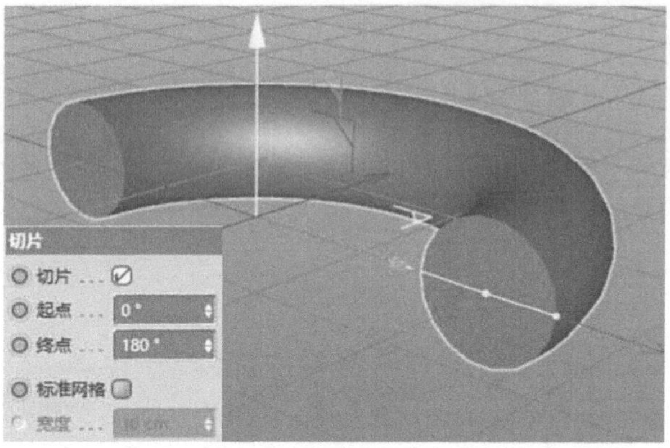

图 3-58

主要工具命令参数解释

圆环半径：设置圆环整体的半径。

圆环分段：设置围绕圆环的分段数目，数值越小，圆环越不圆滑。至少分 3 段，最多可以分 1 000 段，如图 3-59 和图 3-60 所示。

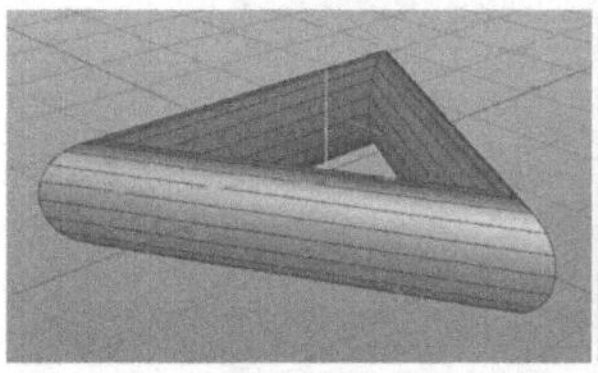

图 3-59（圆环分段 3）

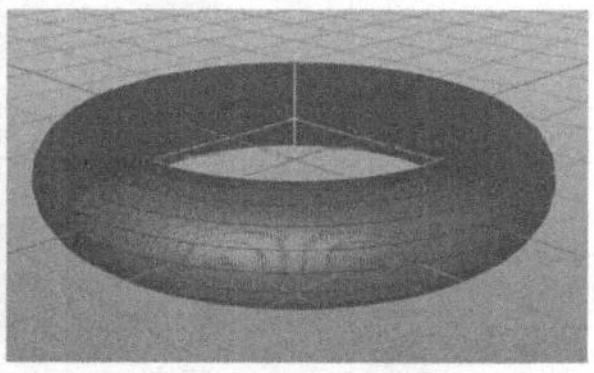

图 3-60（圆环分段 1000）

导管半径：设置圆环管状的半径，数值越大，圆环越粗，如图 3-61 和图 3-62 所示。

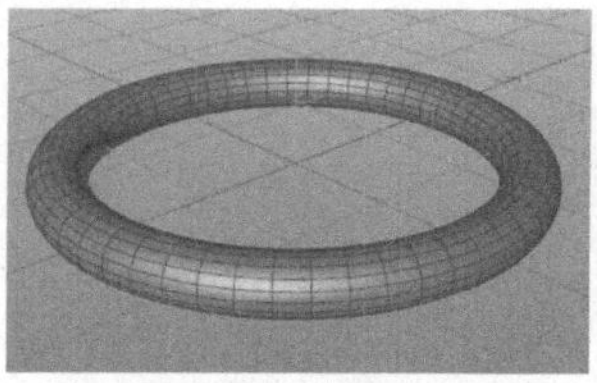

图 3-61（导管半径 25）

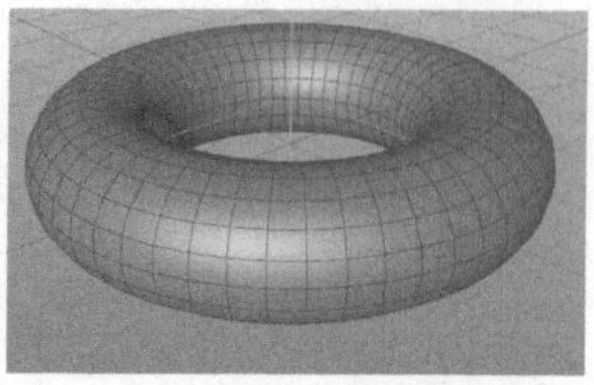

图 3-62（导管半径 70）

导管分段：设置导管的分段数，数值越大，导管越圆滑，如图 3-63 和图 3-64 所示。

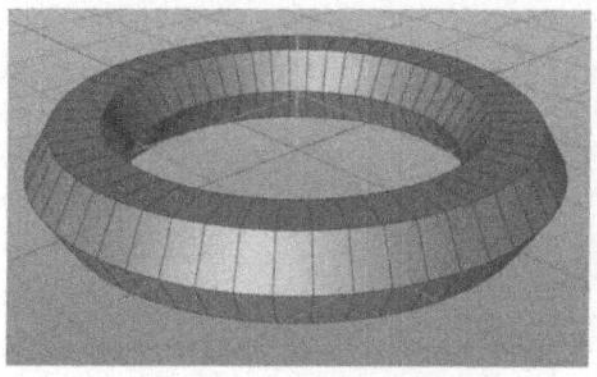

图 3-63（导管分段 6）

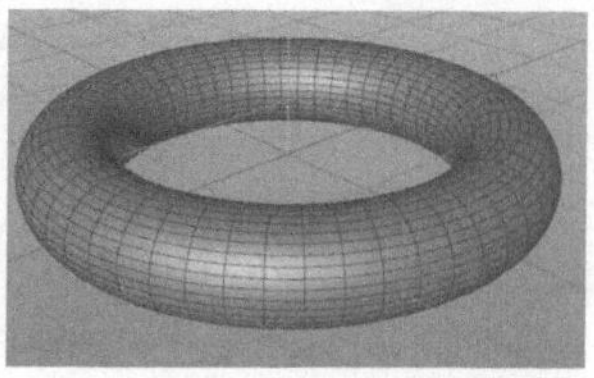

图 3-64（导管分段 35）

课堂练习：**用圆环工具制作容器包装**

学习目标：掌握圆环的创建方法。

本案例的容器包装模型是由圆环和半圆环拼凑而成的，制作步骤如图 3-65 至图 3-71 所示。

（1）在视窗中创建一个圆环，显示为“光影着色（线条）”，圆环“半径”设置为“10 cm”，圆环“分段”为“36”，导管“半径”设置为“3 cm”，导管“分段”为“18”，“方向”为“+Y”，如图 3-65 所示。

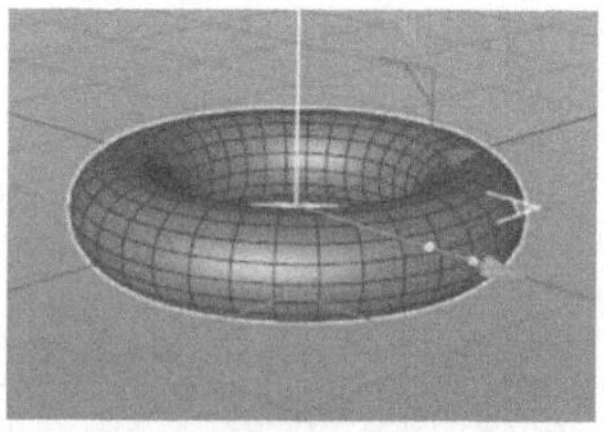

图 3-65

（2）按住 Ctrl 键复制一个圆环，圆环“半径”设置为“12 cm”，圆环“分段”为“36”，导管“半径”设置为“3 cm”，导管“分段”为“18”，“方向”为“+Y”，摆放在第一个圆环上方，如图 3-66 所示。

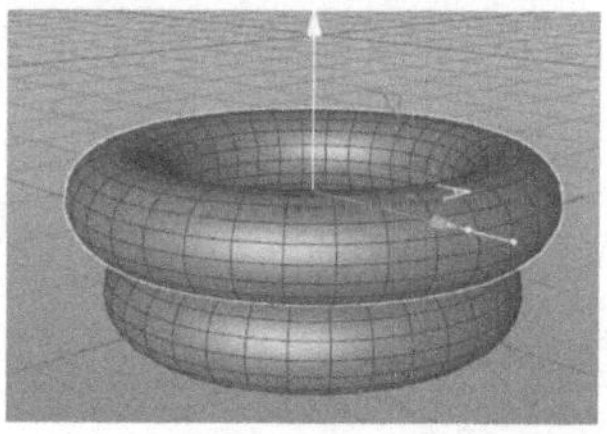

3-66

（3）按住 Ctrl 键复制第二个圆环，圆环“半径”设置为“12 cm”，圆环“分段”为“36”，导管“半径”设置为“3 cm”，导管“分段”为“18”，“方向”

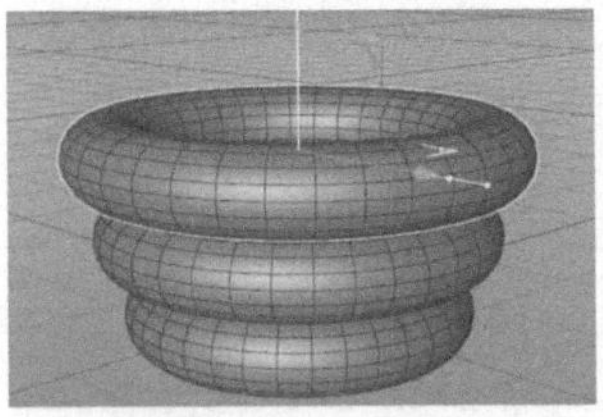

图 3-67

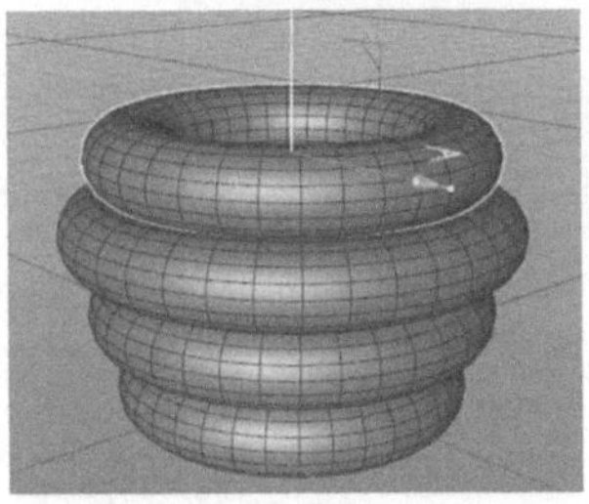

图 3-68

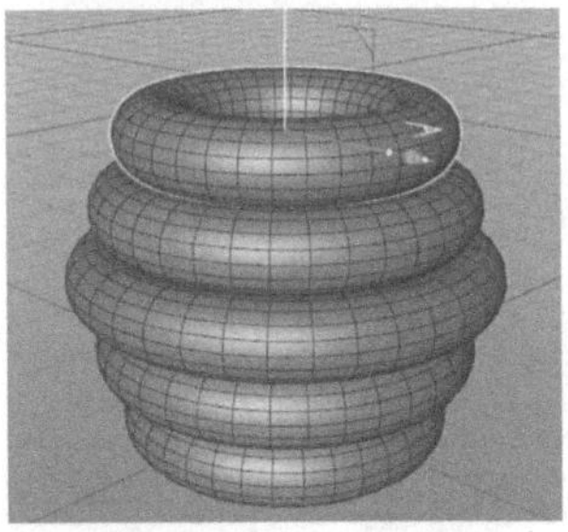

图 3-69

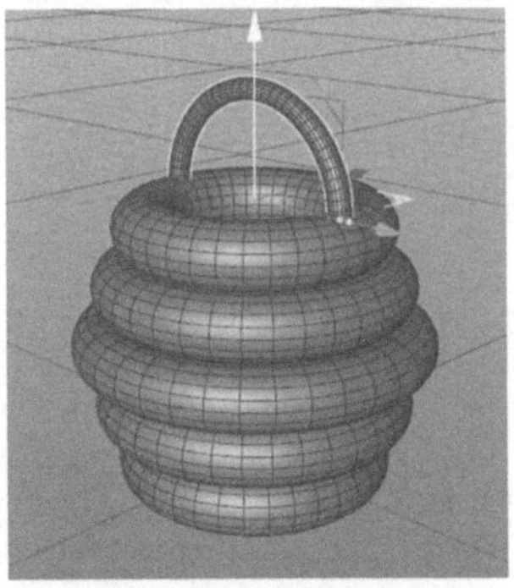

图 3-70

图 3-71

为“+Y”，摆放在第二个圆环上方，如图 3-67 所示。

（4）选（2）的第二个圆环，按住 Ctrl 键进行复制，摆放在（3）的第三个圆环上方，如图 3-68 所示。

（5）选（1）的第一个圆环，按住 Ctrl 键进行复制，摆放在（4）的第四个圆环上方，如图 3-69 所示。

（6）选（5）的第五个圆环，按住 Ctrl 键进行复制，圆环“半径”设置为“1 cm”，选中属性面板中“切片”选项并勾选，“方向”为“-Z”，摆放在（5）的第五个圆环上方，位置如图 3-70 所示。

（7）最后按住 Shift +R 键。圆环拼凑的容器包装模型的最终效果如图 3-71 所示。

八、管道

“管道”工具 的外形与圆柱相似，不过管道是空心的，因此有两个半径。参数面板由“对象属性”和“切片”两部分组成，如图 3-72 至图 3-74 所示。

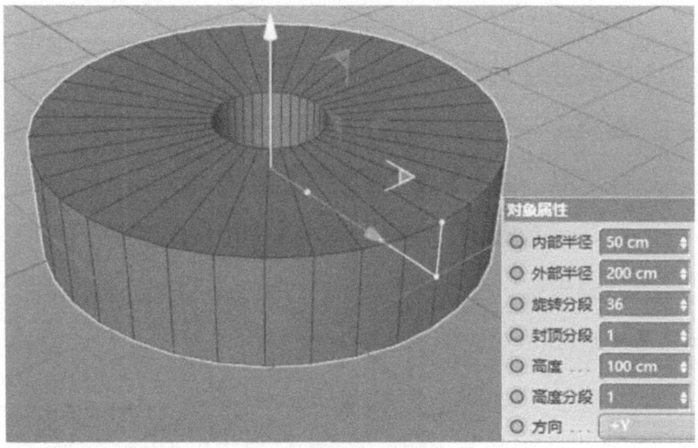

图 3-72

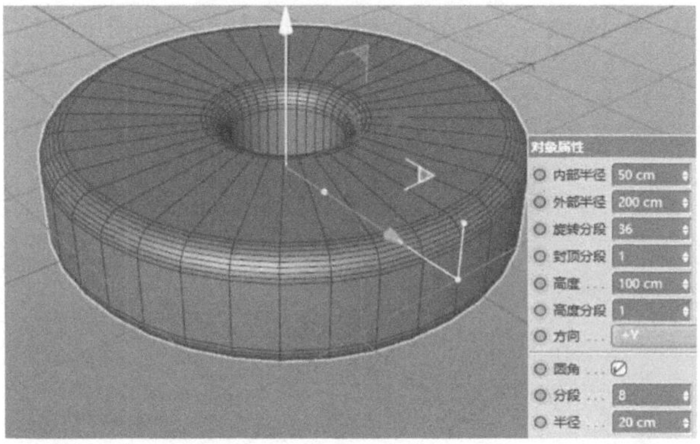

图 3-73

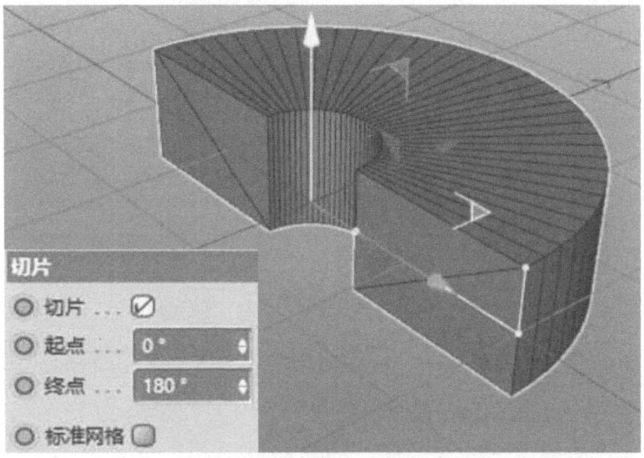

图 3-74

主要工具命令参数解释

内部半径 / 外部半径： 内部半径是指管道的内径（半径），外部半径是指管道的外径（半径）。

旋转分段： 设置管道两端圆环的分段数量。数值越大，管道越圆滑。

封顶分段： 设置绕管道顶部和底部中心的同心分段数量。

高度：设置管道的高度。

高度分段：设置管道在高度轴上的分段数。

圆角：勾选该选项后管道两端形成圆角，同时激活“分段”和“半径”选项以控制圆角的大小。

课堂练习：**用管道工具制作容器造型**

学习目标：掌握管道的创建方法。

本案例的容器造型模型是由管道拼凑而成的，制作步骤如图 3-75 至图 3-79 所示。

（1）在视窗中创建一个管道，显示为“光影着色（线条）”，“内部半径”设置为“50 cm”，“外部半径”为“200 cm”，“旋转分段”为“36”，“封顶分段”为“1”，“高度”为“250 cm”，“高度分段”为“1”，“方向”为“+Y”，如图 3-75 所示。

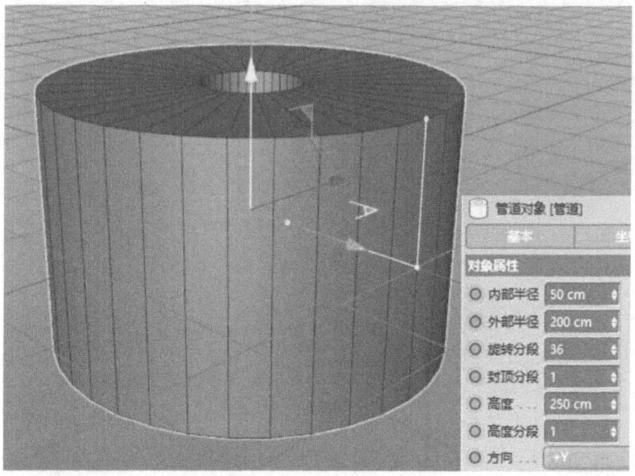

图 3-75

（2）按住 Ctrl 键复制一个管道，“内部半径”设置为“50 cm”，“外部半径”为“90cm”，“旋转分段”为“36”，“封顶分段”为“1”，“高度”设置为“35 cm”，“高度分段”为“1”，“方向”为“+Y”，摆放在第一个管道上方，如图 3-76 所示。

（3）按住 Ctrl 键复制第二个管道，“内部半径”为“40 cm”，外部半径为“50 cm”，“旋转分段”为“36”，“封顶分段”为“1”，“高度”设置为“200 cm”，“高度分段”为“1”，“方向”为“+Y”，如图 3-77 所示。

（4）按住 Ctrl 键复制第三个管道，“内部半径”设置为“40 cm”，“外部半径”为“70 cm”，“旋转分段”为“36”，“封顶分段”为“1”，“高度”为“30 cm”，“高度分段”为“1”，“方向”为“+Y”，

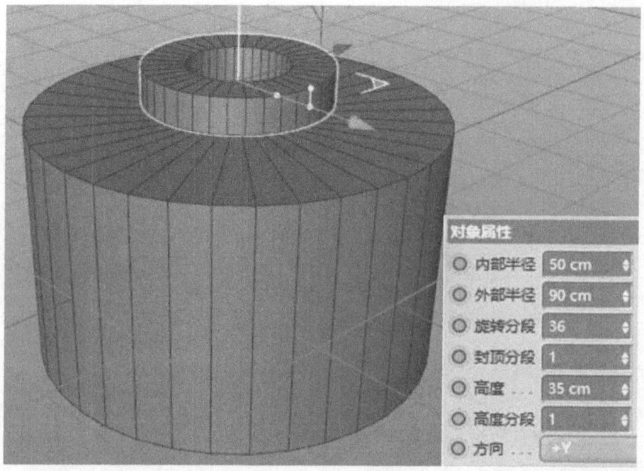

图 3-76

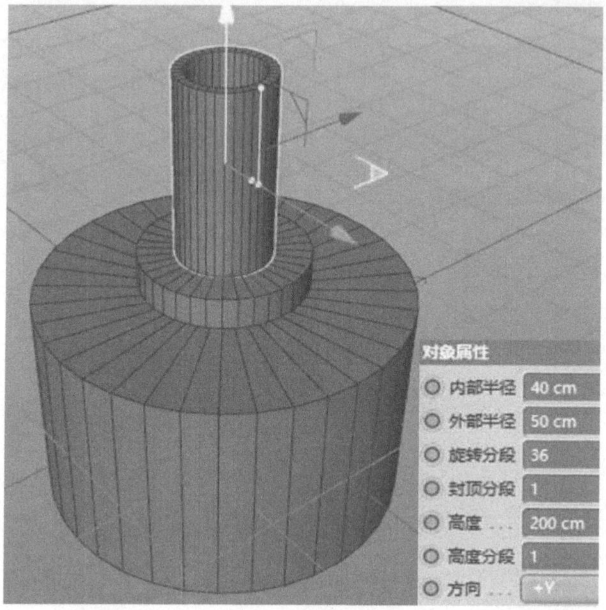

图 3-77

如图 3-78 所示。

（5）最后按 Shift+R 键，管道拼凑的容器模型的最终效果如图 3-79 所示。

九、角锥

用“角锥”工具创建的角锥的底面是正方形或矩形，侧面是三角形，也称为四棱锥。创建的角锥及其参数如图 3-80 所示。

主要工具命令参数解释

尺寸：设置角锥对应面的长度。

分段：设置角锥的分段数。

课堂练习：**用角锥工具制作心形盒盖造型**

学习目标：掌握角锥的创建方法。

本案例的容器造型模型是由角锥拼凑而成的，制作步骤如图 3-81 至图 3-87 所示。

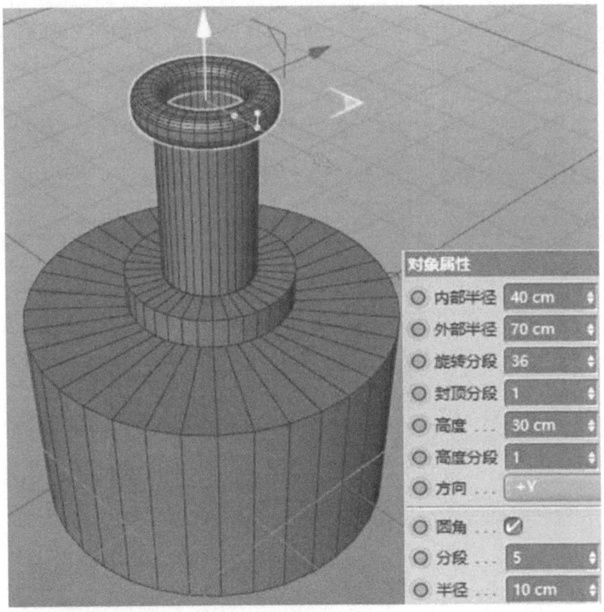

图 3-78

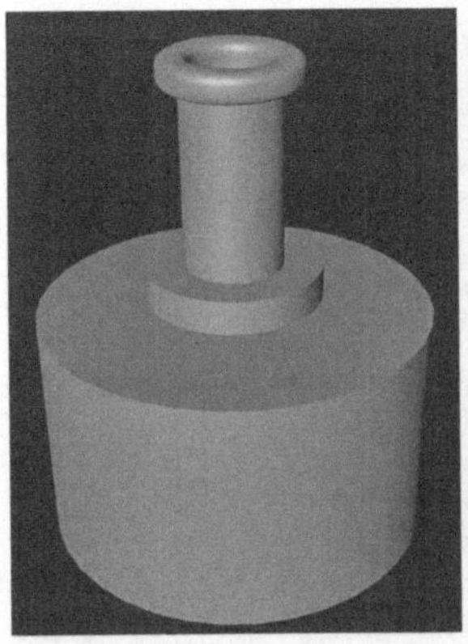

图 3-79

图 3-80

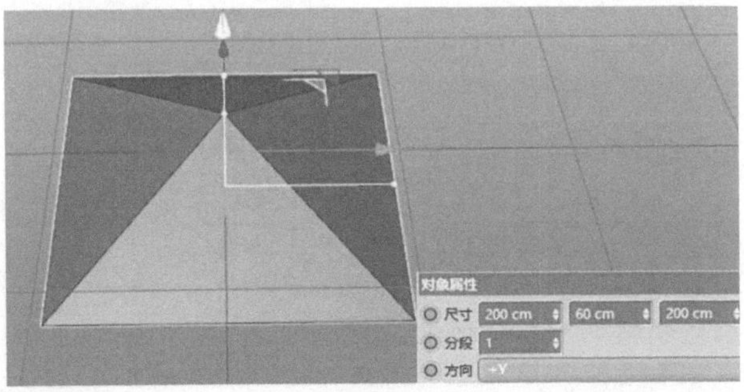

图 3-81

（1）在视窗中创建一个角锥，显示为“光影着色（线条）”，尺寸长、宽设置为默认的“200 cm”，“高度”为“60 cm”，“分段”为“1”，“方向”为“+Y”，如图 3-81 所示。

（2）在顶视图中用旋转工具将模型旋转 45°，如图 3-82 至图 3-83 所示。

（3）点击坐标系统，使蓝色坐标箭头和红色坐标箭头由斜方向回到垂直和水平方向，然后按住 Ctrl 键，点击鼠标左键，选红色剪头向右水平方向拖动再复制一个，如图 3-84 至图 3-85 所示。

（4）用坐标系统，使蓝色坐标箭头和红色坐标箭头由垂直方向和水平方向回到斜方向，按住 Ctrl 键，点击鼠标左键，选蓝色剪头向左斜下方向拖动，再复制

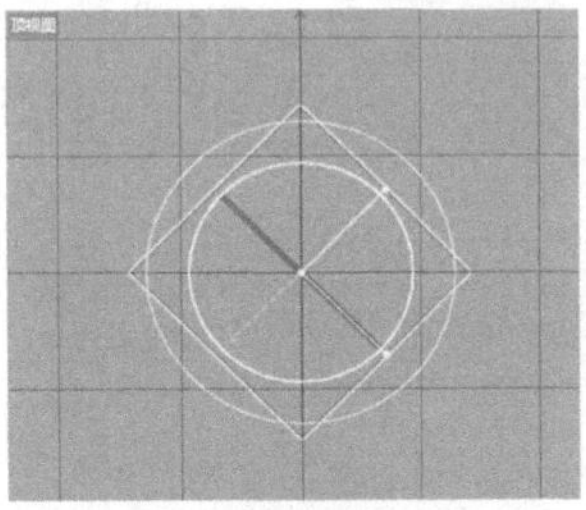

图 3-82

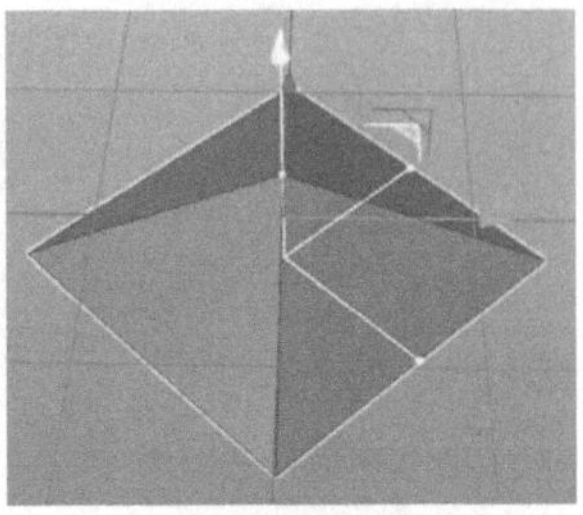

图 3-84

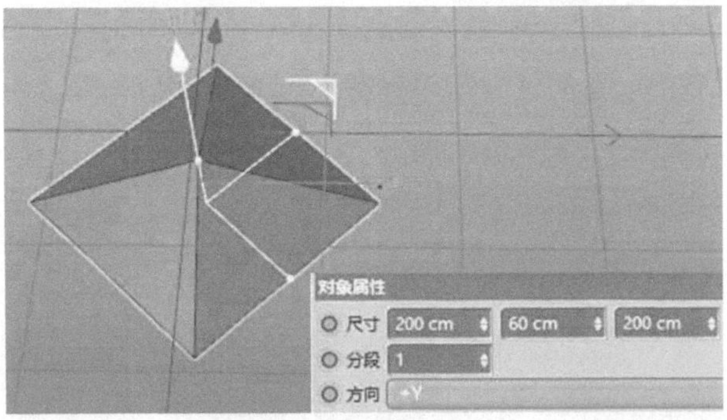

图 3-83

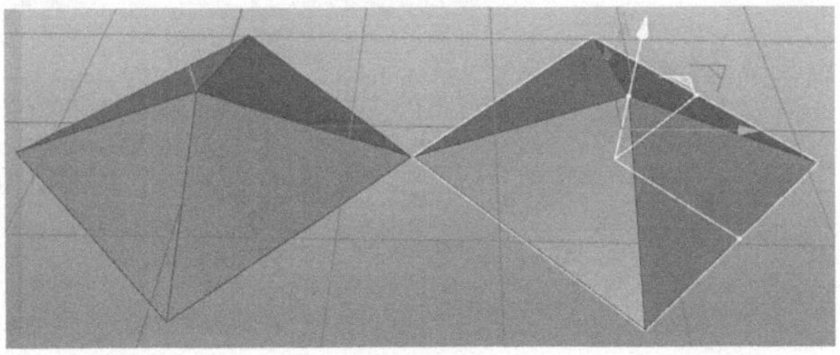

图 3-85

一个模型放置在已建好的两个模型中间，如图3-86所示。

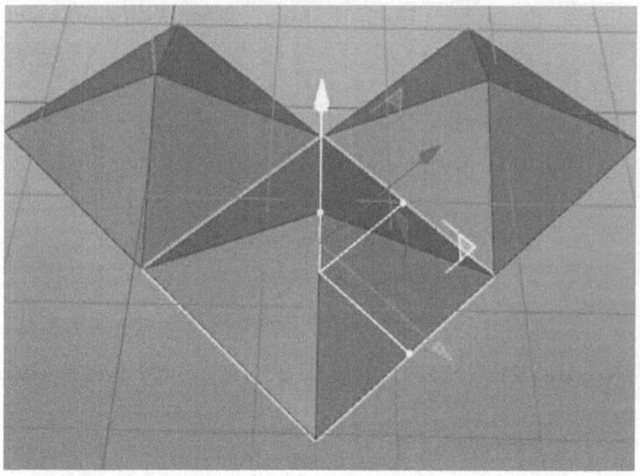

图 3-86

（5）最后按 Shift+R 键，角锥拼凑的心形盒盖造型的最终效果如图 3-87 所示。

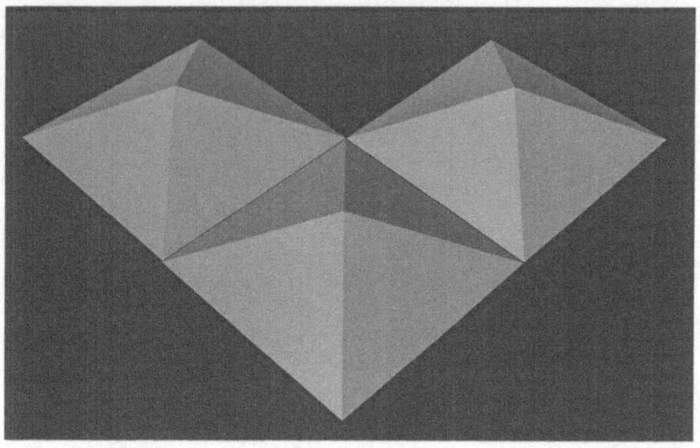

图 3-87

课堂练习：**制作包装组合模型**

学习目标：掌握几何体工具制作的综合方法。

包装组合模型的效果如图 3-88 所示。

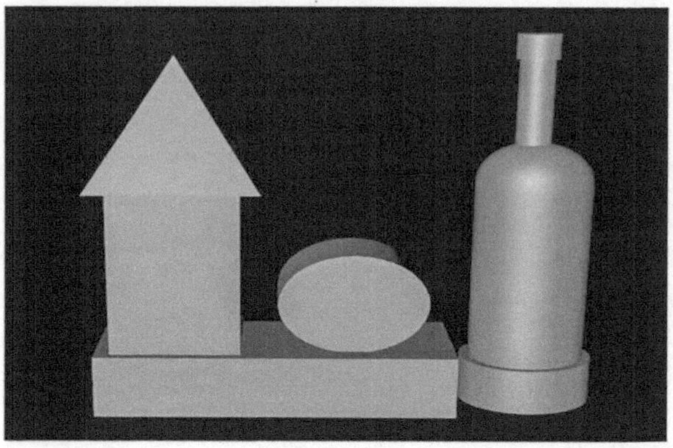

图 3-88

步骤分解如图 3-89 至图 3-90 所示。

（1）在视窗中创建一个角锥，显示为“光影着色（线条）”，尺寸长宽设置为默认的“26 cm”，“高度”为“25 cm”，“分段”为“1”，“方向”为“+Y”。建一个立方体，“尺寸.X”设置为“20 cm”，“尺寸.Y”为“40 cm”，“尺寸.Z”为“20 cm”，将角锥放在立方体上方。再建一个立方体，“尺寸.X”为“55 cm”，“尺寸.Y”为“14 cm”，“尺寸.Z”为“24 cm”，放在建的第一个立方体下方，然后再建一个圆柱，“半径”为“11 cm”，“高度”为“15 cm”，然后摆放在建的第二个立方体上面，如图 3-89 所示。

（2）在视窗中创建一个胶囊，显示为“光影着色（线条）”，“半径”设置为“9 cm”，“高度”设置为“60 cm”，“高度分段”为“8”，“封顶分段”为“8”，“旋转分段”为“36”，“方向”为“+Y”，放置在左边。建一个圆柱对象，“半径”为“10 cm”，“高度”为“10 cm”，“高度分段”为“1”，“旋转分段”为“36”，“方向”为“+Y”，放置在胶囊底端。然后再建一个圆柱，“半径”为“3 cm”，“高度”为“25 cm”，“高度分段”为“1”，“旋转分段”为“36”，“方向”为“+Y”，放置在胶囊的上端，接着再复制一个圆柱，“半径”为“3.3 cm”，“高度”为“5cm”，放置在建的第二个圆柱顶端，如图 3-90 所示。

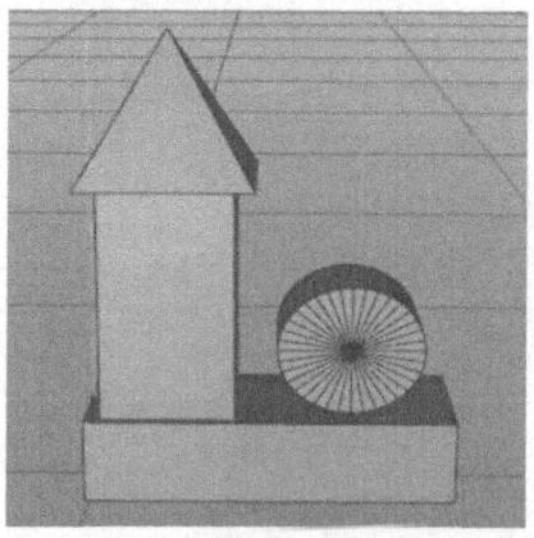

图 3-89

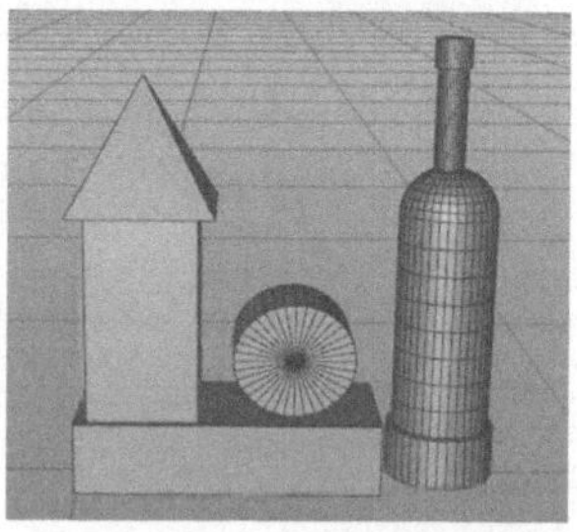

图 3-90

第二节 样条

样条是 C4D 中自带的二维图形，用户通过画笔可以绘制线条，也可以直接创建出特定的图形。样条工具组面板如图 3-91 所示。

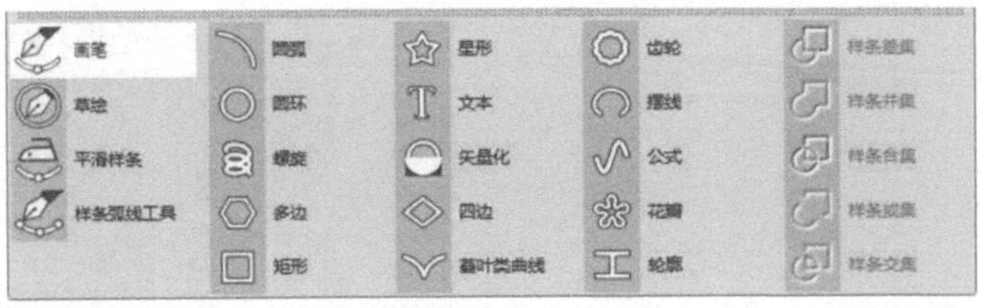

图 3-91

一、画笔

用“画笔”工具可以绘制任意形状的二维线。二维线的形状不受约束，可以封闭也可以不封闭，拐角处可以是尖锐的也可以是圆滑的。“画笔”工具配合扫描工具，在包装设计中可以作手提袋的提手绳子、吊牌上的绳子和包裹绳子等较为自由的造型。

主要工具命令参数解释

类型：系统提供了 5 种绘制模式，分别是“线性”“立方”“Akima”“B- 样条”和“贝塞尔”，如图 3-92 所示。

知识点：画笔绘制直线的方法

借助“捕捉”工具和背景栅格。打开菜单栏“捕捉”选项，选“启用捕捉”（也可在编辑工具栏中选）、“工作平面捕捉”和“网格点捕捉”工具，然后用“画笔”工具沿着栅格就能绘制出水平或垂直的直线，按需要在四个视图上任选一个都能绘制，如图 3-93 所示。

课堂练习：**用画笔工具绘制饮料瓶**

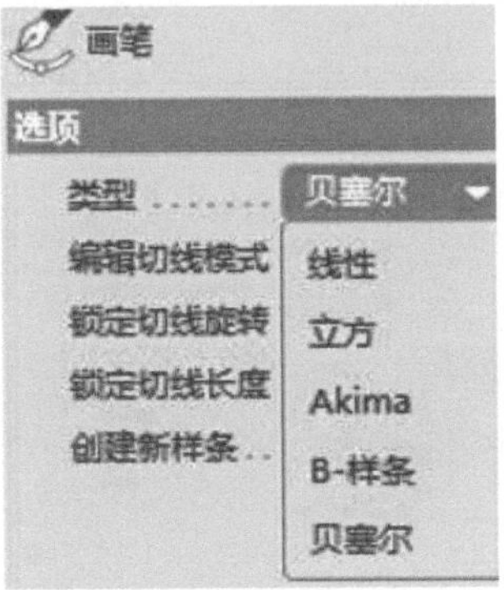

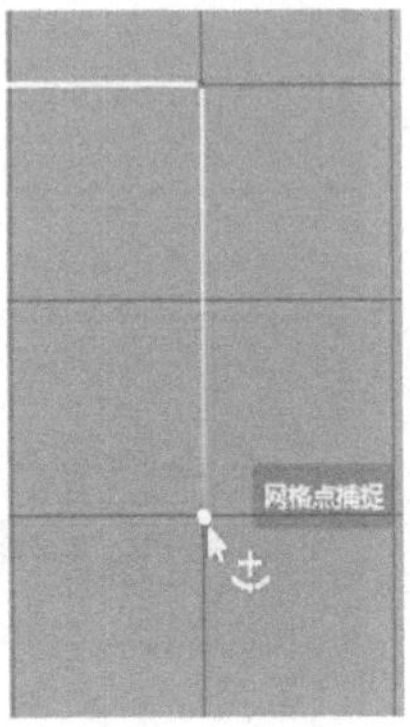

图 3-92　　图 3-93

学习目标：掌握画笔工具的使用方法，了解旋转生成器。

本案例的饮料瓶是由“画笔”工具和“旋转”生成器这两种工具配合制作而成的，制作步骤如图 3-94 至图 3-103 所示。

（1）在正视图中，用“画笔”工具绘制饮料瓶的剖面，绘制完成后按 Esc 键取消绘制，如图 3-94 所示。

（2）切换到“框选”工具，然后选中如图 3-95 所示的点。

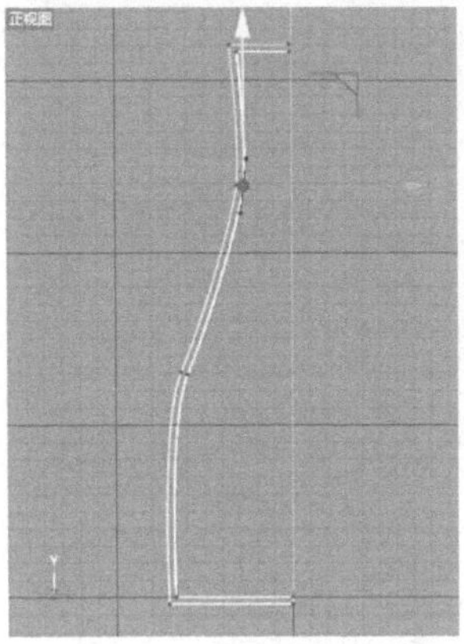

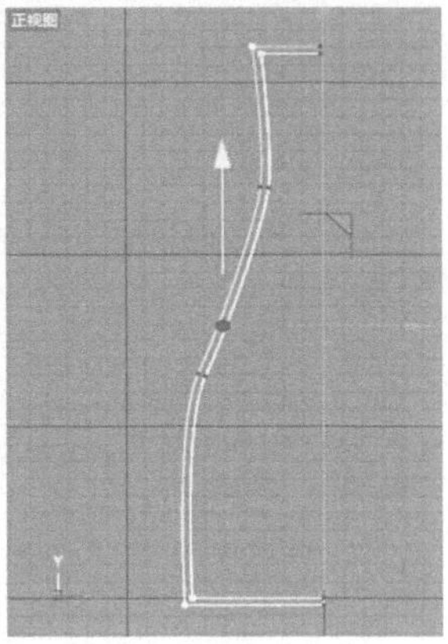

图 3-94　　图 3-95

（3）单击鼠标右键，然后在弹出的菜单中选择“倒角”选项，如图 3-96 所示。

（4）在右侧的“属性”面板中，设置“半径”为“18 cm”，此时剖面效果如图 3-97 所示。

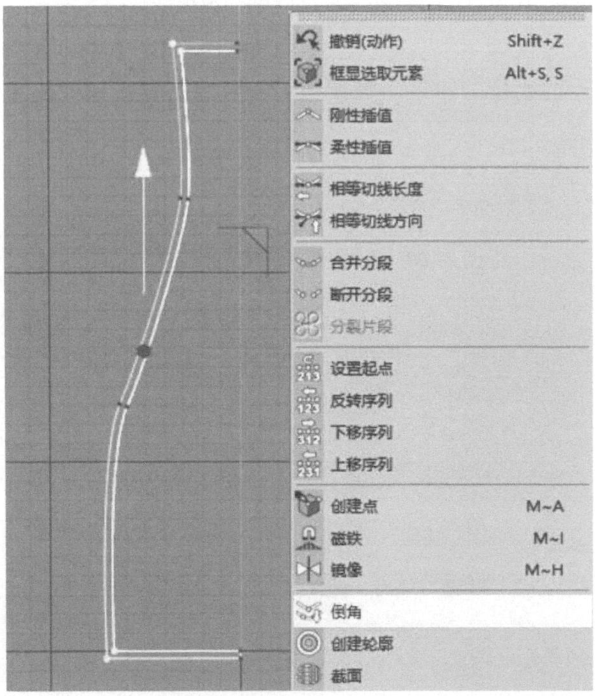

图 3-96

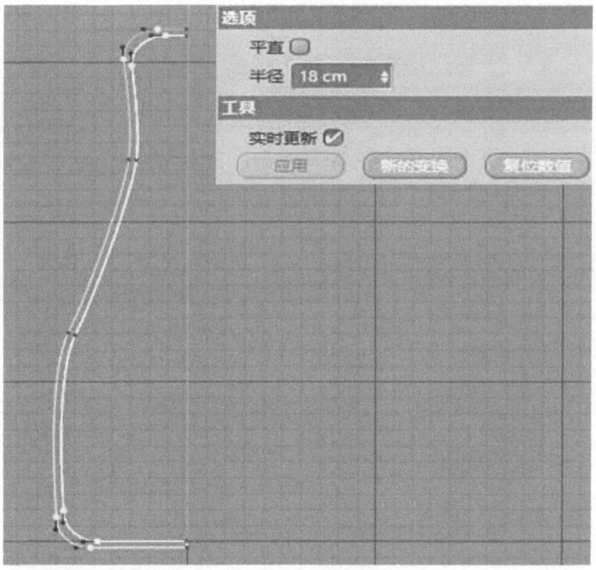

图 3-97

（5）单击“模型”按钮退出编辑状态，然后单击生成器工具集里的“旋转”按钮，接着在“对象”面板中，将“样条”放置于“旋转”的下方，成为其子级，如图 3-98 所示。此时样条效果如图 3-99 所示。

（6）切换到透视视图，放大瓶子底部，仔细观察，发现瓶子底部没有完全合并，如图 3-100 所示。选中“样条”选项，切换到正视图，先在对象面板中关闭旋转工具，如图 3-101 所示，然后移动样条的位置使其完全合并，如图 3-102 所示，最后开旋转工具看瓶子最终效果，如图 3-103 所示。

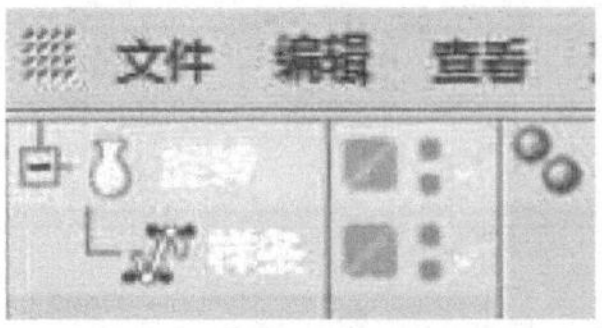

图 3-98

图 3-100

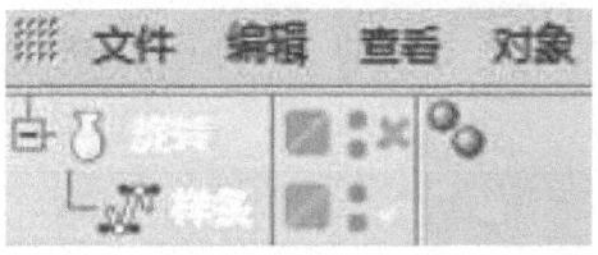

图 3-101

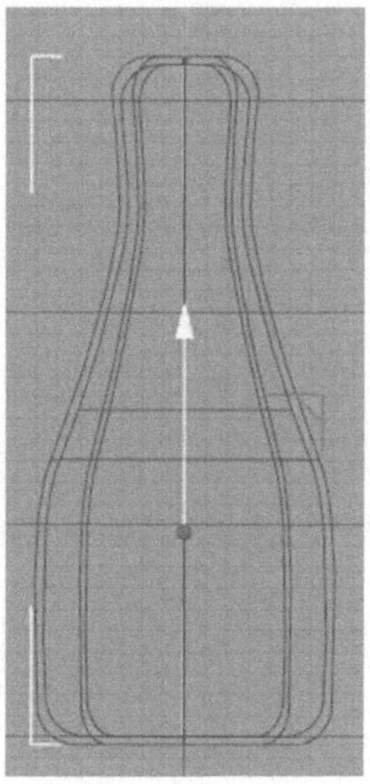

图 3-99

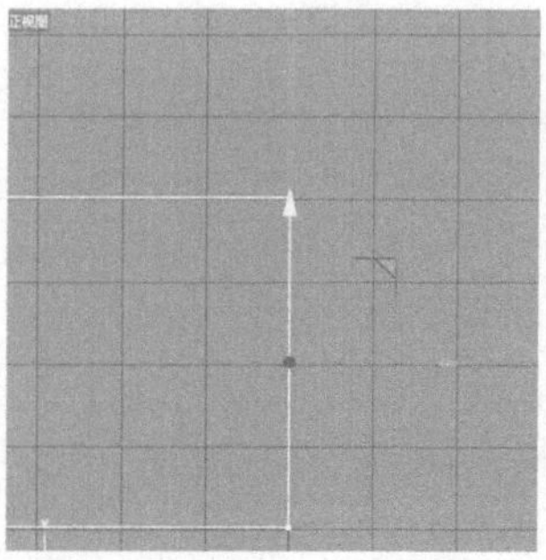

图 3-102

图 3-103

提示：如果想要瓶身更加圆滑，在“旋转”选项的“对象属性”选项卡中增大“细分数”数值即可。

二、星形

用“星形”工具可以绘制任意点数的星形图案，其参数面板如图 3-104 所示。

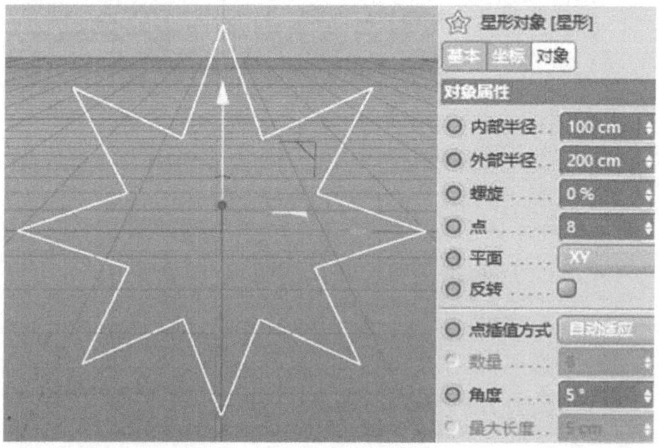

图 3-104

主要工具命令参数解释

内部半径：设置内部点的半径。

外部半径：设置外部点的半径。

螺旋：设置星形旋转的角度，如图 3-105 所示。

点：设置星形的点数，默认为 8，最少点数为 3。

课堂练习：**用星形工具制作星形盒**

学习目标：掌握星形的创建方法。

本案例的星形盒模型是由样条星形工具和生成器放样工具拼凑而成的，制作步骤如图 3-106 至图 3-111 所示。

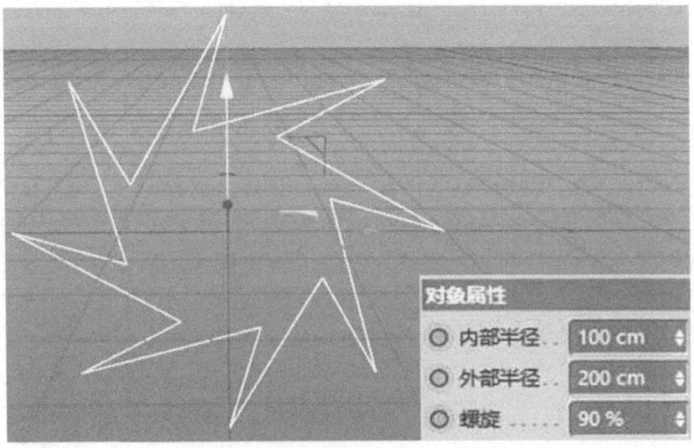

图 3-105

（1）单击“星形”按钮，在场景中创建一个五角星形，在“对象属性”选项卡中设置“点”为“5”，“平面”设置为“XZ”，其他参数不变，如图 3-106 所示。

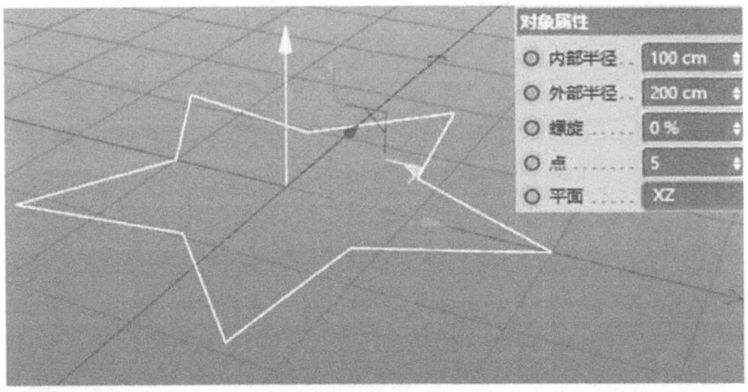

图 3-106

（2）按住 Ctrl 键复制一个星形，摆放在第一个星形上方，如图 3-107 所示。

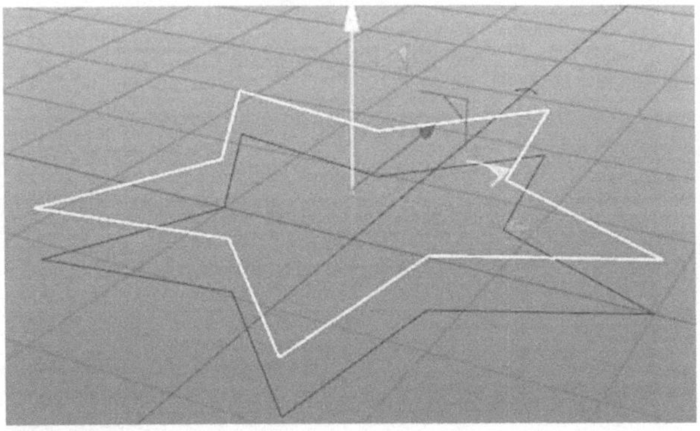

图 3-107

（3）单击“模型”按钮退出编辑状态，然后单击生成器工具集里的“放样”按钮，接着在“对象”面板中，将“星形”放置于“放样”的下方，成为其子级，星形厚度自定，如图 3-108 所示。

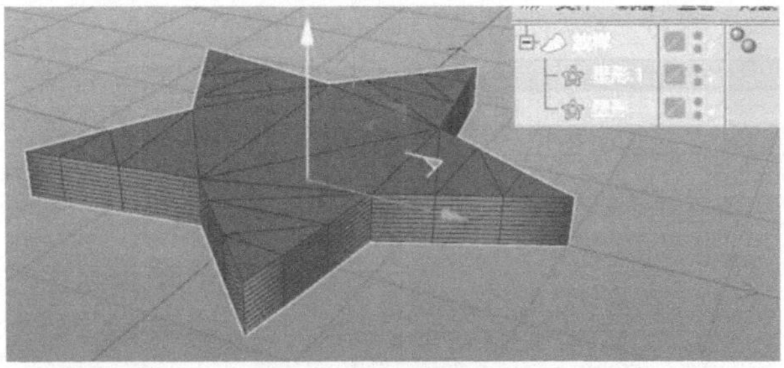

图 3-108

（4）按住 Ctrl 键复制第二个放样，点击“缩放”工具将其缩小一点，点击“移动”工具往上拉，调整第二个复制的星形高度，如图 3-109 所示。

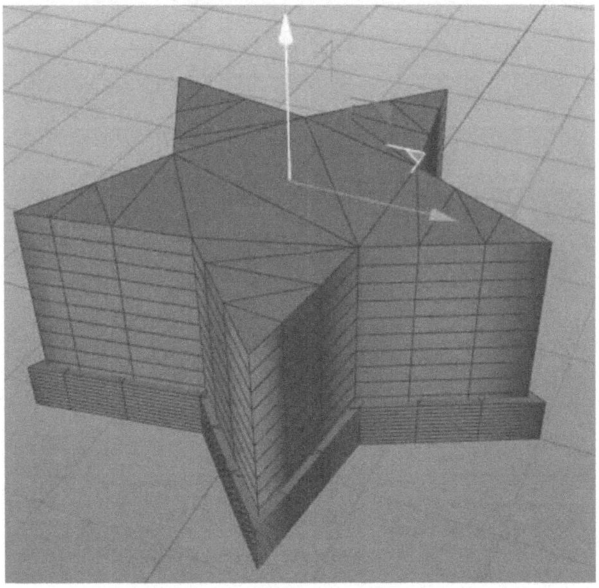

图 3-109

（5）回到第一个放样，按住 Ctrl 键复制第三个放样，用“移动”工具将其往上移到第二个复制的放样上方，效果如图 3-110 所示。

（6）最后按 Shift+R 键，星形盒模型的最终效果如图 3-111 所示。

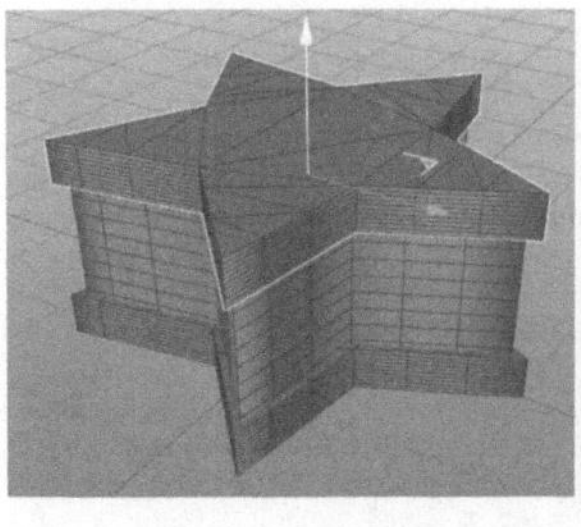

图 3-110

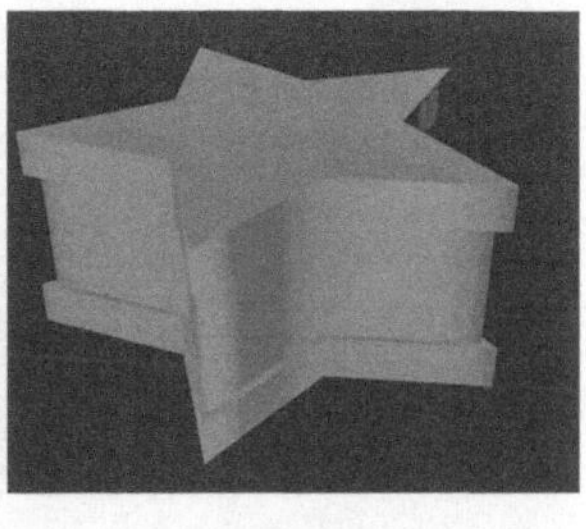

图 3-111

三、圆环

用“圆环”工具可以绘制出不同大小的圆形样条，勾选“椭圆”可以改变“半径”的参数，调整高和宽，其参数面板如图 3-112 和图 3-113 所示。

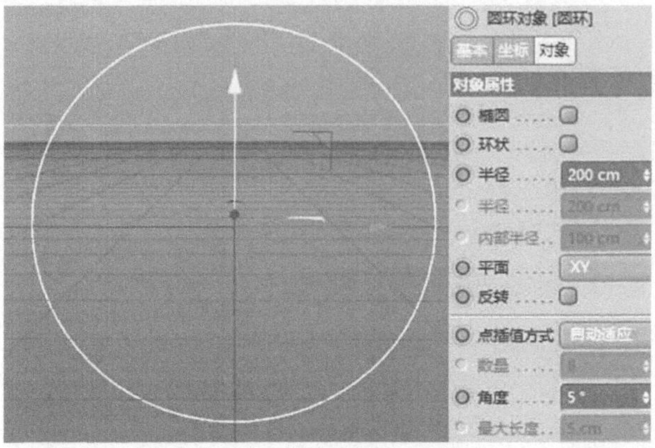

图 3-112

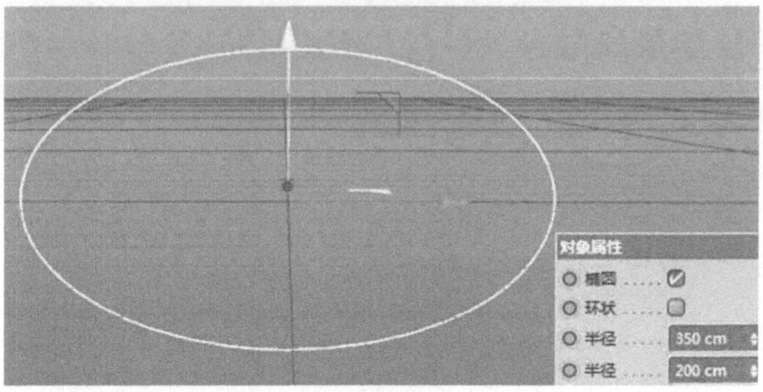

图 3-113

主要工具命令参数解释

环状：勾选该选项后，呈现同心圆图案，如图 3-114 所示，同时勾选“内部半径”选项。

半径：设置圆环的大小。

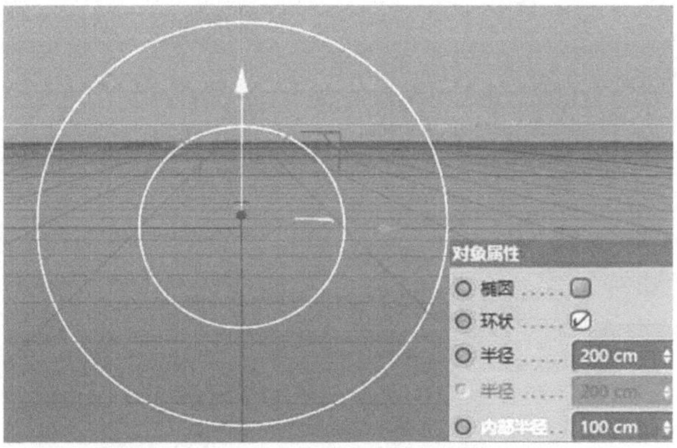

图 3-114

课堂练习：**用圆环工具制作茶叶包装罐**

学习目标：掌握圆环创建模型的方法。

（1）单击“圆环”按钮，在场景中创建一个圆环，在“对象属性”面板将“平面”设置为“XZ”，其他参数不变，如图 3-115 所示。

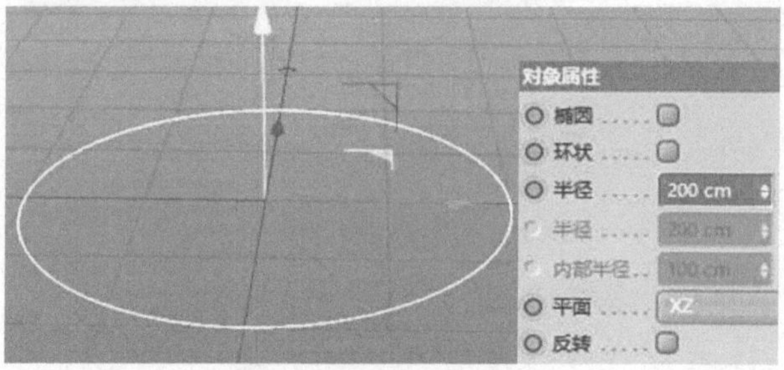

图 3-115

（2）按住 Ctrl 键复制一个圆环，摆放在第一个圆环上方，单击“模型”按钮退出编辑状态，然后单击生成器工具集里的“放样”按钮，接着在“对象”面板中，将“圆环”放置于“放样”的下方，成为其子级，星形厚度自定，如图 3-116 所示。

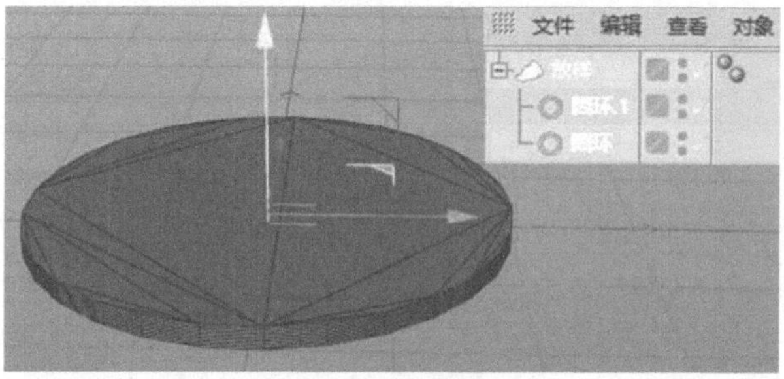

图 3-116

（3）罐身制作。按住 Ctrl 键复制第二个放样，点击“缩放”工具将其放大点，点击“移动”工具往上拉，调整第二个复制的圆环的高度，如图 3-117 所示。

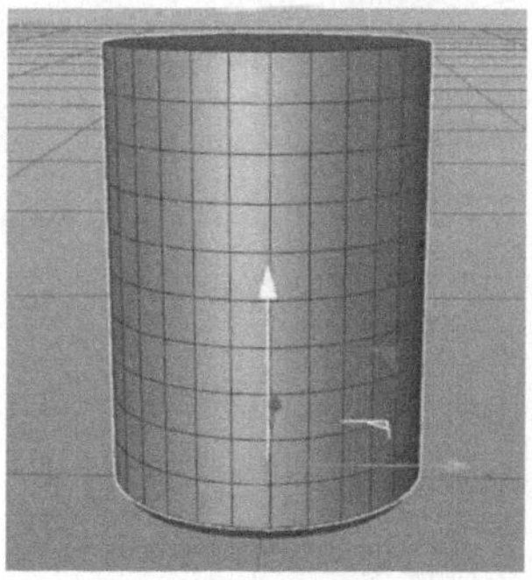

图 3-117

（4）回到第一个放样，按住 Ctrl 键复制第三个放样，用“移动”工具将其往上移到第二个复制的放样上方，用“圆环 .1”调整一下厚度，

图 3-118

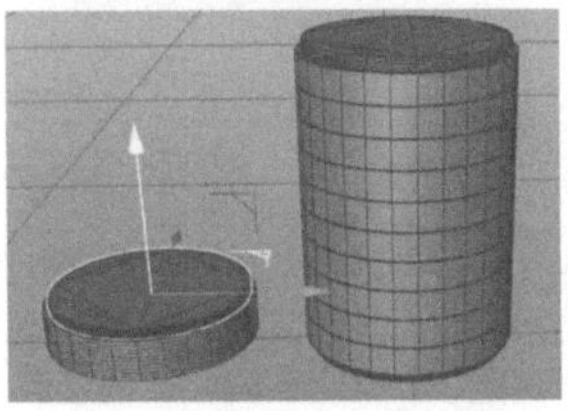

图 3-119

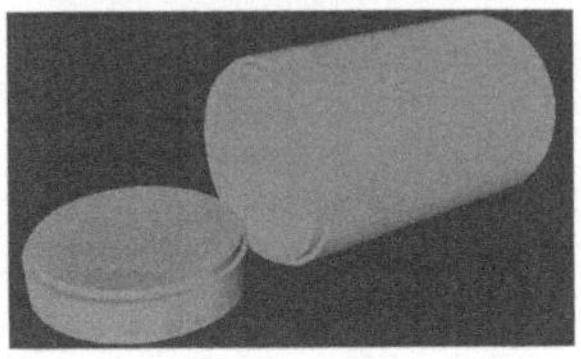

图 3-120

如图 3-118 所示。

（5）盖子制作。回到第二个放样，按住 Ctrl 键复制第四个放样，用“移动”工具将其往左移到合适的位置，用“圆环 .1”调整一下厚度，再回到第一个放样，按住 Ctrl 键复制第五个放样，用“移动”工具将其往左移到第四个放样的上方，如图 3-119 所示。

（6）全部选中第一个、第二个和第三个放样，用“旋转”工具将其放倒到合适的角度，可以在四个视图（正视图、右视图、顶视图、透视视图）中进行调整，按 Shift+R 键，效果如图 3-120 所示。

四、文本

用“文本”工具可以在场景中生成文字样条，方便制作各种立体字模型，其参数面板如图 3-121 所示。

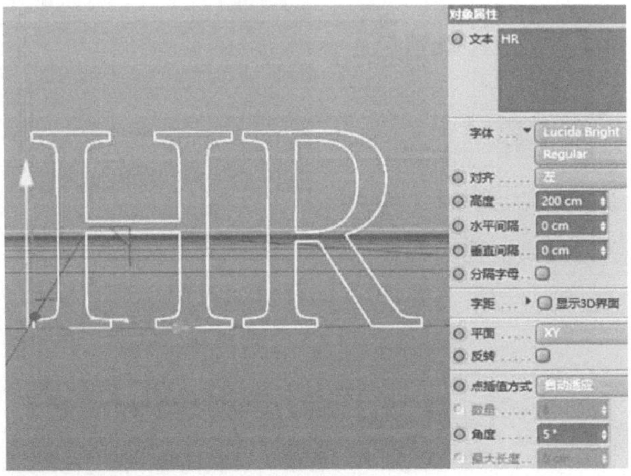

图 3-121

主要工具命令参数解释

文本：输入文本内容，若要输入多行文本，可以按 enter 键切换到下一行。

字体：设置文本显示的字体。

对齐：设置文本对齐类型，系统提供“左”“中”和“右”3 种。

高度：设置文本的高度。

水平间隔：设置字间距。

垂直间隔：调整行间距（只对多行文本起作用）。

显示 3D 界面：勾选该选项后，可以单独调整每个文字的样式，界面效果如图 3-122 所示。

图 3-122

课堂练习：**用文本工具制作化妆品盒**

学习目标：掌握“文本”工具的使用方法，了解挤出生成器。

本案例的化妆品盒由文本、“挤出”生成器和立方体 3 部分组成，制作步骤如图 3-123 至图 3-128 所示。

（1）在前视图中单击“文本”按钮，然后在“对象属性”选项卡的“文本”输入框内输入“HR”，接着设置“字体”为“Lucida Bright”，再设置“高度”为“200 cm”，最后设置“水平间隔”为“4 cm”，具体参数设置及模型效果如图 3-123 所示。

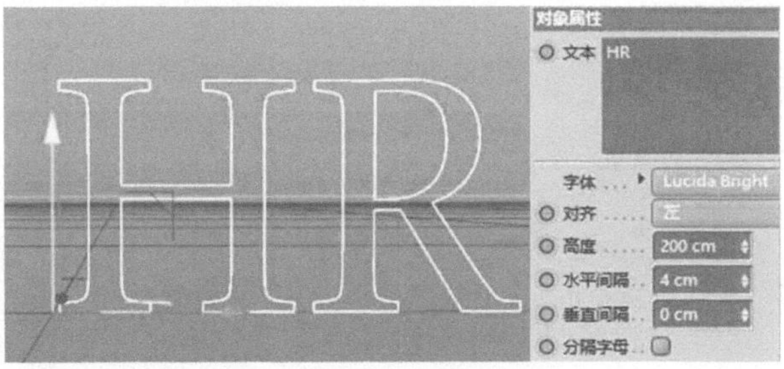

图 3-123

（2）勾选“显示 3D 界面”选项，然后单独调整每个字母的位置和大小，效果如图 3-124 所示。

图 3-124

（3）单击“模型”按钮退出编辑状态，然后单击“挤压”按钮添加“挤压”生成器，接着在对象面板中，将“文本”放置于“挤压”之下作为子层级，最后设置“挤压”的“移动”为“10 cm”，具体参数设置及模型效果如图 3-125 所示。

图 3-125

（4）切换到“封顶”层级，然后设置“顶端”为“圆角封顶”，“半径”为“2 cm”，模型参数及效果如图 3-126 所示，这样就为字体模型添加了倒角效果。

图 3-126

（5）使用“立方体”工具创建字体的背后方盒，设置“立方体”的“尺寸.X”为“200 cm”，“尺寸.Y”为“420 cm”，“尺寸.Z”为“145 cm”，然后勾选“圆角”选项，接着设置“圆角半径”为“5 cm”，“圆角细分”为“5”，再将字体模型缩小，放置于修改好的立方体前方，参数及效果如图 3-127 和图 3-128 所示。

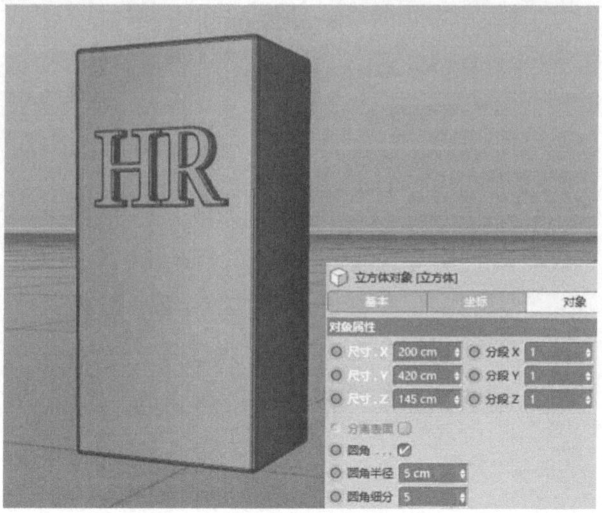

图 3-127

图 3-128

还有一种情况，当容器是圆柱形时，字体怎么围绕圆柱摆放？

（1）先复制一个文本，按 Alt+G 键给已做好的模型打一个组，把对象面板中的“空白”组的绿色点关闭，绿点变为红点，显示模型在场景中已关闭，如图 3-129 所示。

（2）建一个圆柱体，设置“半径”为“95 cm”，“高度”为“380 cm”，放置于字体后方，参数如图 3-130 所示。

（3）在变形器里选“包裹”工具，在“对象”面板中将其移至“文本”之下，如图 3-131 所示。

（4）切换到顶视图，点“匹配到父级”使“文本”与“包裹”合在一起，调整设置“宽度”为“286 cm”，“高度”为“73 cm”，“半径”为“107 cm”，如图 3-132 所示。

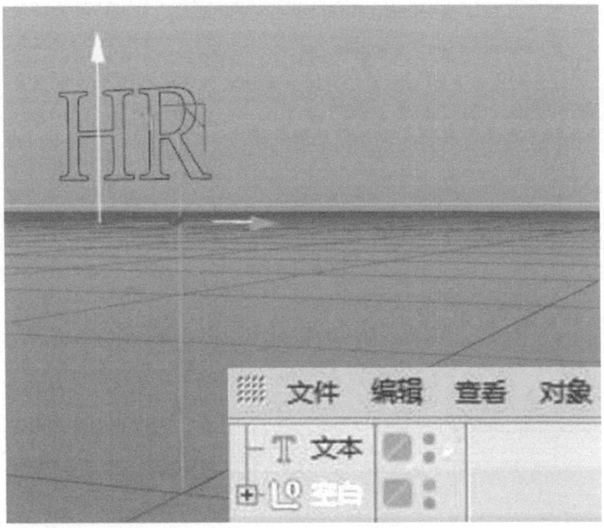

图 3–129

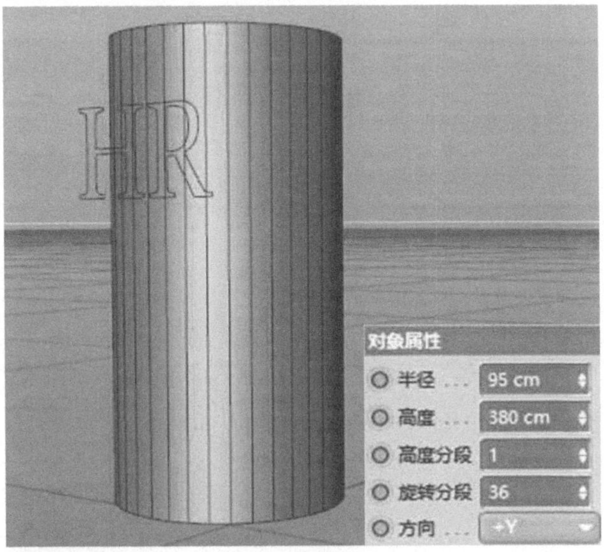

图 3–130

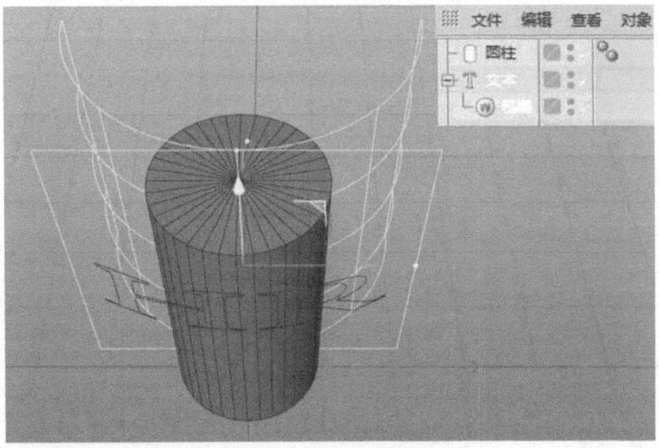

图 3–131

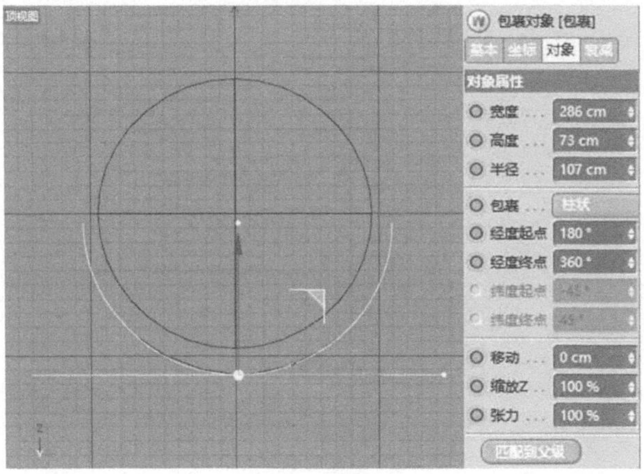

图 3–132

（5）继续在顶视图中作图，在对象面板中添加“挤压”工具，将“文本”与“包裹”放置于“挤压”之下，点“挤压”调整“移动”的文本厚度为“15 cm”，用“移动”工具调整文本贴合圆柱距离，切换到透视视图，如图 3–133 所示。

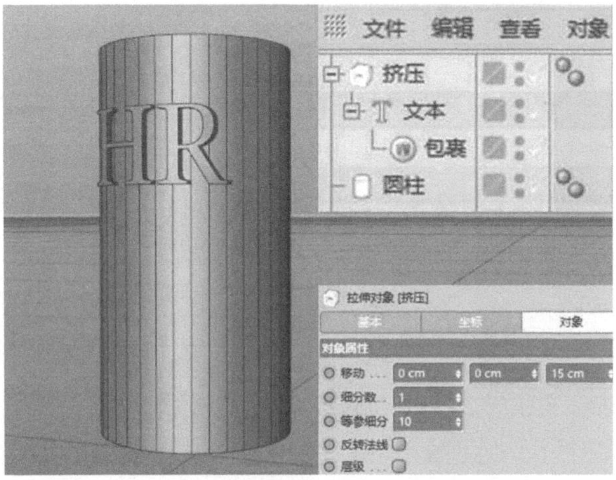

图 3–133

（6）最终效果如图 3–134 所示。

图 3–134

五、螺旋

用“螺旋”工具可以绘制与包装相关的产品，如弹簧、蚊香、冰激淋以及容器瓶口上的螺旋纹等造型，其参数面板如图 3–135 所示。

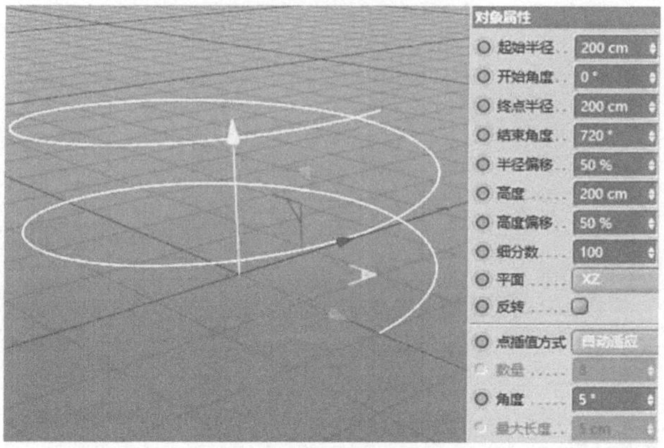

图 3-135

主要工具命令参数解释

起始半径：设置起始端的半径。

开始角度：设置起始端的旋转角度。

终点半径：设置终点端的半径。

结束角度：设置终点端的旋转角度。

半径偏移：设置螺旋两端半径的过渡效果。

高度：设置螺旋的高度。

高度偏移：控制螺旋的高度。

提示：“开始角度”和“结束角度”可以控制螺旋旋转的圈数。

课堂练习：**用螺旋工具制作冰激淋**

学习目标：掌握螺旋工具的使用方法，了解扫描生成器。

本案例的冰激淋模型是由螺旋工具、圆环工具与扫描工具生成的，制作步骤如图 3-136 至图 3-137 所示。

（1）在视窗中创建一个螺旋，显示为“光影着色(线条)”，“起始半径”为默认的“200 cm”，“开始角度”设置为“-588° ”，“终点半径”为“22 cm”，“结束角度”为“720° ”，“半径偏移”为默认的“50%”，“高度”为“228 cm”，“细分数”为默认的“100”，“平面”为“XZ”。在视窗场景中建一个圆环，“半径”设置为“30 cm”，如图 3-136 所示。

（2）选一个“扫描”生成器，调整“终点缩放”为“116%”，在对象面板中把“圆环”和“螺旋”放置于“扫描”之下，如图 3-137 所示。

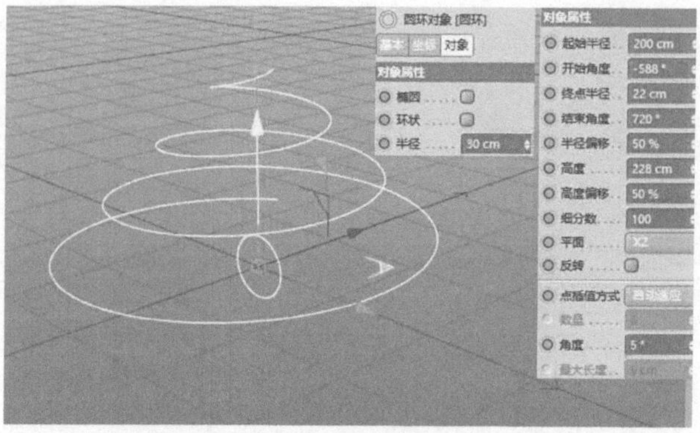

图 3-136

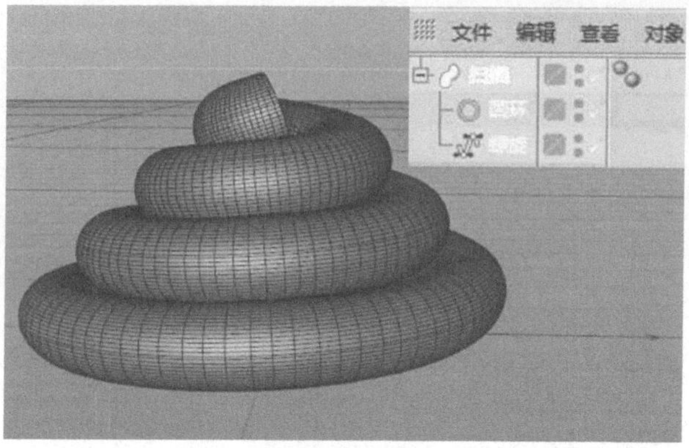

图 3-137

六、矩形

用“矩形”工具可以绘制不同尺寸的方形图案，其参数面板如图 3-138 所示。

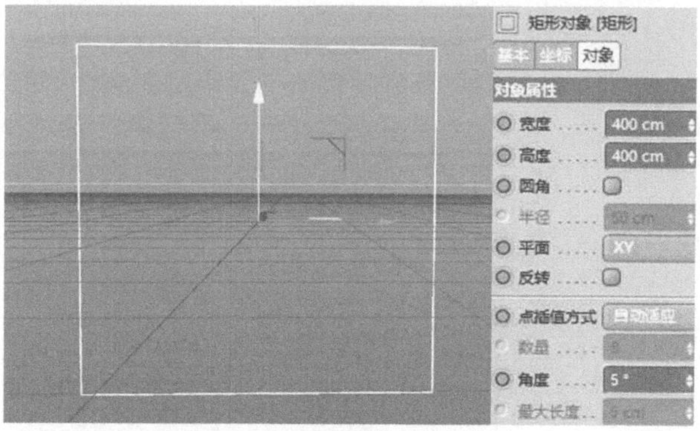

图 3-138

主要工具命令参数解释

宽度 / 高度：设置矩形的宽度和高度数值。

圆角：勾选该选项后矩形呈圆角效果，同时激活“半径”选项。

半径：设置矩形圆角的半径。

课堂练习：**用矩形工具制作包装盒**

学习目标：掌握矩形工具的使用方法，了解放样生成器。

（1）建一个“矩形”工具，“宽度”设置为默认的“400 cm”，“高度”设置为“230 cm”，“平面”为“XZ”，按Ctrl键再复制一个移至上方，如图3-139所示。

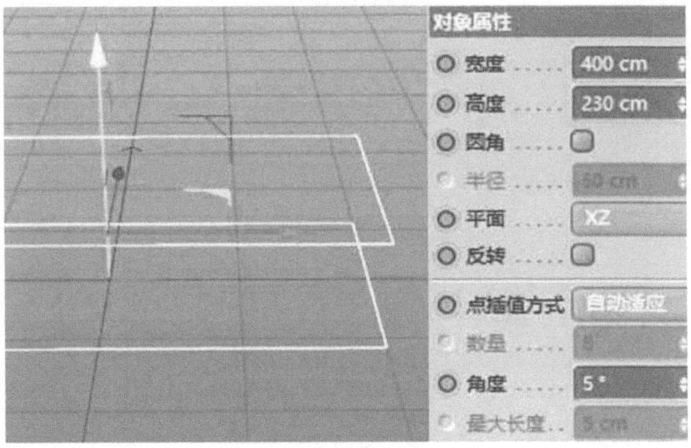

图3-139

（2）在对象面板中添加一个“放样”工具，把两个“矩形”移至“放样”之下，用“矩形.1”调整合适的高度，按Ctrl键再复制第二个“放样.1”，移至上方，调整其厚度，如图3-140所示。

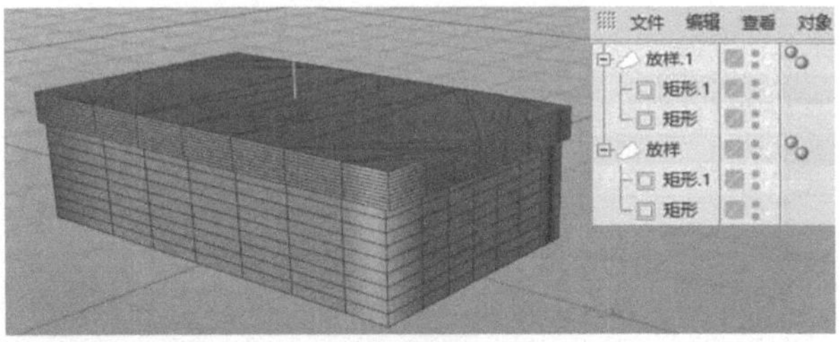

图3-140

（3）选对象面板中的第二个“放样.1”，选参数面板“封顶”中的“顶端”里的“圆角封顶”，“步幅”设置为“4”，“半径”设置为“2 cm”，在“末端”里选“圆角封顶”，“步幅”同样设置为“4”，“半径”同样设置为“2 cm”，如图3-141所示。

（4）最终效果如图3-142所示。

课堂练习：**制作口红包装盒**

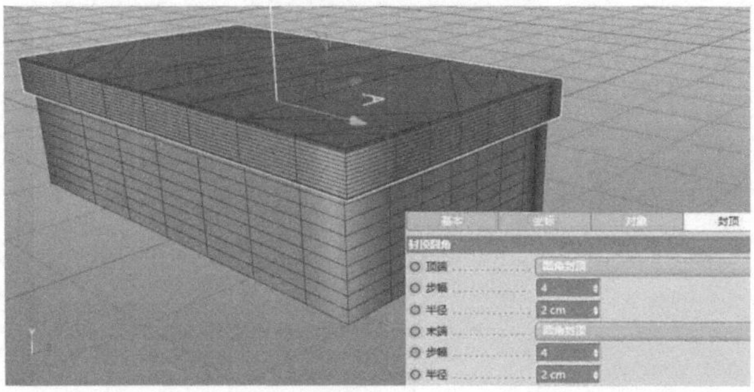

图3-141

图3-142

学习目标：掌握立方体、矩形和画笔工具的使用方法。

口红包装盒制作步骤分解如下：

（1）制作盒盖部分。先打开“立方体”，显示为“光影着色（线条）”，在参数面板中“尺寸.X”设置为默认的“200 cm”，将“尺寸.Y”设置为“40 cm”，设置“尺寸.Z”为“108 cm”，如图3-143所示。

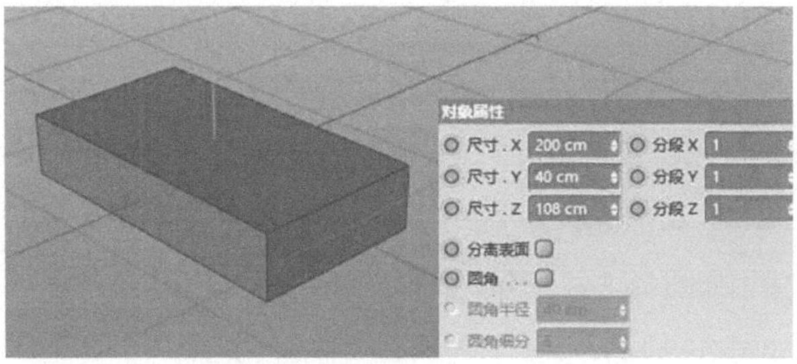

图3-143

（2）在样条里选“矩形”，参数面板对象属性中“宽度”设置为“202 cm”，将“高度”设置为“48 cm”，如图3-144所示。

（3）在对象面板中把“立方体”关闭，如图3-145所示。再选一个样条“矩形”，在参数面板对

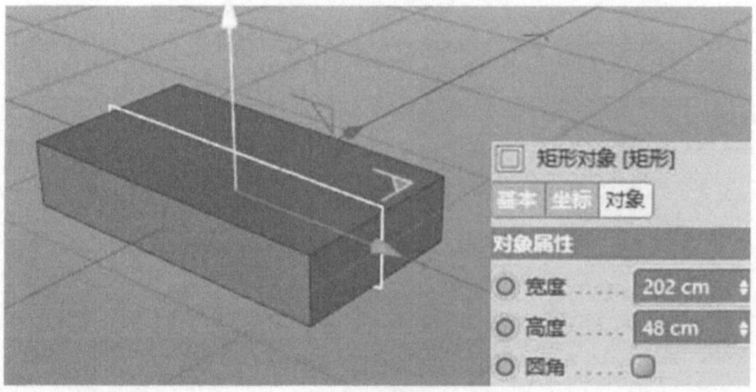

图 3-144

象属性中将“宽度”设置为“10 cm”，将“高度”设置为“40 cm”，如图 3-146 所示。

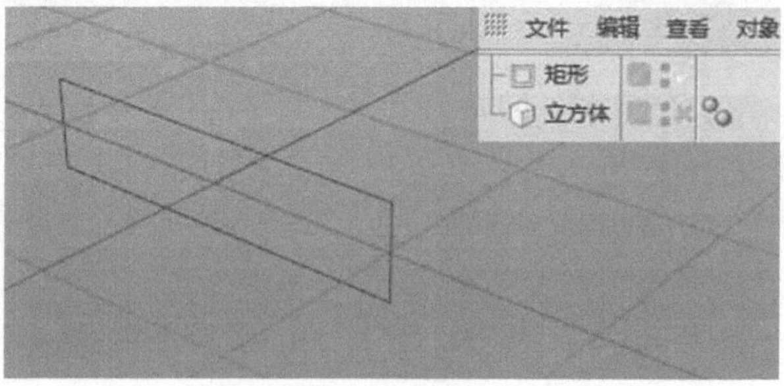

图 3-145

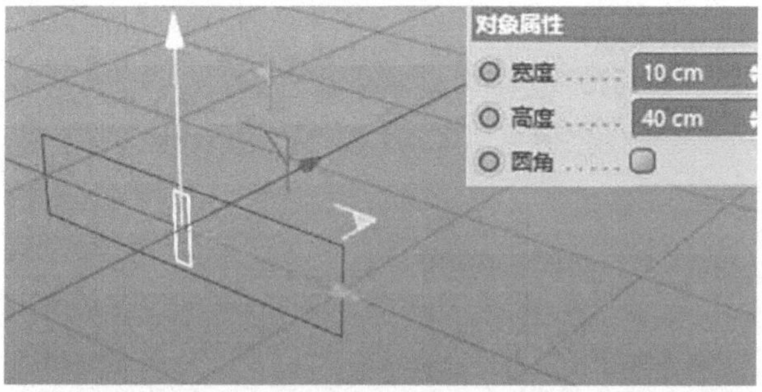

图 3-146

（4）在“造型”工具集里选“扫描”工具，把“矩形 .1”和“矩形”放在“扫描”工具之下，礼盒带子的模型如图 3-147 所示。在对象面板中再打开“立方体”，如图 3-148 所示。在对象面板中点“矩形 .1”调整参数面板对象属性，“宽度”设置为“2 cm”，“高度”设置为“36 cm”，也可适当调整第一个“矩形”的“高度”为“44 cm”，如图 3-149 所示。

（5）切换到顶视图，在对象面板中点“扫描”，按 Ctrl+C 键和 Ctrl+V 键复制一个“扫描 .1”，然后点“旋转”工具，先用鼠标左键点旋转内部的绿色圆圈线，

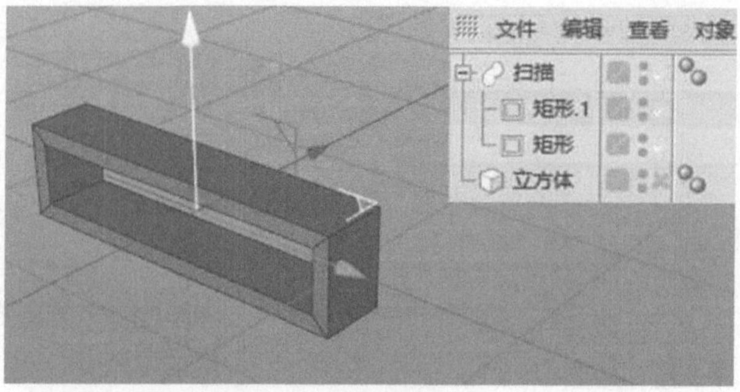

图 3-147

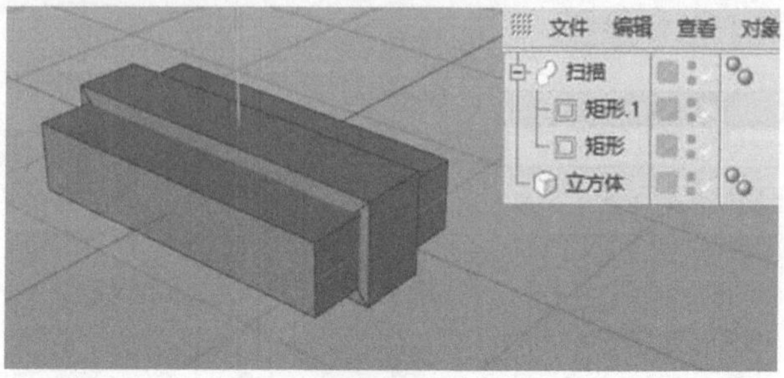

图 3-148

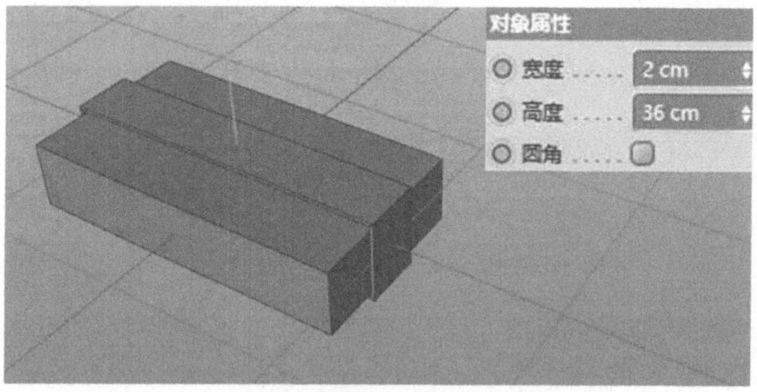

图 3-149

使其变为白色线，再点 Shift 键，拖动白色中轴线进行 90° 旋转，这样能整度数旋转，切换到透视视图可看到盒盖的大概模型，如图 3-150 和图 3-151 所示。

（6）调整复制的第二个“扫描 .1”的位置和宽度。切换到右视图，在对象面板中点“扫描 .1”中的“矩形”，调整“宽度”设置为“111 cm”，把复制的第二个“扫

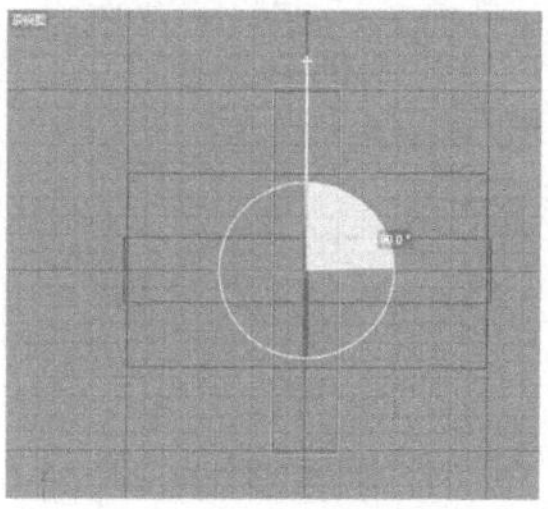

图 3-150

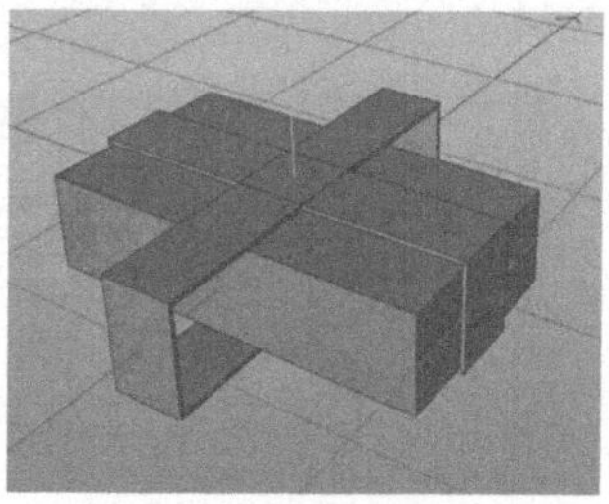

图 3-151

描 .1”沿着 X 轴方向往左移至盒盖上端，如图 3-152 和图 3-153 所示。

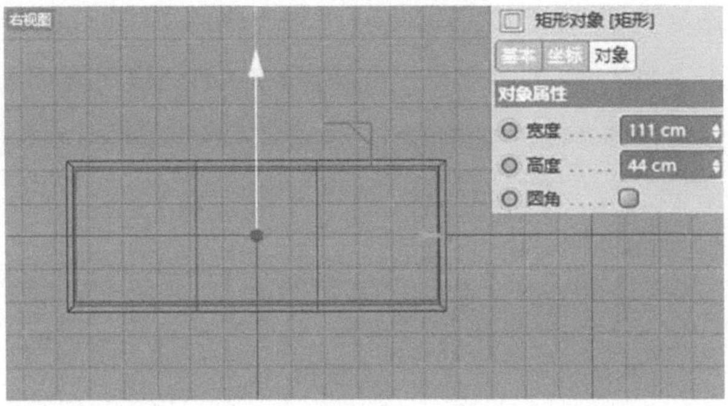

图 3-152

（7）画一个花形蝴蝶结的造型。切换到正视图，用样条“画笔”工具在礼盒带上方画出一个花瓣造型出来，如图 3-154 所示。用“框选”工具选取蓝白线上的黑点，再切换到“移动”工具，用白箭头选黑线上的点和移动绿色、红色光标可以调整花瓣造型，如图 3-155 所示。

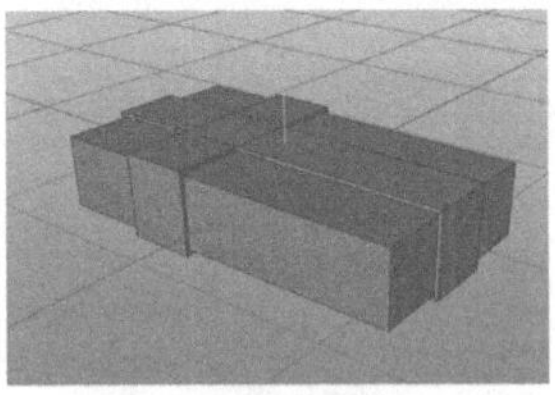

图 3-153

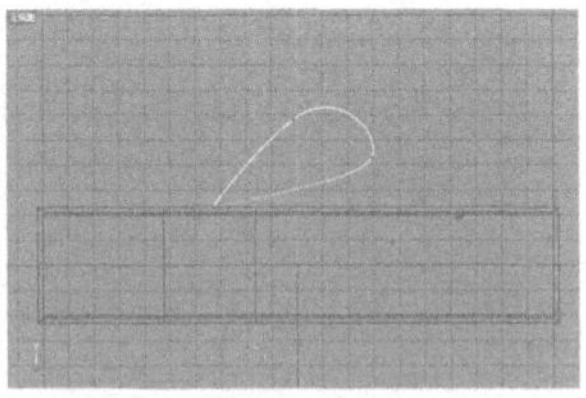

图 3-154

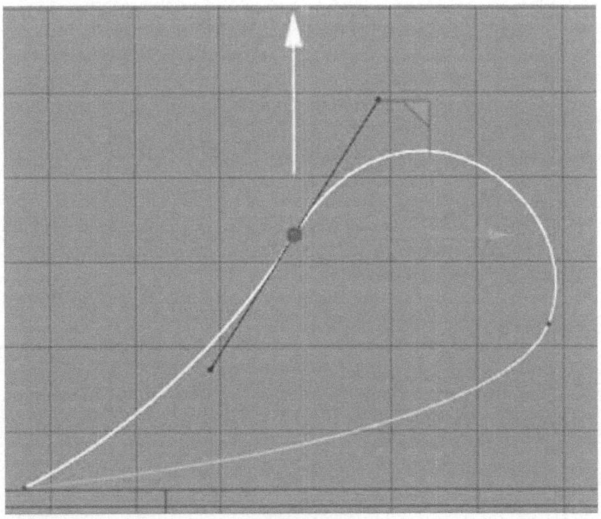

图 3-155

（8）在对象面板中点“扫描 .1”中的“矩形 .1”，按 Ctrl+C 键和 Ctrl+V 键复制一个“矩形 .1”，如图 3-156 所示。选“扫描”工具，将“矩形 .1”和样条放在“扫描 .2”之下，切换到透视视图看到带子的模型厚度，如图 3-157 所示。

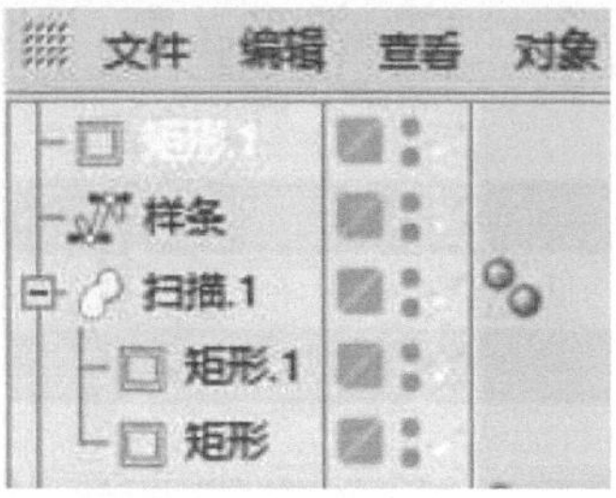

图 3-156

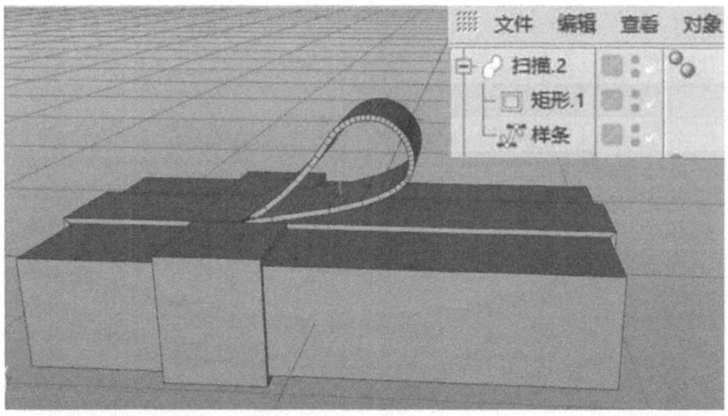

图 3-157

（9）切换到顶视图，在对象面板中点“扫描 .2”花形模型，点击“启用轴心”图标，把光标移至两个带子模型中心，再点“启用轴心”图标，如图 3-158 所示。选“旋转”工具，按 Ctrl 键复制，按 45° 角对角旋转复制四个，再删除原先做的花瓣模型“扫描 .2”，如图 3-159 所示。切换到透视视图看盒盖及礼盒带花形蝴蝶结场景效果，如图 3-160 所示。

（10）在对象面板中选“立方体”，按 Ctrl+C 键

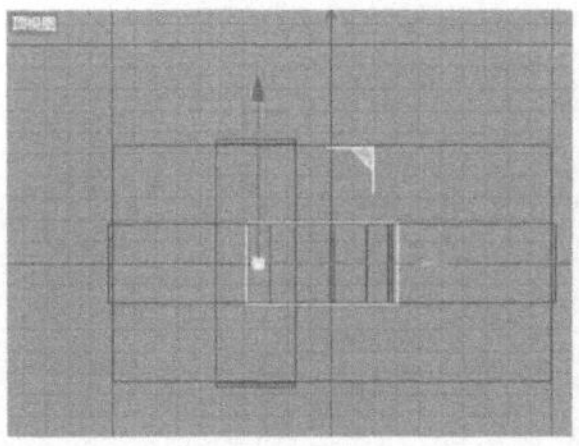

图 3-158

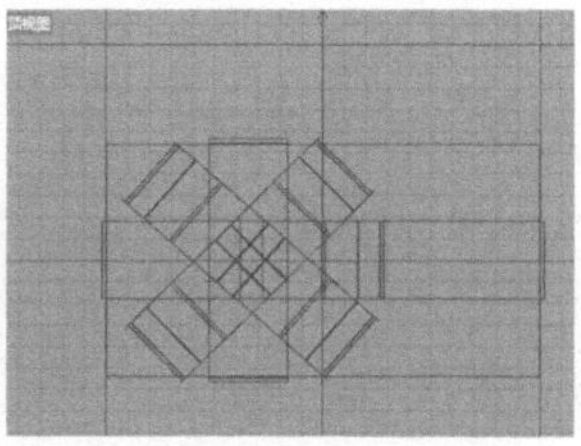

图 3-159

和 Ctrl+V 键复制第二个“立方体 .1”，在参数面板中将“尺寸 .X”设置为“198 cm”，将“尺寸 .Y”设置为“10 cm”，“尺寸 .Z”设置为“106 cm”，沿着 Z 轴方向移到旁边，用绿色光标往下拉使其与盒盖底部平行，如图 3-161 所示。

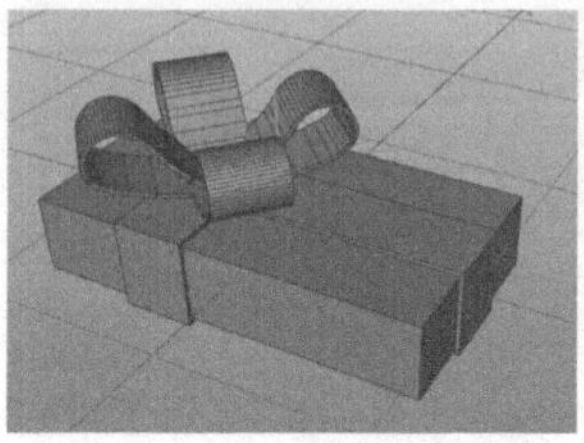

图 3-160

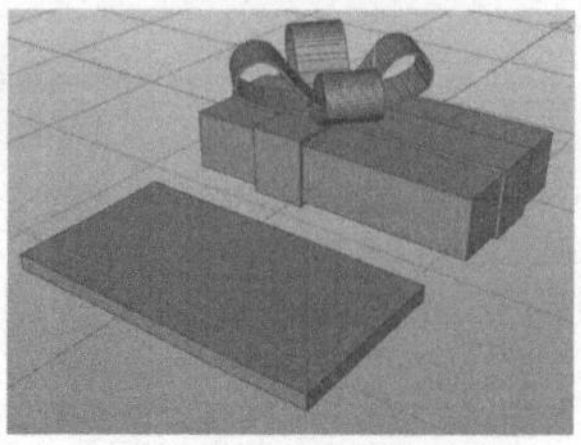

图 3-161

（11）点“立方体 .1”，按 Ctrl 键复制第三个“立方体 .2”，在参数面板中设置“尺寸 .X”为“3 cm”，“尺寸 .Y”设置为“38 cm”，“尺寸 .Z”设置为“106 cm”。为了便于作图，可以先将做好的盒盖模型关闭或按 Alt+G 键群组关闭，如图 3-162 所示。以此方法用“立方体”工具拼凑口红盒体出来，如图 3-163 所示。

（12）用“立方体”工具在参数面板中调整“尺

图 3-162

图 3-163

寸 .X”为“120 cm”，将“尺寸 .Y”设置为“12 cm”，“尺寸 .Z”设置为“46 cm”，在盒子中间添加一个长方形口红模型，如图 3-164 所示。

（13）打开关闭的盒盖模型，调整做好的模型的位置和角度，按快捷键 Ctrl+R 渲染，最终效果如图 3-165 所示。

图 3-164

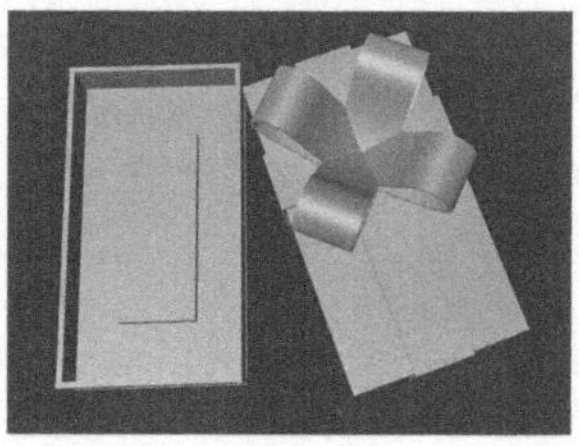

图 3-165

第三节 生成器

本节主要介绍“生成器”工具组的使用方法。“生成器”是一种可以将基础模型和样条做出多种变化和进行三维建模造型的工具，尤其是样条，通过该工具可以生成许多不同种类的模型。生成器工具组如图 3-166 所示。

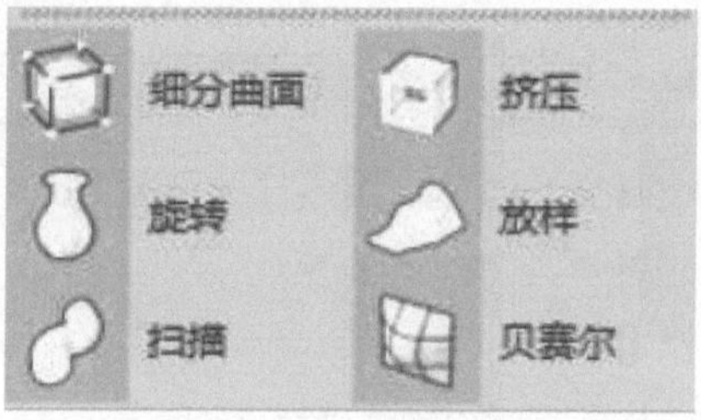

图 3-166

一、细分曲面

“细分曲面”生成器的作用是对模型锐利的边角进行修改，使其变得柔和圆滑，让模型看上去更有舒适感。这里以立方体使用“细分曲面”为例，使用方法如下：

（1）在透视视图场景中添加一个立方体，显示为“光影着色（线条）”，在属性面板中增加线框，“分段 X”设置为“3”，“分段 Y”设置为“3”，“分段 Z”设置为“3”，如图 3-167 所示。

（2）在对象面板中添加一个“细分曲面”，把“立方体”放置于其下方，二者成为子层级关系，在视图场景中就可看到立方体边角变圆滑多了，如图 3-168 所示。

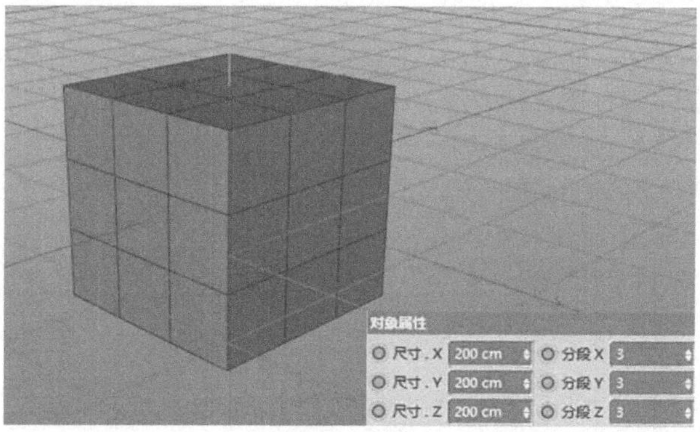

图 3-167

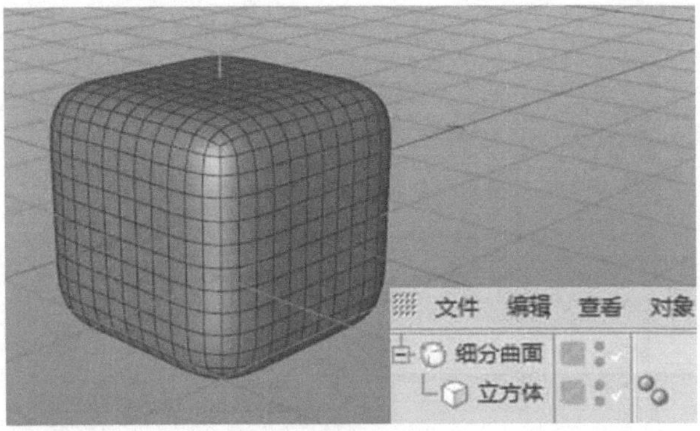

图 3–168

（3）在对象属性面板中，将“编辑器细分”由默认的“2”调到“3”，在视图场景中能看到立方体网格数明显变多，如图 3–169 所示。

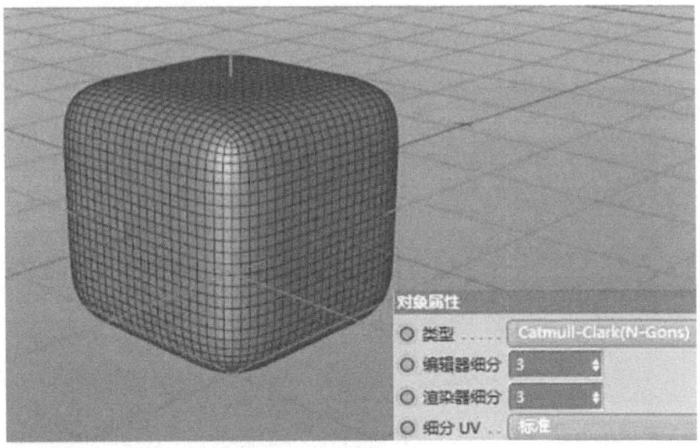

图 3–169

主要工具命令参数解释

类型：系统提供了 6 种细分方式，不同的方式形成的效果和模型布线都有所区别。

编辑器细分：控制细分圆滑的程度和模型布线的疏密，数值越大，模型越圆滑，模型布线也越多。“细分曲面”属性面板中“编辑器细分”默认是“2”，当调到“3”时，网数增大了，消耗的内存也就变多了。

二、挤压

用“挤压”生成器可以为绘制的样条生成厚度，使其成为三维模型。挤压的属性面板有“对象属性”和“封顶圆角”两个选项卡，如图 3–170 和图 3–171 所示。

主要工具命令参数解释

移动：控制样条在 X、Y 和 Z 轴上的挤出厚度。

细分数：控制挤出面的分段数，如图 3–172 所示。

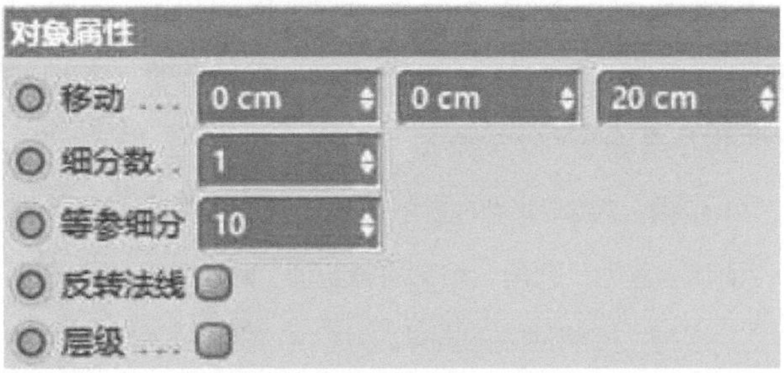

图 3–170

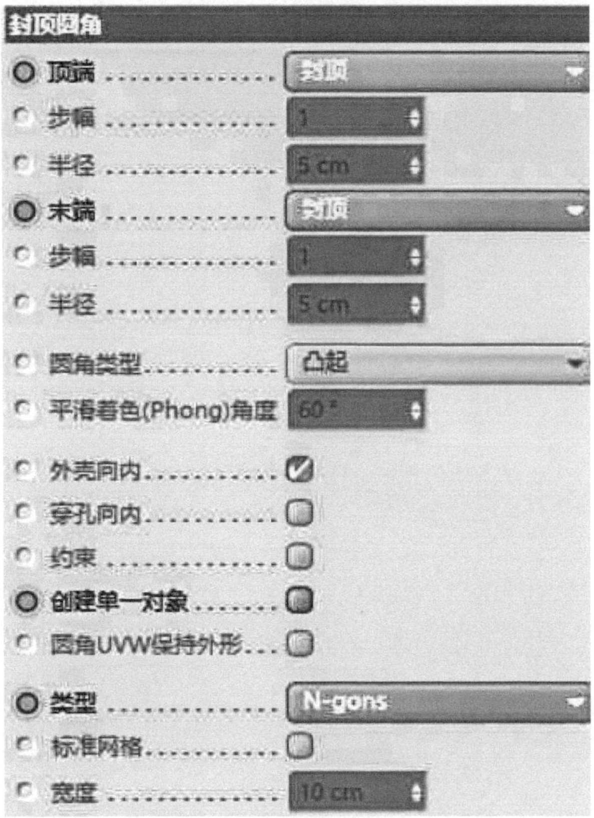

图 3–171

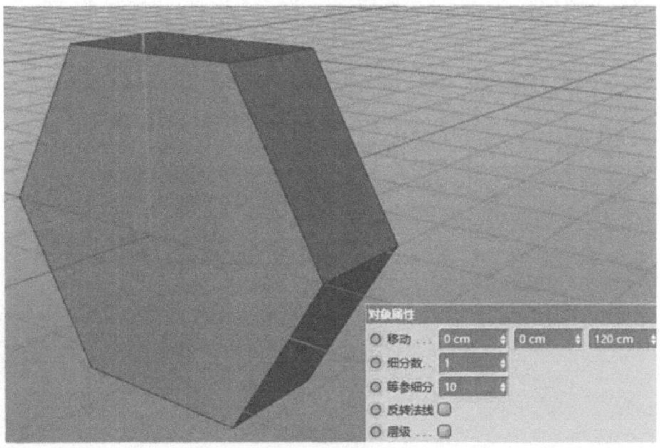

图 3–172

顶端：控制挤出面顶端的封顶效果，分别为“无”“封顶”“圆角”和“圆角封顶”，如图 3-173 至图 3-176 所示。

步幅：控制顶端的圆角布线。数字越大角越圆。当“顶端”置为“圆角”和“圆角封顶”时，激活此选项。

半径：控制顶端的圆角大小。当“顶端”设置为“圆角”和“圆角封顶”时，激活此选项。

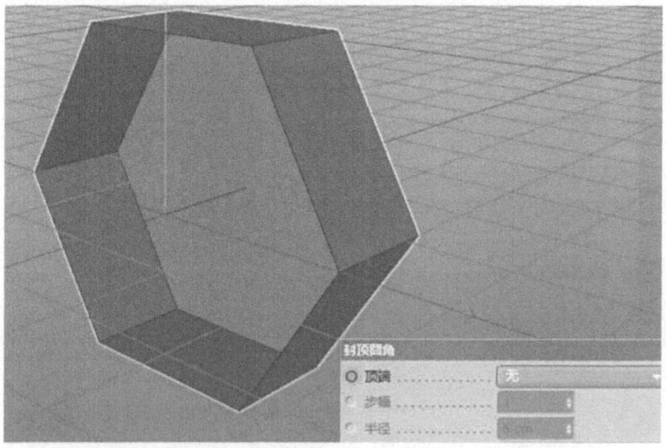

图 3-173

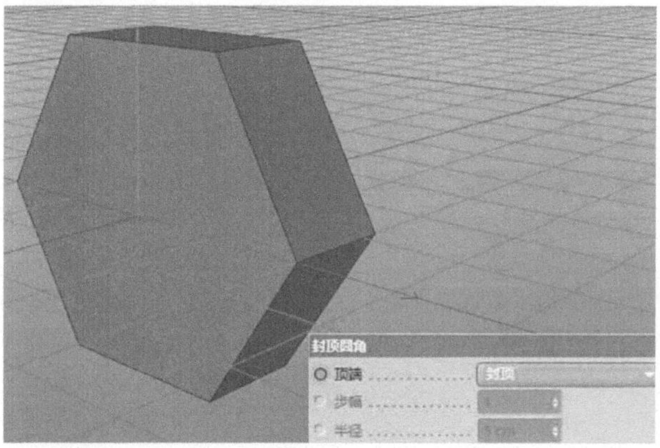

图 3-174

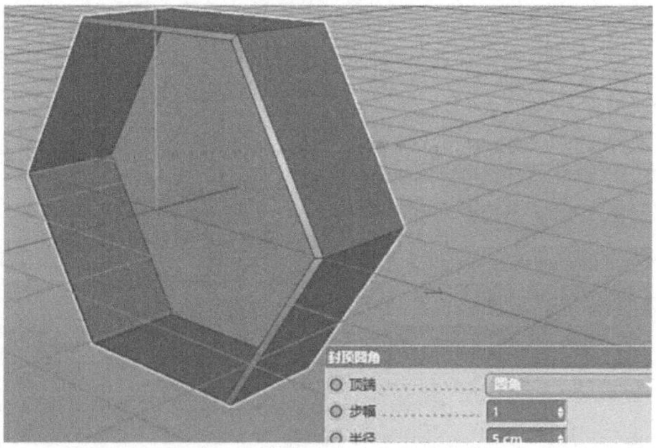

图 3-175

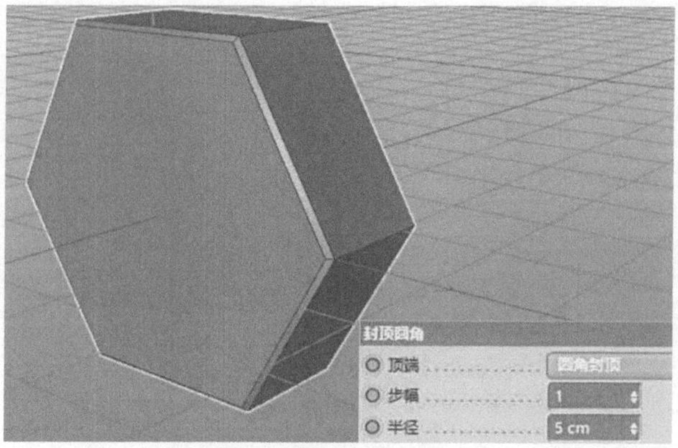

图 3-176

末端：控制挤出面末端的封顶效果。

圆角类型：控制圆角的造型，分别为“线性”“凸起”“凹陷”“半圆”“1 步幅”“2 步幅”和“雕刻”。

约束：勾选此选项后，挤出的对象将忽略圆角生成的厚度，按照原有图形的大小生成。

课堂练习：**用挤压生成器制作吊牌**

学习目标：熟练运用挤压生成器制作模型。

本案例的吊牌模型是由矩形、圆环和挤压生成器制作而成的。步骤如下：

（1）在正视图中，单击“多边”按钮，在场景中创建一个多边，然后在“对象属性”选项卡中设置“半径”为“200 cm”，“侧边”为“6”，接着勾选“圆角”选项，下方的“半径”被激活，再设置“半径”为“50 cm”，也可以按需要设置其他参数，如图 3-177 所示。

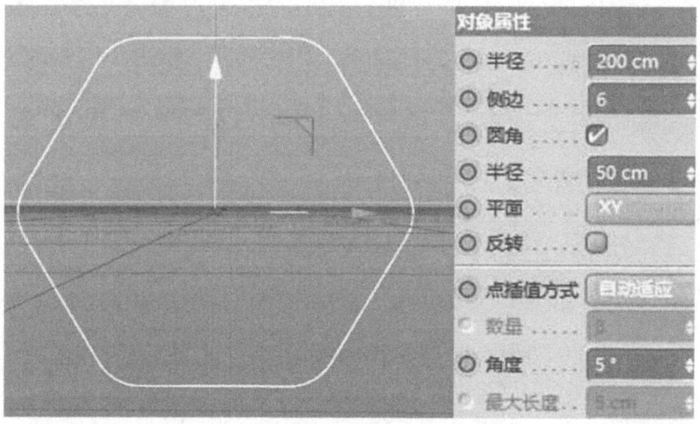

图 3-177

（2）切换到正视图中，选“旋转”工具，点击鼠标左键，再按 Shift 键旋转 30°，如图 3-178 所示。

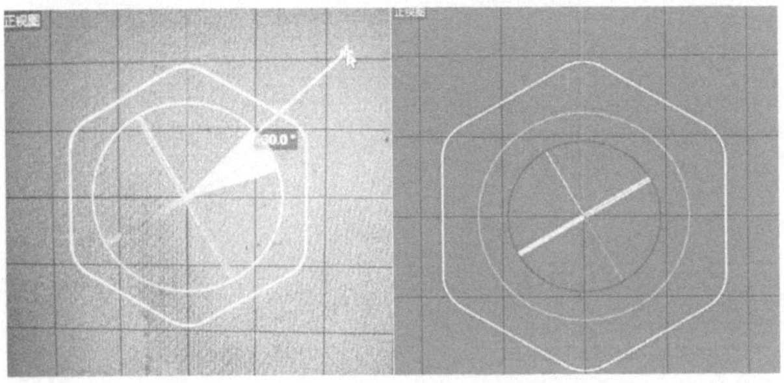

图 3-178

（3）单击“圆环”按钮，在场景中创建一个圆形，然后在“对象属性”选项卡中设置“半径”为“15 cm”，将“圆环”往上移至“多边”上方合适位置，如图 3-179 所示。

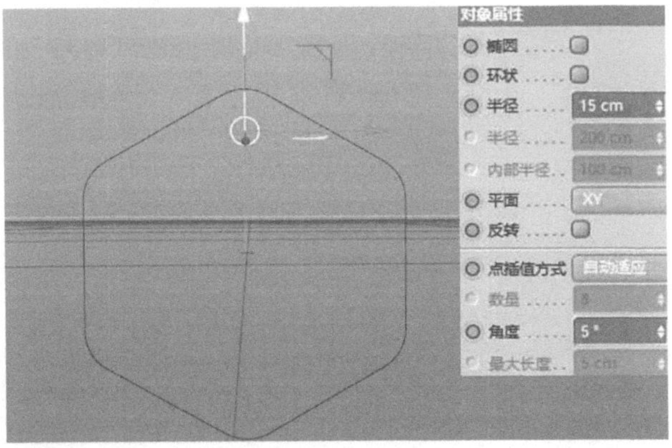

图 3-179

（4）选中两个绘制的样条，然后长按“画笔”按钮，接着在弹出的面板中单击“样条差集”按钮，此时两个样条合并为一个样条“多边”，如图 3-180 所示。

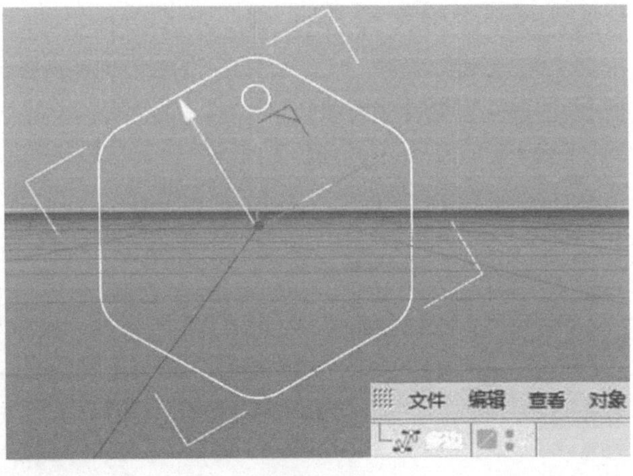

图 3-180

（5）单击“挤压”按钮，接着在“对象”面板中，将“多边”样条放置于“挤压”生成器选项下，如图 3-181 所示。

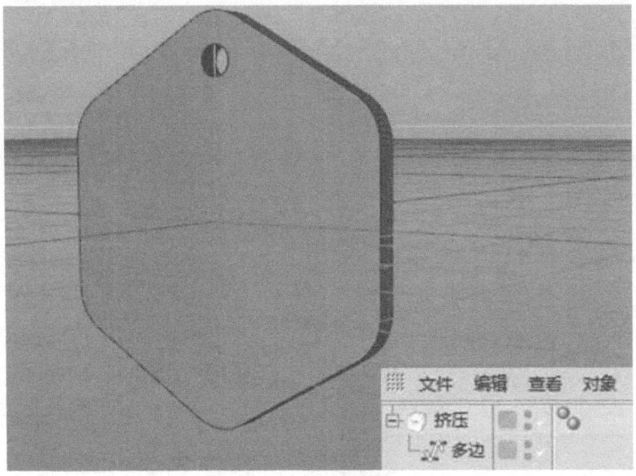

图 3-181

（6）吊牌模型的厚度不合适，需要在“对象属性”选项卡中调整。在“对象属性”选项卡中设置“移动”为“2 cm”，如图 3-182 所示。

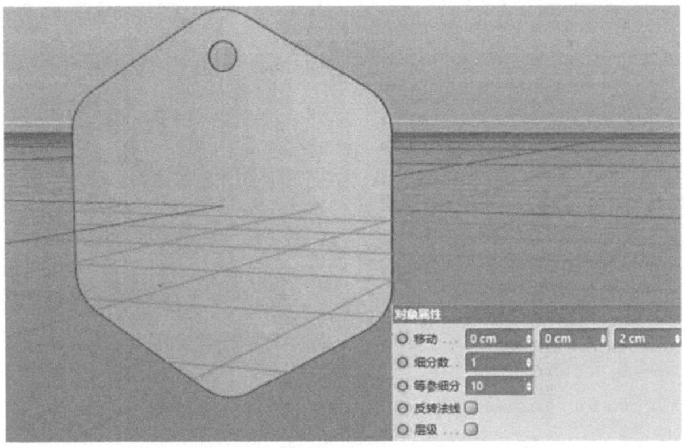

图 3-182

（7）模型的边缘过于锐利，在“封顶圆角”选项卡中设置“顶端”为“圆角封顶”，“步幅”为“1”，“半径”为“1 cm”，“圆角类型”为“凸起”，接着勾选“约束”选项，如图 3-183 所示。吊牌最终效果如图 3-184 所示。

三、旋转

“旋转”生成器可以将绘制的样条按照轴向旋转任意角度，从而形成三维模型。旋转的“属性”面板有“对象属性”和“封顶圆角”两个选项卡。

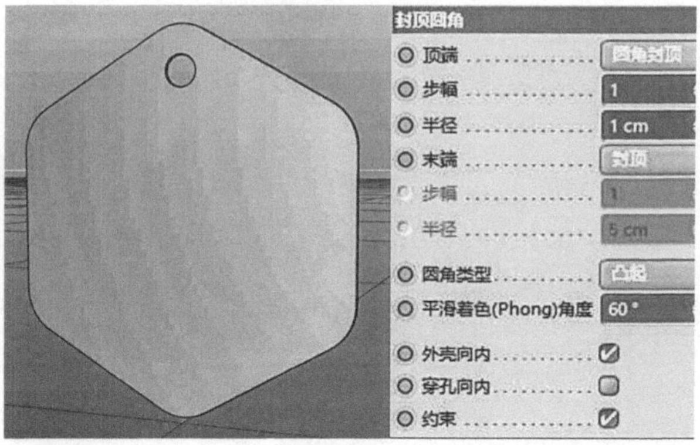

图 3-183

主要工具命令参数解释

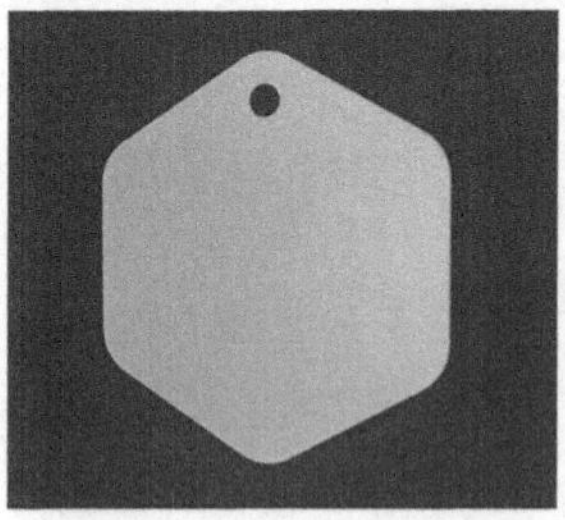

图 3-184

角度：设置样条旋转的角度，默认为 360° 。

细分数：设置模型在旋转轴上的细分数，数值越大，模型越圆滑。

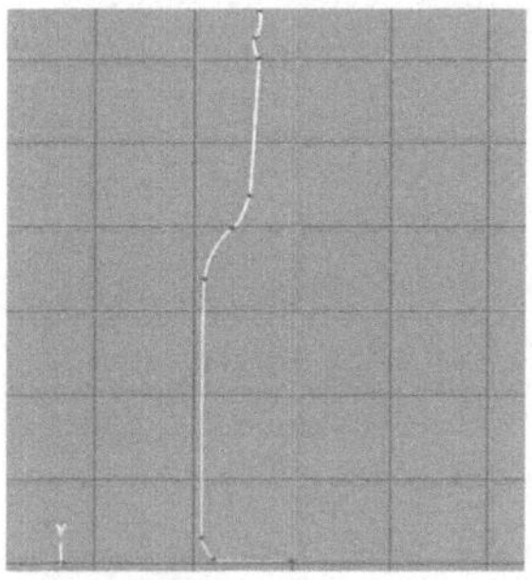

图 3-185

课堂练习：**用旋转生成器制作啤酒瓶**

学习目标：掌握旋转生成器的使用方法。

（1）本案例的啤酒瓶模型是由样条和旋转生成器制作而成的，在正视图中单击“画笔”按钮绘制啤酒瓶的剖面，如图 3-185 所示。

（2）选中图 3-185 所示的点，然后单击鼠标右键，选择“柔性插值”选项，接着调整点的圆滑效果，如图 3-186 所示。

（3）在透视视图里按鼠标右键，在弹出的点模式对话框里点“创建轮廓” 创建轮廓，然后在“创建轮廓”属性面板勾选“创建新的对象”，将“距离”参数设置为“3 cm”，然后点击“应用”，给酒瓶增加一个厚度，也可以用鼠标徒手再画出相同的轮廓线，如图 3-187 所示。

（4）点“画笔”样条，将瓶口处双线和瓶底处双线都封闭，如图 3-188 所示。

（5）在对象面板中添加一个“旋转”生成器，将修改好的“样条”放置于“旋转”层级之下，切换到透视视图，模型在场景中效果如图 3-189 所示。

（6）把模型放大，可看到模型边缘还有很多棱角，显得不圆滑。模型放大效果如图 3-190 所示。

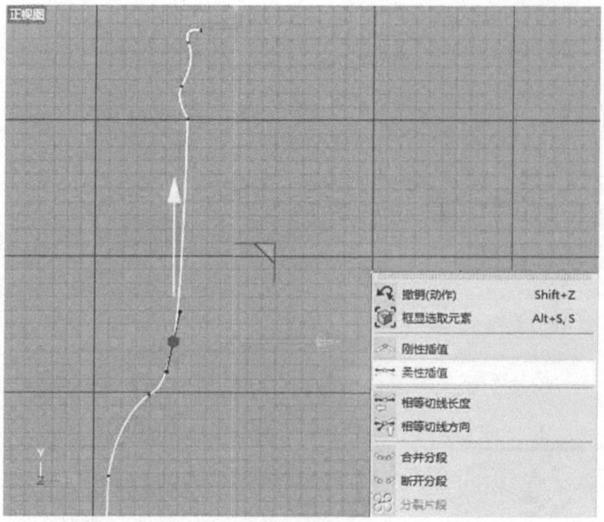

图 3-186

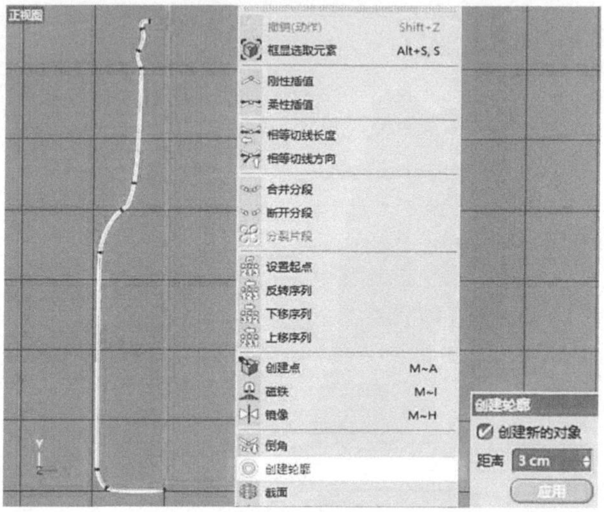

图 3-187

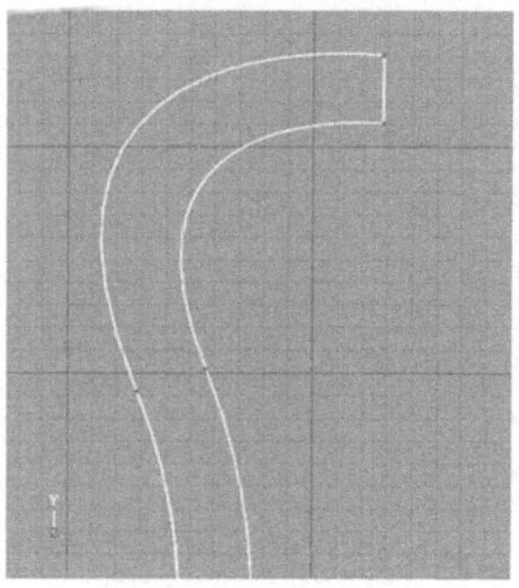

图 3-188

图 3-190

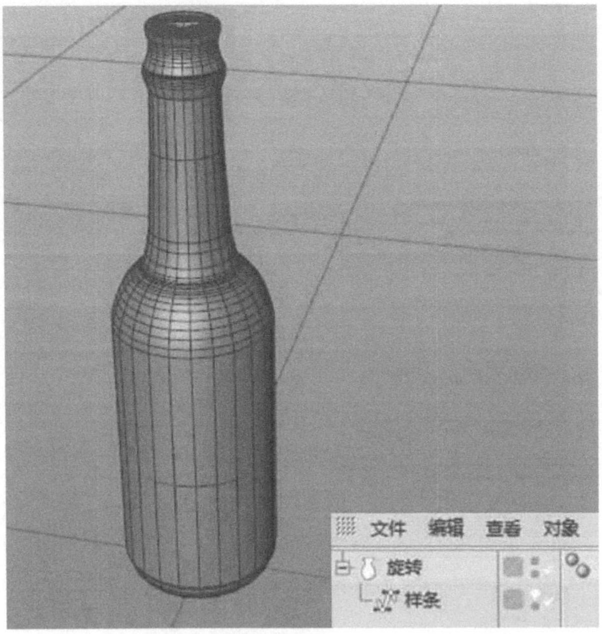

图 3-189

（7）选中“旋转”选项，然后在“对象属性”选项卡中设置“细分数”为“50”，啤酒瓶模型的最终效果如图 3-191 所示。

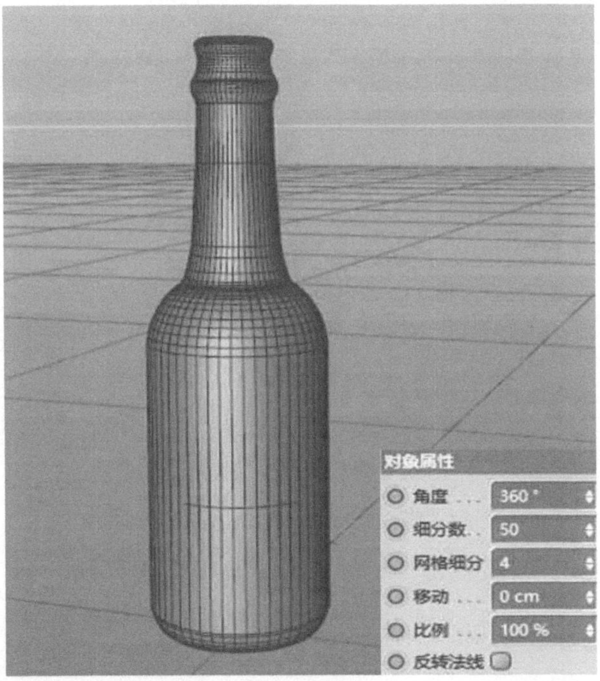

图 3-191

（8）最后在透视视图中检查模型瓶底有无缺口和共面，如果有就要切换到正视图中修改样条线，移动点的位置。

四、放样

用“放样”生成器可以将一个或多个样条进行连接，生成由某一形状过渡到另一形状的模型，从而形成三维模型。放样的“属性”面板有“对象属性”和“封顶圆角”两个选项卡。

主要工具命令参数解释

网孔细分 U/ 网孔细分 V/ 网格细分 U：设置生成三维模型的细分数。

循环：勾选该选项后，不显示连接图形的端面，如图 3-192 所示。

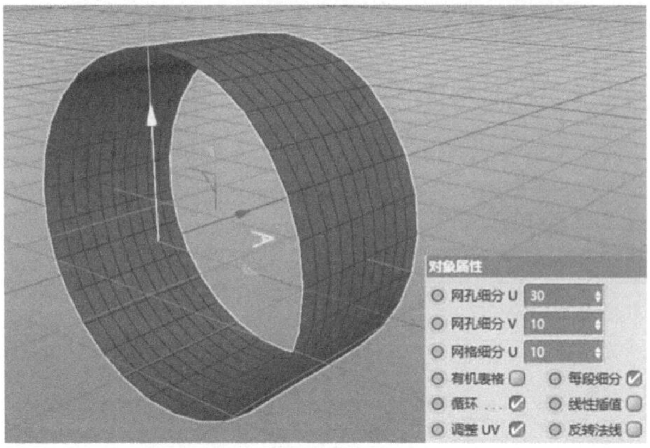

图 3-192

课堂练习：**用放样生成器制作饮料瓶**

学习目标：掌握放样生成器的使用方法。

（1）在透视图中建一个矩形和一个圆形，对象属性中“平面”为“XZ”，其他参数为默认的数值，将圆环往上移至矩形上方合适位置，如图 3-193 所示。

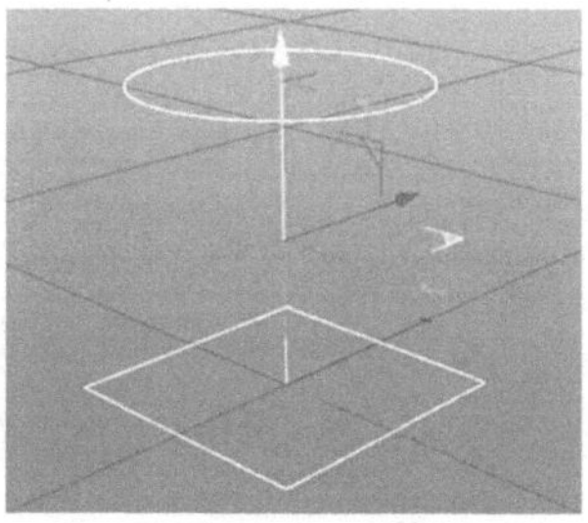

图 3-193

（2）在对象面板中添加“放样”生成器，把圆环和矩形放在放样下方，效果如图 3-194 所示。

（3）在对象面板中“放样”下方选“圆环”，按 Ctrl+C 键和 Ctrl+V 键复制粘贴一个圆环，属性面板“半径”设置为“102 cm”，其他参数不变，如图 3-195 所示。

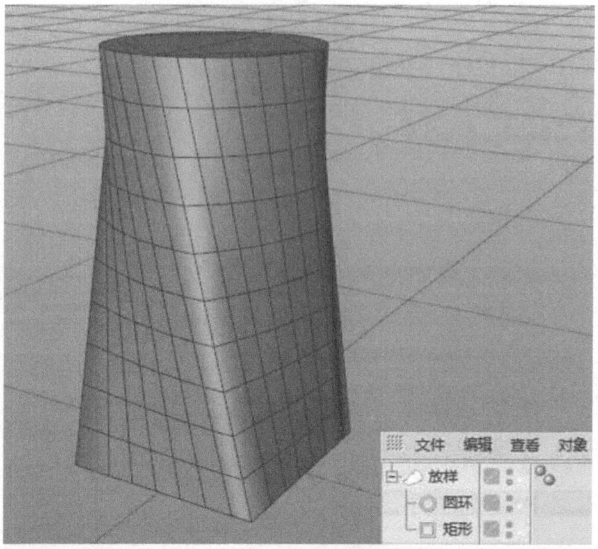

图 3-194

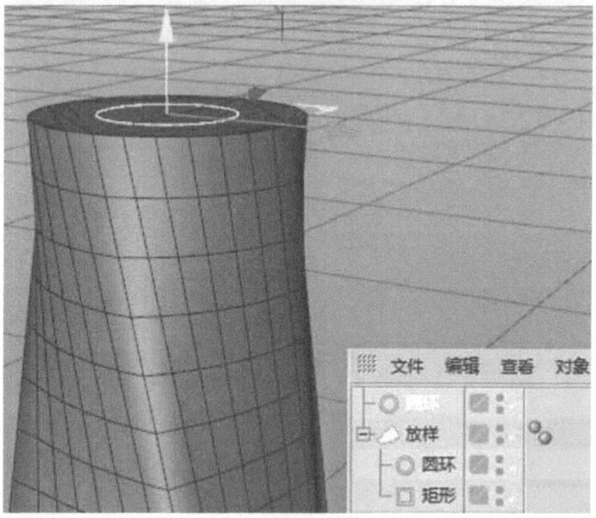

图 3-195

（4）按 Ctrl 键，点鼠标左键再复制一个“圆环 .1”，移至上方合适位置，如图 3-196 所示。

（5）在对象面板中添加“放样”生成器，把“圆环”和“矩形”放在放样下方，最终效果如图 3-197 所示。

五、扫描

“扫描”生成器 扫描 用于让一个图形按照另一个图形的路径生成三维模型。扫描的“属性”面板有“对象属性”和“封顶圆角”两个选项卡。

主要工具命令参数解释

网格细分：设置生成的三维模型的细分数。

终点缩放：设置生成的模型在终点处的缩放效果。

图 3-196

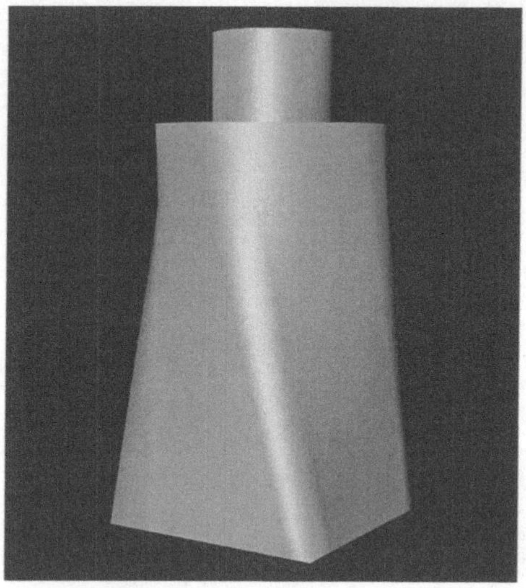

图 3-197

结束旋转：设置生成的模型在终点处的旋转效果。

开始生长 / 结束生长：类似于“圆锥”的“切片”工具，控制生成模型的大小。

课堂练习：**用扫描生成器制作包装盒纸带**

学习目标：掌握扫描生成器的使用方法。

本案例的包装盒纸带模型是由不同尺寸的矩形、圆柱和扫描生成器制作而成的。

（1）单击“矩形”按钮，在场景中创建一个矩形，切换到正视图，然后在“对象属性”选项卡中设置“宽度”为“400 cm”，“高度”为“120 cm”，接着勾选“圆角”选项，再设置“半径”为“12 cm”，这个矩形代表纸带的路径，如图 3-198 所示。

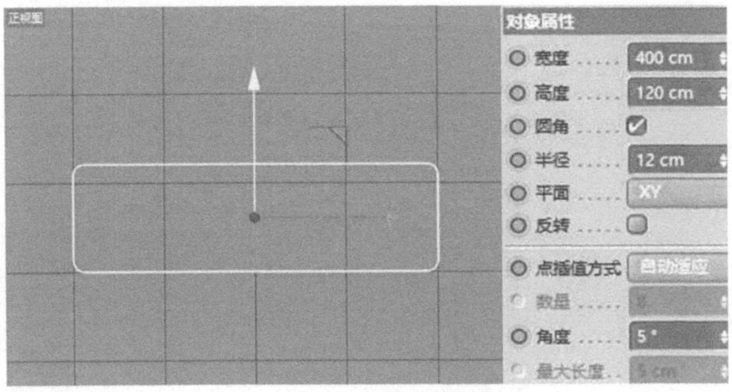

图 3-198

（2）在场景中创建一个矩形，然后在“对象属性”选项卡中设置“宽度”为“4 cm”，设置“高度”为“150 cm”，“角度”为“5°”，如图 3-199 所示。这个矩形实际表示的是纸带的厚度和宽度。

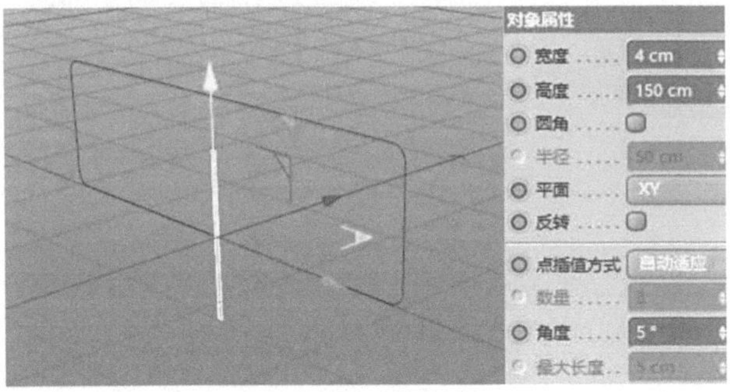

图 3-199

（3）单击“扫描”按钮，然后在“对象”面板中将“矩形 .1”和“矩形”选中，放置在“扫描”的下方，此时模型效果如图 3-200 所示。

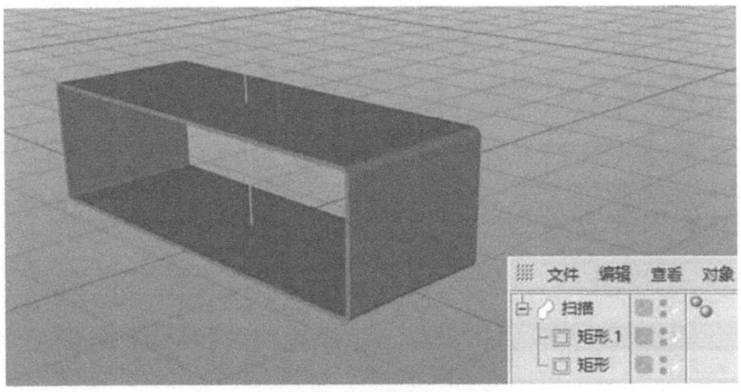

图 3-200

（4）在场景中创建一个立方体作为纸带的包装盒，然后在“对象”选项卡中的“对象属性”设置立方体的“尺寸 .X”为“395 cm”，“尺寸 .Y”为“112 cm”，“尺寸 .Z”为“380 cm”，接着在“封顶”选项卡中勾选“圆角”选项，并设置“圆角半径”为“6 cm”，“圆角细分”为“5”，如图 3-201 所示。包装盒纸带最终效果如图 3-202 所示。

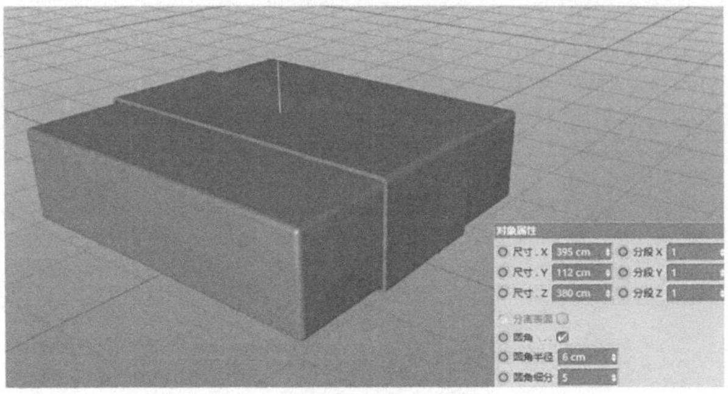

图 3-201

图 3-202

第四节 造型

本节主要介绍造型工具的使用方法，造型工具组也属于生成器，类型包括阵列、晶格、布尔、样条布尔、连接、实例、融球、对称和 Python 生成器。造型工具的作用在于制作一些特殊效果的模型，是始终作为父级使用的。

知识点：造型工具组成为父级的快捷键

在对象面板中添加一个对象几何体后，按住 Alt 键并单击鼠标左键，选择造型工具，就会自动添加成父级。

一、阵列

“阵列”生成器用于将模型按照设定进行圆形排列，阵列效果及参数面板如图 3-203 所示。

主要工具命令参数解释

半径：设置圆形排列的半径。

副本：设置复制出的模型的数量。

振幅：设置阵列模型的纵向高度差异。

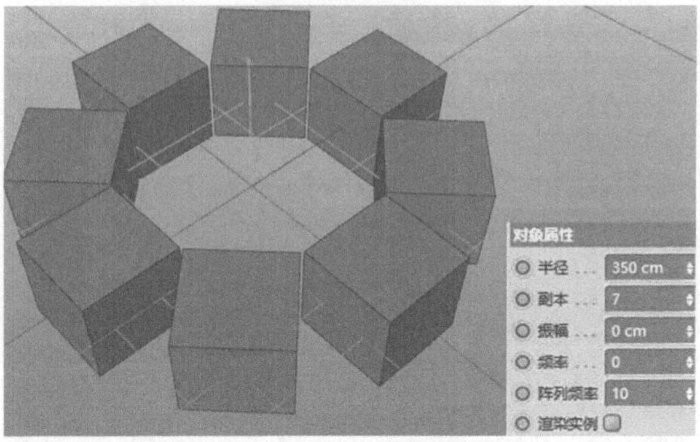

图 3-203

课堂练习：**用阵列生成器制作矿泉水瓶盖**

学习目标：掌握阵列造型的使用方法。

（1）先在场景中建一个圆柱，然后在“对象属性”选项卡中设置“半径”为“50 cm”，设置“高度”为“50 cm”，高度分段“1”，旋转分段为“36”，“方向”为“+Y”，在“对象属性”选项卡中勾选“封顶”，“分段”设置为“1”，勾选“圆角”，圆角下方的“分段”设置为“4”，“半径”设置为“2 cm”，如图 3-204 所示。

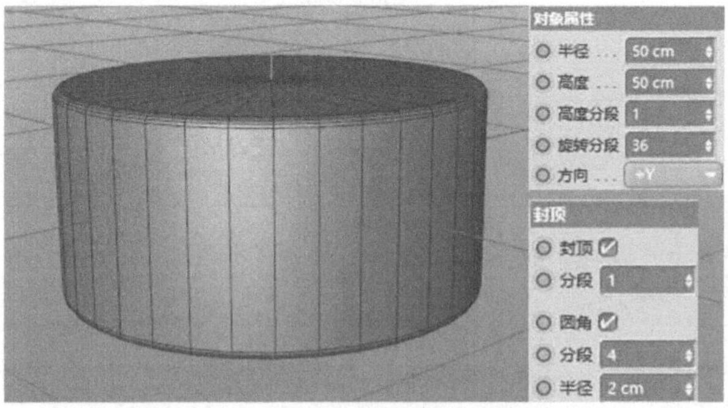

图 3-204

（2）在对象面板中关闭建的第一个圆柱，点绿勾会出现红叉，在场景中再建一个圆柱，然后在“对象属性”选项卡中设置“半径”为“2 cm”，设置“高度”为“45 cm”，“高度分段”为“1”，“旋转分段”为“36”，“方向”为“+Y”，如图 3-205 所示。

（3）切换到顶视图，在对象面板中打开建的第一个圆柱，点红叉会出现绿勾，然后将圆柱 1 沿着 Z 方向向下移至第一个圆柱的边沿，如图 3-206 所示，效果如图 3-207 所示。

（4）切换到顶视图，在造型生成器里选“阵列”，

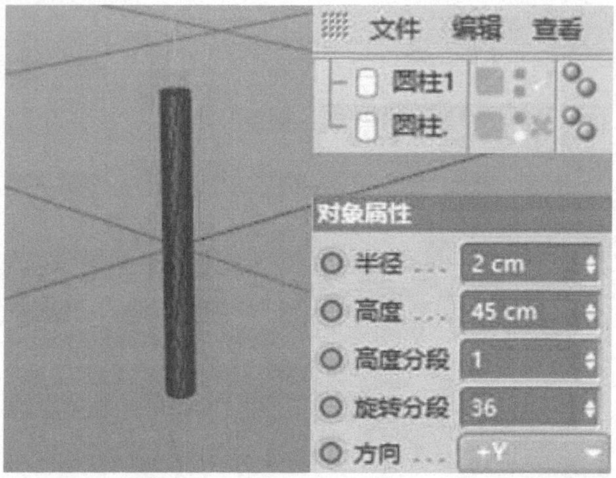

图 3-205

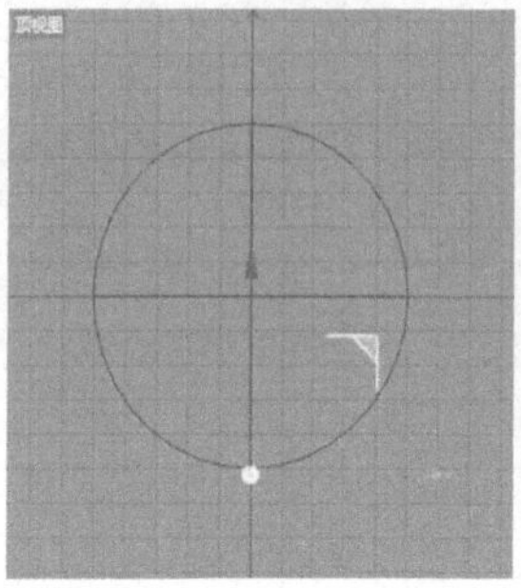

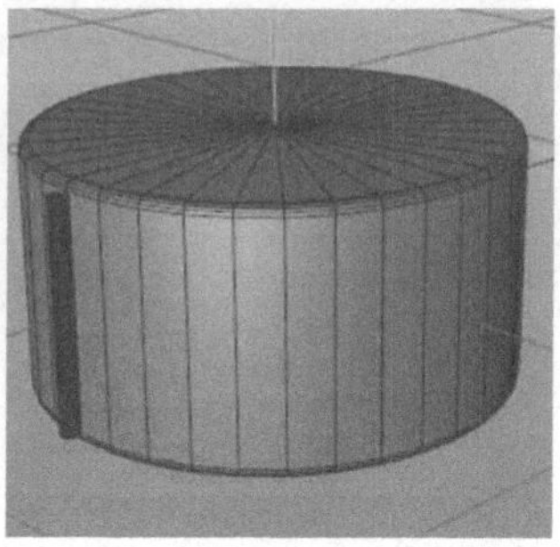

图 3-206　　图 3-207

对象面板中将建的圆柱 1 放在阵列下方成为其子层级，如图 3-208 所示。然后在“阵列”—“对象属性”里设置“半径”为“50 cm”，设置“副本”为“35”，其他参数为默认，场景效果如图 3-209 所示。

二、晶格

“晶格”生成器是根据模型的布线形成网格模型，在平面设计中作装饰作用，晶格参数面板及制作的广告效果如图 3-210 和图 3-211 所示。

主要工具命令参数解释

圆柱半径：设置沿模型边形成的圆柱体的半径。

球体半径：设置沿模型顶点形成的球体的半径。

细分数：设置晶格模型的细分数。

三、布尔

“布尔”生成器可以将两个三维模型进行相加、相减、交集和补集计算。

主要工具命令参数解释

布尔类型：设置两个模型计算的方式，分别为“A

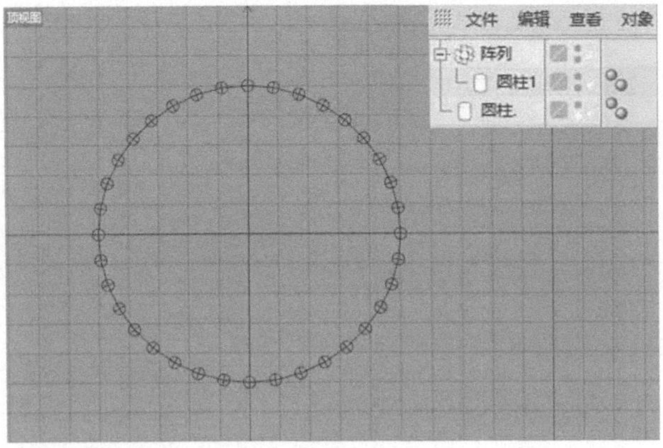

图 3-208

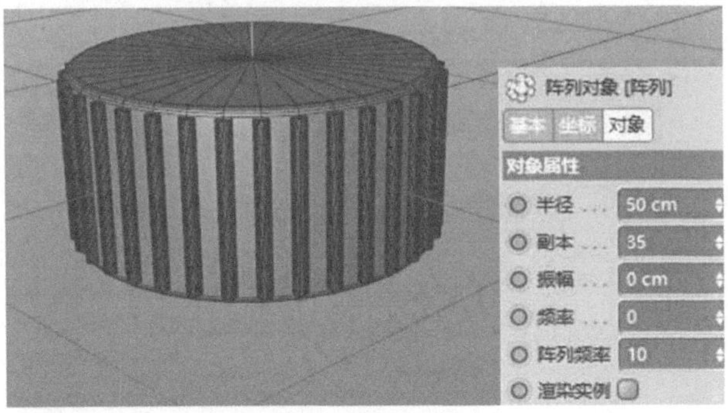

图 3-209

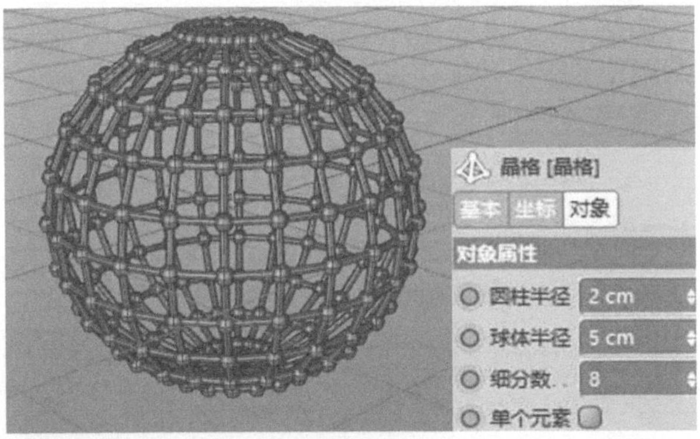

图 3-210

图 3-211

加 B”“A 减 B”“AB 交集”和“AB 补集”4 种方式，如图 3-212 至图 3-215 所示。

隐藏新的边：勾选该选项，会将计算得到的模型新生成的边隐藏。

课堂练习：**用布尔生成器制作矿泉水瓶**

学习目标：掌握布尔造型的使用方法。

本案例的矿泉水模型是由圆柱和扫描曲线型圆柱体进行布尔运算生成的，步骤如图 3-216 至图 3-226 所示。

（1）单击“立方体”按钮，在场景中创建一个圆柱，

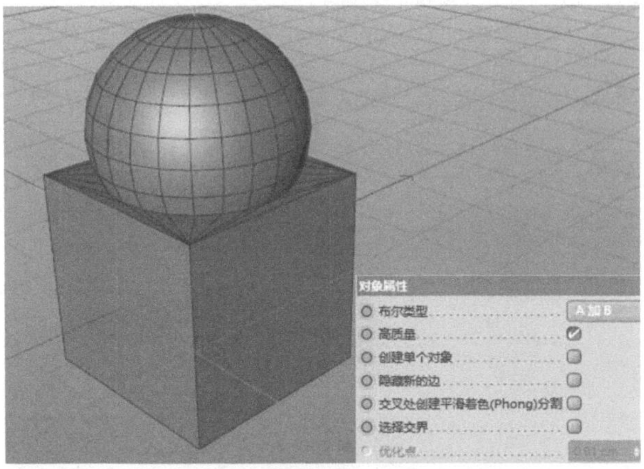

图 3-212（A 加 B）

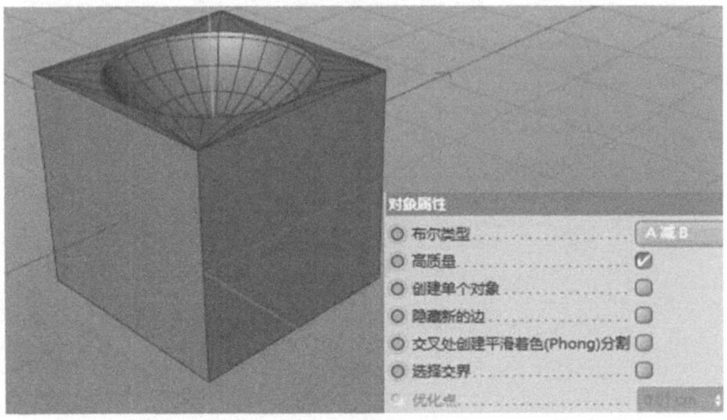

图 3-213（A 减 B）

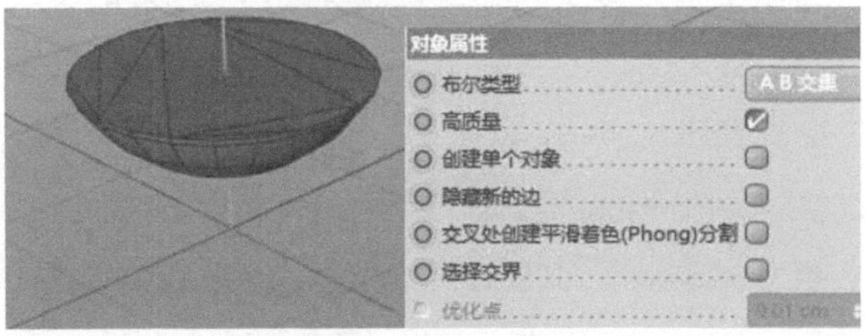

图 3-214（AB 交集）

在“对象属性”选项卡中设置“半径”为“50 cm”，“高度”为“260 cm”，接着设置“高度分段”为“1”，“旋转分段”为“36”，“分段Z”为“3”，“方向”为“+Y”，在“封顶”选项卡中勾选“封顶”选项，设置“封顶分段”为“1”，勾选“圆角”选项，并设置“圆角分段”为“5”、“圆角半径”为“2 cm”，如图3-216所示。

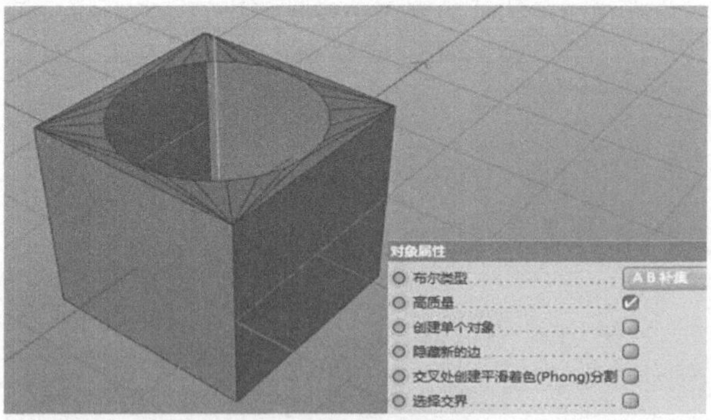

图3-215（AB补集）

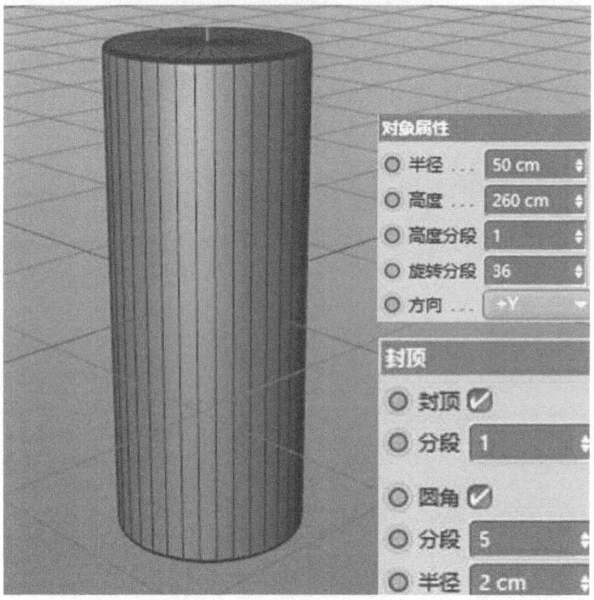

图3-216

（2）切换到正视图，用画笔样条绘制一条曲线，如图3-217所示。再切换到顶视图，把画好的曲线样条沿着Z-X方向由中心移至圆柱模型的旁边，如图3-218所示。

（3）在“样条”里选择“圆环”，“对象属性”里“半径”设置为“15 cm”，如图3-219所示。在生成器里选“扫描”，在“对象”面板中框选“圆环”和“样条”，放

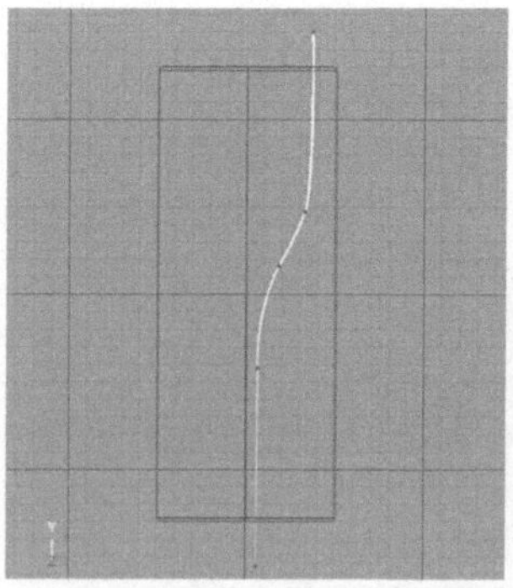

图3-217

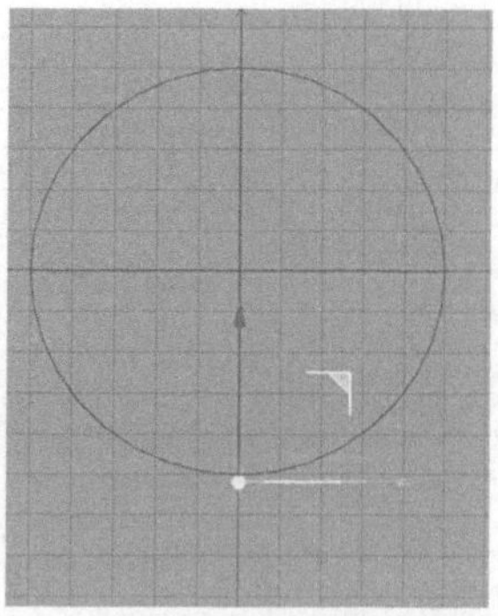

图3-218

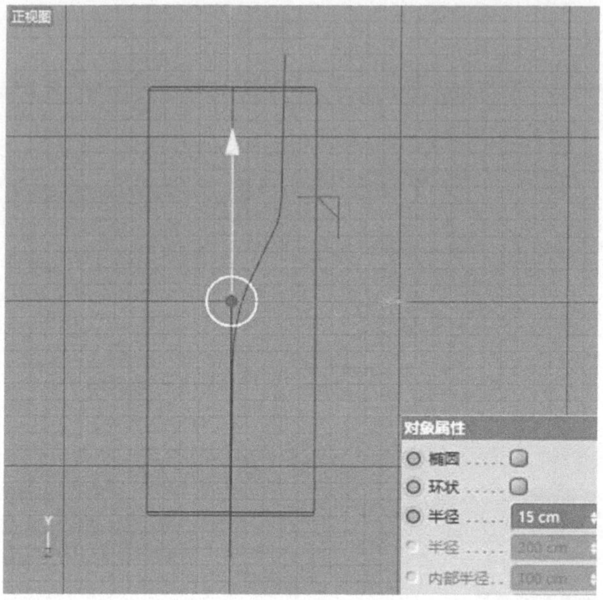

图3-219

在“扫描”下面，“圆环”在上，“样条”在下，注意秩序。切换到透视图场景中看效果，如图3-220所示。

（4）在造型系列工具集里选“阵列”，把“扫描”

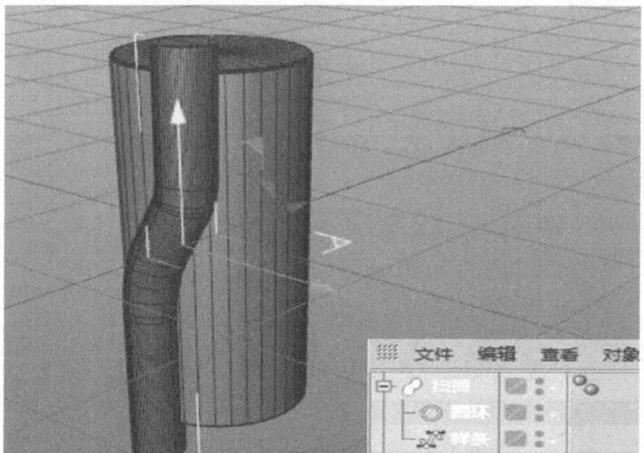

图3-220

放在“阵列”下方作为子层级，切换到顶视图，把“阵列”属性面板里“副本”设置为“3”，此时看到环绕圆柱阵列曲线圆柱模型为 4 个，这是因为已经建了 1 个，增加了 3 个，如图 3-221 所示。

（5）在阵列“对象属性”中将“半径”设置为“100 cm”，切换到透视视图看场景，如图 3-222 和图 3-223 所示。

（6）在阵列生成器里选“布尔”，在对象面板中先把“圆柱”放在“阵列”上方，接着框选“圆柱”和“阵列”，放在“布尔”下方作为子层级，在场景中就可看到圆柱被挖槽的效果，如图 3-224 所示。

（7）在正视图中用“画笔”样条和“旋转”建一个瓶盖，如图 3-225 所示，模型最终效果如图 3-226 所示。

四、样条布尔

“样条布尔”生成器是将样条进行布尔运算的工具。

主要工具命令参数解释

模式：设置两个样条的计算方式，分别为“合集”“A 减 B”“B 减 A”“与”“或”和“交”，如图 3-227 所示。

轴向：设置生成样条的轴向。

创建封盖：勾选该选项后，会将新生成的样条变成三维模型。

课堂练习：**用样条布尔生成器制作叶形包装盒**

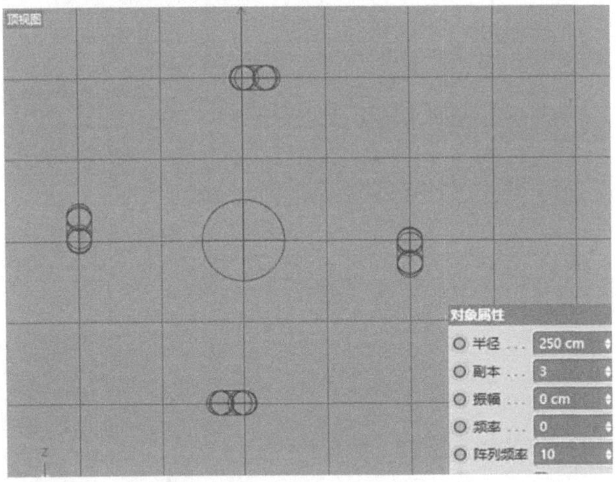

图 3-221

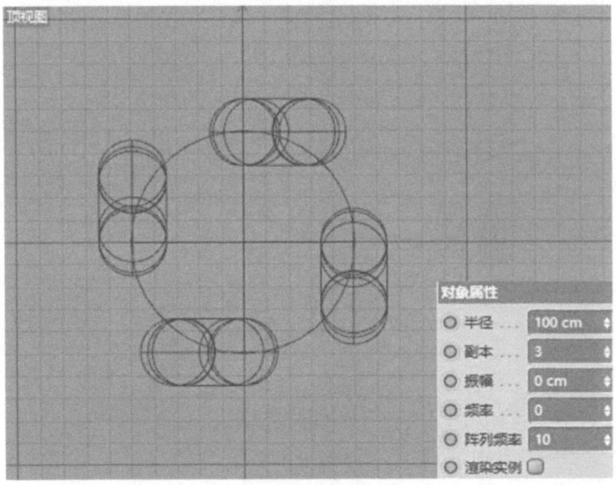

图 3-222

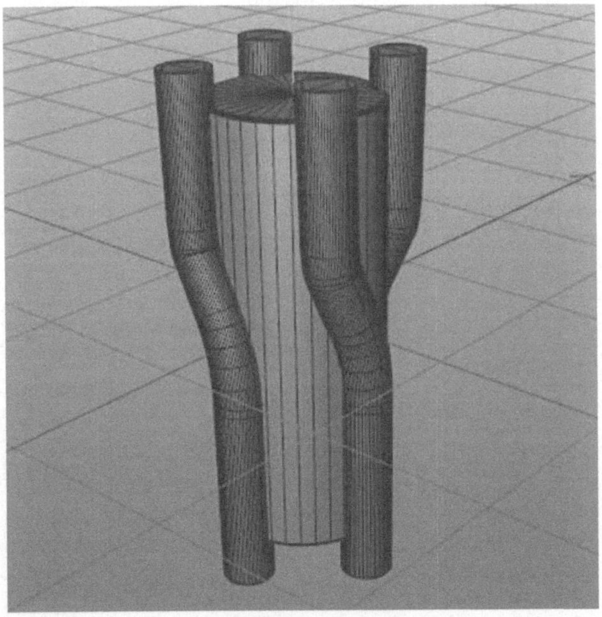

图 3-223

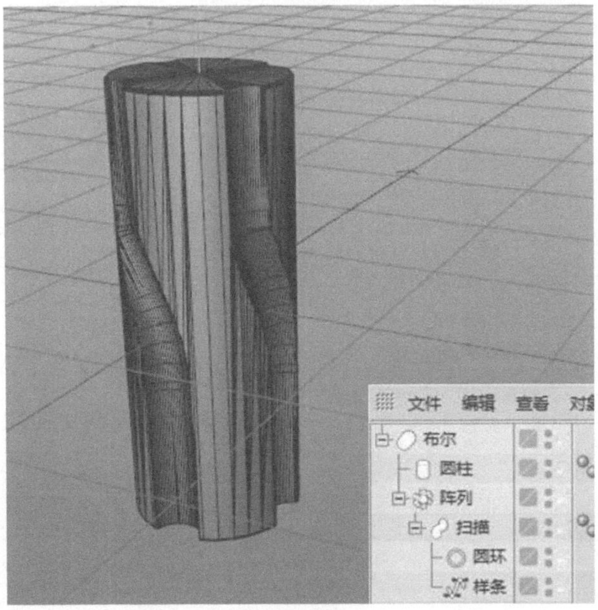

图 3-224

学习目标：掌握样条布尔造型的使用方法。

（1）先在场景中建两个圆环，将其中一个向 X 轴方向移动，使其呈交叉状，如图 3-228 所示。

（2）在造型中选“样条布尔”工具，接着框选两个圆环放在“样条布尔”下方作为子层级，在“样条布尔”对象属性中“模式”选“与”，如图 3-229 所示。

（3）将样条旋转 90° 放平，与格子水平线平行，如图 3-230 所示。在生成器中选“挤压”工具，把叶形“样条布尔”放在“挤压”下方，在“挤压”对象属性中将“移动”Y 轴方向设置为“90 cm”，场景效果如图 3-231 所示。

（4）将叶形模型再复制一个，接着用缩放工具放大一点，作为盒盖，最终效果如图 3-232 所示。

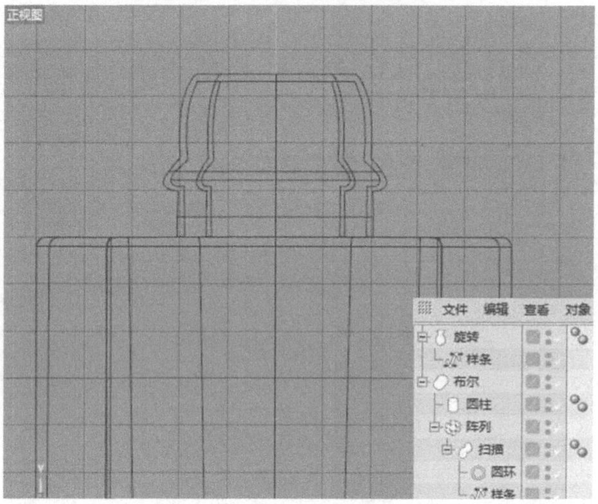

图 3-225

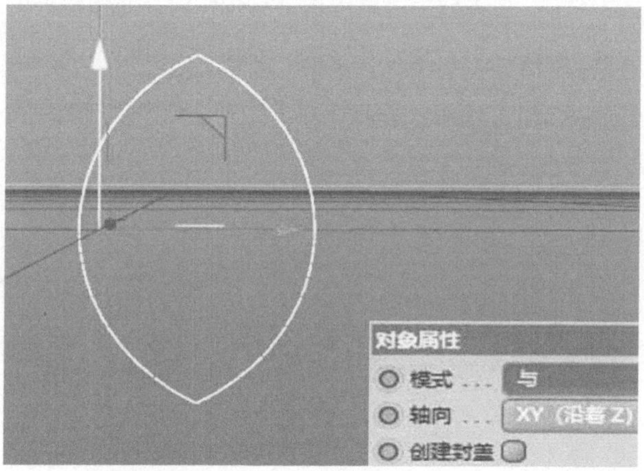

图 3-229

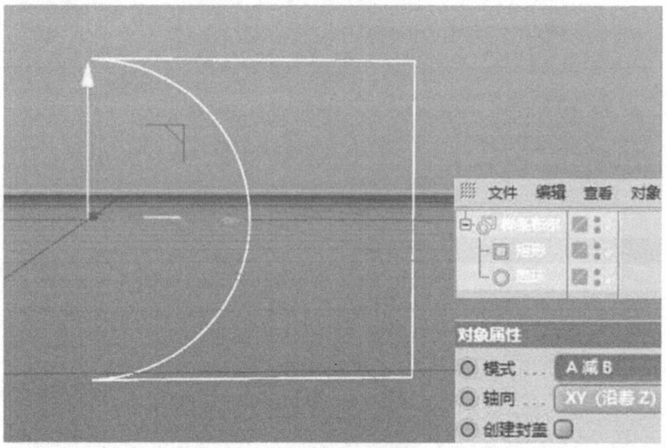

图 3-227

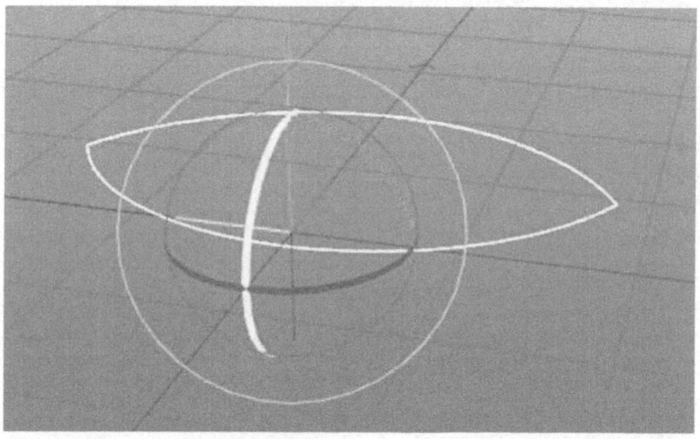
图 3-230

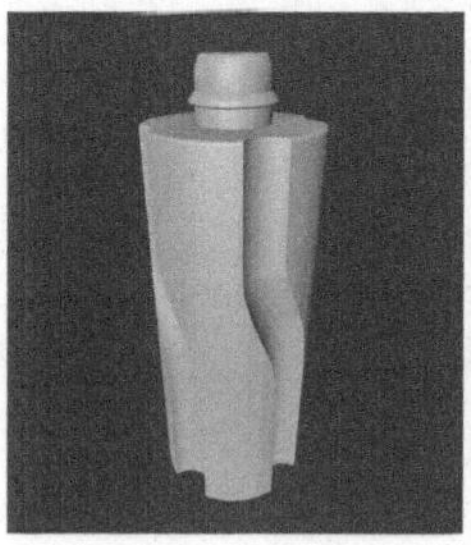
图 3-226

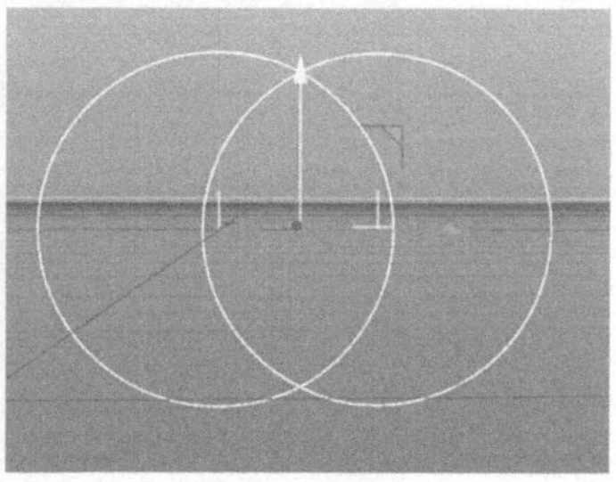
图 3-228

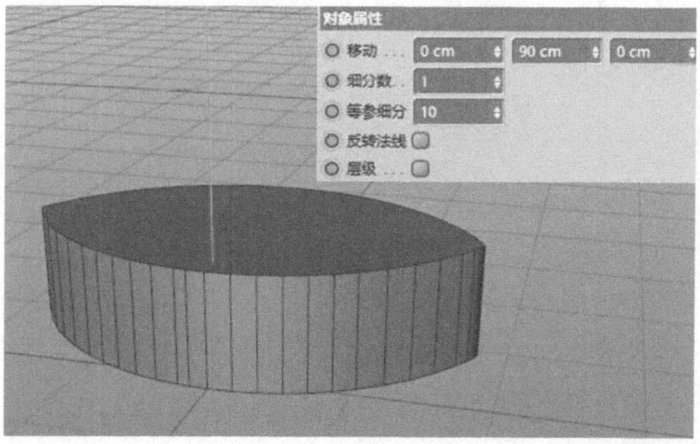

图 3-231

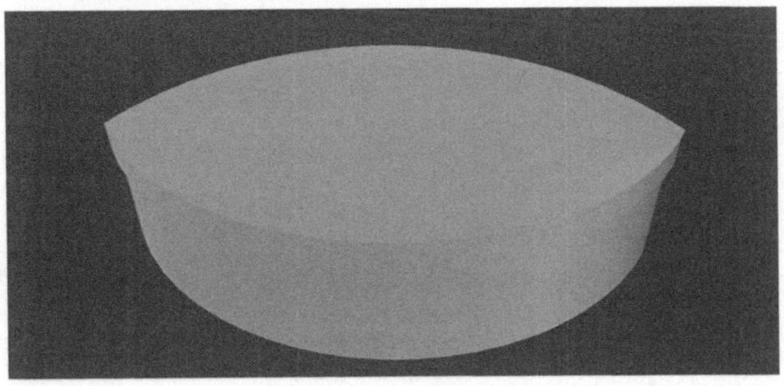

图 3-232

五、融球

“融球”生成器可以将两个以上的球体相融，从而形成粘连的效果，一般适合做成云朵、烟雾等辅助形效果，在包装设计中也可以做成葫芦形和灯泡形包装容器的基础模型，参数面板与模型效果如图 3-233 所示。

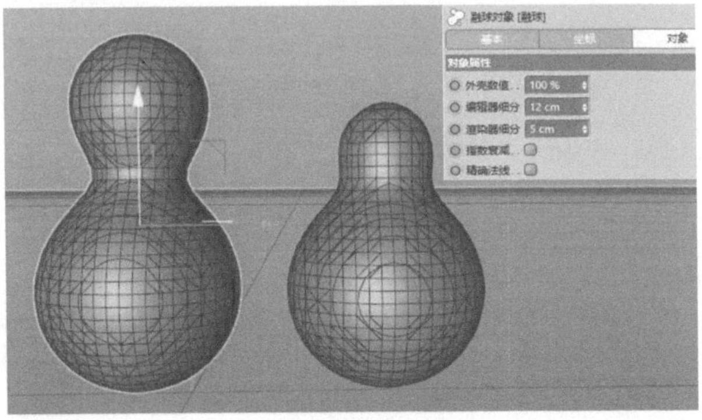

图 3-233

第五节　变形器

变形器是 C4D 系统中很有特色和比较重要的基础建模变形工具，图标为紫色，与其他工具组合处于子层级和平级关系，如图 3-234 所示。通过变形器能将

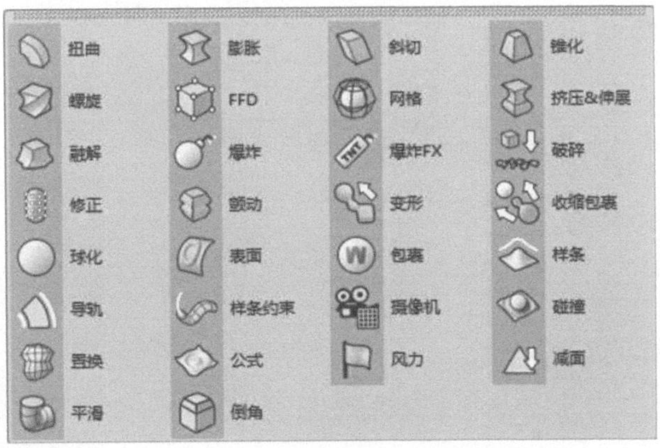

图 3-234

基础模型进行扭曲、膨胀、斜切、螺旋、锥化等各种变化，将简单的模型做出丰富的造型，提供令人满意的模型效果。

一、扭曲

“扭曲”变形器可以将模型进行任意角度的弯曲，由“对象属性”和“衰减”两个选项卡组成，如图 3-235 所示。

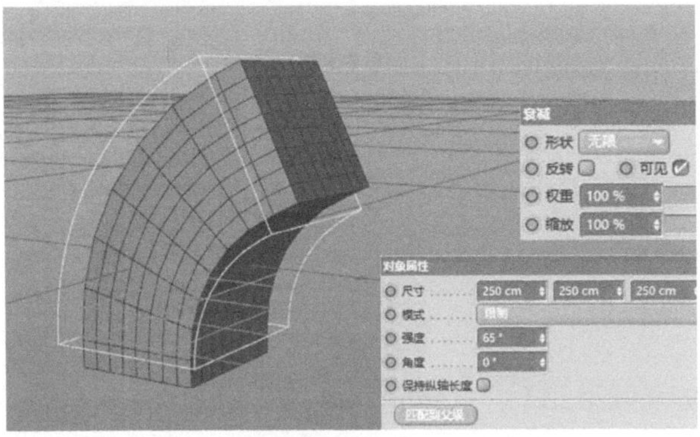

图 3-235

主要工具命令参数解释

尺寸：设置修改器的紫色边框大小。

强度：设置模型弯曲的强度。

角度：设置模型弯曲时旋转的角度。

保持纵轴长度：勾选该选项后，模型无论怎样弯曲，纵轴高度不变。

课堂练习：**用扭曲变形器制作弯曲的酒瓶**

学习目标：掌握扭曲变形器的使用方法。

（1）先在正视图中用画笔样条工具画一个酒瓶的剖面轮廓线，如图 3-236 所示。再用旋转生成器将其旋转成型，切换到透视视图看场景效果，如图 3-237 所示。

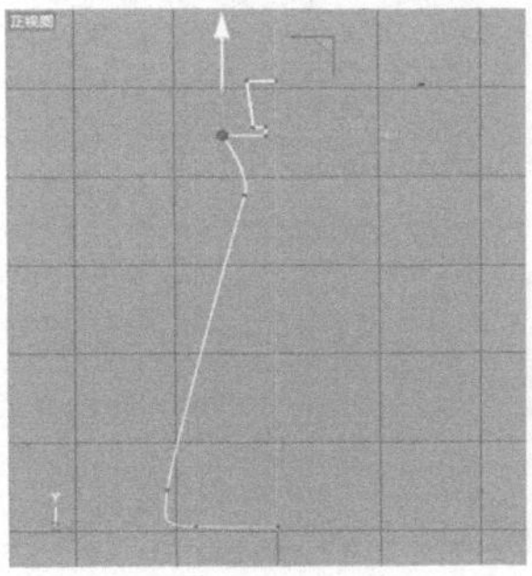

图 3-236

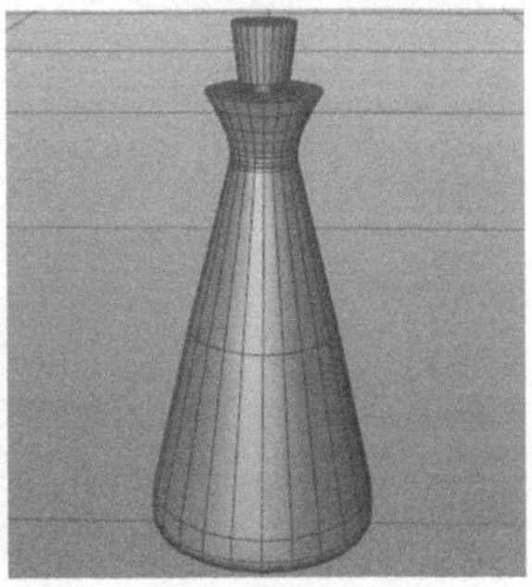

图 3-237

（2）选“扭曲”变形器，在对象面板中放置于旋转工具和画笔样条下方，成为子层级，与画笔样条是平级关系。在属性面板中用鼠标左键点“匹配到父级”，拖动光标将“扭曲”紫色线框移至模型上半部，将“扭曲”对象属中“尺寸”的“X 方向”设置为“222 cm”，“Y 轴方向”设置为“225 cm”，将“Z 轴方向”设置为“222 cm”，“强度”设置为“83”，“角度”为“0° ”，场景效果如图 3-238 所示。

（3）按Shift+R快捷键，最终效果如图3-239所示。

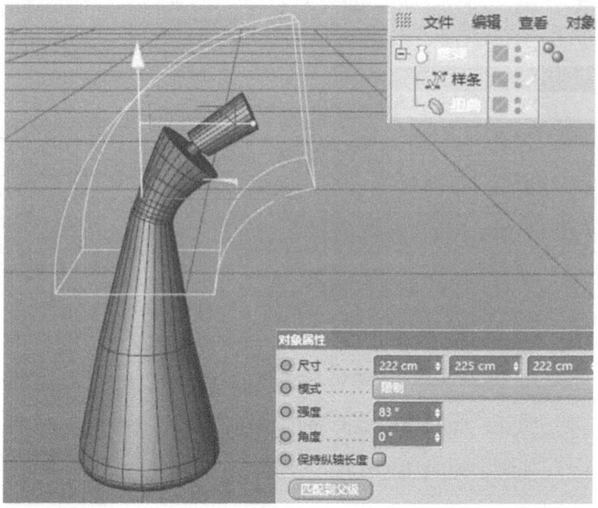

图 3-238

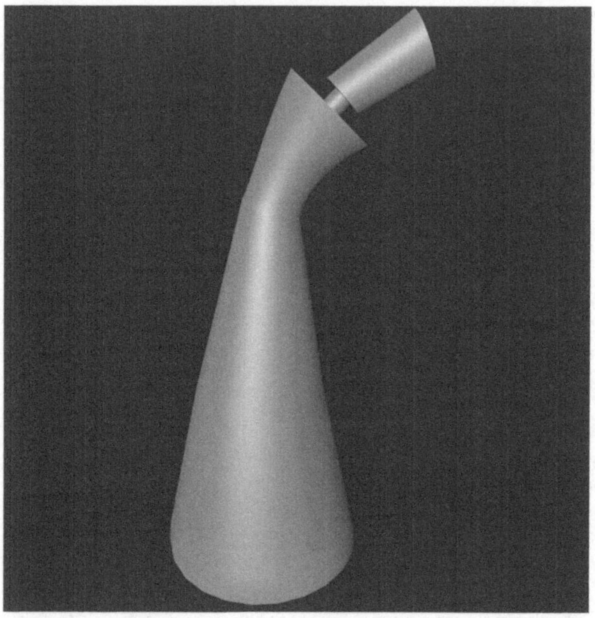

图 3-239

二、膨胀

“膨胀”变形器可以让模型局部放大，也有“对象属性”和“衰减”两个选项卡，如图 3-240 所示。

主要工具命令参数解释

强度：设置模型放大的强度。

弯曲：设置变形器外框的弯曲效果，如图3-241所示。

圆角：勾选该选项后，模型呈现圆角效果，如图 3-242 所示。

课堂练习：**用膨胀变形器制作洗发水瓶**

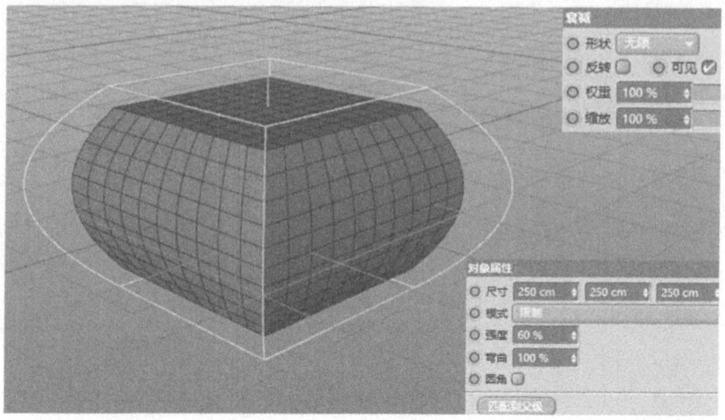

图 3-240

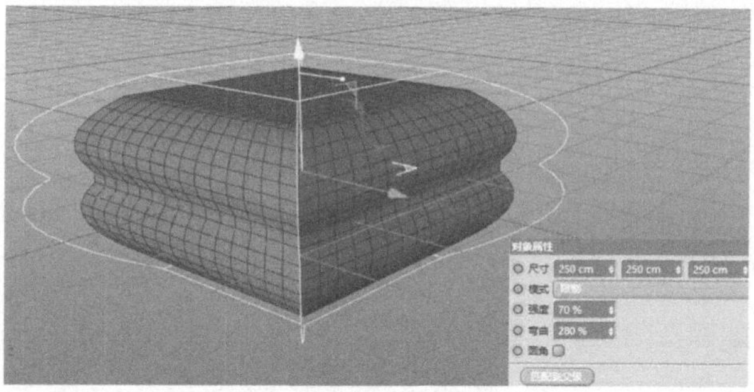

图 3-241

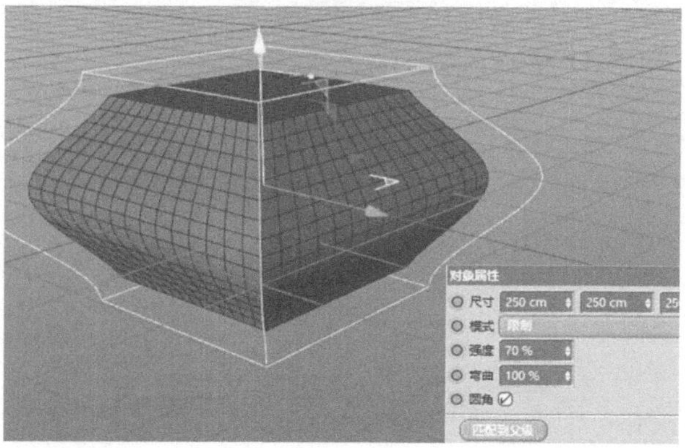

图 3-242

学习目标：掌握膨胀变形器的使用方法。

（1）先在透视视图中建一个“圆环”样条工具，在对象属性中勾选“椭圆”，将 X 轴方向“半径”设置为“200 cm”、Z 轴方向“半径”设置为”75 cm”，“平面”为“XZ”，再复制一个“圆环”，用缩放工具缩小，X 轴方向“半径”设置为“120 cm”，Z 轴方向“半径”设置为“45 cm”，朝 Y 轴方向移至合适高度的位置，如图 3-243 所示。

（2）在对象面板中建一个“放样”生成器，将两个圆环放在其下方作为子层级，切换到透视视图场景看模型效果，如图 3-244 所示。

（3）选“膨胀”变形器，在对象面板中放置于放样工具和两个圆环样条下方，成为子层级，与两个圆环样条是平级关系。在属性面板中用鼠标左键点“匹配到父级”，拖动光标将“膨胀”紫色线框移至模型上半部，将“膨胀”对象属性“尺寸”X 轴方向设置为“400 cm”，Y 轴方向设置为“438 cm”，Z 轴方向设置为“150 cm”，“强度”设置为“-12%”，场景效果如图 3-245 所示。

（4）复制一个圆环 .1，接着再复制一个圆环，去掉勾选，使其成为正圆，在对象属性面板中设置“半径”为“40 cm”，沿着 Y 方向往上移至合适位置，如图 3-246 所示。

（5）在对象面板中建一个放样工具，将复制的两个圆环放在其下方作为子层级，效果如图 3-247 所示。

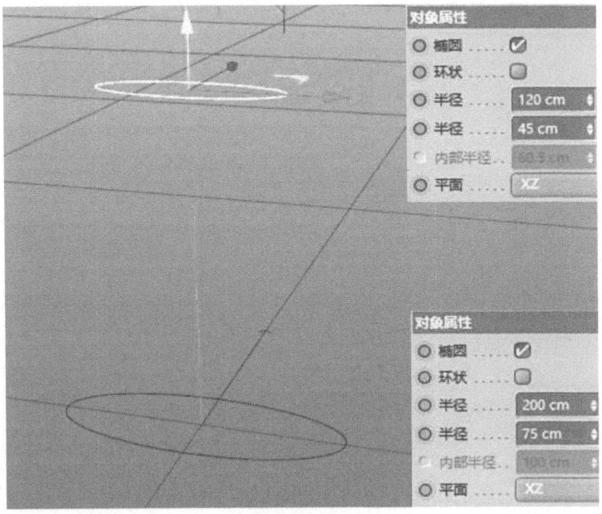

图 3-243

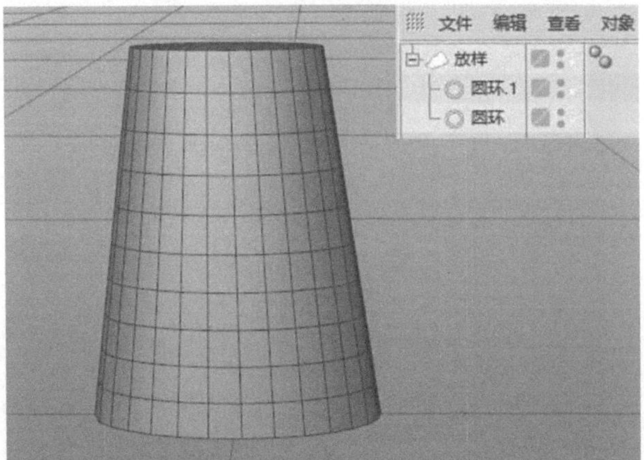

图 3-244

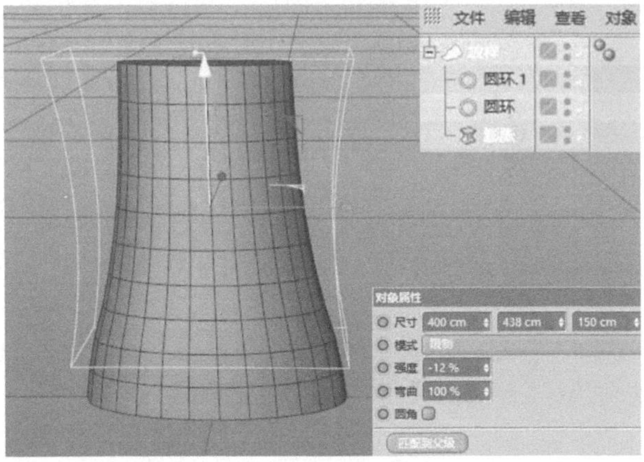

图 3-245

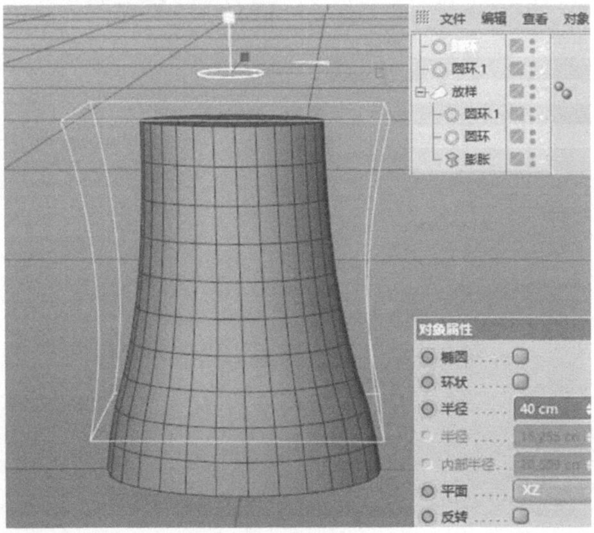

图 3-246

（6）再在对象几何体中选“圆柱”作为瓶口模型，并用缩放工具将其调整到合适的尺寸，放置于上端，按 Shift+R 快捷键，最终效果如图 3-248 所示。

三、斜切

“斜切”变形器用于控制模型倾斜的程度。“斜切”变形器也是由“对象属性”和“衰减”两个选项卡组成。

主要工具命令参数解释

强度：设置模型倾斜的强度。

角度：设置模型倾斜的角度。

课堂练习：**用斜切变形器制作容器造型**

学习目标：掌握斜切变形器的使用方法。

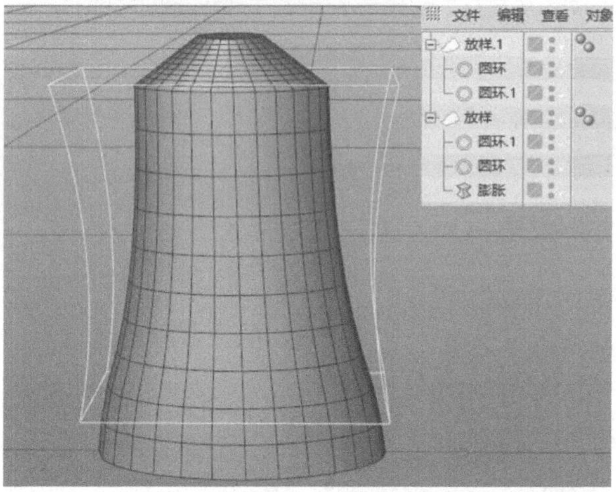

图 3-247

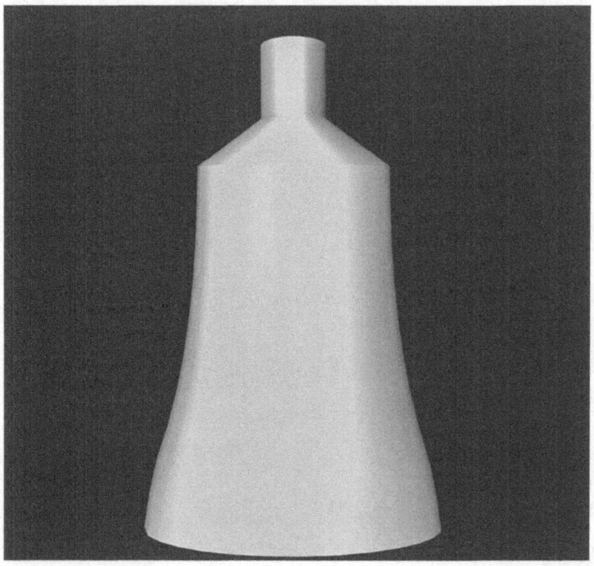

图 3-248

（1）先在透视视图中建一个“矩形”样条工具，在对象属性中将“宽度”设置为“400 cm”，“高度”设置为“400 cm”，“平面”为“XZ”，再复制一个“矩形.1”，用缩放工具缩小，将“宽度”设置为“158 cm”、“高度”设置为“158 cm”，朝 Y 轴方向向上移至合适高度的位置，如图 3-249 所示。

（2）在对象面板中添加一个“放样”生成器，将两个矩形放在“放样”下方作为子层级，模型效果如图 3-250 所示。

（3）在对象面板中添加一个“斜切”变形器，放在“矩形”下方作为子层级，接着在“斜切”变形器“对象属性”

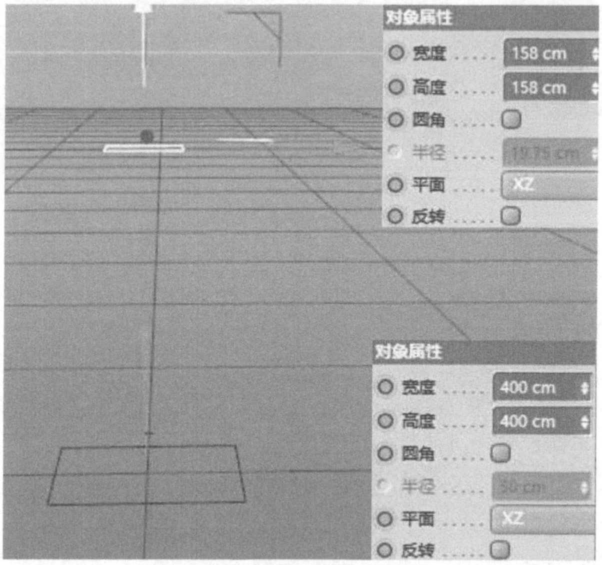

图 3-249

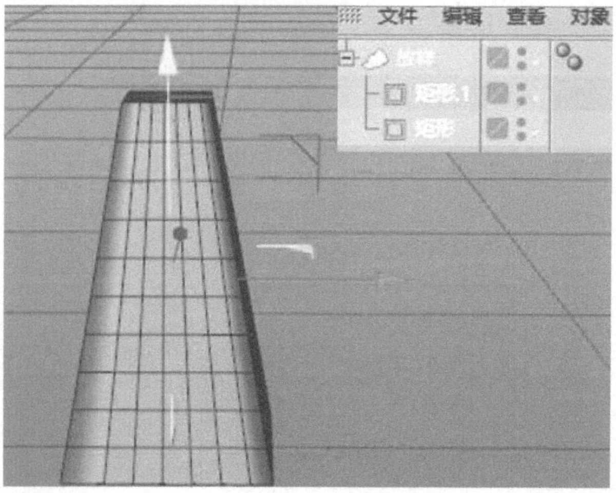

图 3-250

中将“强度”设置为“311%”，其他参数不变，可以看到模型上半部向 X 轴方向倾斜，如图 3-251 所示。

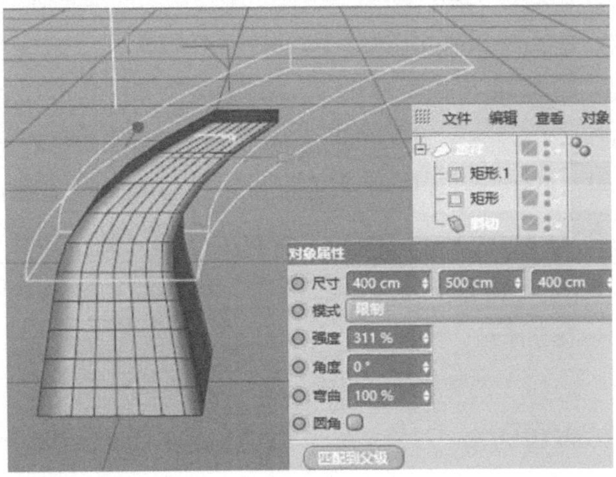

图 3-251

（4）然后使用菜单栏“运动图形”选项中的“文本”工具做一组字体添加到对象面板中，接着再增加一个“斜切”变形器，放在其下方成为子层级。在“斜切”变形器“对象属性”中将“尺寸”设置为“190 cm”“180 cm”“5 cm”，“强度”设置为“78%”，其他参数不变，把做好的一组字体放在模型下方，如图 3-252 所示。

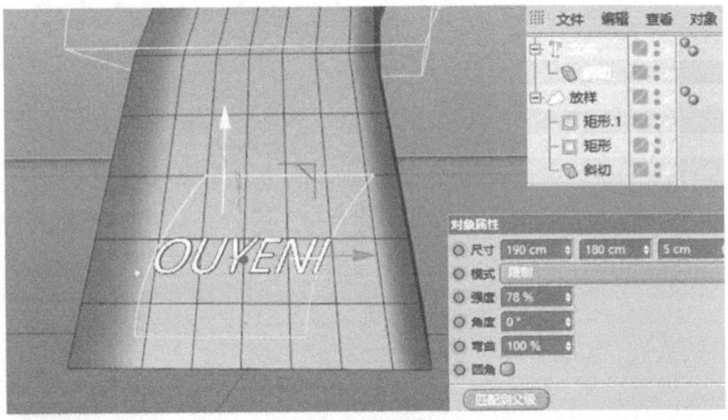

图 3-252

（5）容器造型最终效果如图 3-253 所示。

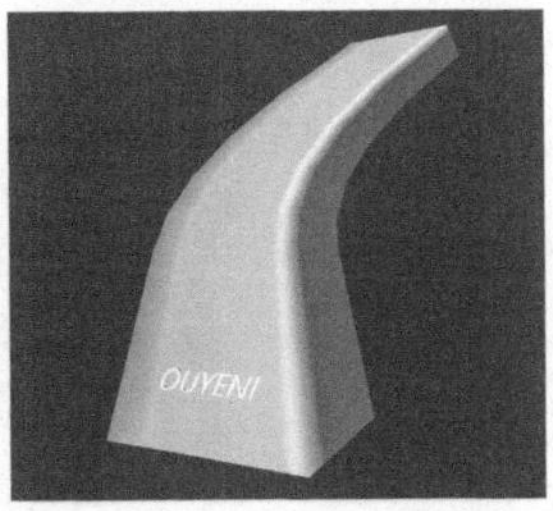

图 3-253

四、锥化

“锥化”变形器用于让模型部分缩小。“锥化”变形器也是由“对象”和“衰减”两个选项卡组成，如图 3-254 所示。

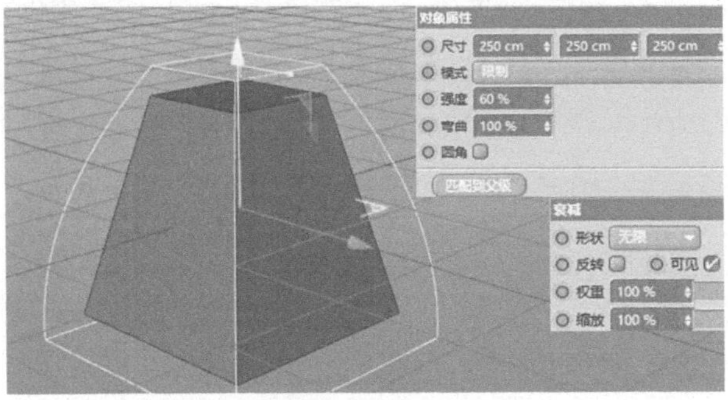

图 3-254

主要工具命令参数解释

强度：设置模型缩小的强度。当数值为正值时，模型缩小；当数值为负值时，模型放大。

弯曲：设置模型弯曲的强度。

课堂练习：**用锥化变形器制作粽子包装盒**

学习目标：掌握锥化变形器的使用方法。

（1）在透视视图中建一个“立方体”，然后在属性面板中将对象属性“尺寸.X”设置为“200 cm”，“尺寸.Y”设置为“48 cm”，将“尺寸.Z”设置为“200 cm”，接着在对象面板中添加一个“锥化”变形器放在立方体下方作为子层级，在“锥化”对象属性中点“匹配到父级”，将“尺寸”设置为“200 cm”“48.31 cm”“200 cm”，“强度”设置为“28%”，其他参数不变，接着将立方体属性面板“坐标”“R.P”设置为“180°”，模型效果如图 3-255 所示。

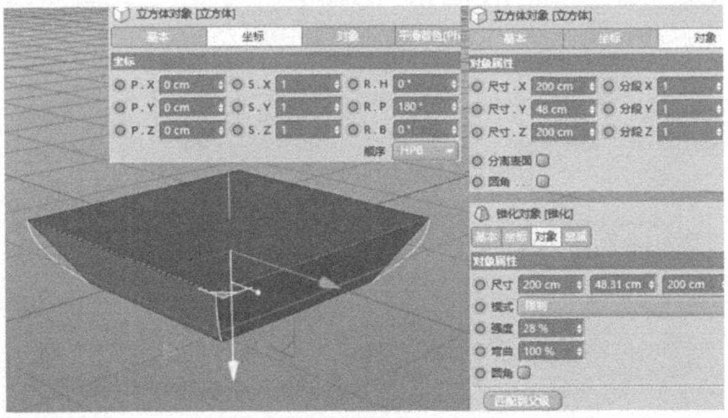

图 3-255

（2）在透视视图中再建一个“立方体 .1”，将对象属性“尺寸 .X”设置为“200 cm”，“尺寸 .Y”设置为“200 cm”，“尺寸 .Z”设置为“200 cm”，其他参数不变，接着在对象面板中再添加一个“锥化”变形器，放在“立方体 .1”下方作为子层级，在“锥化”对象属性中先点“匹配到父级”，将“尺寸”设置为“200 cm”，“200 cm”，“200 cm”，“强度”设置为“100%”，其他参数不变，如图 3-256 所示。

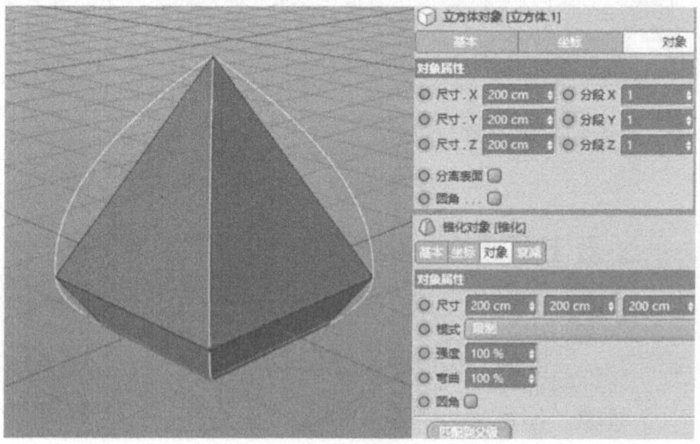

图 3-256

（3）最终效果如图 3-257 所示。

图 3-257

五、螺旋

“螺旋”变形器用于让模型自身形成扭曲旋转效果，其效果与参数面板如图 3-258 所示。

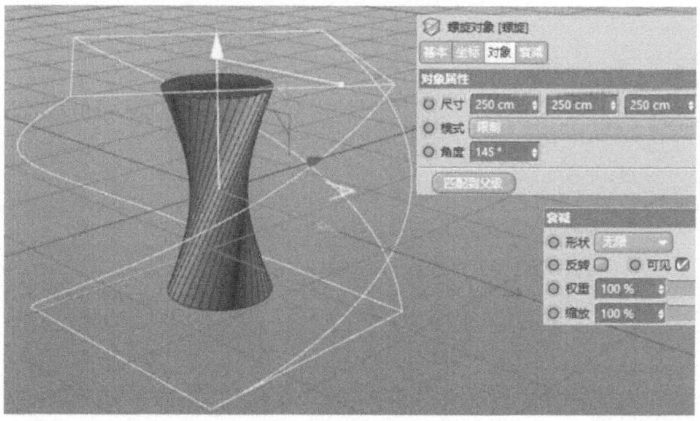

图 3-258

主要工具命令参数解释

尺寸：设置变形器的大小。

角度：设置模型旋转扭曲的角度。

课堂练习：**用螺旋变形器制作旋转式包装盒**

学习目标：掌握螺旋变形器的使用方法。

（1）先在场景中建一个立方体，在“对象属性”中“尺寸 .X”设置为“200 cm”，“尺寸 .Y”设置为“400 cm”，“尺寸 .Z”设置为“200 cm”，“分段 X”“分段 Y”“分段 Z”都设置为“1”，如图 3-259 所示。

（2）选螺旋变形器放在立方体下方作为子层级，在螺旋变形器“对象属性”中用鼠标左键点击“匹配到父级”，将“尺寸”设置为“200 cm”“400 cm”“200 cm”，“角度”设置为“80°”，立方体旋转之后的造型如图 3-260 所示。

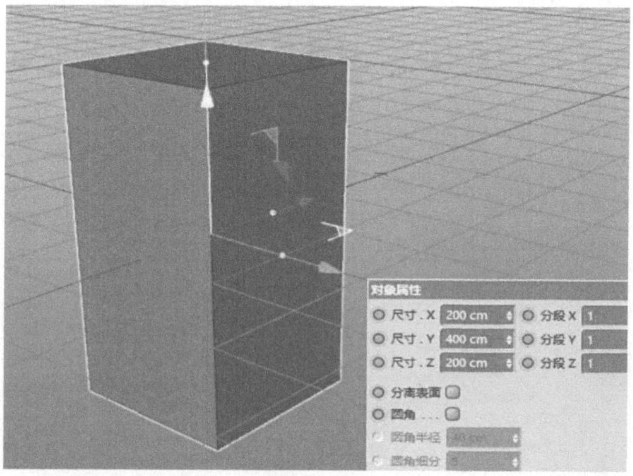

图 3-259

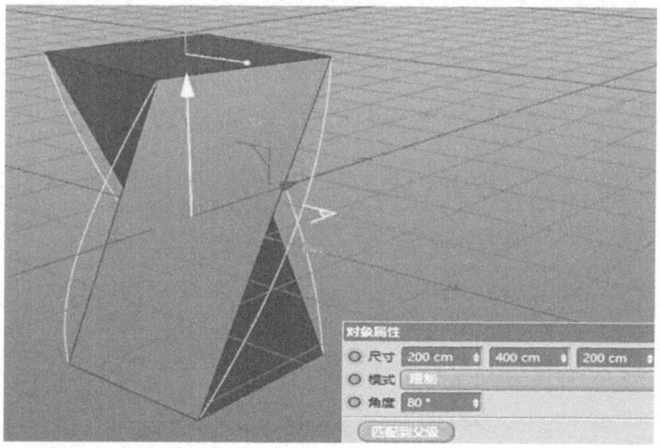

图 3-260

（3）最终效果如图 3-261 所示。

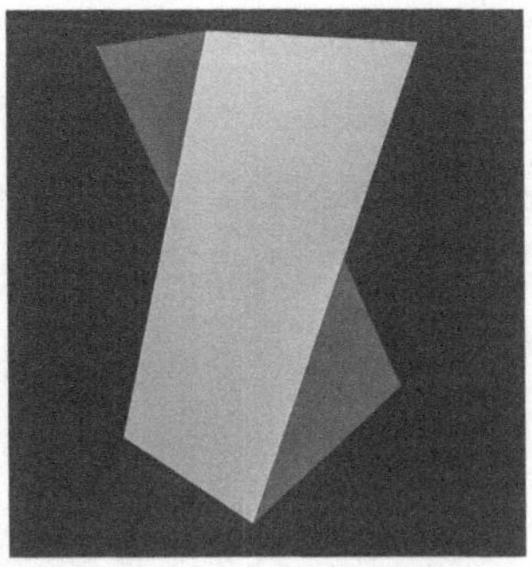

图 3-261

六、FFD

FFD 变形器可以在模型外部形成晶格，依靠控制晶格来控制模型的形状，其效果和参数面板如图 3-262 所示。

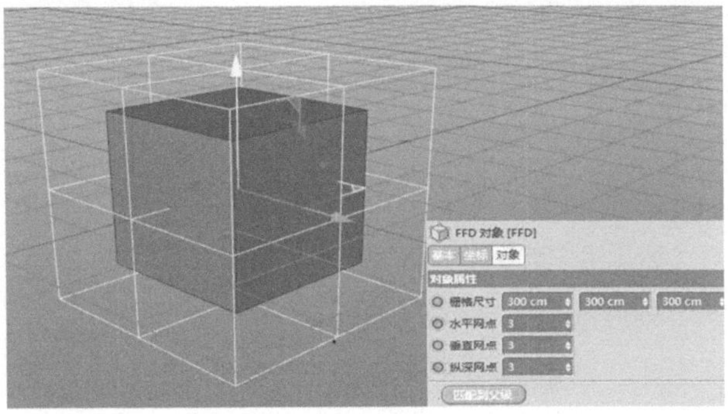

图 3-262

主要工具命令参数解释

栅格尺寸：设置外部紫色栅格的尺寸。

水平网点：设置水平方向晶格点数。

垂直网点：设置垂直方向晶格点数。

纵深网点：设置纵深方向晶格点数。

课堂练习：**用 FFD 变形器制作包装袋**

学习目标：掌握 FFD 变形器的使用方法。

（1）本案例的包装袋由立方体和 FFD 变形器制作而成。首先在场景中建一个立方体，显示为光影着色（线条），然后设置“尺寸 .X”为“200 cm”，“尺寸 .Y”为“230 cm”，“尺寸 .Z”为“50 cm”，“分段 X”和“分段 Y”为“8”，“分段 Z”为“3”，如图 3-263 所示。

（2）选 FFD 变形器，在对象面板中放在立方体下方作为子层级，在“属性”面板中点“匹配到父级”，然后用框选工具框选模型四边的点，如图 3-264 和图 3-265 所示。

（3）选缩放工具，沿着 Z 方向把模型缩小合适的厚度，如图 3-266 所示。

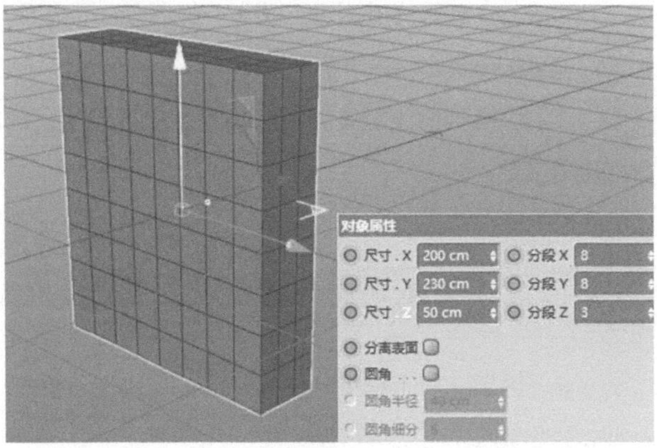

图 3-263

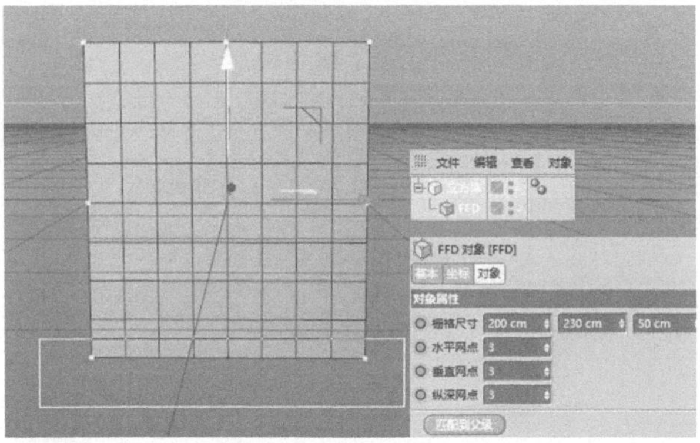

图 3-264

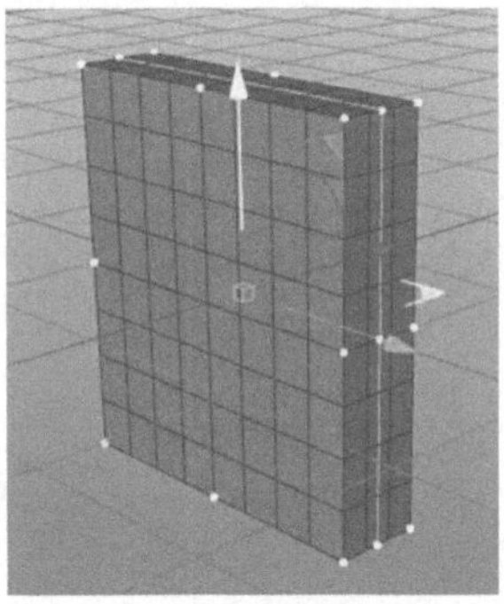

图 3-265

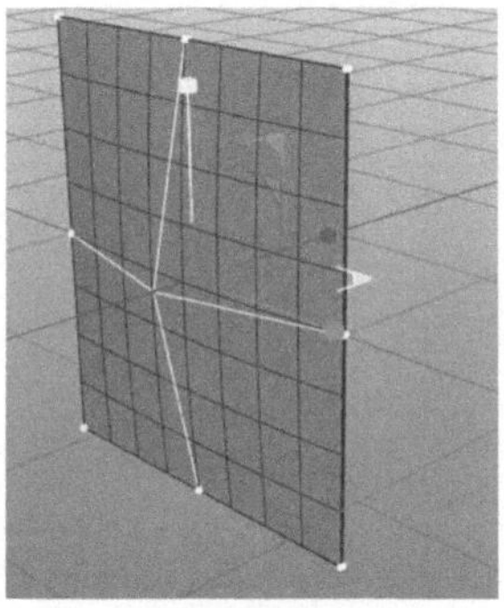

图 3-266

（4）在 FFD 变形器中将“水平网点”和“垂直网点”设置为“12”，“纵深网点”设置为“3”，然后在场景中给模型选择一个正视图的角度，用框选工具框选模型中需要拉伸的一些点，如图 3-267 所示。

（5）选缩放工具，将框选中的点拉伸至满意的造型，如图 3-268 所示。

（6）将模型放大，用实时选择工具按 Shift 键选择模型 X 轴方向左右两边的点，并选择左右两边靠中间八排的点，注意要选择边沿上的点，中间的点不选择，如图 3-269 和图 3-270 所示。

（7）切换到缩放工具，将选中的点进行拉伸，效果如图 3-271 所示。

（8）再选择模型 X 轴方向左右两边的八排点，注意此时中间的点也都要选上，如图 3-272 和图 3-273 所示。

（9）再用缩放工具将选中的点向内收缩至满意的造型，效果如图 3-274 所示。

（10）按 Shift+R 键，包装袋模型最终效果如图 3-275 所示。

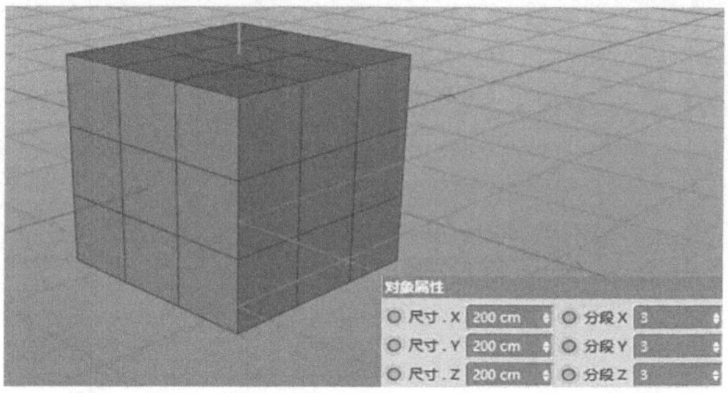

图 3-267

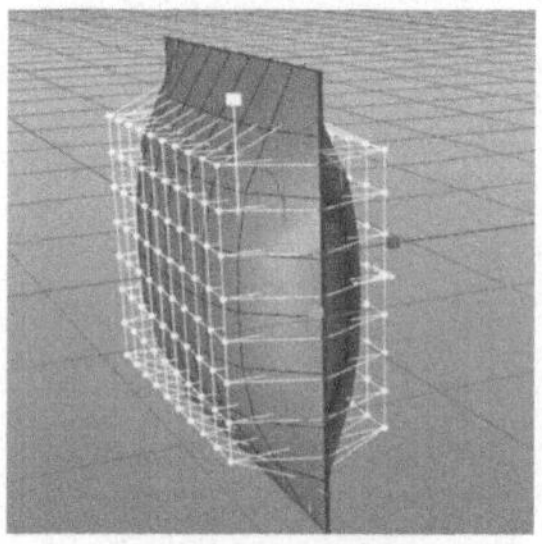

图 3-268

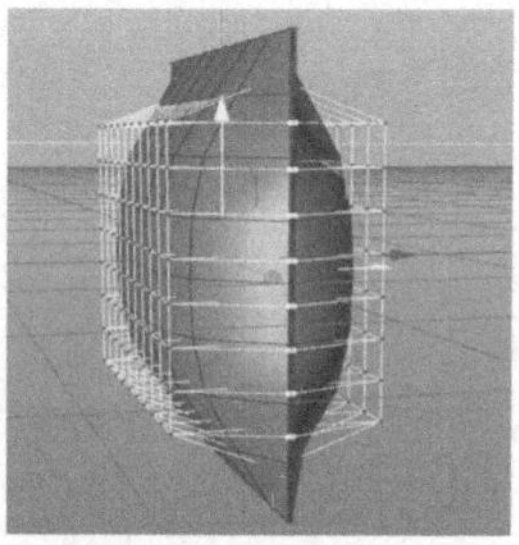

图 3-269

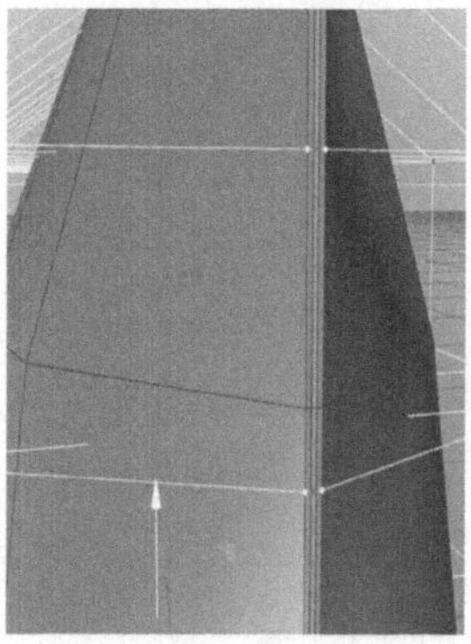

图 3-270

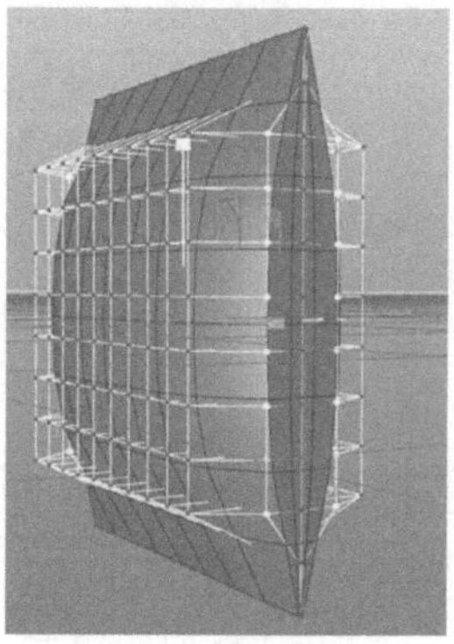

图 3-271

七、倒角

“倒角”变形器可以对模型形成倒角效果，对立方体倒角比较容易，但对圆柱倒角，需要转为可编辑对象后才能进行，多用于多边形建模和后期修改模型进行的工作。“倒角”变形器由“选项”“多边形挤出”“外形”和“拓扑”4 个选项卡组成。

主要工具命令参数解释

构成模式：设置倒角模式，分别有“点”“边”和“多边形”3 种。

偏移：设置倒角的强度。

细分：设置倒角的分段线。

挤出：只有选择了“多边形”模式的倒角才会出现这个选项卡中的参数，该参数用于设置倒角高度。

外形：设置“倒角”的样式，默认为“圆角”。

课堂练习：**用倒角变形器给圆柱倒角**

学习目标：掌握倒角变形器的使用方法。

（1）先在场景中建一个“圆柱”，“高度分段”

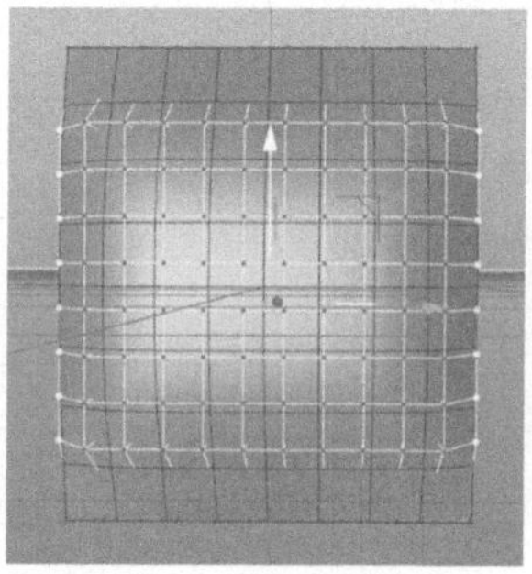

图 3-272

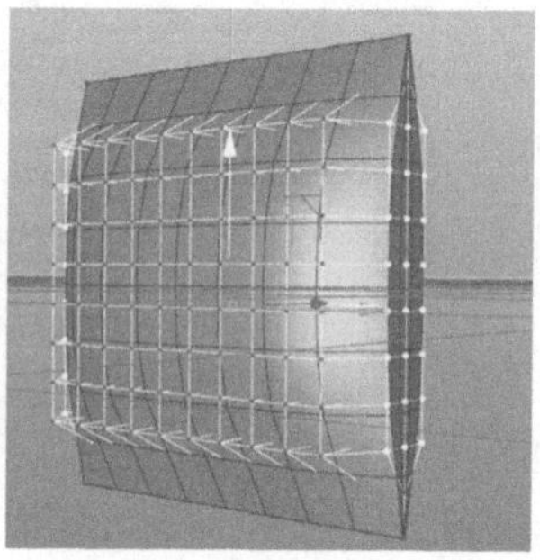

图 3-273

图 3-274

图 3-275

设置为“10”，其他为系统默认的参数，如图3-376所示。

（2）将圆柱转为可编辑对象，选“点”模式，按 Ctrl+A 键全选点模式，接着在透视视图中点击鼠标右键，在弹出的面板中选“优化”，如图 3-277 所示。

（3）回到“模型”模式，在对象面板中建一个“倒角”工具，放在圆柱下方作为子层级，在“倒角”工具属性面板中将“偏移”设置为“3 cm”，“细分”设置为“4”，圆柱倒角后效果如图3-278和3-279所示。

课后习题 1：用圆锥对象、生成器和膨胀变形器制作酒壶。

课后习题 2：用几何体对象、生成器和膨胀变形器制作香水瓶，如图 3-280 所示。

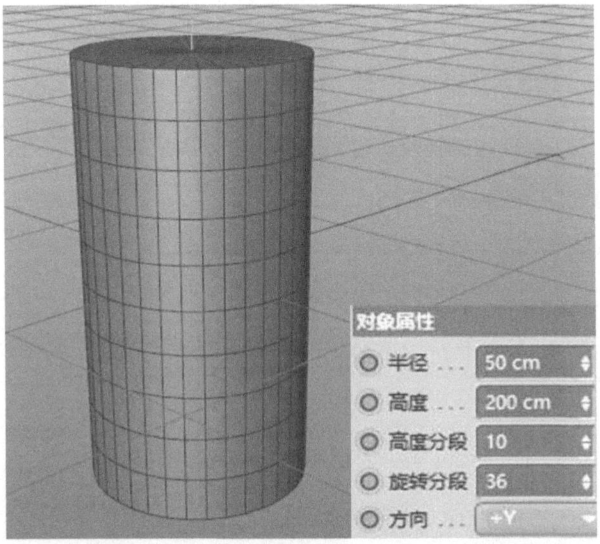

图 3-276

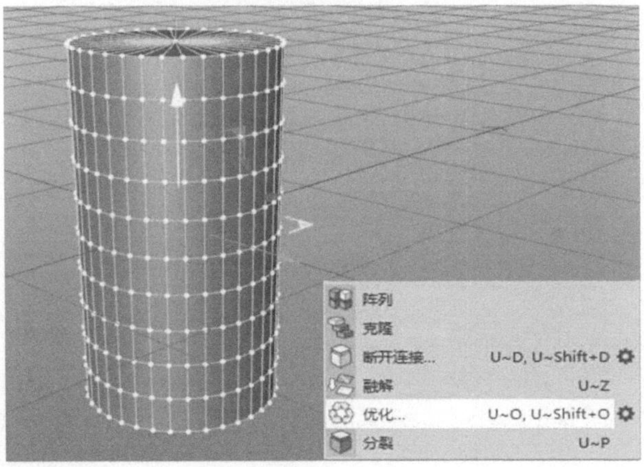

图 3-277

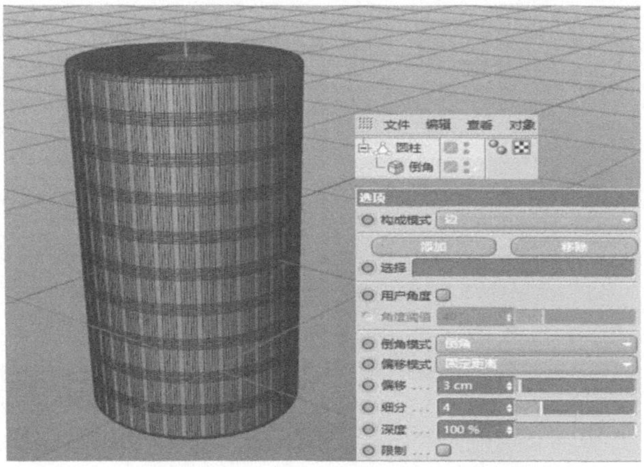

图 3-278

图 3-279

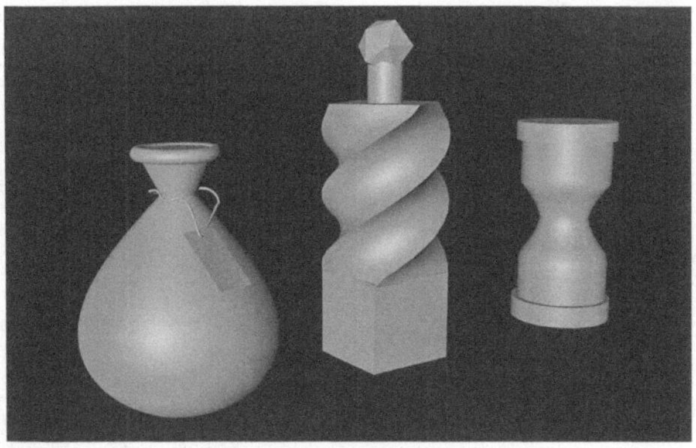

图 3-280

第四章　高级建模

本章节讲述的内容是本书的重点之一，在建模过程使用频率非常高。技术有一定的难度，具有较大的灵活性，能做出多种多样的造型。

教学目标：掌握样条建模、多边形建模和雕刻建模。

第一节　样条建模

在样条工具集里除了用“画笔”工具描绘的样条可以直接编辑外，其余的样条都只能调整参数，无法改变形态。本节将讲解怎样编辑样条。

在模式工具栏中点击“转为可编辑对象”后样条就转换为可编辑样条了，可用“点”模式对样条进行编辑，在透视视图中按鼠标右键会弹出点模式的各种工具命令面板，以此制作各种形状，可以倒角、创建轮廓等，样条转为可编辑对象后在对象面板中的图案也会发生改变，如图 4-1 和图 4-2 所示。

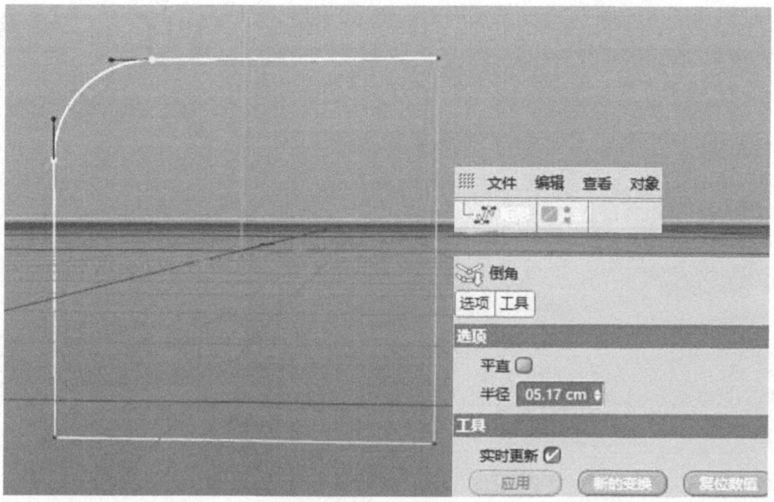

图 4-1

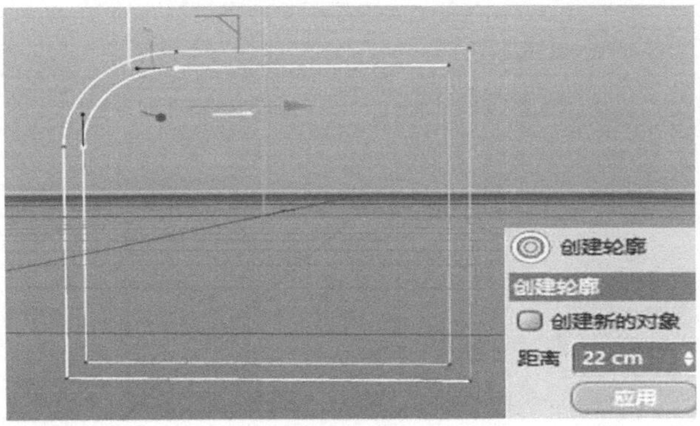

图 4-2

课堂练习：**用可编辑样条制作硬质提手**

学习目标：掌握样条编辑方法。

（1）本案例的模型是由可编辑样条和扫描生成器制作而成的。首先在场景中建一个“圆弧”样条，在圆弧对象属性中将“半径”设置为“200 cm”，“开始角度”设置为“0°”，“结束角度”设置为“180°”，“角度”为“5°”，如图 4-3 所示。

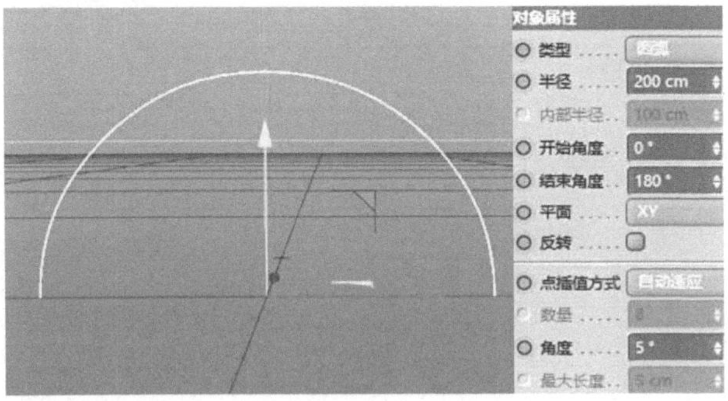

图 4-3

（2）将圆弧样条转为可编辑对象，“转为可编辑对象”图标由彩色变为灰色，圆弧样条在对象面板中的图标也变成了。选“点”模式，圆弧线也变成了由白色向深蓝色过渡的线，并在线上显示出 5 个节点，如图 4-4 所示。

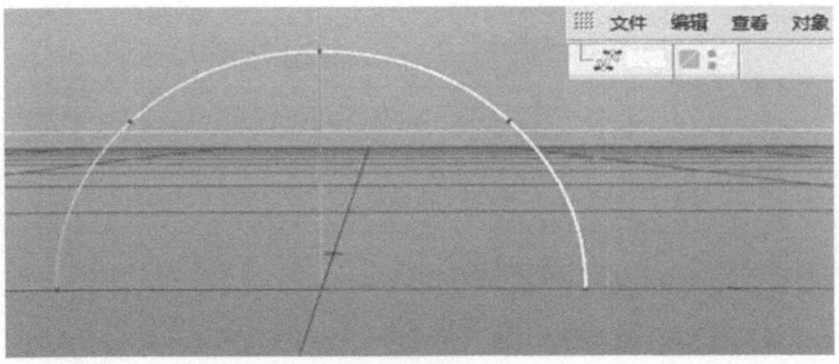

图 4-4

（3）选圆弧线中心的点，用 Y 轴方向移动光标将点向下移一点，做一个波浪形的造型，然后再建一个“矩形”样条，“宽度”设置为“20 cm”，“高度”设置为“30 cm”，其他参数按系统默认不变，如图 4-5 所示。

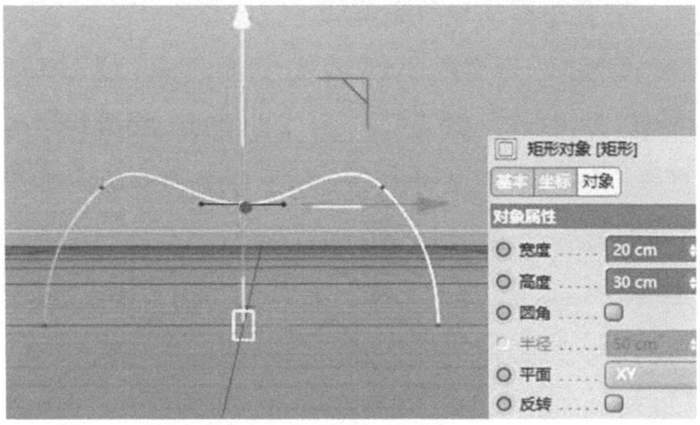

图 4-5

（4）在对象面板中添加一个“扫描生成器”，将“矩形”和“圆弧”样条放在“扫描”下方作为子层级，模型效果如图 4-6 所示。

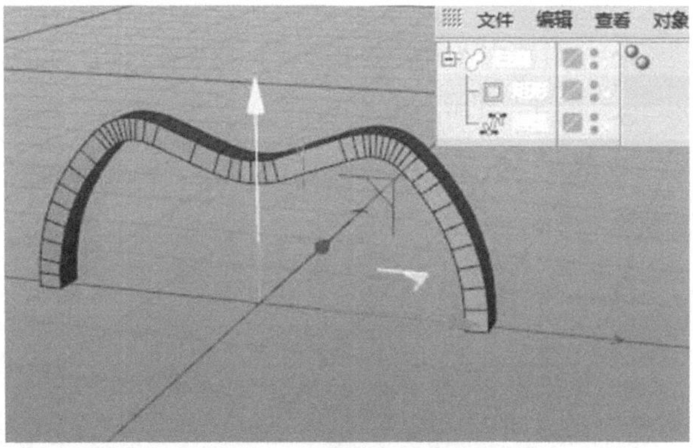

图 4-6

第二节　多边形建模

多边形建模在模式工具栏中共有“点”“边”“多边形”三种编辑模式。

一、点模式

在透视视图场景中建一个立方体，在属性面板中将“分段 X”“分段 Y”“分段 Z”都设置为“3”，其他参数不变，如图 4-7 所示。接着选模式工具栏中的“转为可编辑对象”将立方体转为可编辑多边形，在对象面板中立方体的图标由原来的“立方体对象”变为“多边形对象”，如图 4-8 和图 4-9 所示。

在进入立方体“点”模式编辑后，在透视视图中点鼠标右键，会弹出“点”模式的菜单面板，如图 4-10 所示。

主要工具命令参数解释

创建点：在模型的任意位置添加新的点。以下立方体在转为可编辑对象之前没有分段，单击“创建点”，将鼠标移动至边上时，边的颜色会变成白色，如图 4-11 所示。单击鼠标左键就可以在边上创建出一个点，如图 4-12 所示。单击“移动”工具，选择创建出的点，向蓝箭头 Z 轴方向进行移动，可以看到立方体的变化，如图 4-13 所示。

在面的中间创建一个点就会有四个面，如图 4-14 所示。移动蓝色光标箭头就会做出一些造型，如图 4-15 所示。

桥接：将两个断开的点进行连接，如图 4-16 和图 4-17 所示。

封闭多边形孔洞：将多边形孔洞直接封闭，如图 4-18 和图 4-19 所示。

连接点 / 边：将选中的点或边相连。一种是全选点，如图 4-20 和图 4-21 所示。

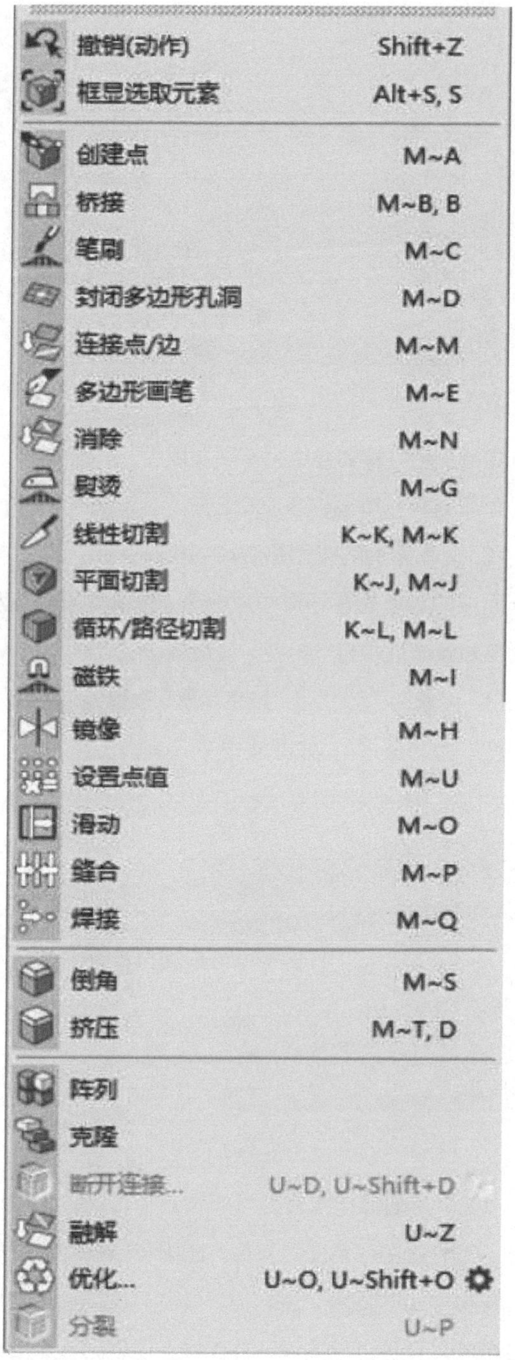

图 4-10

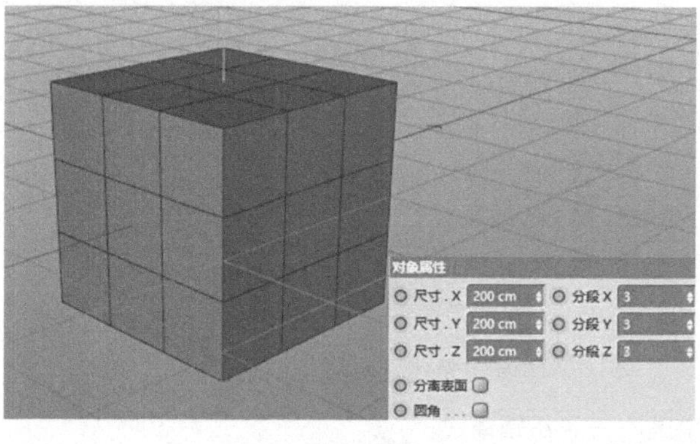

图 4-7

图 4-8

图 4-9

图 4-11

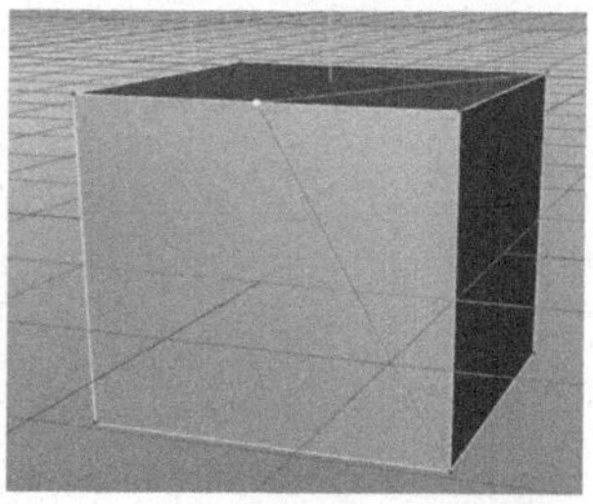

图 4-12

一种是立方体在转为可编辑对象之前没有分段，转为可编辑对象之后在对称的两条边上创建两个点，如图 4-22 所示。选择两个点，就可以看到点与点之间连成了一条线，如图 4-23 所示。

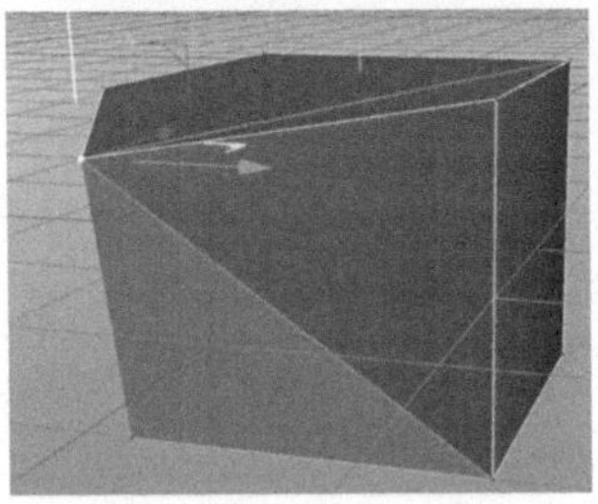

图 4-13

多边形画笔：可以在多边形上连接任意的点、线和多边形。

线性切割：在多边形上分割新的边。

循环 / 路径切割：沿着多边形的一圈点或边添加新的边，是多边形建模中使用频率很高的工具之一，如图 4-24 所示。

倒角：对选中的点进行倒角生成新的边，倒角工具也是多边形建模中使用频率很高的工具之一。按住鼠标左键向右拖拽，设置“偏移”为“50 cm”，可以看到选中的点变成了 3 个点，调节“细分”为“4”，可以使点更加平滑，如图 4-25 和图 4-26 所示。此外，线和面的倒角也是同样的原理。

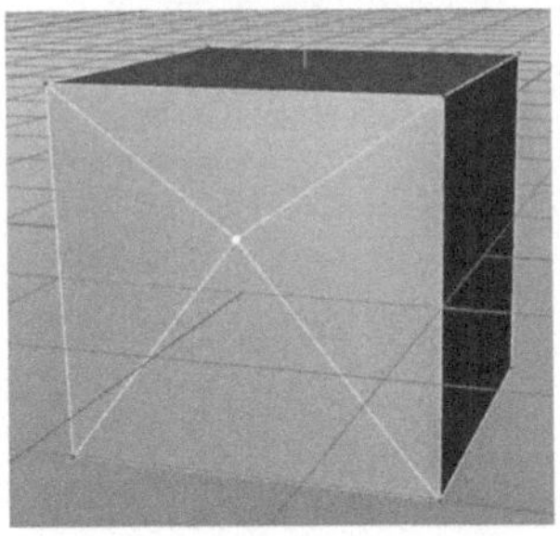

图 4-14

图 4-15

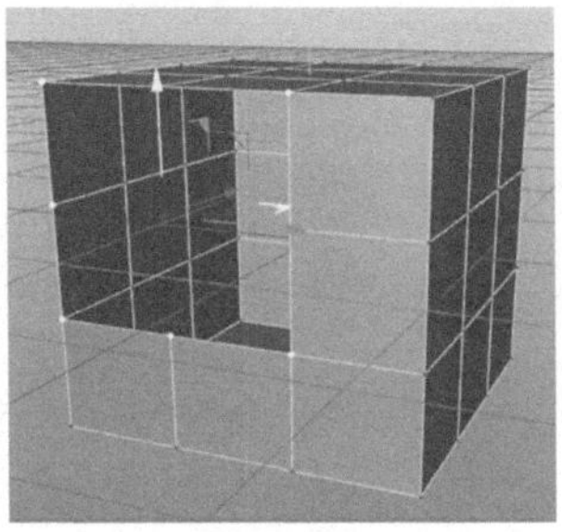

图 4-16

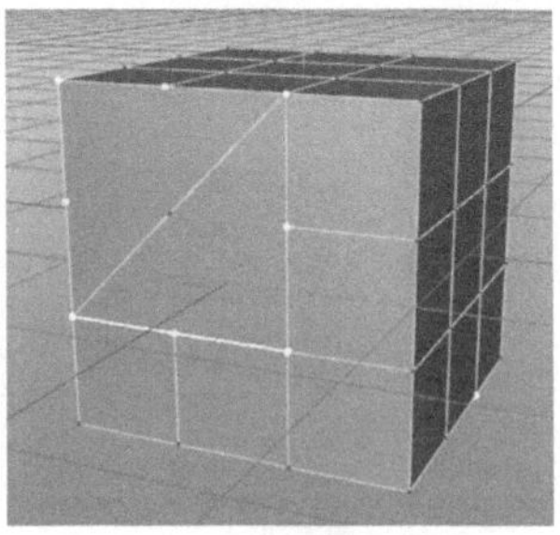

图 4-17

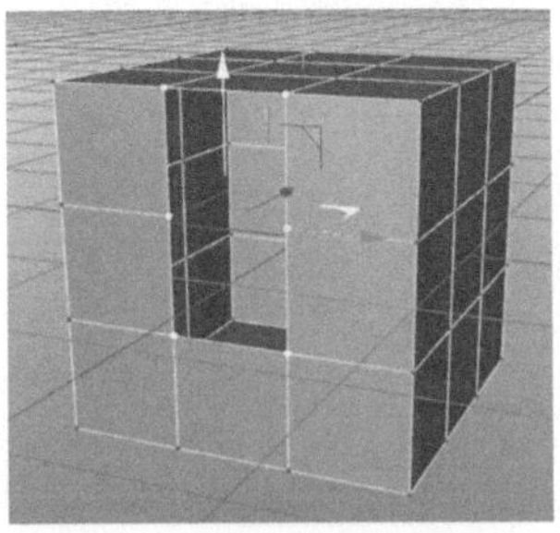

图 4-18

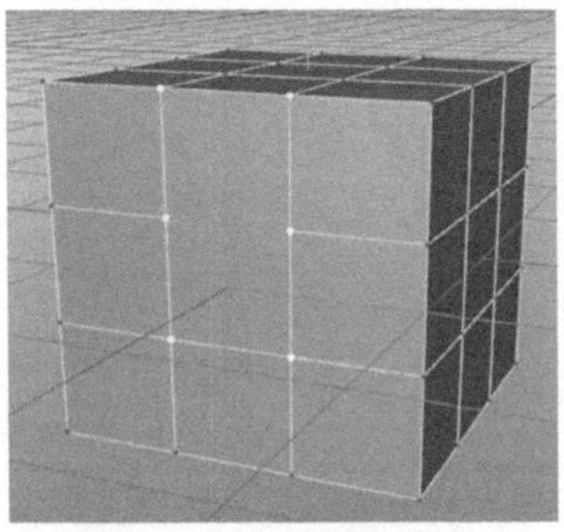

图 4-19

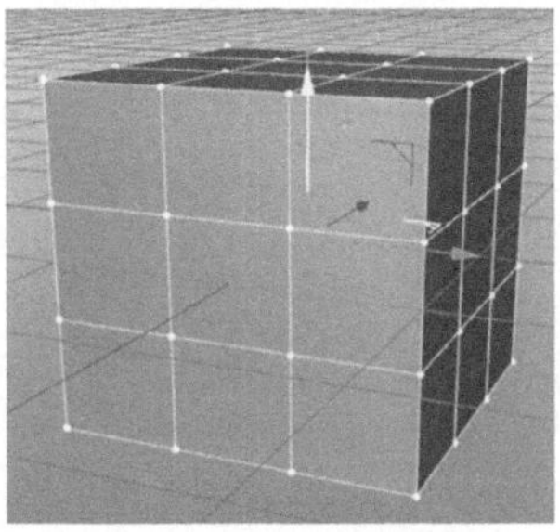

图 4-20

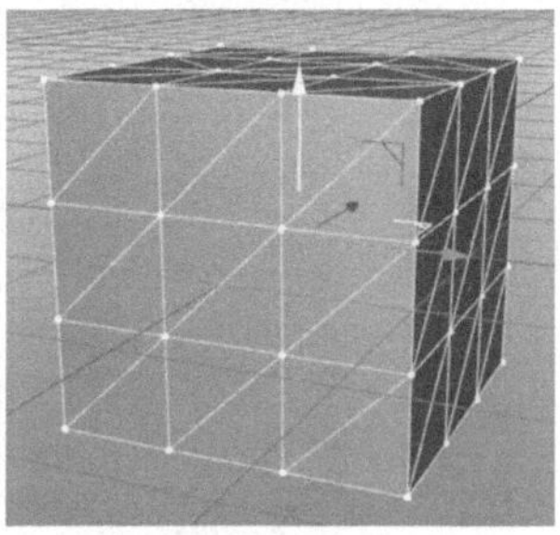

图 4-21

图 4-22

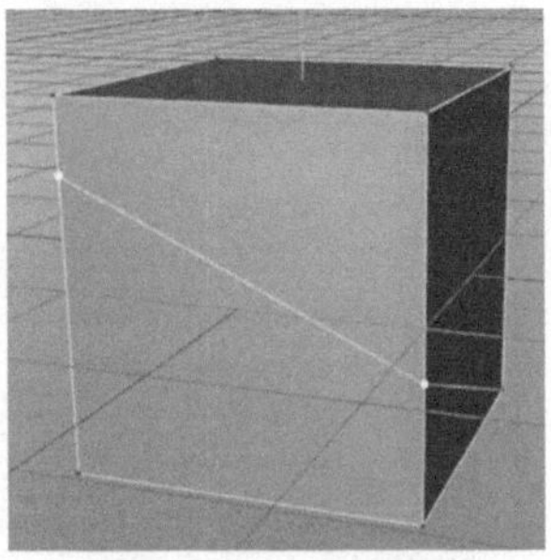

图 4-23

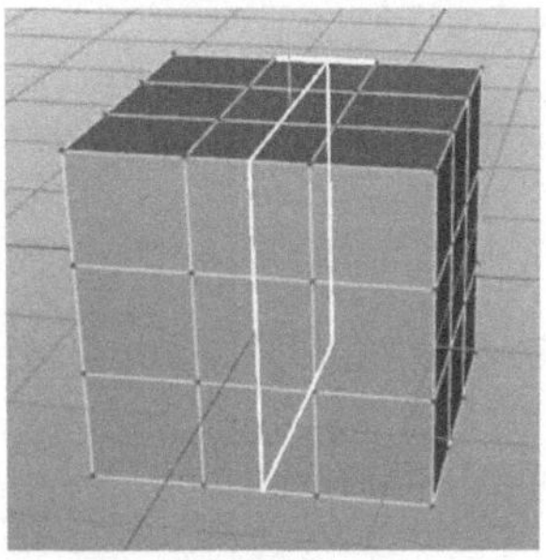

图 4-24

图 4-25

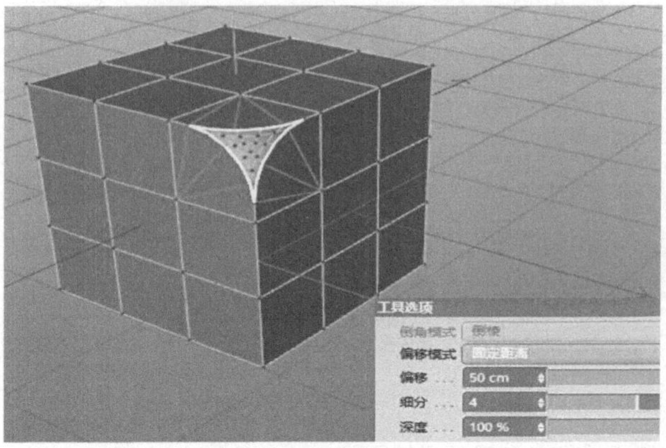

图 4-26

优化：优化当前模型。当倒角出现问题时，需要先优化模型，再进行倒角。

二、边模式

边模式的菜单工具命令与点模式基本相同，大部分命令都是重复的，它的原理和点基本是一样的。

三、多边形模式

多边形模式与点模式和边模式菜单有许多相同命令，但多边形模式有几个具有自身特点的命令，如做包装盒使用频率最高的就是“多边形”模式里的“挤压”和“内部挤压”工具命令。多边形模式菜单工具命令如图 4-27 所示。

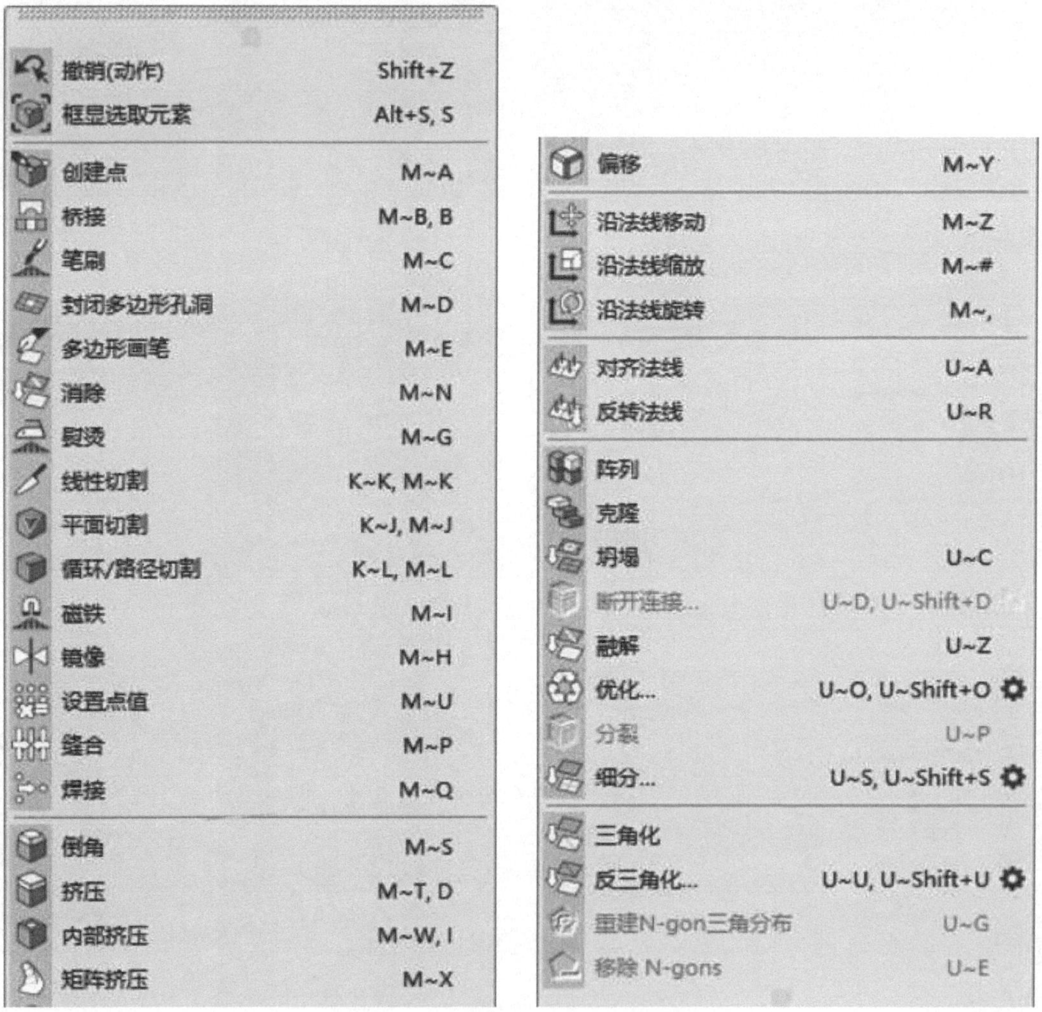

图 4-27

主要工具命令参数解释

挤压：将选中的面挤出或压缩。在“挤压”选项中把“偏移”设置为“60 cm”，点击“应用”，被选中的面会迅速向外挤出，如果把“偏移”设置为“-60 cm”，被选中的面会迅速向内压缩，如图 4-28 和图 4-29 所示。该工具是多边形建模时使用频率很高的工具之一。

提示：按住 Ctrl 键移动选中的面，移动蓝色光标箭头可以将其快速挤出；在透视视图空白区域按鼠标左键向右拖拽也可以挤出，在“挤压”选项中可以调整“偏移”参数。

内部挤压：向内挤压选中的多边形，如图 4-30 所示。再选择“挤压”，向下拖拽鼠标，面就会向 Y 轴的反方向移动，立方体中间的面就会出现凹进去的新形状，如图 4-31 所示。该工具也是多边形建模中使用频率很高的工具之一。

“内部挤压”中还有一个特别重要的概念就是“保持群组”。例如，选择立方体顶部的面，单击鼠标右键，在弹出的“内部挤压”选项中将“保持群组”勾选关闭，并进行内部挤压，如图 4-32 所示。如果“保持群组”是勾选状态，面还是一起进行内部挤压；而取消勾选“保持群组”后进行内部挤压时，将会根据分段的面进行单个操作，如图 4-33 所示。

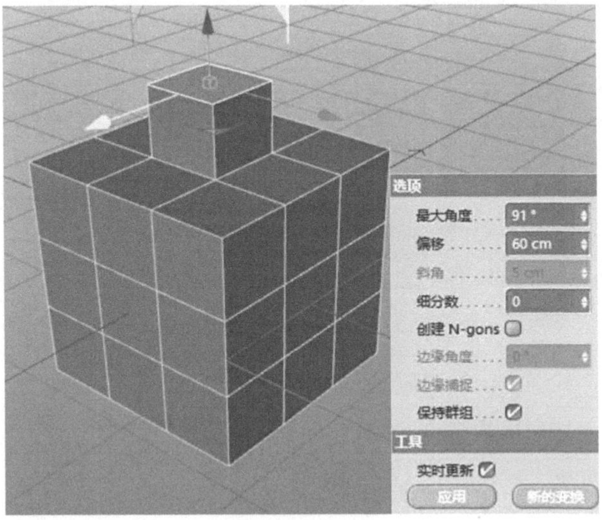

图 4-28

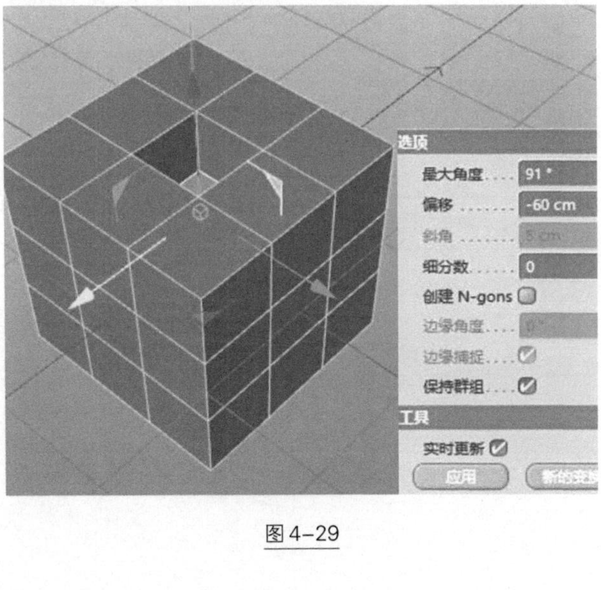

图 4-29

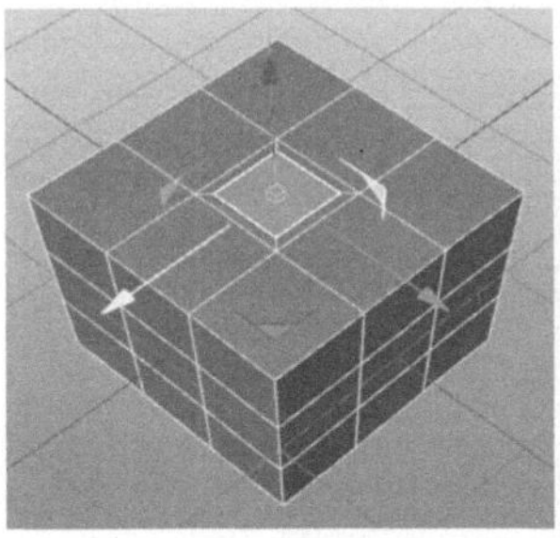

图 4-30

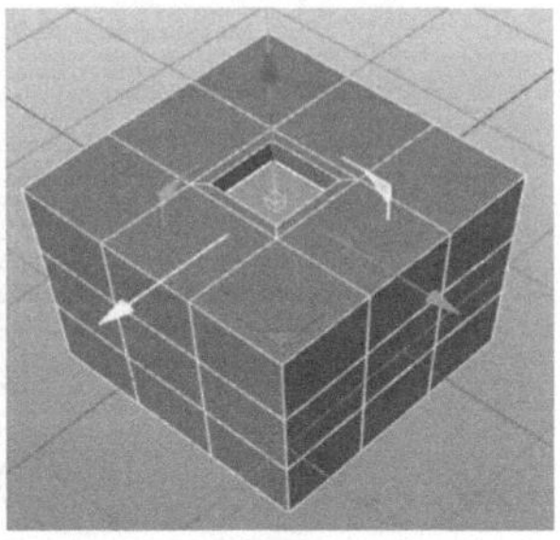

图 4-31

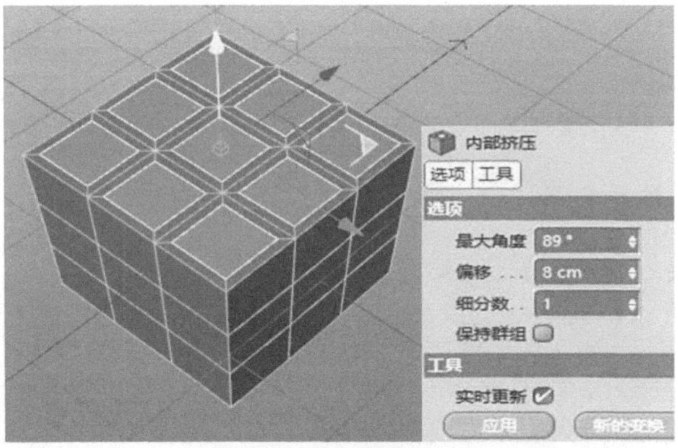

图 4-32

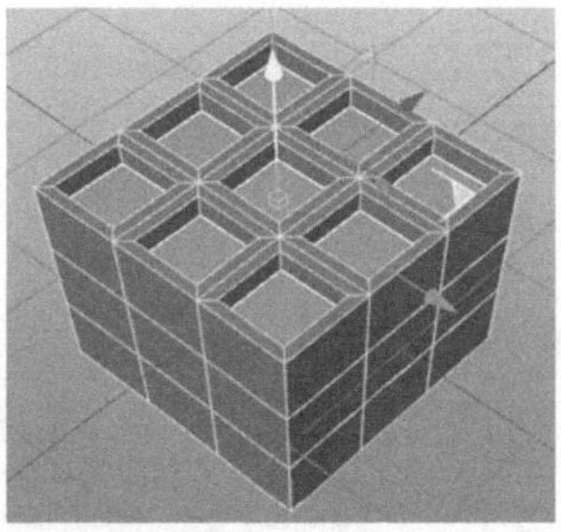

图 4-33

矩阵挤压：在挤压的同时调整“移动”“缩放”和“旋转”参数挤压出的多边形，通过设置“步数”控制挤压的个数，如图 4-34 所示。

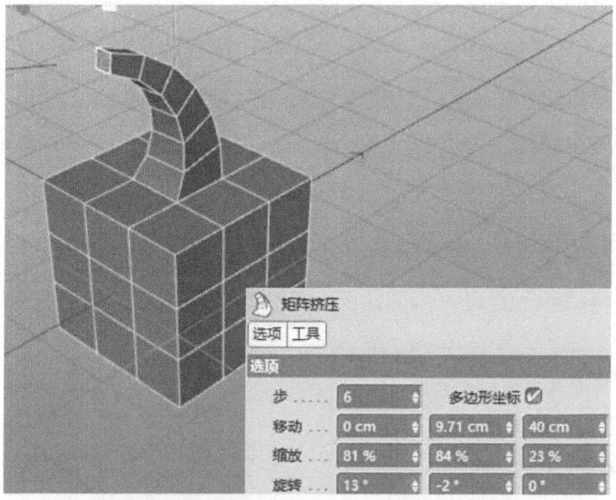

图 4-34

课堂练习 1：**用多边形建模工具制作抽屉盒**

学习目标：掌握多边形建模工具的使用方法。

（1）先在透视视图场景中建一个立方体，“尺寸.X”设置为“200 cm”，“尺寸.Y”设置为“180 cm”，“尺寸.Z”设置为“200 cm”，其他参数不变，如图 4-35 所示。

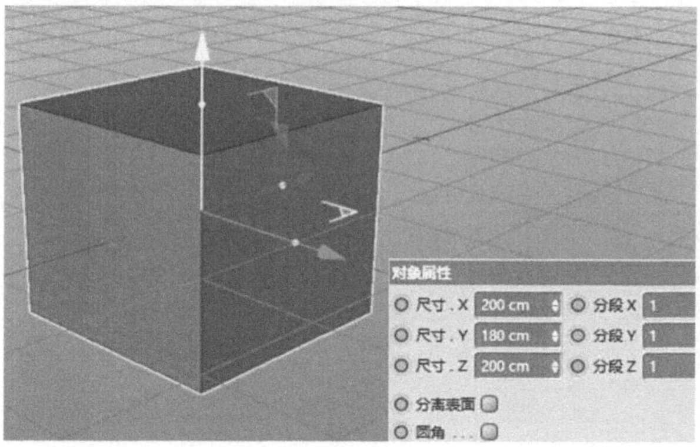

图 4-35

（2）将立方体转为可编辑对象，选“多边形”模式，用鼠标右键点立方体 Z 轴方向的一个面，接着在透视视图中空档处点击鼠标右键，在弹出的面板中选“内部挤压”命令内部挤压，在“内部挤压”参数面板“选项”卡中将“偏移”设置为“2 cm”，在“工具”卡中点“应用”，其他参数不变，如图 4-36 和图 4-37 所示。

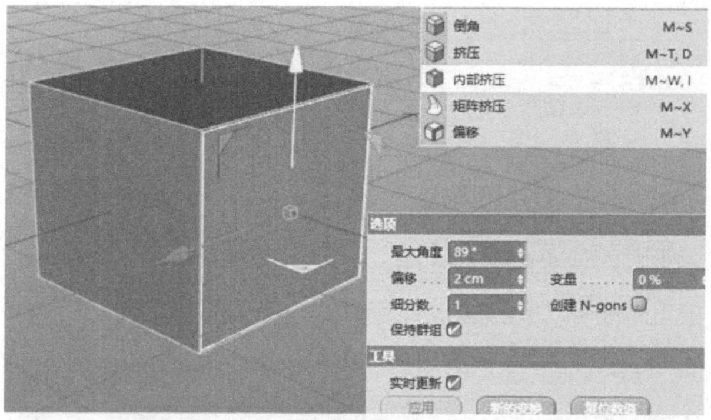

图 4-36

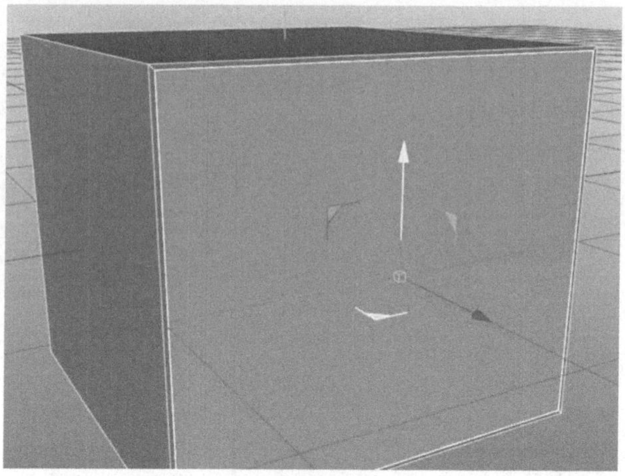

图 4-37

（3）选“挤压”命令挤压，左手按 Ctrl 键，右手按鼠标并移动蓝色光标向模型内部挤压约 198 cm，如图 4-38 所示。

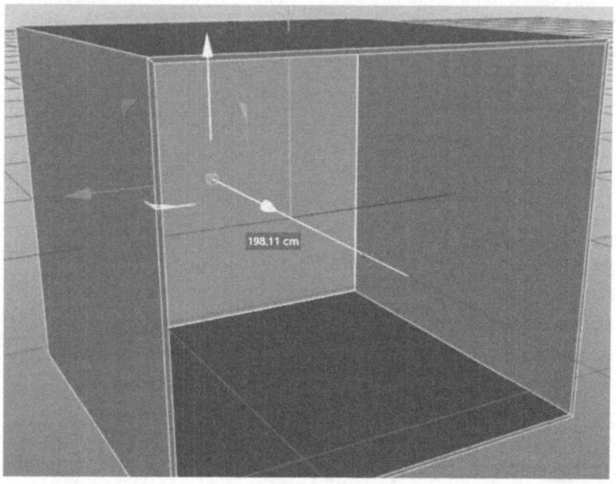

图 4-38

（4）建一个立方体，按 X 轴方向将其拖出，“尺寸 .X”设置为“196 cm”，“尺寸 .Y”设置为“176 cm”，“尺寸 .Z”设置为“196 cm”，其他参数不变，如图 4-39 所示。

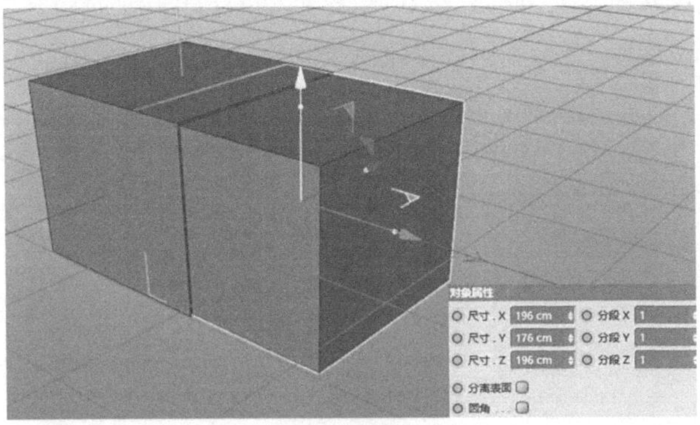

图 4-39

（5）将立方体转为可编辑对象，选“多边形”模式，用鼠标右键点立方体顶面，接着选“内部挤压”命令 内部挤压，在“内部挤压”参数面板“选项”卡中将“偏移”设置为“2 cm”，在“工具”卡中点“应用”，其他参数不变，如图 4-40 所示。再选“挤压” 挤压 命令，左手按 Ctrl 键，右手按鼠标并移动蓝色光标往下挤压约 174 cm，如图 4-41 所示。

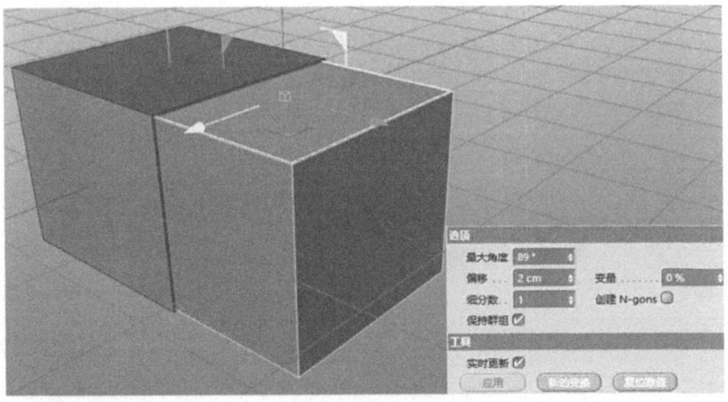

图 4-40

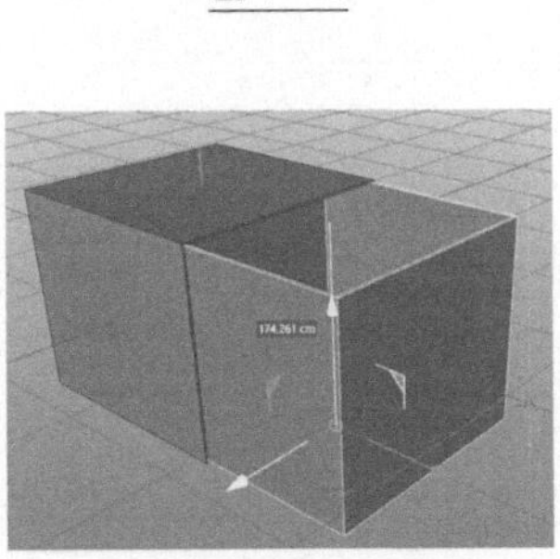

图 4-41

（6）在正视图中用“画笔”样条画一个抽屉盒把手造型，再建一个“矩形”样条，“宽度”设置为“3 cm”，“高度”设置为“30 cm”，其他参数不变，如图 4-42 所示。

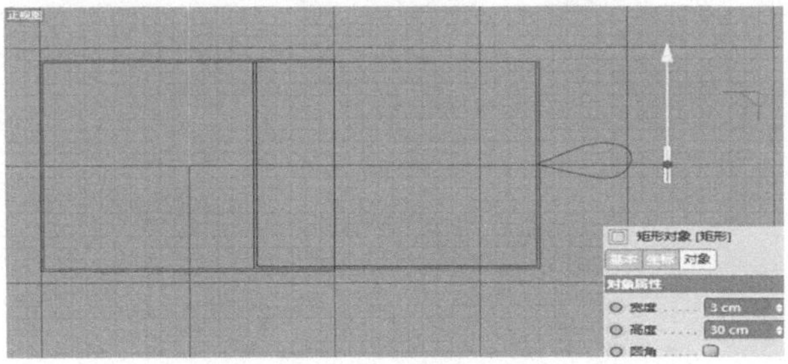

图 4-42

（7）在对象面板中建一个“扫描”生成器，把“矩形”样条和“画笔”样条放在其下，作为子层级，在透视视图中的场景效果如图 4-43 所示。

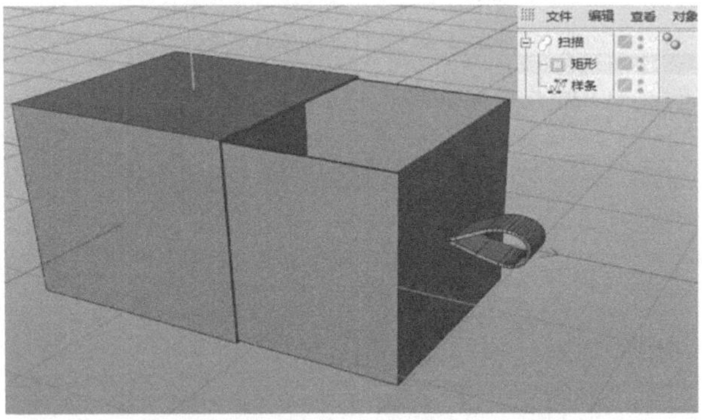

图 4-43

（8）对盒套的边角进行倒角。先用“边”模式选择盒套需要倒角的一条边线部位，再按 Ctrl+A 键全选，接着再按右键弹出的菜单面板，选“优化 ...”命令 优化，如图 4-44 所示。然后重新选择需要倒角的边，

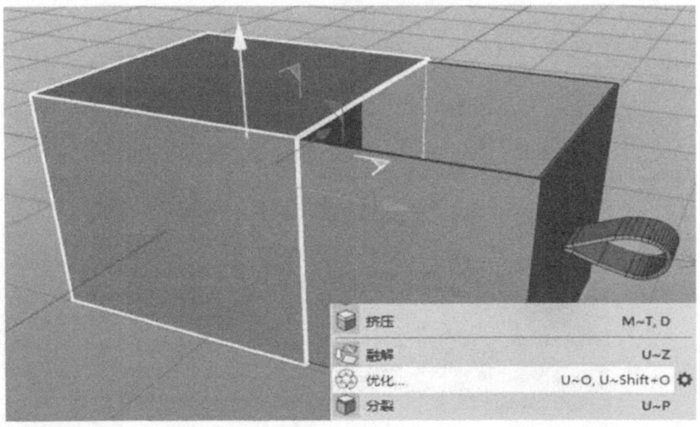

图 4-44

按右键，在弹出的菜单面板选“倒角”命令，如图4-45 所示。

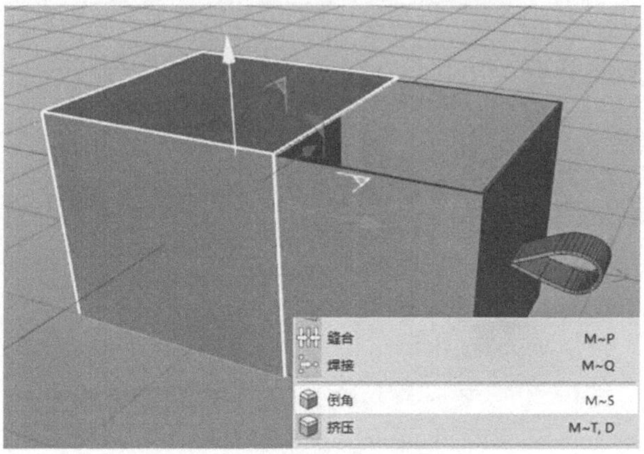

图 4-45

（9）在透视视图场景中用鼠标左键点空档处，轻轻拖动一下，就能倒角，并在属性面板“工具选项”中将“偏移”设置为“0.8 cm”，“细分”设置为“6”，其他参数不变，放大局部可看到倒角细分数的光滑度，如图 4-46 所示。

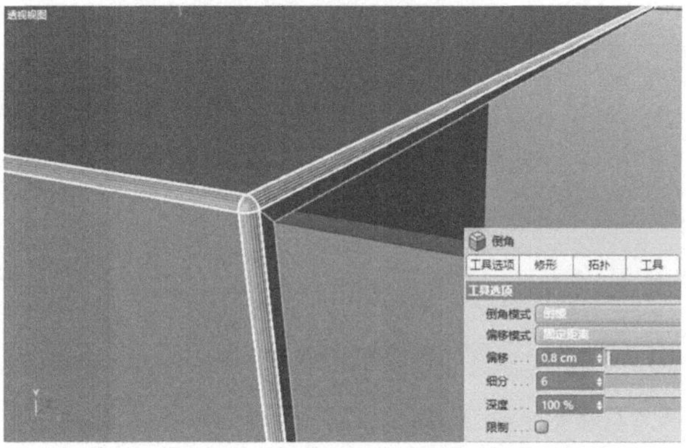

图 4-46

（10）按 Shift+R 键，抽屉盒模型最终效果如图4-47 所示。

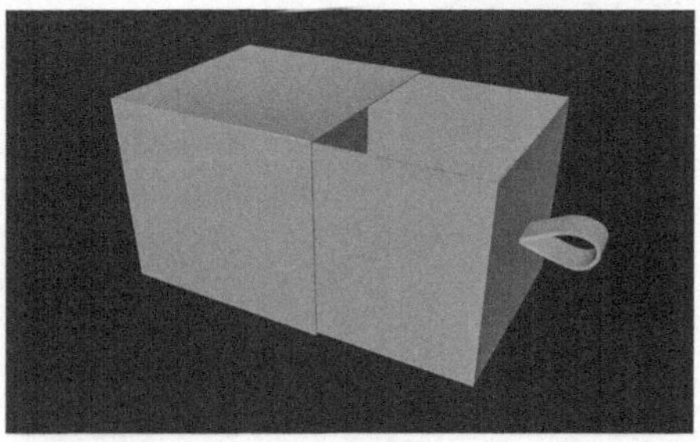

图 4-47

课堂练习 2：**用多边形建模制作双层抽屉盒**

学习目标：掌握多边形建模工具的使用方法。

（1）先在透视视图场景中建一个立方体，显示为“光影着色（线条）”，在“对象属性”中将“尺寸.X”设置为“200 cm”，“尺寸.Y”设置为“260 cm”，“尺寸.Z”设置为“200 cm”，其他参数不变，如图 4-48 所示。

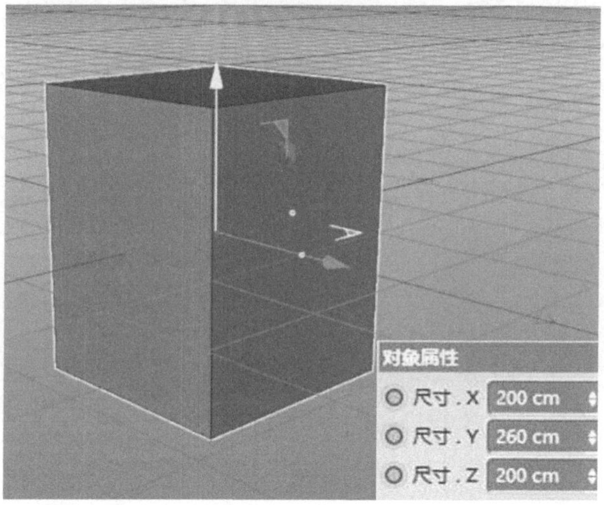

图 4-48

（2）将创建的立方体按 C 键转换为可编辑的多边形对象，在模式工具栏中选“多边形”模式，再选中立方体 Z 轴方向的面，如图 4-49 所示。

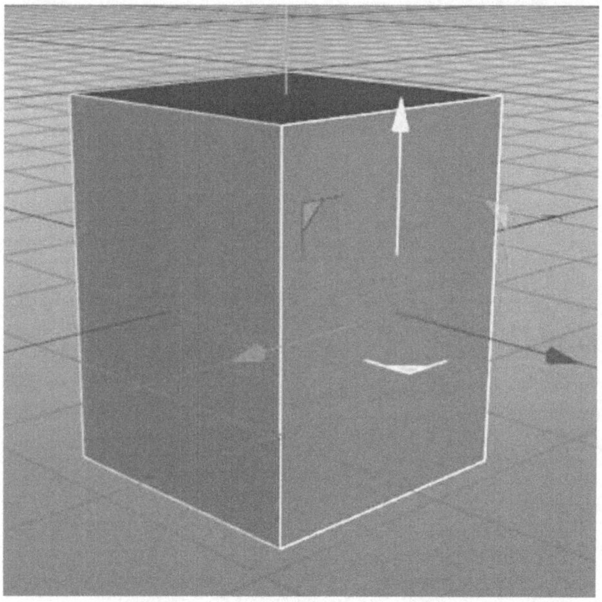

图 4-49

（3）单击鼠标右键，然后在弹出的菜单中选择“内部挤压”工具 内部挤压。在“选项”中将“偏移”设置为“3 cm”，在“工具”中点“应用”，接着向内收缩“3 cm”，如图 4-50 所示。

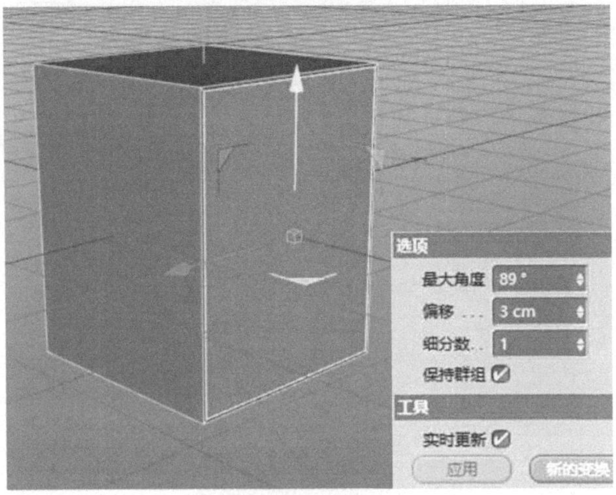

图 4-50

（4）保持选中的面不变，然后单击鼠标右键选择“挤压”工具，在“选项”中将“偏移”设置为向内挤压“-197 cm”，在“工具”中点击“应用”，如图 4-51 所示。

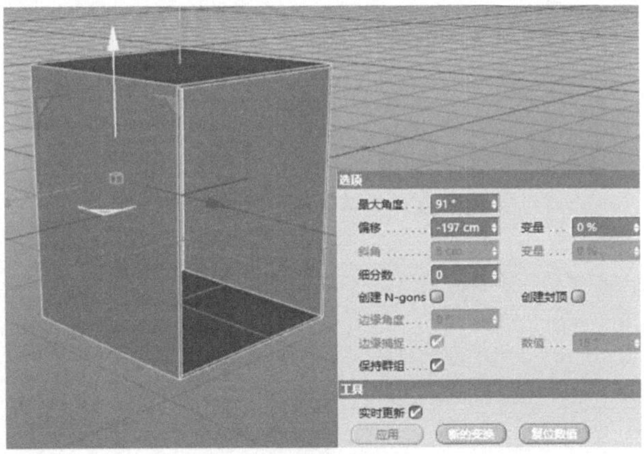

图 4-51

（5）在透视视图场景中再建一个立方体，“尺寸 .X”设置为“197 cm”，“尺寸 .Y”设置为“127 cm”，“尺寸 .Z”设置为“194 cm”，并将其拖出，如图 4-52 所示。

（6）按 C 键将立方体转换为可编辑多边形，进入“多边形”模式。选中立方体顶端的面，按右键，在弹出的面板选“内部挤压”工具，将其向内挤压 3 cm，再选“挤压”工具，“偏移”设置为 -124 cm，如图 4-53 所示。

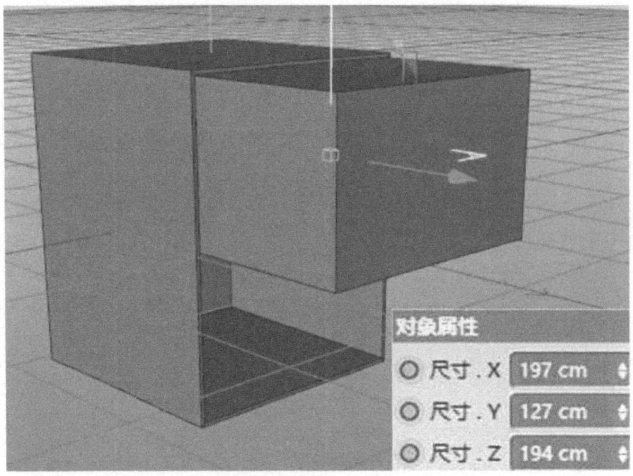

图 4-52

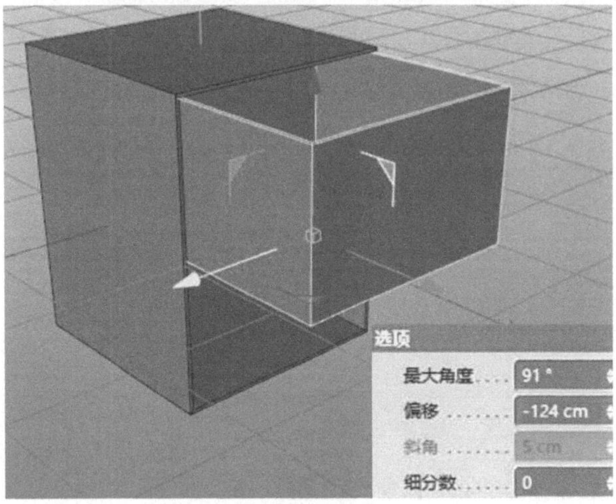

图 4-53

（7）将视图切换到右视图，进入“边”模式，在视图中按鼠标右键，在弹出的菜单面板中选“循环 / 路径切割” 循环/路径切割，将立方体中间切割为四条垂直线，如图 4-54 所示。用“边”模式选择被切割的中间两条线的顶端线，用绿色光标往下移动，使其形成凹下去的造型，如图 4-55 所示。

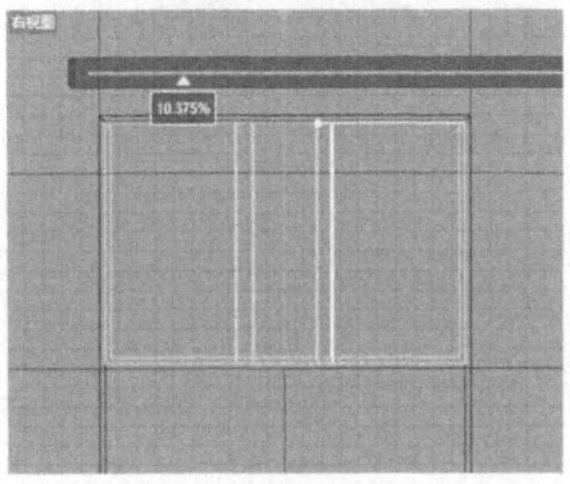

图 4-54

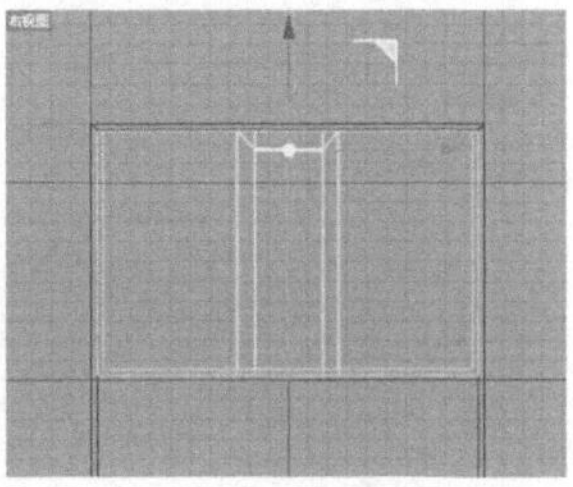

图 4-55

（8）再回到透视视图看效果，如图 4-56 所示。

（9）对做好的模型外边沿进行倒角，用“边”模式按 Shift 键增选外边沿轮廓线，如图 4-57 所示。

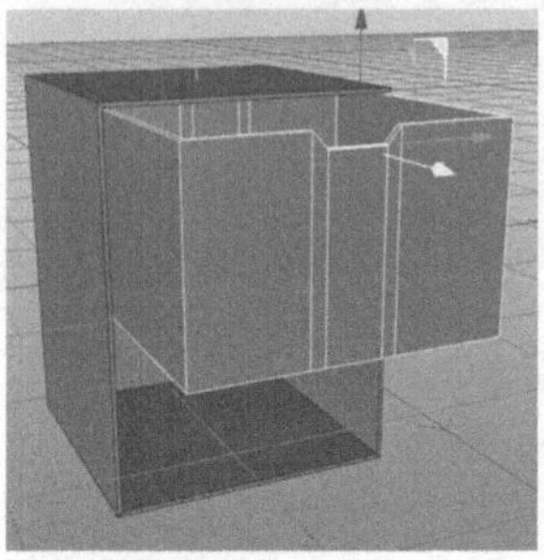

图 4-56

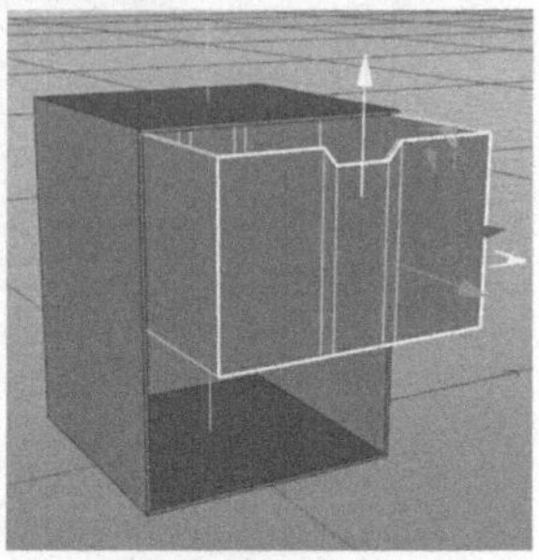

图 4-57

（10）按鼠标右键，在弹出的菜单面板选“倒角”工具，用鼠标左键点击一下空档，接着往里拖动，将“偏移”设置为“0.8 cm”，将“细分”设置为“6”，其他参数不变，如图 4-58 所示。

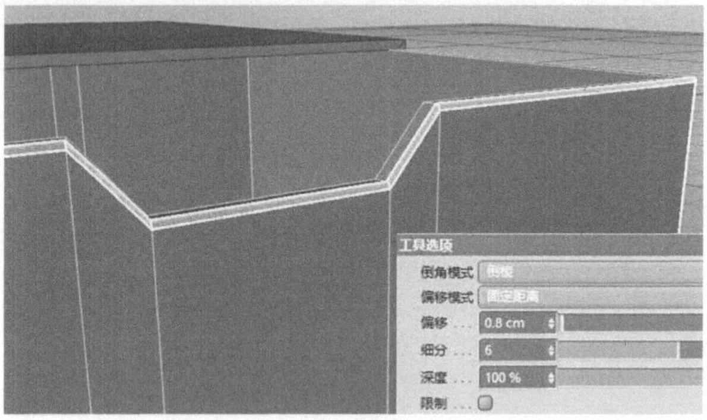

图 4-58

（11）将模型拖进去，接着再复制一个，往下移动到合适的位置，接着对盒套边沿部位也进行倒角，如图 4-59 所示。

图 4-59

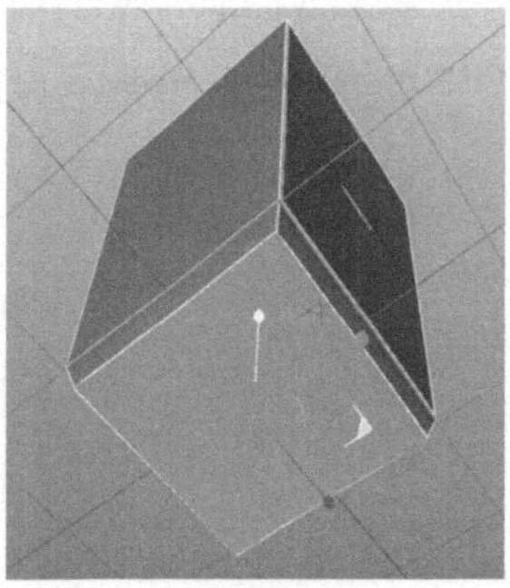

图 4-60

（12）给盒套底部增加一个厚度。把做好的模型旋转一个合适的角度，用“多边形”模式选盒套底部的面，用“挤压”工具将其挤压出合适的厚度，再用“缩放”工具向内缩小一点，效果如图 4-60 和图 4-61 所示。

（13）双层抽屉盒模型最终效果如图 4-62 所示。

图 4-61

图 4-62

课堂练习 3：**用多边形建模制作牛奶盒**

学习目标：掌握多边形建模工具的使用方法。

（1）在透视视图场景中建一个立方体，“尺寸 .X”设置为“80 cm”，“尺寸 .Y”设置为“150 cm”，“尺寸 .Z”设置为“50 cm”，其他参数不变，如图 4-63 所示。

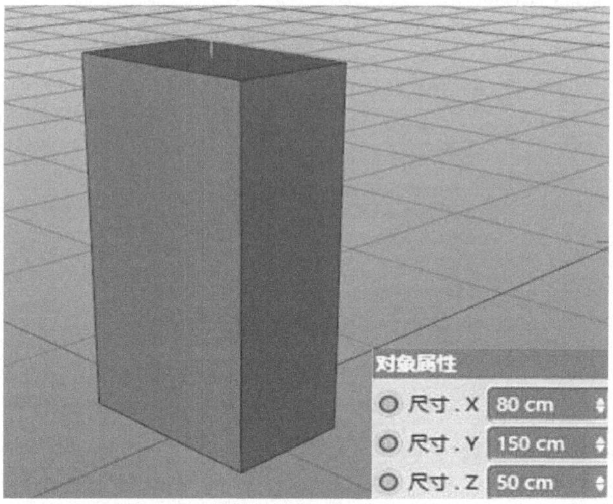

图 4-63

（2）按 C 键将立方体转为可编辑多边形，选“边”模式，在透视视图中按鼠标右键，在弹出的菜单命令面板中选“循环 / 路径切割”，在立方体中间切割一条垂直线，在“选项”中将“偏移”设置为“50%”，如图 4-64 所示。

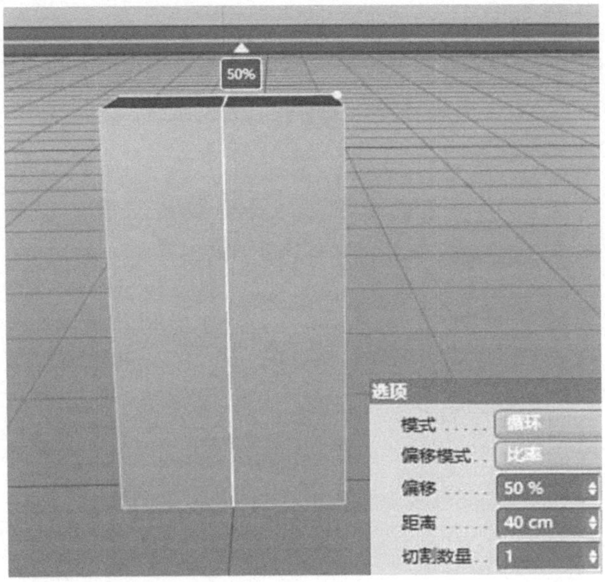

图 4-64

（3）进入“多边形”模式，用菜单栏“选择”中的“循环选择”和“实时选择”选中立方体模型左半部分，然后删除，如图 4-65 和图 4-66 所示。

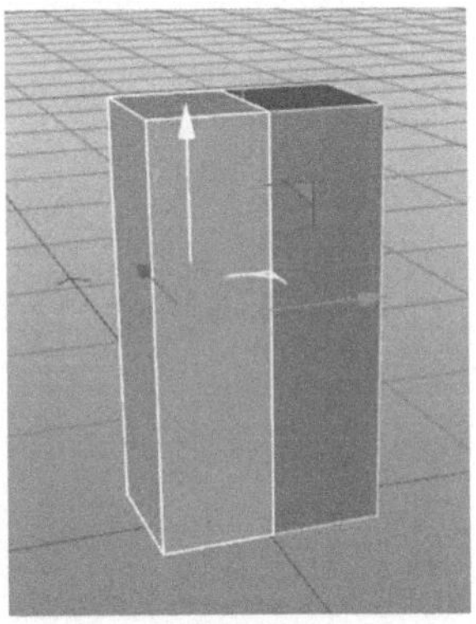

图 4-65　　图 4-66

（4）在“造型”生成器里选“对称”工具，将立方体放在“对称”下方作为子层级，此时模型左边就出现了另一半，如图 4-67 所示。

（5）按鼠标右键，在弹出的菜单面板选“循环 / 路径切割”，在模型上下方切割两条横线，靠右边沿再切割一条垂直线，此时可看到对称的另一半也显示被相同切割，如图 4-68 所示。

（6）用“多边形”模式选模型上方被切割的 Z 轴方向的右侧面，如图 4-69 所示。点击鼠标右键，选“挤

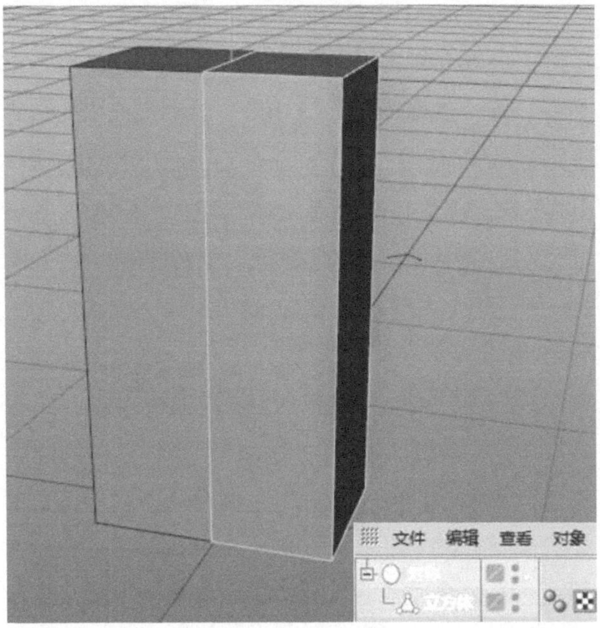

图 4-67

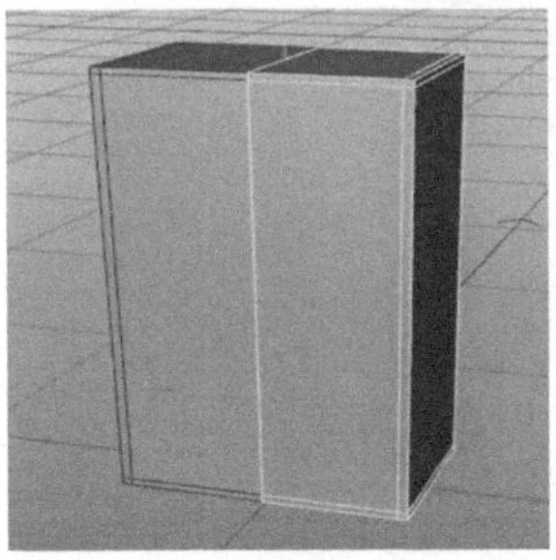

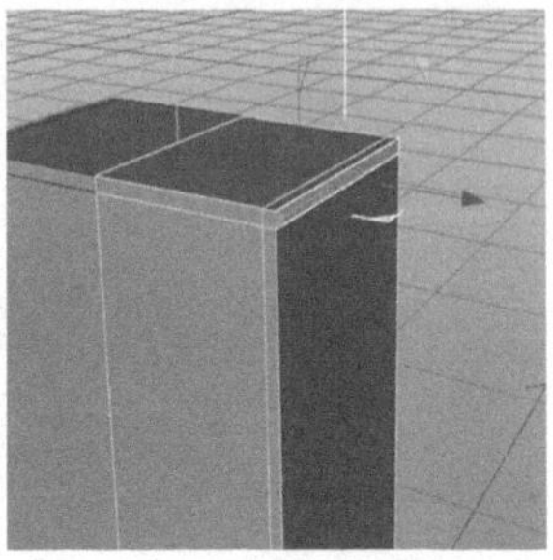

图 4-68　　图 4-69

压”工具，在挤压属性面板“选项”中把“偏移”设置为“10 cm”，在“工具”中点击“应用”，此时被选中的右侧面就会向外伸出一块，如图 4-70 所示。

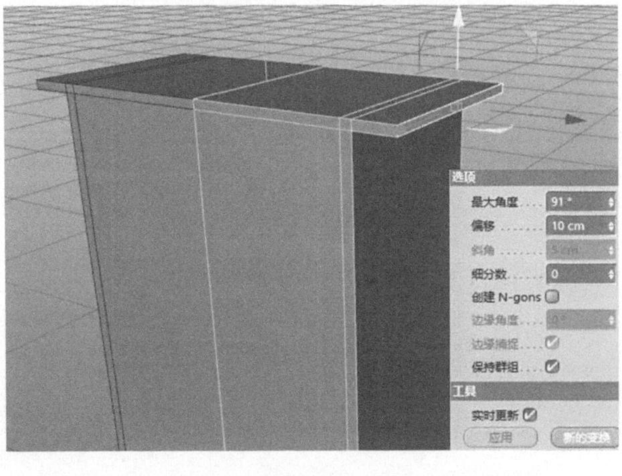

图 4-70

（7）在透视视图中按鼠标左键向内拖动一下，在挤压属性面板“选项”中把“偏移”设置为“10 cm”，在“工具”中点“应用”，此时被选中的右侧面又会向外伸出第二块，如图 4-71 所示。用此方法做出第三块，如图 4-72 所示。

（8）把视图切换到顶视图，选立方体为“点”模式，用“框选”工具框选伸出三块的边沿六个点，如图 4-73 所示。

（9）用“缩放”工具往左向内缩放 42%，如图 4-74 所示。接着框选第二块的四个点往左向内缩放 38%，框选第三块的四个点往左向内缩放 25%，如图 4-75 和图 4-76 所示。

（10）进入“点”模式，在透视视图中按右键选“线性切割”工具，在中间切割两条线，如图 4-77 所示。

（11）回到透视视图，按“模型”退出，再进入“多边形”模式，选模型上方被切割成两条线的面，如图 4-78 所示。

（12）点击鼠标右键，选“挤压”工具，在挤压属性面板“选项”中把“偏移”设置为“7 cm”，在“工具”中点击“应用”，并用“多边形”模式将挤出的面全部选中，如图 4-79 和图 4-80 所示。

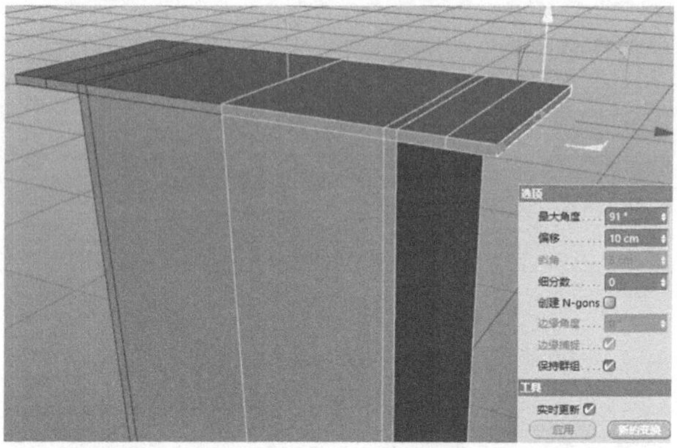

图 4-71

图 4-72

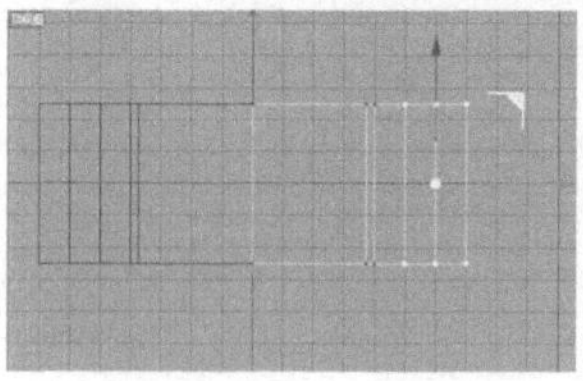

图 4-73

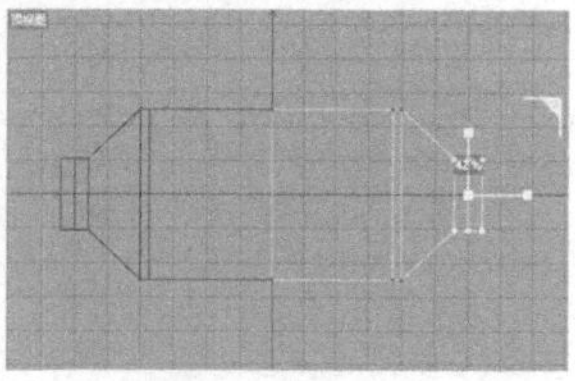

图 4-74

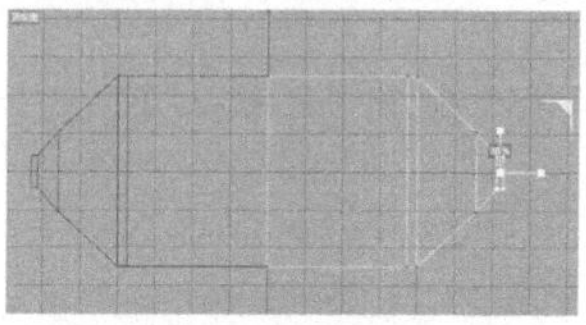

图 4-75

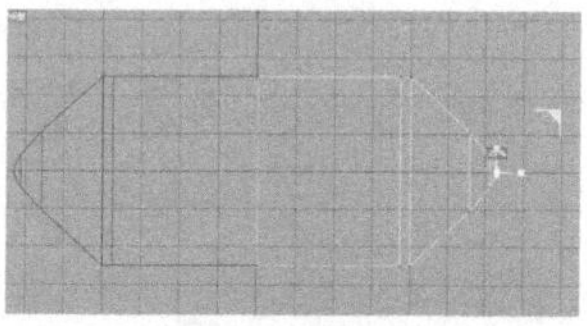

图 4-76

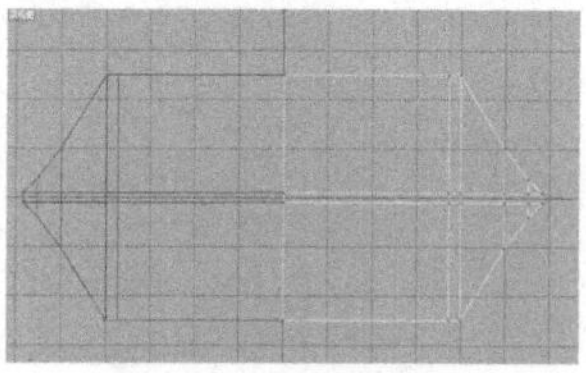

图 4-77

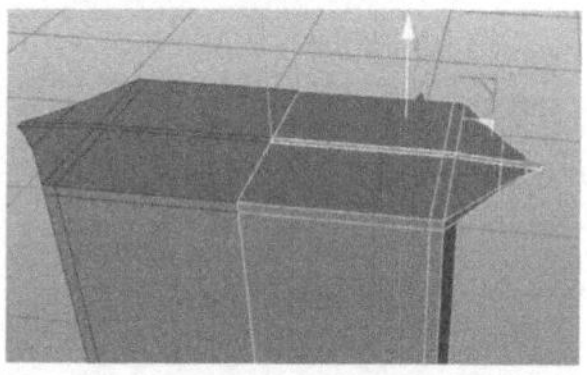

图 4-78

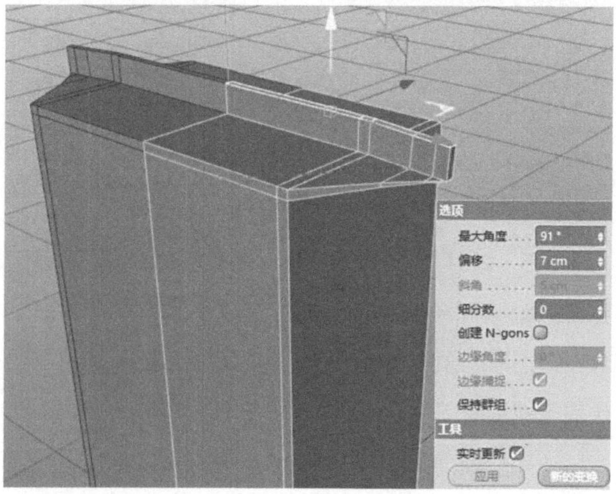

图 4-79

（13）切换到右视图，在模式工具栏中选“启用轴心”，将光标移至被挤出模型的下端，再关闭“启用轴心”，如图 4-81 所示。再选“旋转”工具，向左旋转 90°，如图 4-82 所示。场景效果如图 4-83 所示。

（14）切换到正视图，用“框选”工具框选挤出的三块所有的点，用“移动”工具将点向下移动，如图 4-84 所示。再用“框选”工具框选挤出的两块中所有的点，用“移动”工具将点向下移动，如图 4-85 所示。再用“框选”工具框选挤出的一块所有的点，用“移动”工具将点向下移动，如图 4-86 所示。

（15）用“旋转”工具调整弧度，接着用“移动”工具向内移动，如图 4-87、图 4-88、图 4-89 所示，再切换到透视视图看效果，如图 4-90 所示。

（16）做模型的底部。把视图转到模型底部，用“多边形”模式选模型底部被切割的 Z 轴方向的面，如图 4-91 所示。按鼠标右键，选“挤压”工具，在挤压属性面板“选项”中把“偏移”设置为“10 cm”，在“工具”中点击“应用”，此时被选中的右侧面就会向外伸出一块，在透视视图中空档处按鼠标，左键向内拖动一下，在挤压属性面板“选项”中把“偏移”设置为“10 cm”，在“工具”中点击“应用”，此时被选

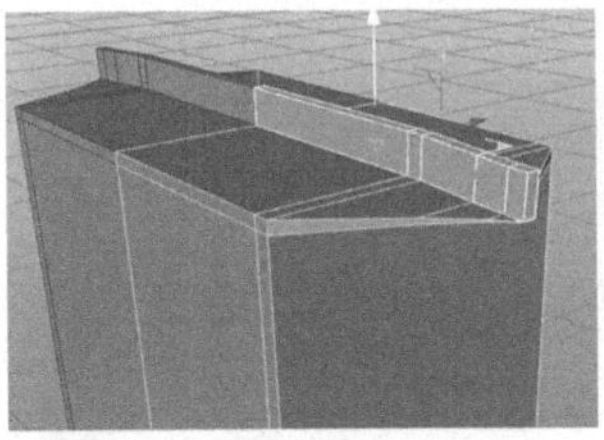
图 4-80

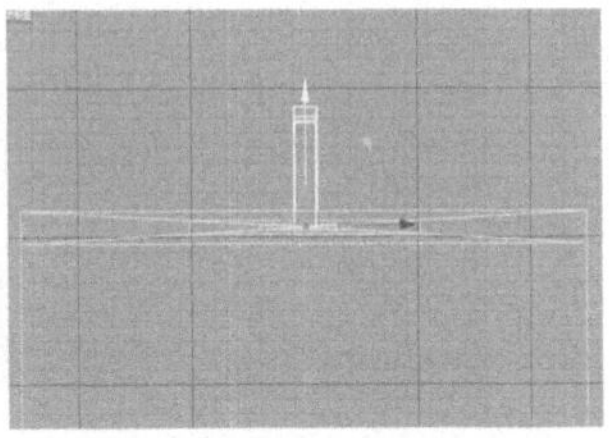
图 4-81

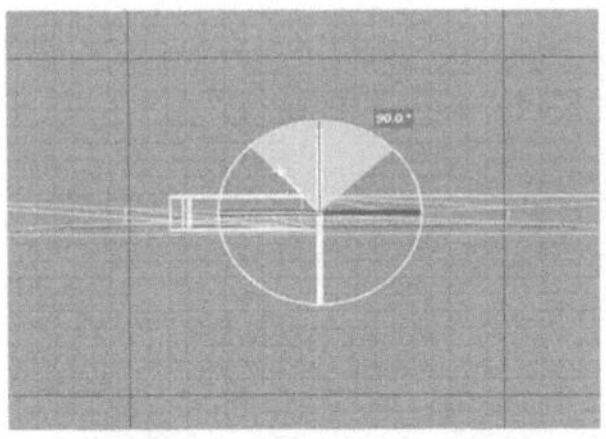
图 4-82

图 4-83

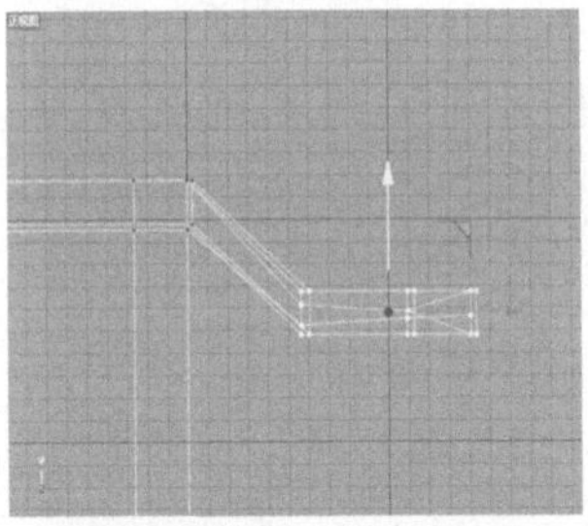
图 4-84

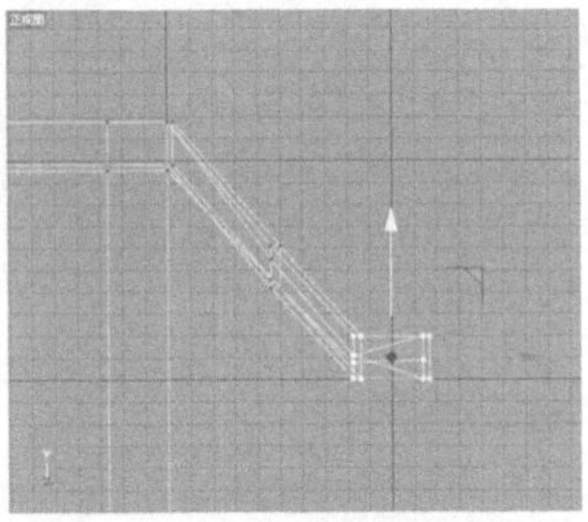
图 4-85

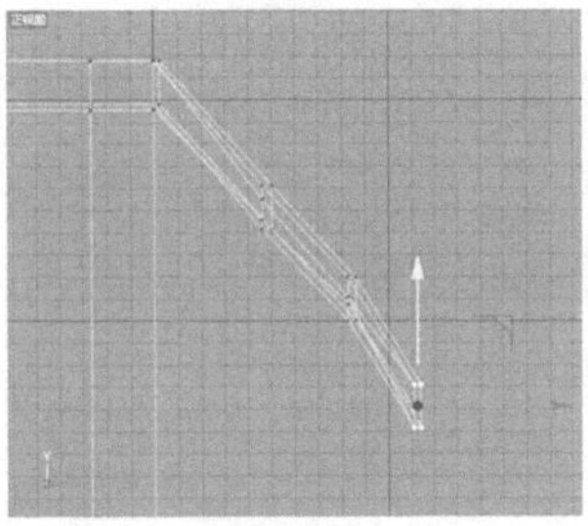
图 4-86

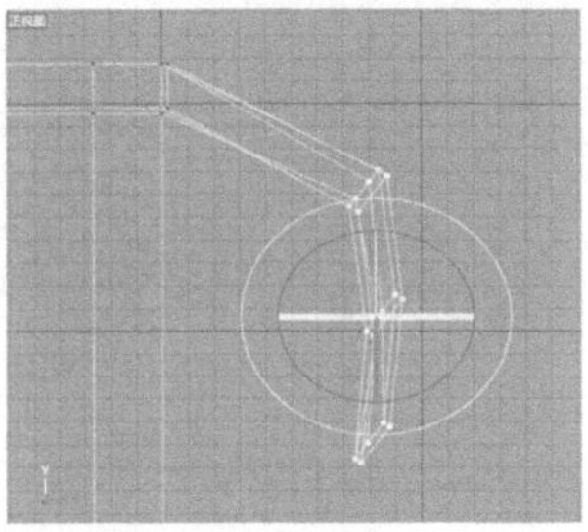
图 4-87

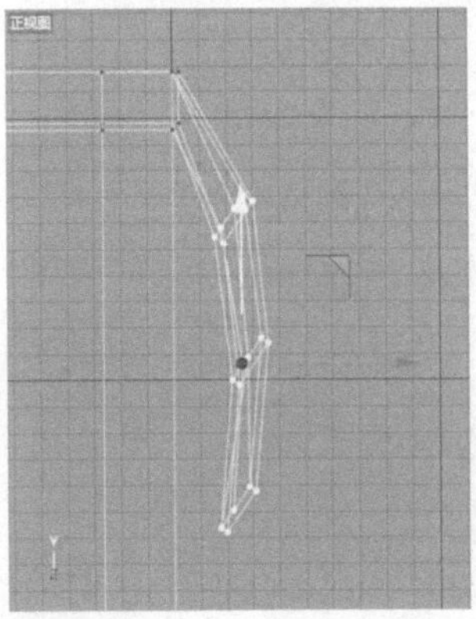
图 4-88

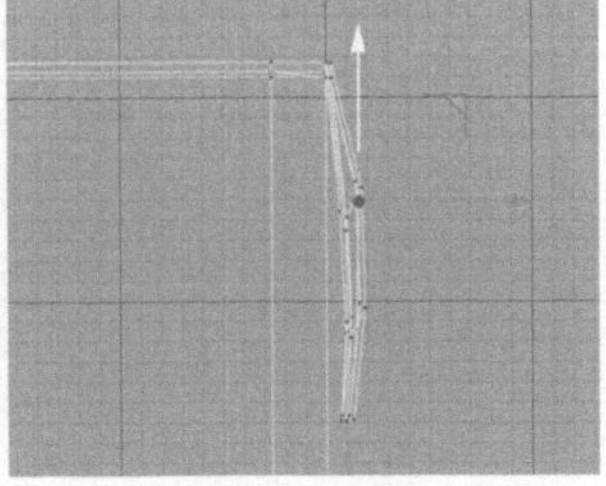
图 4-89

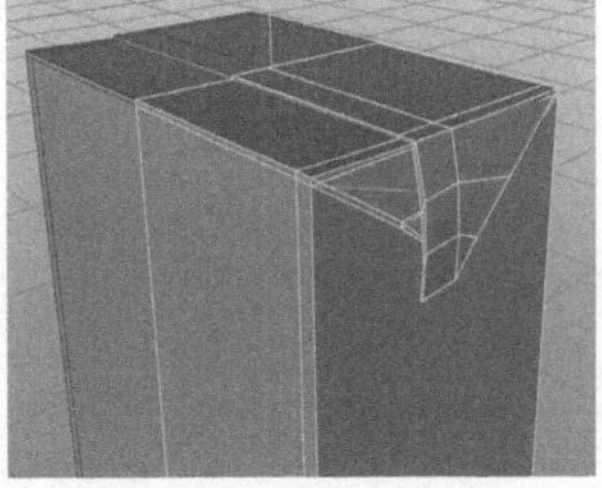
图 4-90

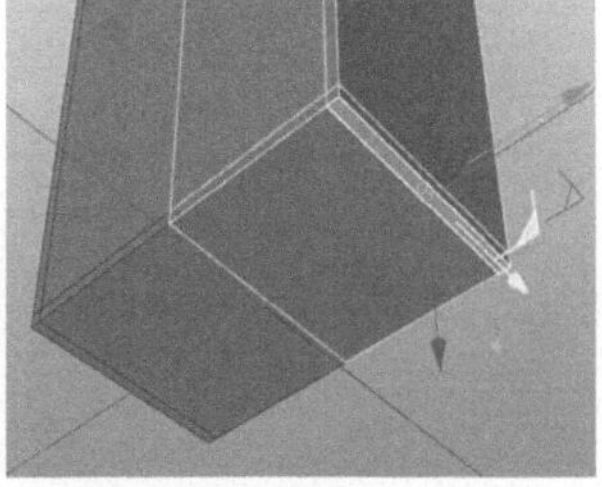
图 4-91

中的右侧面又会向外伸出第二块，用此方法做出第三块、第四块，如图 4-92 所示。

（17）在透视视图中将模型调到正视的角度，进入“点”模式，用“框选”工具框选挤压出的四块靠左右边沿的两排点，如图 4-93 所示。

（18）用“缩放”工具，点击鼠标左键，将模型向内拖动缩小到合适形状，如图 4-94 所示。以此类推，把其他三块也缩小到合适形状，如图 4-95 所示。

（19）在透视视图中把模型底部转到 X 轴方向正视角度，用“移动”工具和“旋转”工具将模型底部的造型调整到合适的形状，如图 4-96 所示。

（20）模型底部造型已做好，效果如图 4-97 所示。

（21）在对象面板中建一个“细分曲面”生成器，把对称和立方体放在其下方作为子层级，模型在场景中的效果如图 4-98 所示。

（22）如果做好的模型感觉方了点，可以在“细分曲面”生成器属性面板里把“编辑器细分”设置为“3”，会增加 UV 横竖线，模型会变得更圆滑，如图 4-99 所示。

（23）如果做好的模型有些地方感觉太圆滑了，

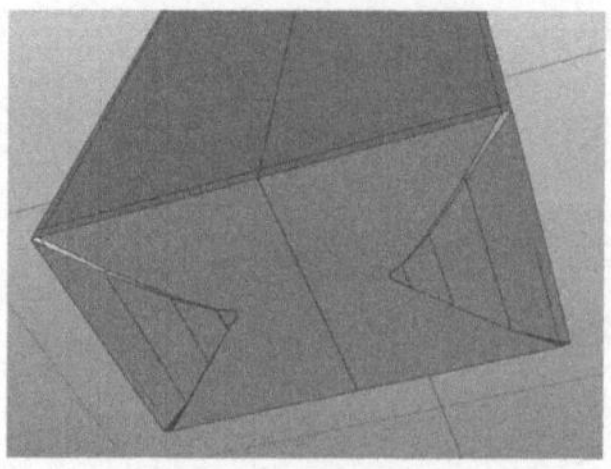

图 4-97

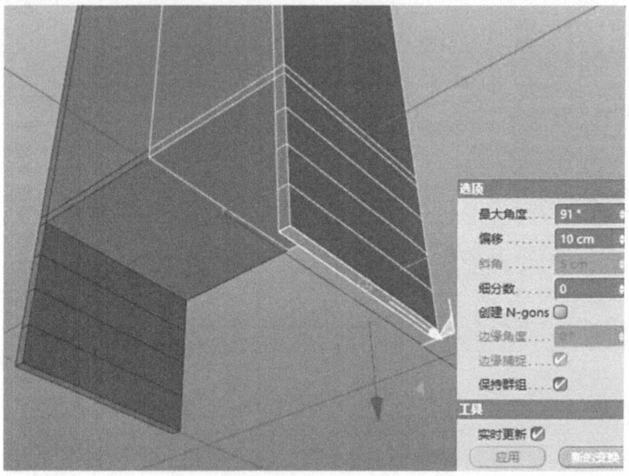

图 4-92

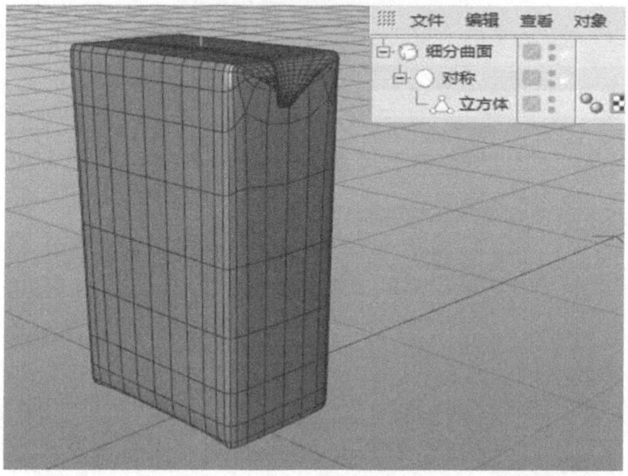

图 4-98

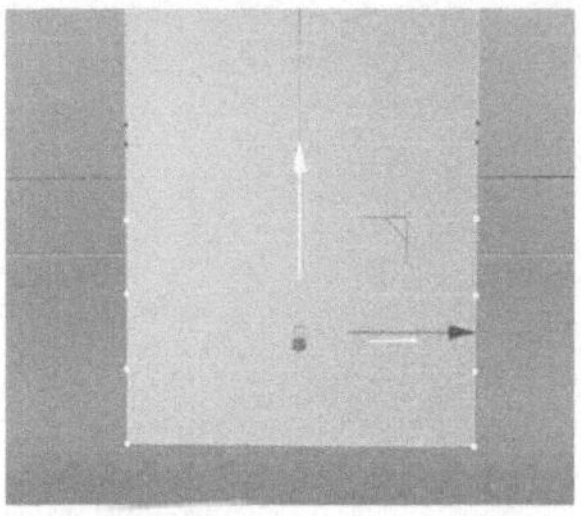

图 4-93

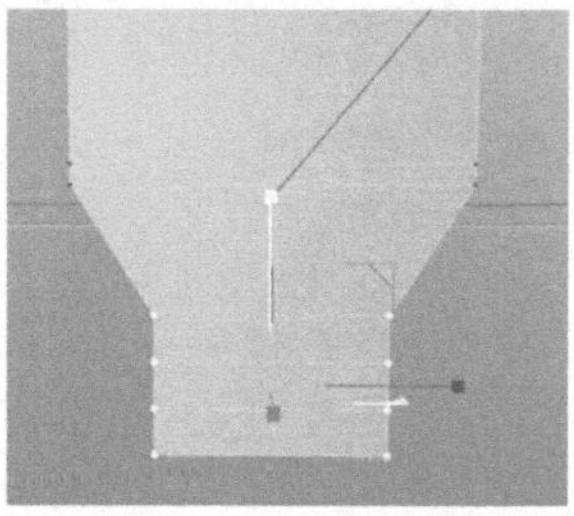

图 4-94

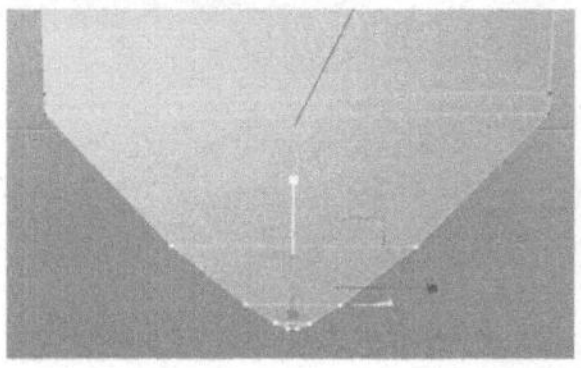

图 4-95

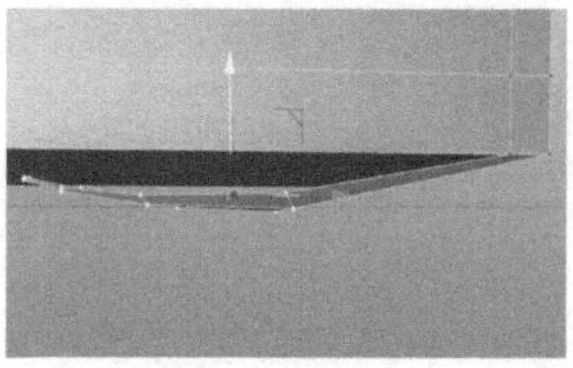

图 4-96

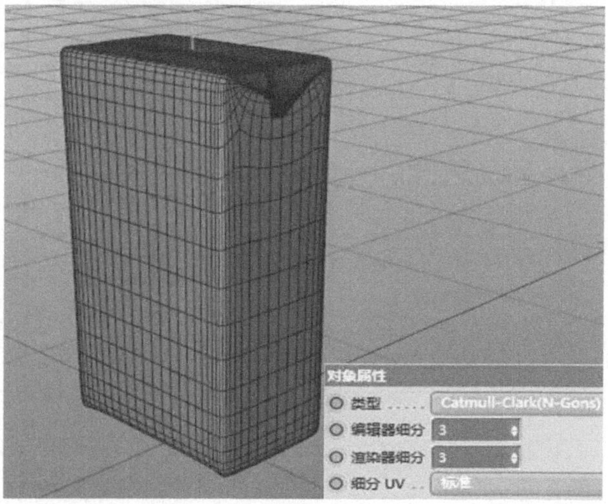

图 4-99

先在对象面板中选“立方体”，再在模式工具栏中选“边”模式，如图 4-100 所示。

（23）按鼠标右键，在弹出的菜单面板中选“循环/路径切割”，选中要切割的模型边沿，“循环/路径切割”会按横竖方向切割，如图 4-101 所示。

（24）牛奶盒模型最终效果如图 4-102 所示。

课堂练习 4：**用多边形建模工具制作香水瓶**

学习目标：掌握多边形建模工具的使用方法。

（1）首先在透视视图中建一个立方体，显示为“光影着色（线条）”，在对象属性中将“半径”设置为“50 cm”，“高度”设置为“30 cm”，“高度分段”设置为“1”，“旋转”分段为“36”，“方向”为“+Y”，如图 4-103 所示。

（2）将立方体转为可编辑对象，进入“多边形”模式，在菜单栏“选择”中的“循环选择”，选模型顶面，如图 4-104 所示。按鼠标右键选“挤压”，设置“偏移”为“20 cm”，其他参数不变，如图 4-105 所示。

（3）选“缩放”工具，在透视视图中点击鼠标左键，向内拖动放大 140%，如图 4-106 所示。再选“挤压”，设置“偏移”为“7 cm”，如图 4-107 所示。接着再

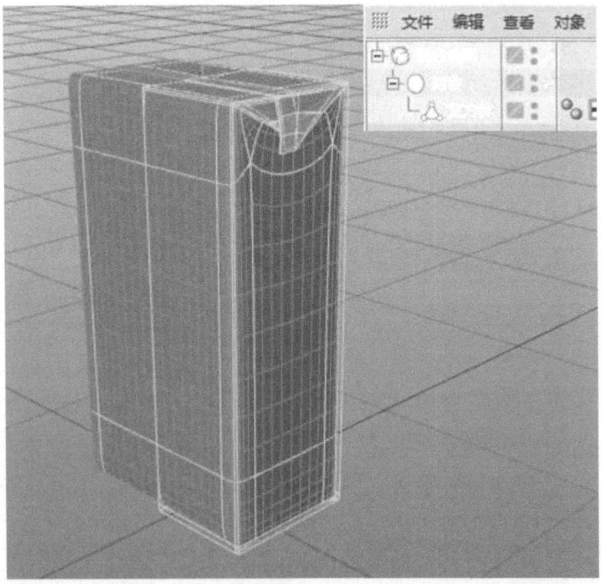

图 4-100

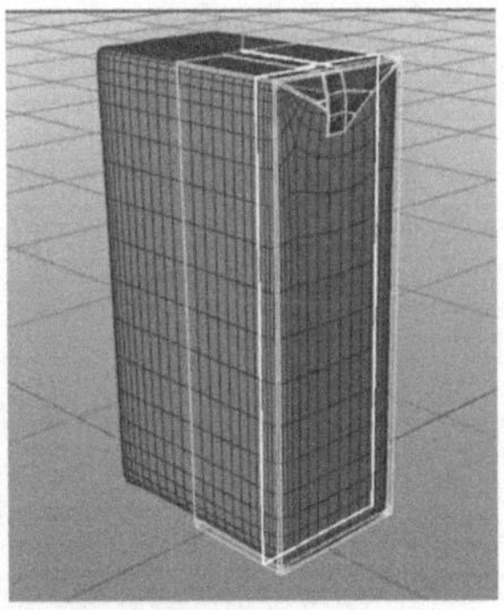

图 4-101

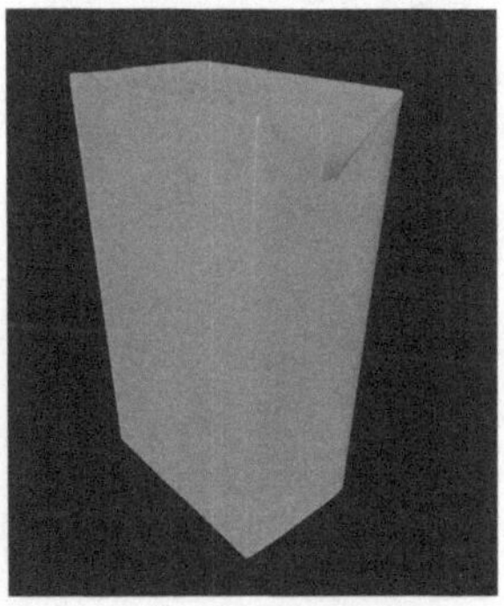

图 4-102

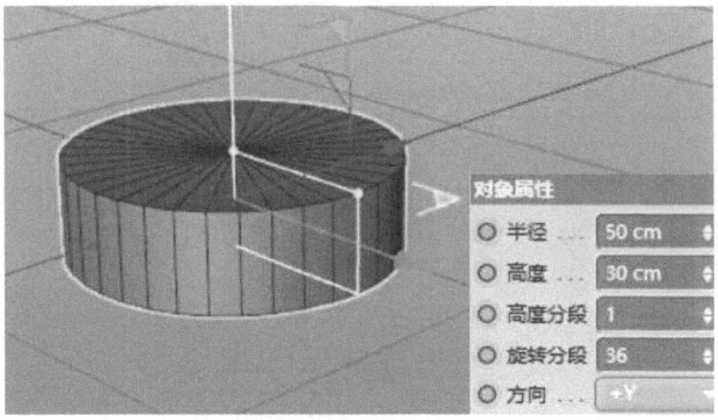

图 4-103

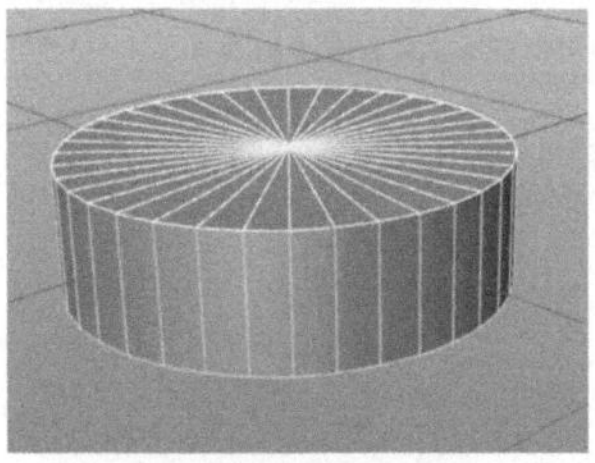

图 4-104

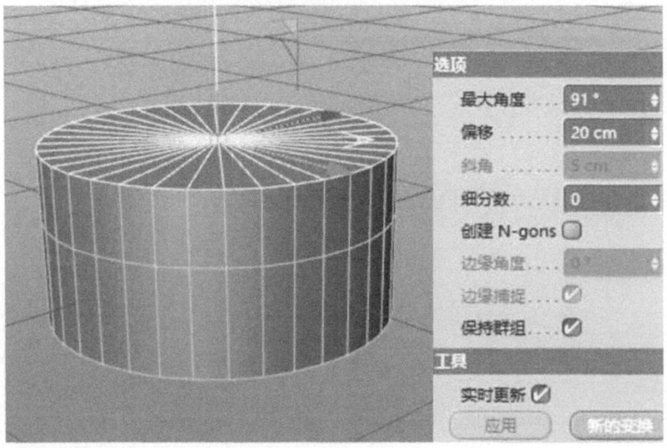

图 4-105

挤压一次，设置“偏移”为“25 cm”，如图 4-108 所示。

（4）再选“缩放”工具，点击鼠标左键，向左拖动内缩 40%，如图 4-109 所示。再向上挤压，设置“偏移”为“5 cm”，如图 4-110 所示。

（5）用“缩放”放大 120%，如图 4-111 所示。再向上挤压，设置“偏移”为“7 cm”，如图 4-112 所示。

（6）在透视视图中按鼠标右键，在弹出的菜单面板中选“循环 / 路径切割”循环/路径切割，在模型顶面切割出一个圆线，如图 4-113 所示。再用菜单栏“选择”中的“循环选择”循环选择选模型顶面被切割的面，如图 4-114 所示。再向上挤压，设置“偏移”为“4 cm”，如图 4-115 所示。

（7）按鼠标右键，在弹出的菜单面板中选“内部挤压”工具内部挤压，在“选项”中将“偏移”设置

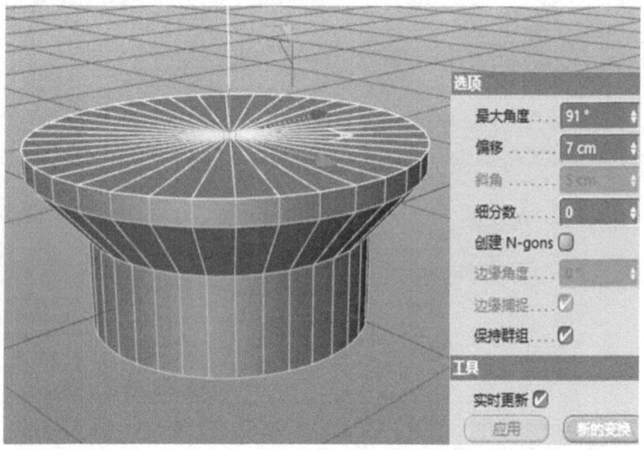

图 4-107

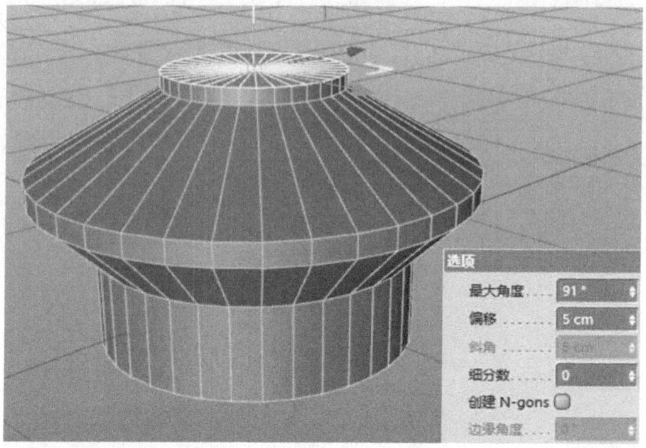

图 4-110

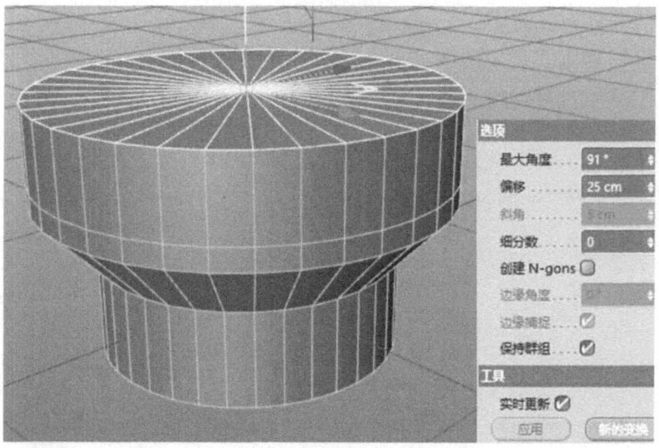

图 4-108

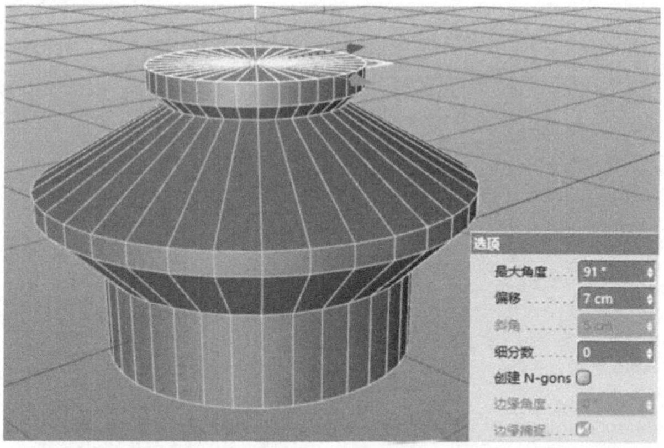

图 4-112

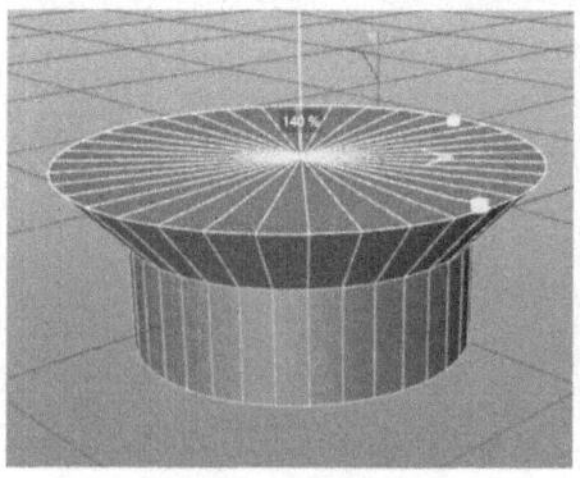

图 4-106

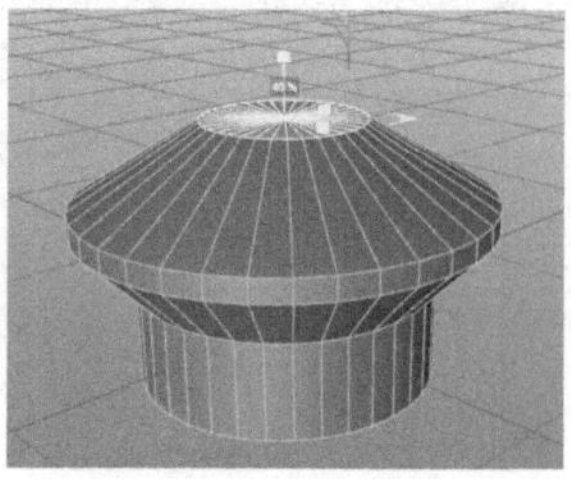

图 4-109

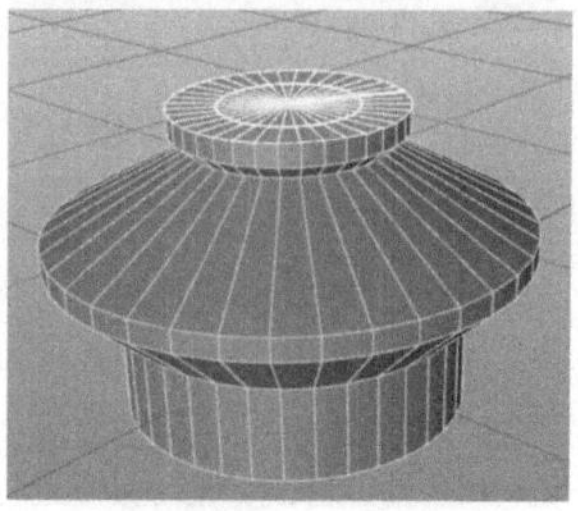

图 4-113

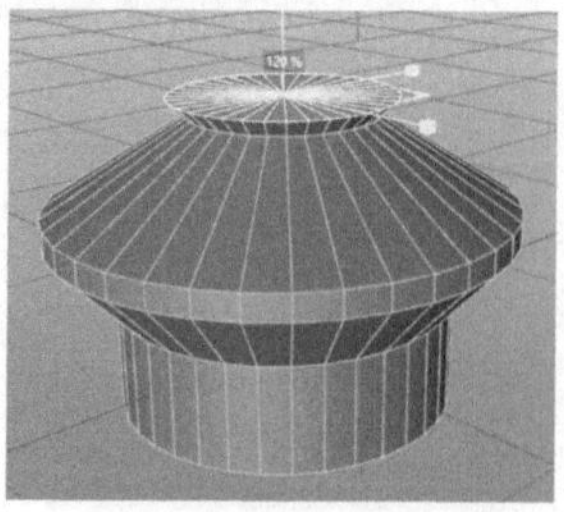

图 4-111

为“2 cm”，在“工具”中点击“应用”，接着向内收缩 2 cm，如图 4-116 所示。接着选“挤压”工具向上挤压，设置“偏移”为“28 cm”，瓶子的主体部位和颈部的模型就基本做好，场景中的效果如图 4-117 所示。

（8）接着做瓶盖部分。在透视视图场景中再建一个圆柱，在“对象属性”中将“半径”设置为“18.141 cm”，“高度”设置为“30 cm”，“高度分段”设置为“4”，“旋转”分段为“36”，“方向”为“+Y”，如图 4-118 所示。

（9）调整视角变为仰视，进入“多边形”模式，用“循环选择” 循环选择 选模型底面，用“内部挤压”工

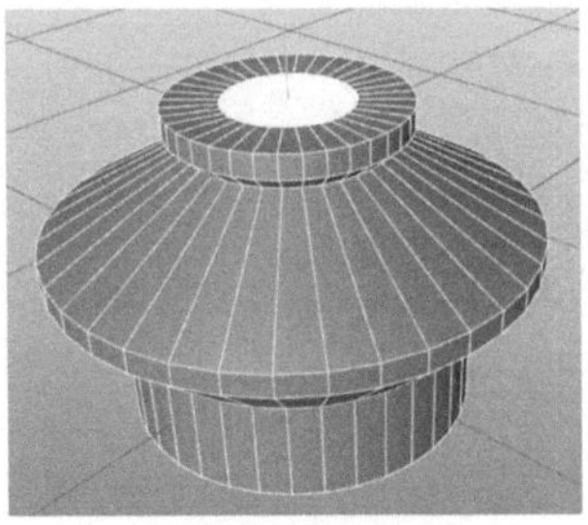

图 4-114

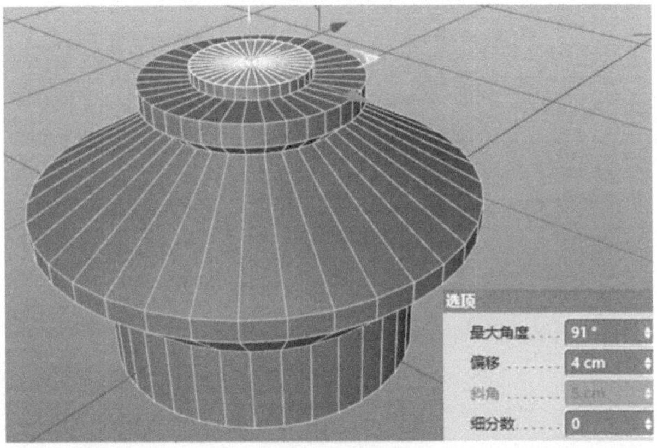

图 4-115

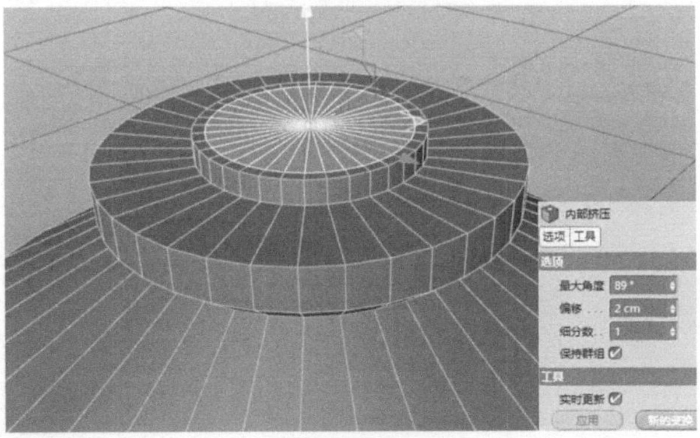

图 4-116

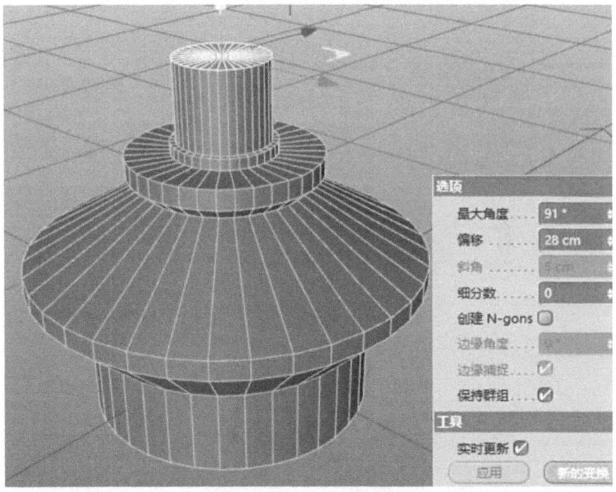

图 4-117

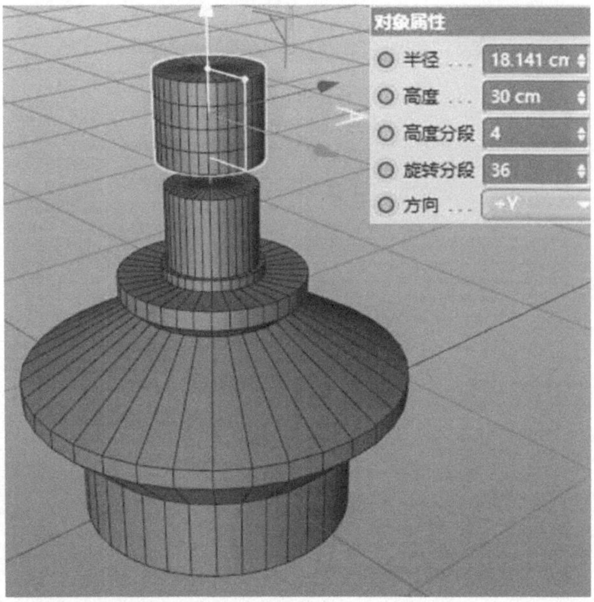

图 4-118

具 内部挤压 向内挤压，设置“偏移”为“2 cm”，如图 4-119 所示。接着用“挤压”工具 挤压，左手按 Ctrl 键、右手点击鼠标左键，拖动绿色 Y 轴箭向模型内部挤压，设置“偏移”为“-28 cm”，如图 4-120 所示。

（10）进入“多边形”模式，用“循环选择” 循环选择 选瓶盖模型上端的第一层面，左手按 Ctrl 键，右手按鼠标左键，点透视视图场景中的空档向后拖动，用“挤压”工具，设置“偏移”为“2 cm”，如图 4-121 所示。用鼠标左键选绿色 Y 轴箭向下拖动约 3 cm，如图 4-122 所示。再用“挤压”工具设置“偏移”为“3 cm”，向下拖动 4 cm，如图 4-123 所示。用“挤压”工具设置“偏移”为“3 cm”，向下拖动 8.038 cm，如图 4-124 所示。

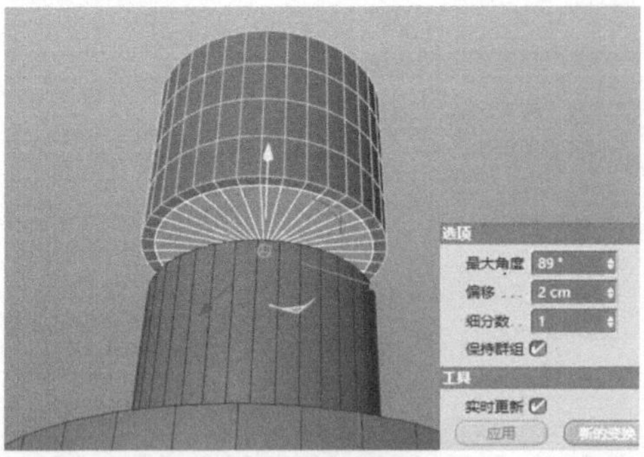

图 4-119

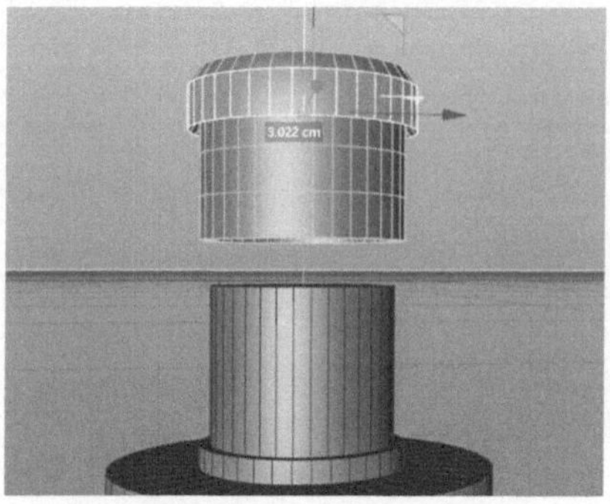

图 4-122

图 4-120

图 4-123

图 4-121

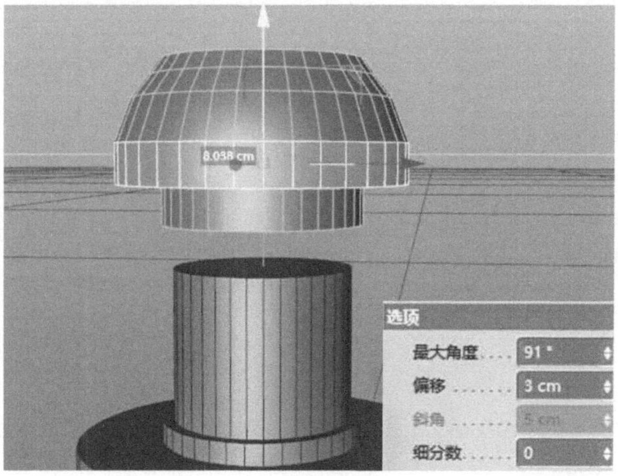

图 4-124

（11）调整角度，进入“边”模式，用“循环选择”选中底边，如图 4-125 所示。用“挤压”工具，左手按住 Ctrl 键，右手点鼠标左键，拖动绿色 Y 轴箭向下挤压，设置“偏移”为“1.508 cm”，给圆增加一个厚度，如图 4-126 和图 4-127 所示。

（12）框选外围的边，再复制“位置”里“Y”的参数，如图 4-128 所示，接着框选内边，再粘贴到内围边的“位置”“Y”内，如图 4-129 和图 4-130 所示。

（13）在“坐标”面板中按“应用”，如图 4-131 所示。

（14）用“循环选择”选中底边的面，选择面与面之间的黄线，才会全部选中，如图 4-132 和图 4-133 所示。

图 4-125

图 4-126

图 4-127

图 4-128

图 4-129

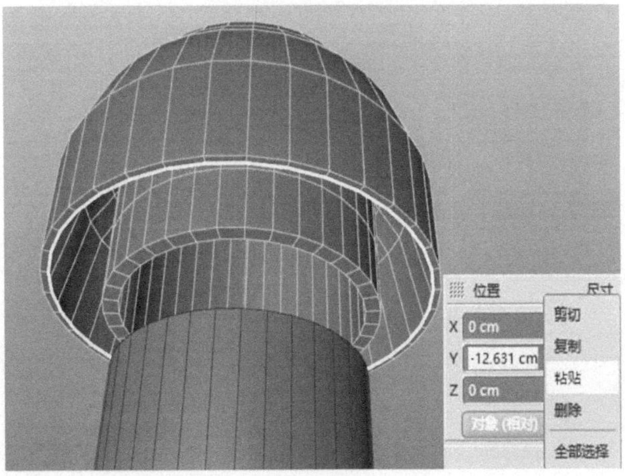

图 4-130

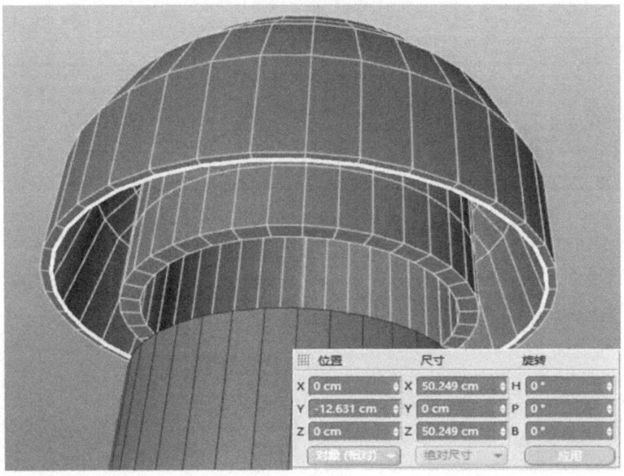

图 4-131

（15）向下挤压 1.009 cm，如图 4-134 所示。用缩放工具放大 102.1%，如图 4-135 所示。再向下挤压 1.502 cm，如图 4-136 所示。

（16）瓶盖模型做好后向下移动，可以看到其底端并没有与下面的闭合，还有点距离，如图 4-137 所示。

（17）进入“多边形”模式，选中模型底端有厚度的面，并用缩放工具放大一点，如图 4-138 所示。接着再挤压 1.523 cm，如图 4-139 所示。再缩放再挤压，使其与下面的面基本闭合，如图 4-140 和图 4-141 所示。

（18）如果瓶盖模型做好后发现不光滑，需要进行调整，可用“循环选择”工具选中要调整的边线，用“缩放”工具放大调整，如图 4-142 所示。

（19）如果想要看到瓶盖中瓶颈的内部结构，可以在“多边形对象 [圆柱 .1]”—“基本属性”中勾选“透显”，在“显示”中选“光影着色” 光影着色，如图 4-143 所示。

（20）模型整体基本做好，在场景中的效果如图 4-144 所示。模型做好后发现边角都很尖锐，需要进行倒角修改，使模型变得圆滑，如图 4-145 所示。倒角的方法在前面章节讲过，这里不再赘述。

（21）香水瓶模型最终效果如图 4-146 所示。

图 4-132

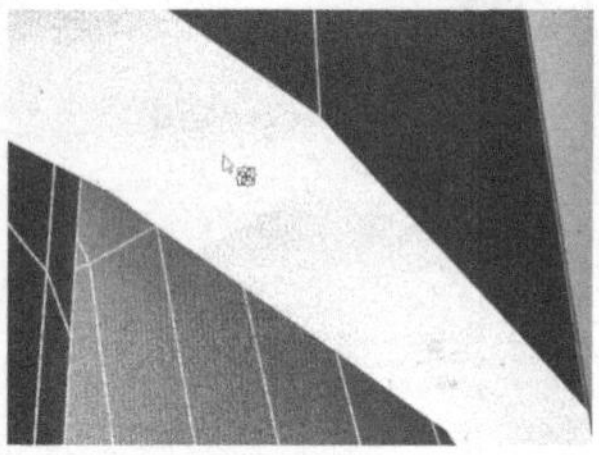

图 4-133

图 4-134

图 4-135

图 4-136

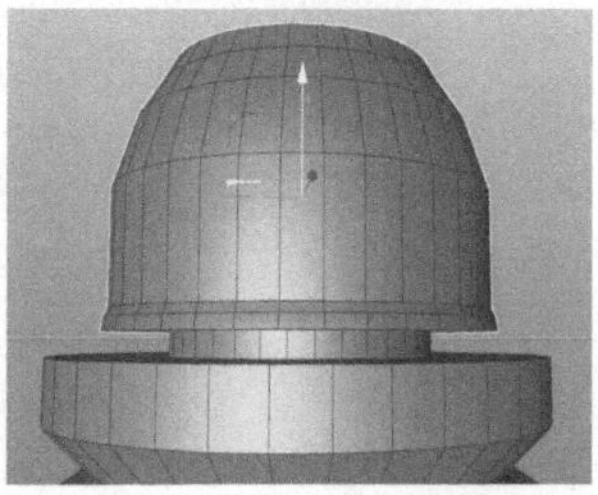

图 4-137

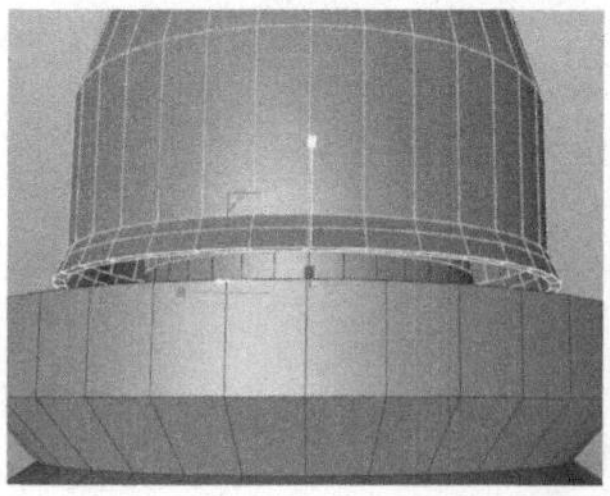

图 4-138

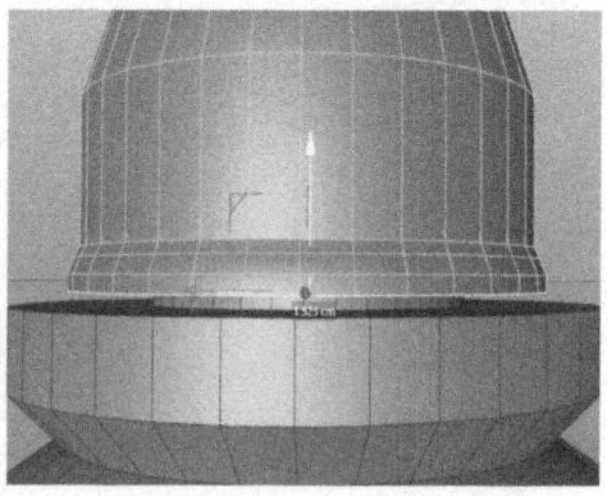

图 4-139

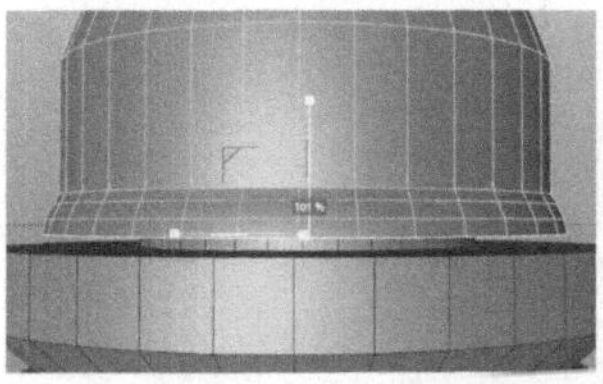

图 4-140

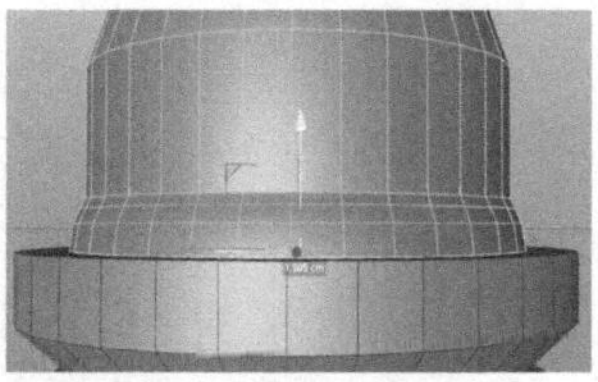

图 4-141

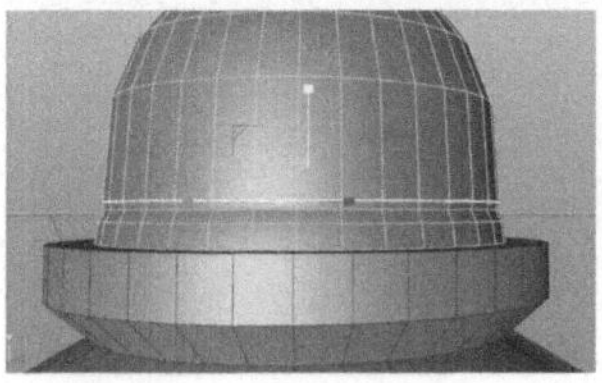

图 4-142

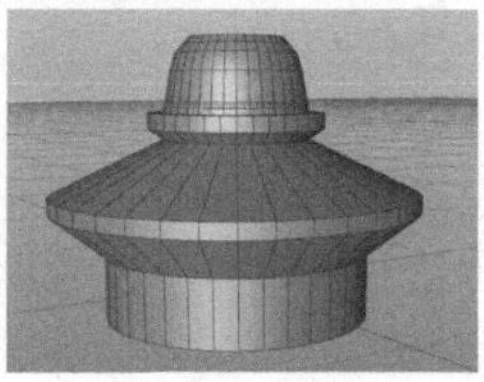

图 4-144

图 4-143

课堂练习 5：**用多边形建模工具制作豆浆瓶**

学习目标：掌握多边形建模工具的使用方法。

（1）首先在透视视图中建一个“螺旋” 螺旋 样条，在“对象属性”面板中将“平面”设置为“XZ”，其他参数不变，如图 4-147 所示。接着在“对象属性”中将“结束角度”设置为“360° ”，“高度”设置为“100 cm”，其他参数不变，如图 4-148 所示。

（2）在对象面板中增加一个“挤压”生成器 挤压，把“螺旋”样条放在“挤压”下方作为子层级，在场景中“螺旋”样条就变成了面，在“对象属性”面板中“移动”显示为 Z 轴方向的“20 cm”，这是系统默认的参数，模型没有高度，如图 4-149 所示。接着在“显示”中选“光影着色（线条）”模式 光影着色 (线条)，并在“对象属性”面板“移动”中把 Z 轴方向的“20 cm”设置为“0 cm”，Y 轴方向设置为“100 cm”，这个“100 cm”与“螺旋”样条对象属性中的“高度”的“100 cm”相一致，如图 4-150 所示。

（3）在“螺旋”样条“对象属性”中把“细分数”改为“25”，“点插值方式”选“统一”，“数量”改为“0”，其他参数不变，如图 4-151 所示。

（4）在菜单栏“运动图形”中选“克隆” 克隆，

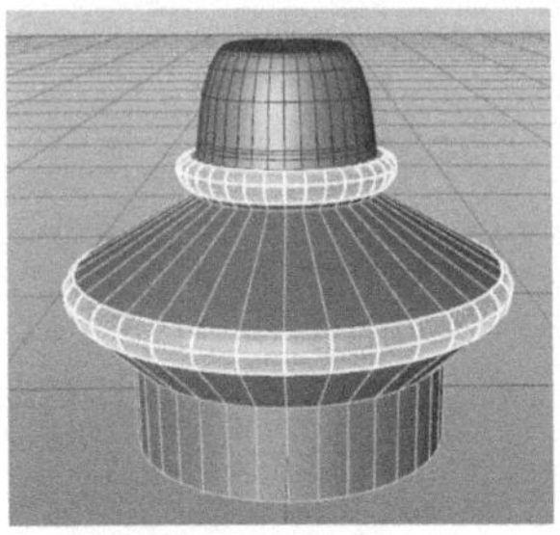

图 4-145

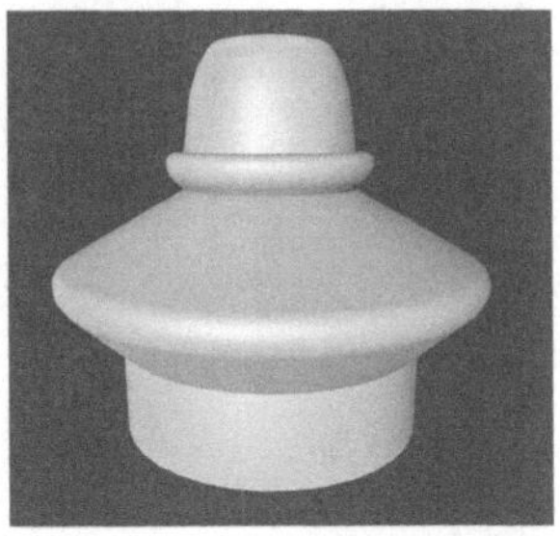

图 4-146

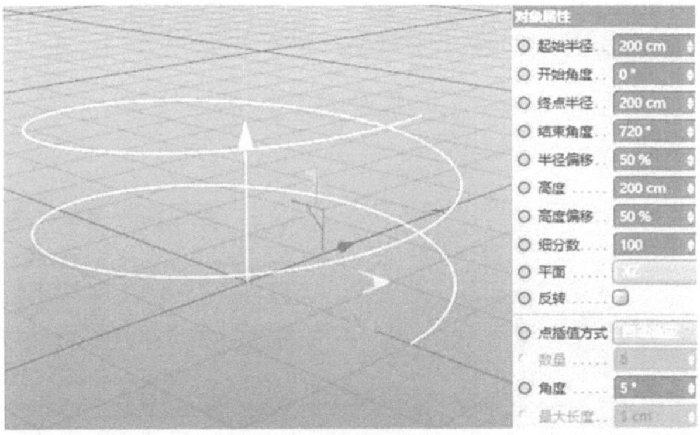

图 4-147

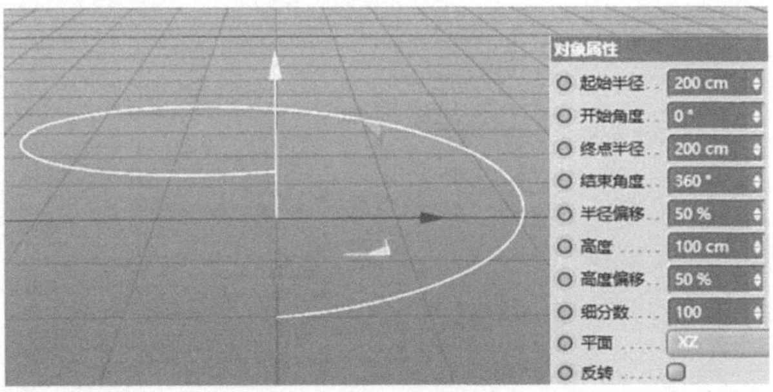

图 4-148

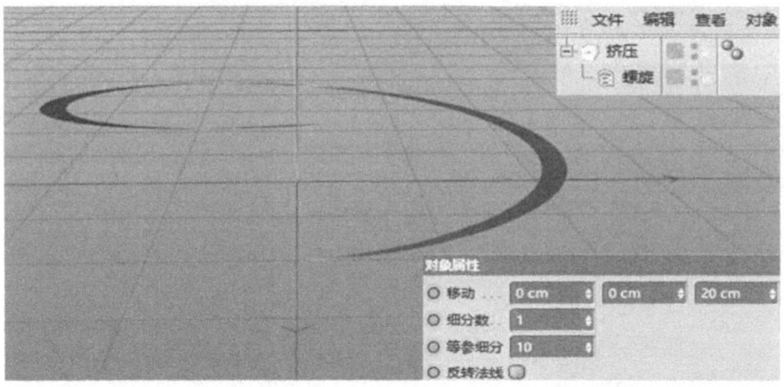

图 4-149

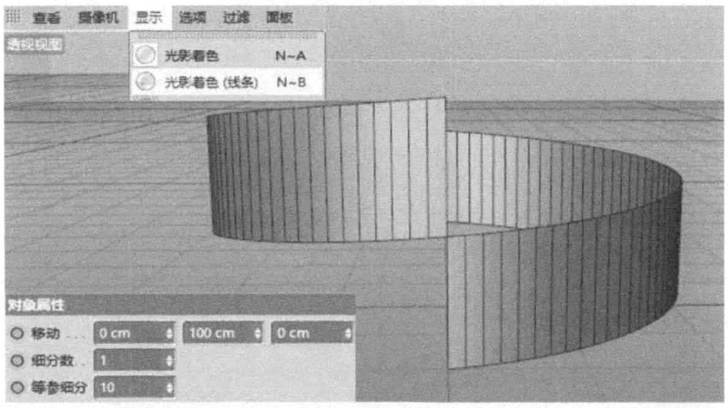

图 4-150

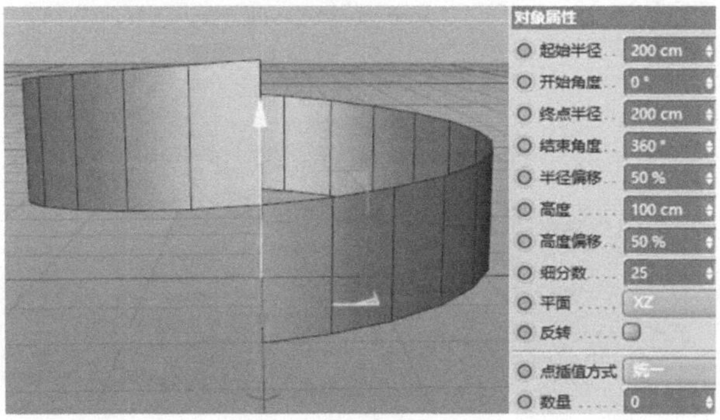

图 4-151

在对象面板中将“挤压”放在“克隆”下方作为子层级，接着在“克隆”的“对象属性”面板中将“数量”设置为“4”，“位置.Y”设置为“100 cm”，其他参数和设置为系统默认，如图 4-152 所示。

（5）把对象面板中的“克隆”转为可编辑对象，“转为可编辑对象”的图标由彩色变为灰色，对象面板中的“克隆”下方会出现多个“挤压”子层级，如图 4-153 所示。

（6）进入“点”模式，接着框选对象面板中的全部层级，用鼠标光标移至全部层级的下方，接着再按鼠标右键，在弹出的菜单面板中选“连接对象 + 删除”，如图 4-154 所示。此时对象面板中的全部层级会迅速变为“克隆.1”，模型也会变为灰色，如图 4-155 所示。

（7）按鼠标右键，在弹出的菜单面板中选“优化”工具靠右边的黑色图标，在弹出的“优化”面板中将“公差”设置为“4.01 cm”，接着按“确定”，模型由两个结合点变为一个结合点，结合处会有点变化，如图 4-156 和图 4-157 所示。

（8）使用“模型”模式，选“缩放”工具，压缩

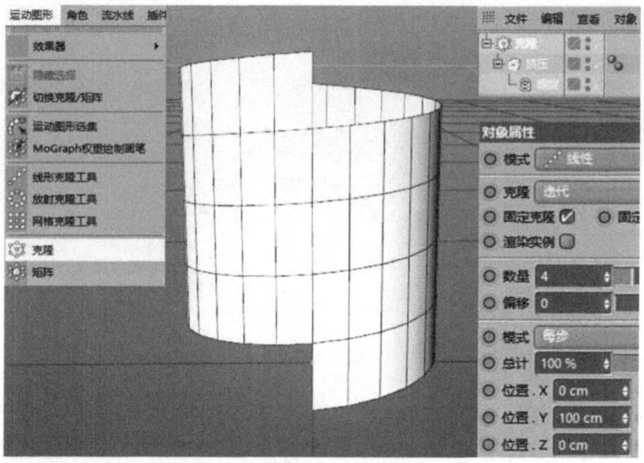

图 4-152

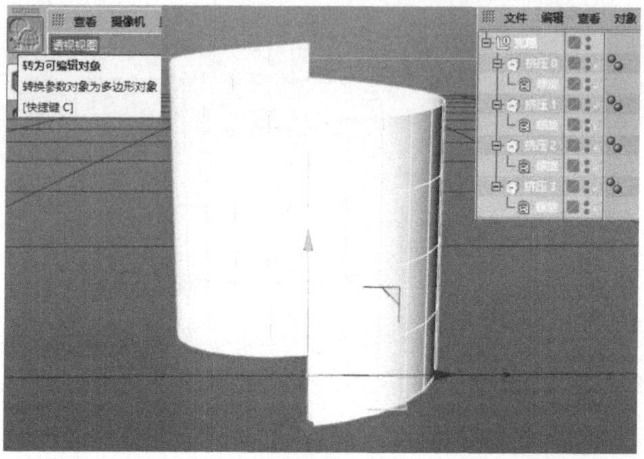

图 4-153

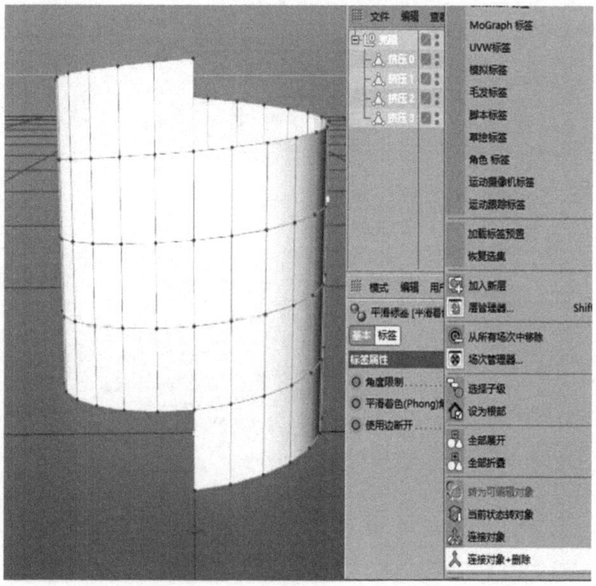

图 4-154

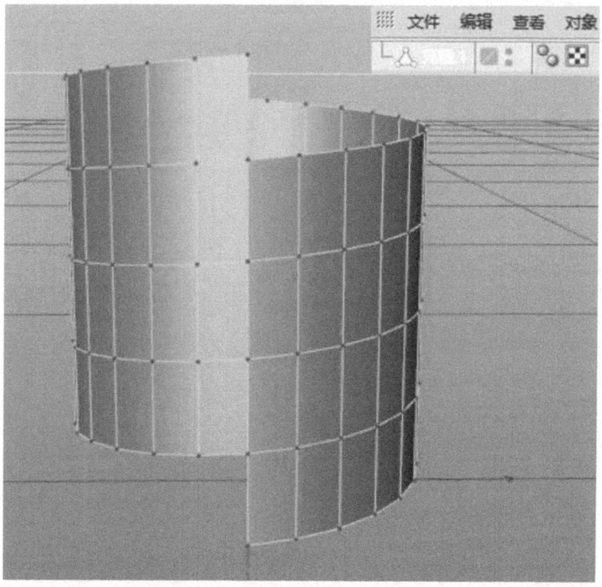

图 4-155

30% 左右的高度，根据需要压缩到合适的高度，如图 4-158 所示。

（9）进入“边”模式，选模型上面中间的竖线，如图 4-159 所示。按鼠标右键，在弹出的菜单面板中选“桥接”工具 桥接，左键点竖线，向右拖动至水平线上的第二个小白点处，使其呈三角形，如图 4-160 所示。模型下面跟上面一样，也要进行“桥接”，此时显示出瓶口模型的锥形效果，如图 4-161 所示。

（10）在菜单栏“选择”中选“循环选择” 循环选择，接着选模型顶端的边线，如图 4-162 所示。接着选“缩放”工具，在“坐标面板”中将“尺寸”下的“Y”由“29.393 cm”改为“0 cm”，接着点击“应用”，此时，模型上面的边线处在水平面上，如图 4-163 和图 4-164 所示。模型下面的边线做法跟上面模型一样，如图 4-165 所示。

（11）进入“点”模式，用“缩放”工具 Y 轴向的绿色点线进行上下拉伸，调整模型中斜线的上下尖锐角，使其变得圆滑点，如图 4-166 所示。接着再用“缩放”工具调整旁边的上下线的角，如图 4-167 所示。

（12）切换进入“边”模式，用鼠标左键选择一根斜线，如图 4-168 所示。接着双击这根白色斜线，

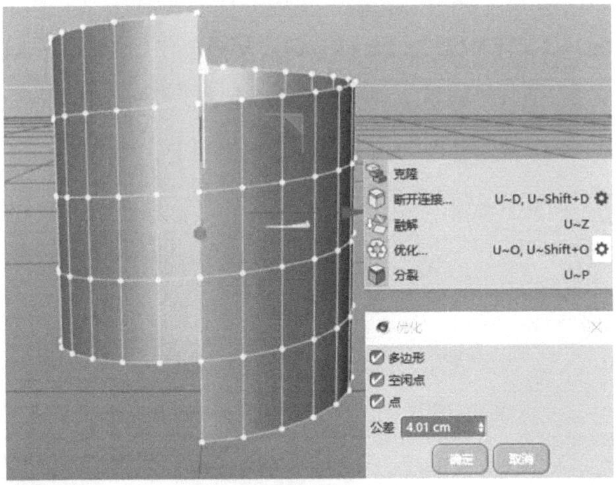

图 4-156

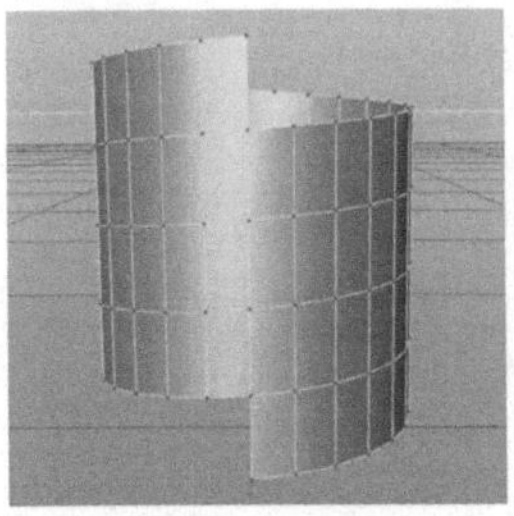

图 4-157

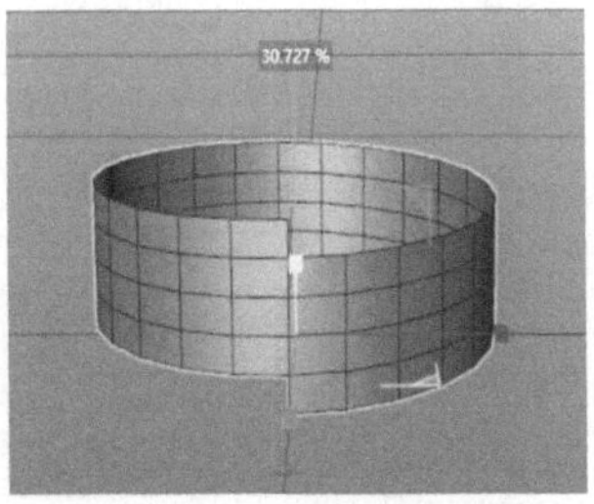

图 4-158

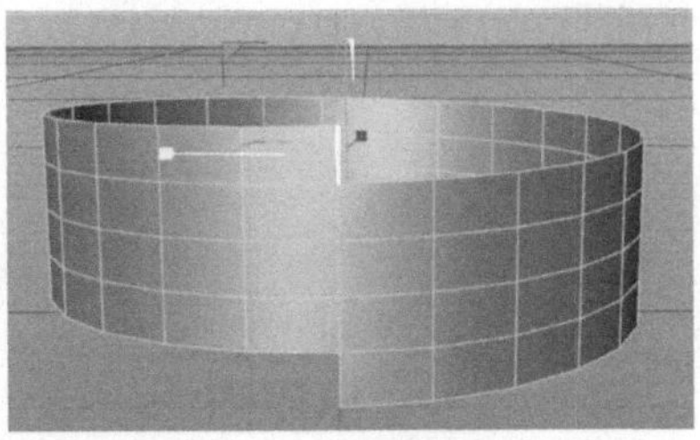

图 4-159

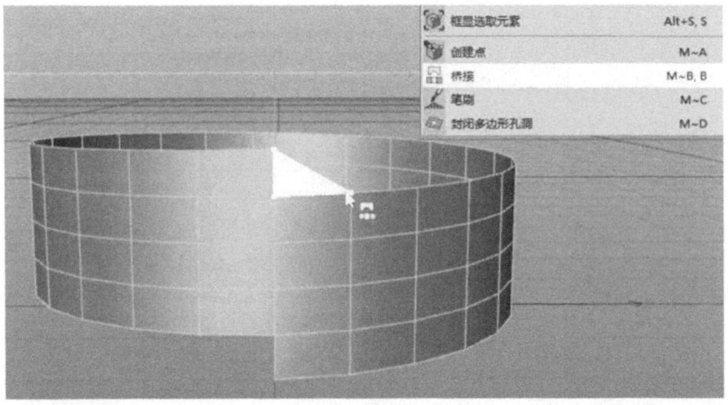

图 4-160

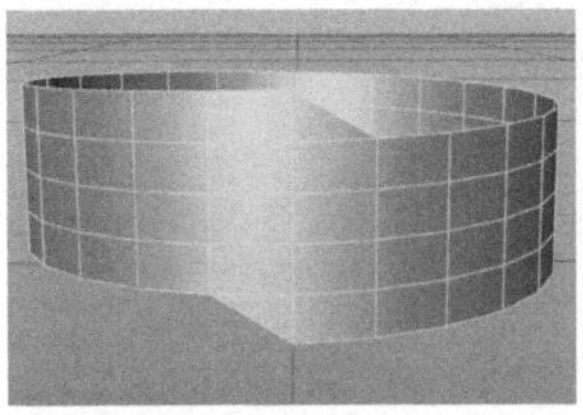

图 4-161

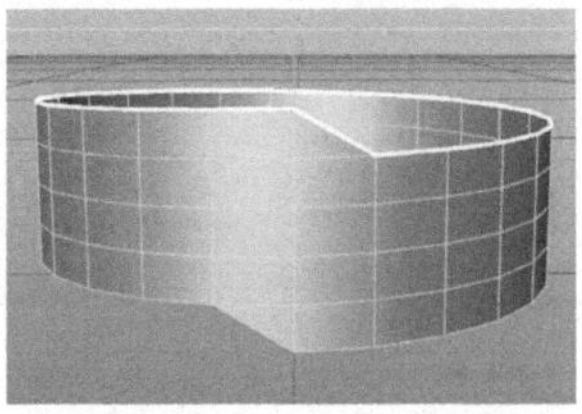

图 4-162

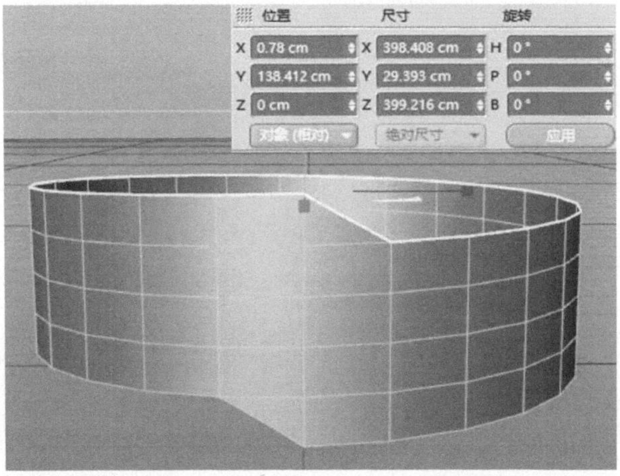

图 4-163

此时，绕着模型旋转的螺旋线立刻呈现黄色，如图 4-169 所示。

（13）在透视视图中按鼠标右键，在弹出的菜单面板中选“倒角”工具，接着用鼠标左键点空挡处，向内拖动，在“倒角”的“工具选项”中将“偏移”设置为“6 cm”，其他参数不变，如图 4-170 所示。

（14）把模型放大后发现模型上面和下面的斜线处的三角形面在倒角后不平滑，如图 4-171 所示。

（15）进入“点”模式，选中不平滑三角形面中间的点，在坐标面板中将“位置”下方的“X”的“193.699 cm”复制，如图 4-172 所示。接着选中不平滑三角形面左边的点，将复制的参数粘贴到不平滑三角形面左边的点的“X”的“197.698 cm”框内，如图 4-173 所示，着点击“应用”，如图 4-174 所示。

（16）再选中不平滑三角形面中间的点，在坐标面板中将“位置”下方的“Z”的“49.808 cm”复制，如图 4-175 所示。接着同样选中不平滑三角形面左边的点，将复制的参数粘贴到不平滑三角形面左边点的“Z”的“18.039 cm”框内，如图 4-176 所示。接着点击“应用”，此时不平滑三角形面立刻变得平滑，效果如图 4-177 所示。

（17）模型下面的不平滑三角形面要变为平滑的面，做法与模型上面一样，这里不再赘述。到此，瓶口

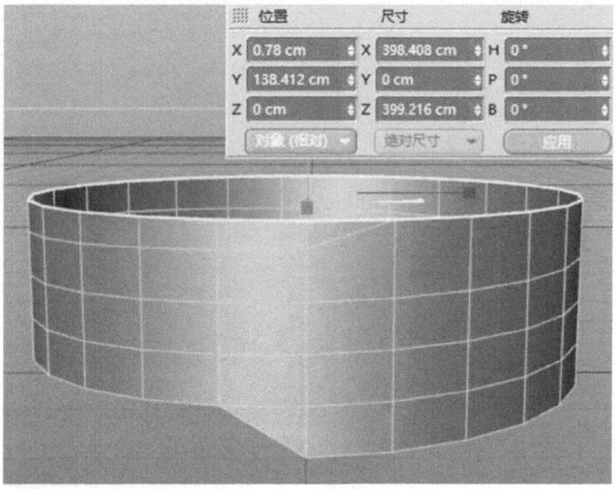

图 4-164

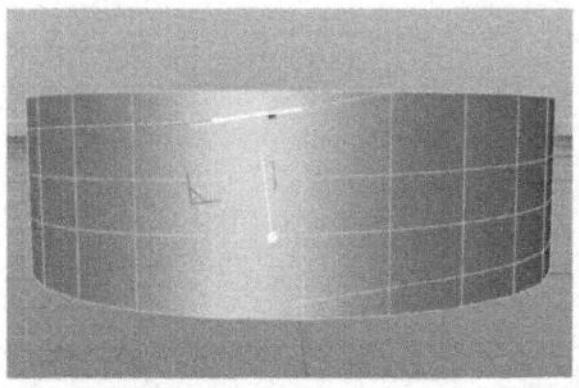

图 4-168

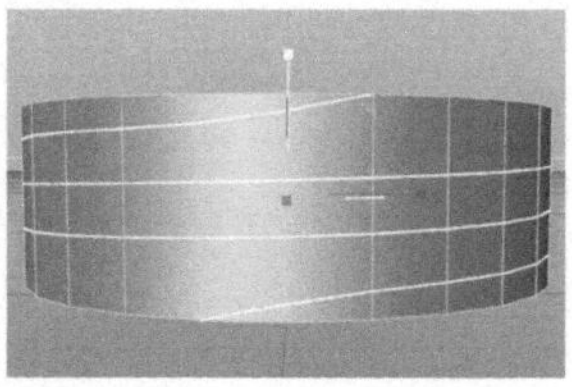

图 4-169

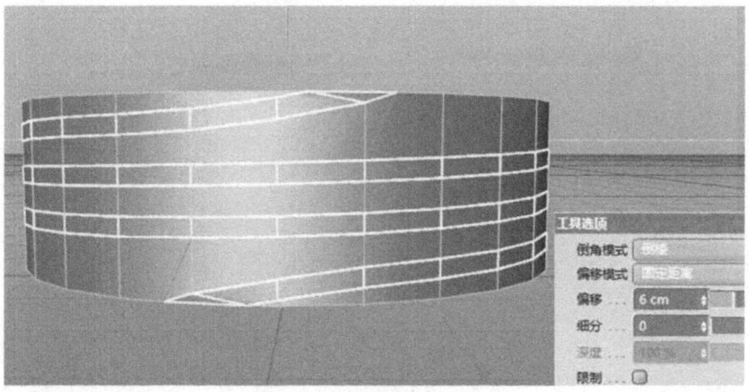

图 4-170

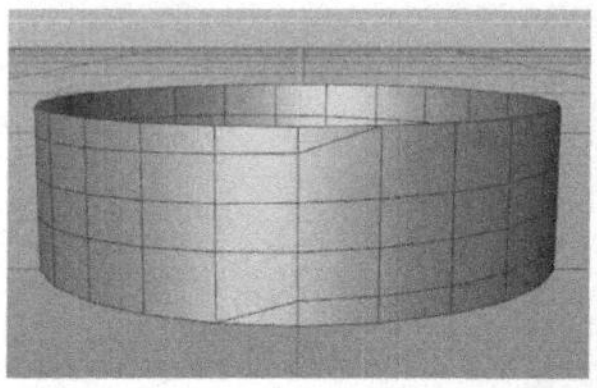

图 4-165

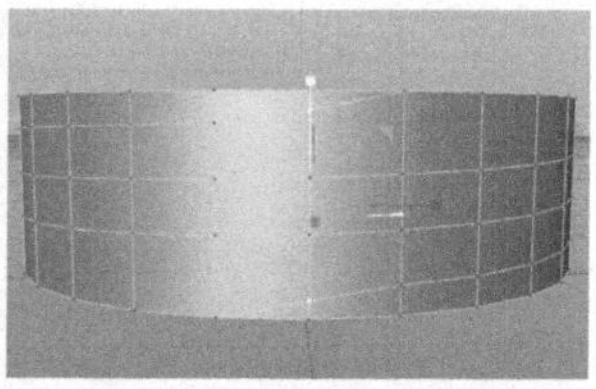

图 4-166

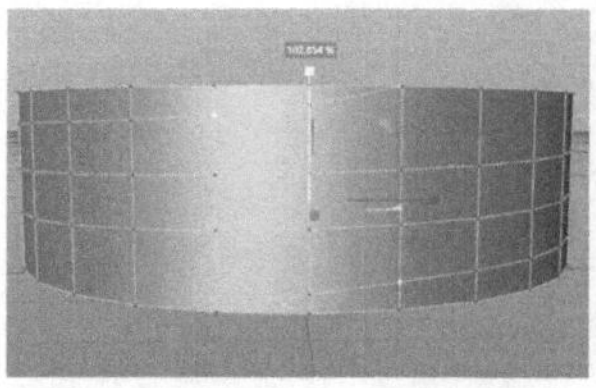

图 4-167

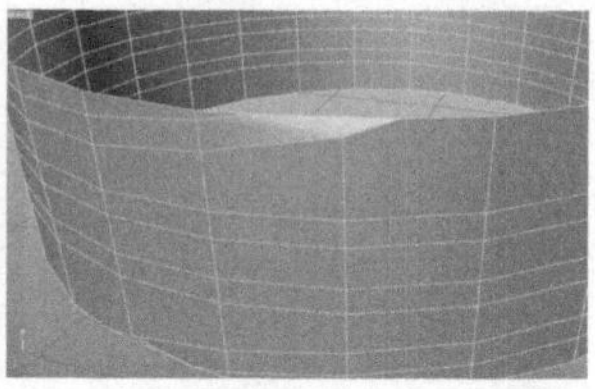

图 4-171

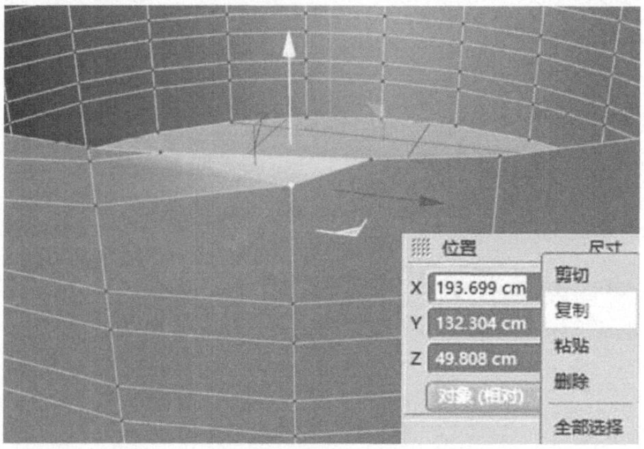

图 4-172

模型初步的整体效果如图 4-178 所示。

（18）由“点”模式切换到“多边形”模式，模型会立刻显示三种颜色，螺旋纹的面显示灰色，模型背景外面显示蓝色，里面显示黄色，如图 4-179 所示。

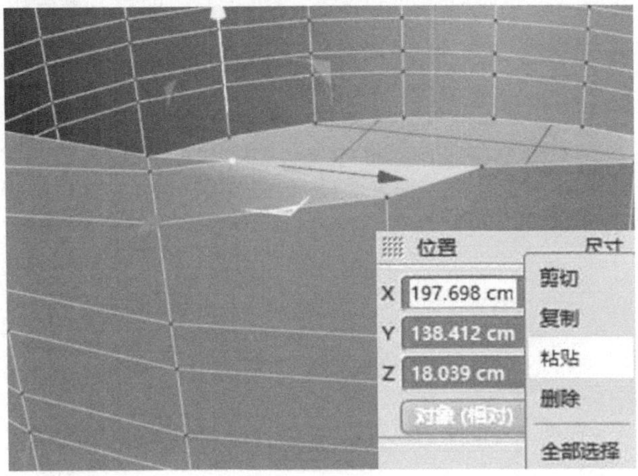

图 4-173

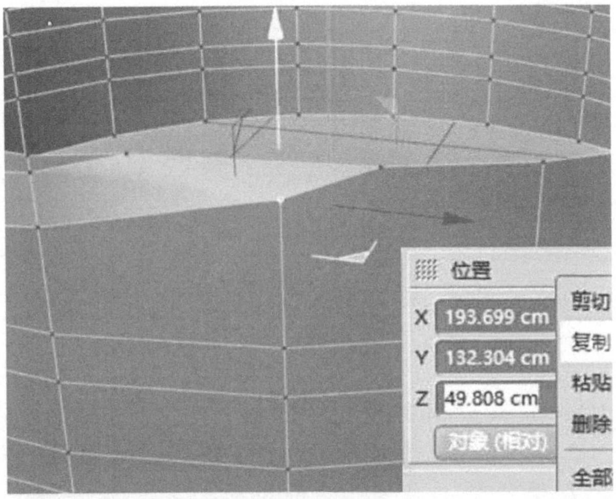

图 4-174

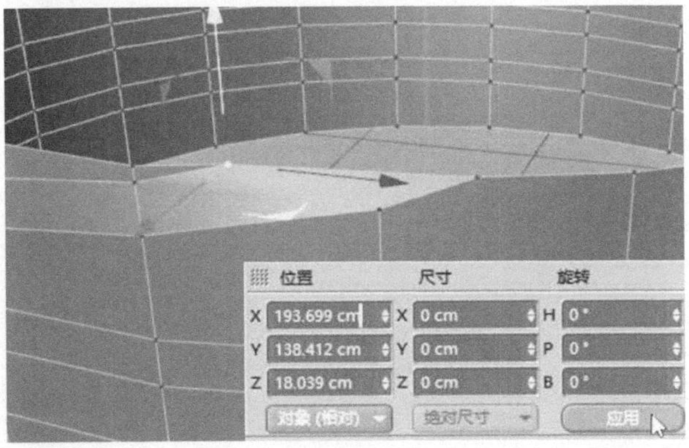

图 4-175

接着在菜单栏“选择”中选“反选”反选，螺旋纹面的颜色变成蓝色，模型背景外面颜色变成灰色，如图 4-180 所示。

（19）按鼠标右键，在弹出的菜单面板中选“挤压”

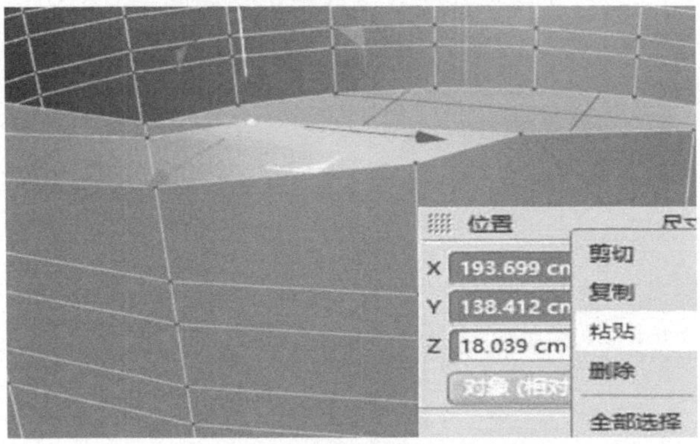

图 4-176

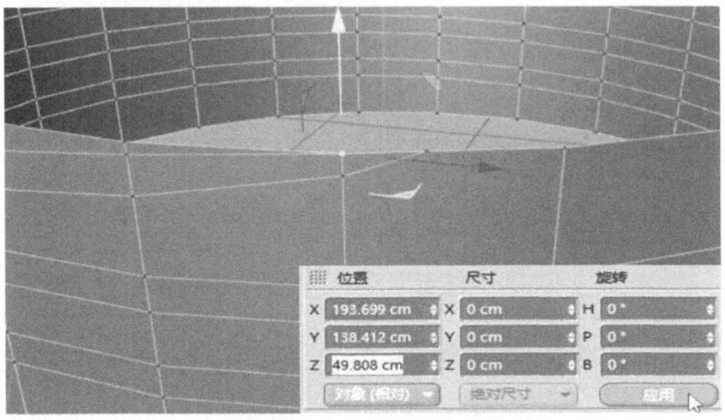

图 4-177

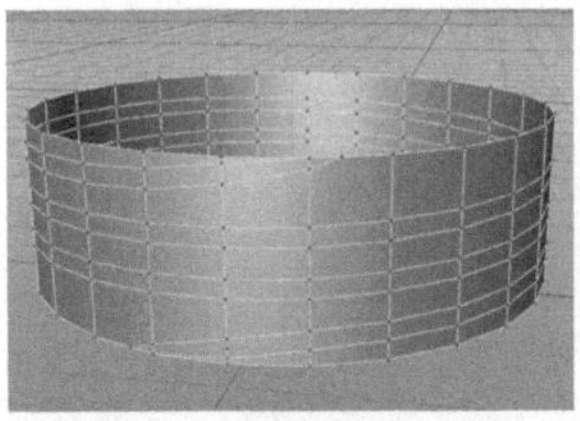

图 4-178

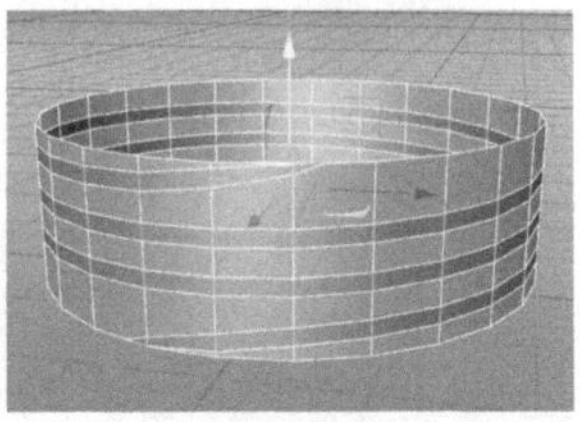

图 4-179

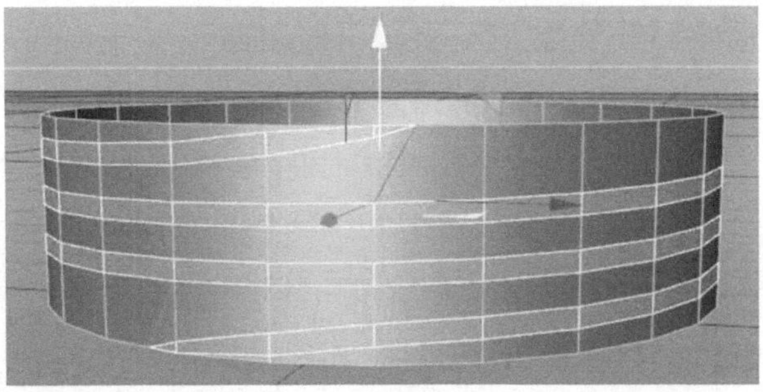

图 4-180

挤压，在透视视图里用鼠标左键点空挡向左向前拖动，然后松开鼠标左键，在“挤压”属性面板“选项”中将“偏移”设置为“-8.1 cm”，螺旋纹半立体效果就出来了，如图 4-181 所示。

（20）螺旋纹半立体效果虽然被做出，但边沿

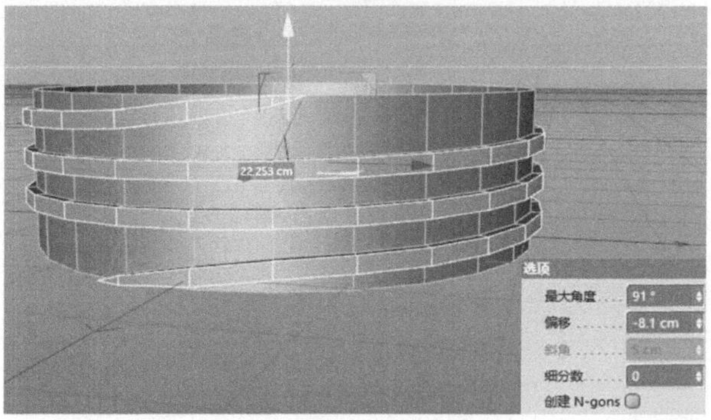

图 4-181

角显得很尖锐，接着在对象面板中增加一个“细分曲面”细分曲面，将“克隆 .1”放在“细分曲面”下方作为子层级，效果如图 4-182 所示。做好的瓶口螺旋纹模型根据需要可选“缩放”工具调整高度。

（21）对螺旋纹起始部位做细部的调整。在对象

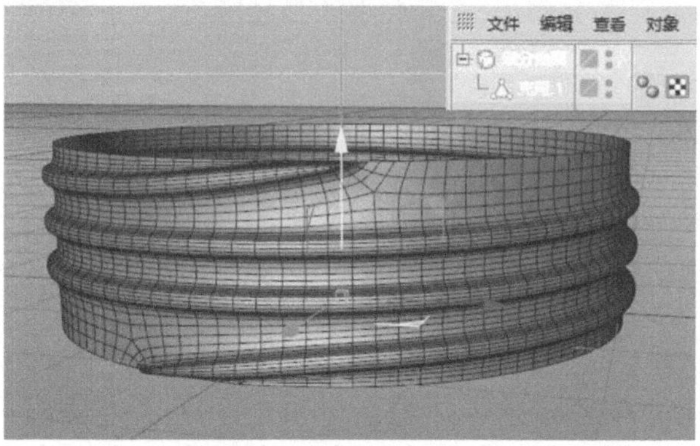

图 4-182

面板中点“克隆 .1”，关闭“细分曲面”，在透视视图中将模型上部的螺旋纹放大，选择三个点呈三角形面的左边上下两个点，接着按鼠标右键，在弹出的菜单面板中选“焊接”焊接，螺旋纹上下两个点中间就会出现一个白点，如图 4-183 所示。用“焊接”工具点击一下空档，立刻会出现焊接效果，如图 4-184 所示。

（22）此时发现螺旋纹结束段模型边角太尖锐，先选择螺旋纹结束段的两个点，再选“焊接”工具，点击两个黄点之间的白点或空档，如图 4-185 所示。立刻由两点变成一个点，效果如图 4-186 所示。下面的螺旋纹结束段做法一样，然后在对象面板中打开“细分曲面”，螺旋纹瓶口的效果如图 4-187 所示。最后再将瓶口模型的高度用“缩放”工具压扁一点，效果如图 4-188 所示。

（23）在对象面板中选“克隆 .1”，在模式工具

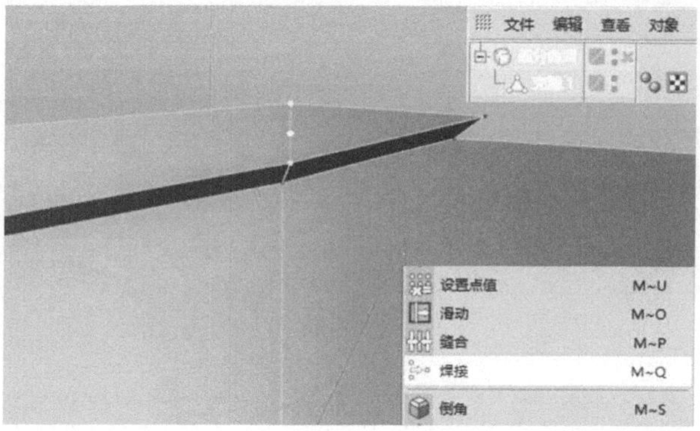

图 4-183

图 4-184

图 4-185

图 4-186

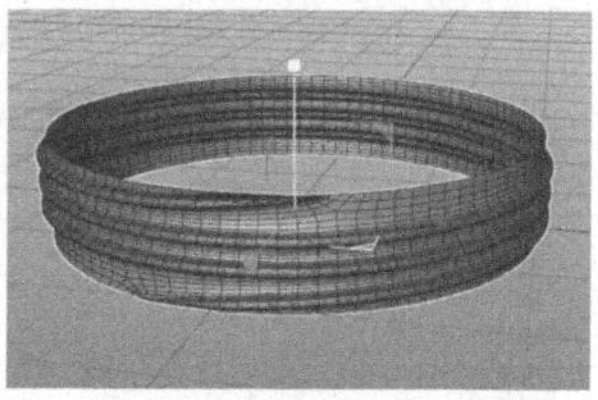

图 4-188

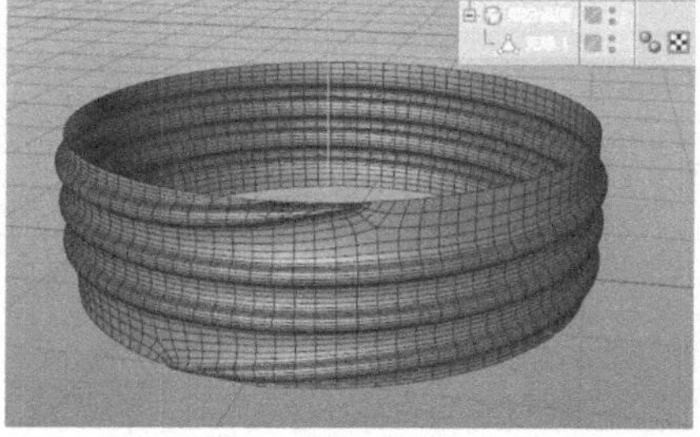

图 4-187

栏里选“边”模式，在菜单栏“选择”中选“循环选择” 循环选择，再转换视角为仰视，选中模型下面底部的边线，如图 4-189 所示。

（24）调整视角，选“挤压”工具，左手按 Ctrl 键，右手按鼠标左键选 Y 轴向的绿色光标，往下挤压 18 cm 左右的高度，如图 4-190 所示。

（25）切换到顶视图，选“缩放”工具，按 Ctrl 键复制放大，如图 4-191 所示。再回到透视视图看效果，如图 4-192 所示。

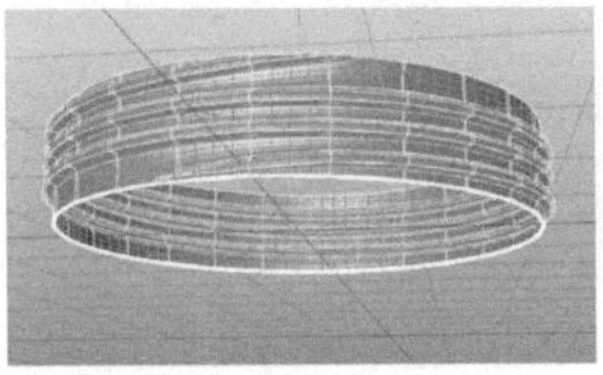

图 4-189

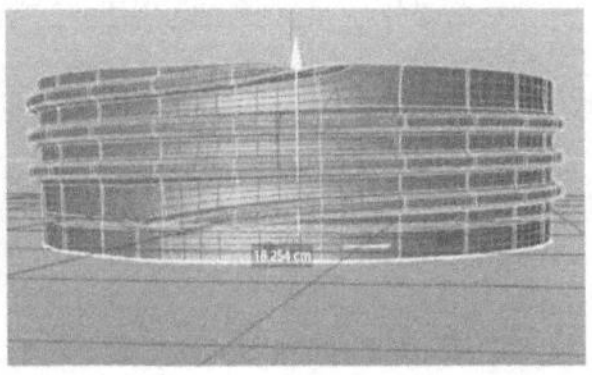

图 4-190

（26）选“移动”工具，往下移动，使其有一定斜度，如图 4-193 所示。接着左手按 Ctrl 键，右手按住鼠标左键，往下移动 40 cm 左右再松开，如图 4-194 所示。接着继续按 Ctrl 键，再往下移动 520 cm 左右，如图 4-195 所示。接着再按 Ctrl 键，再往下移动 25 cm 左右，如图 4-196 所示。

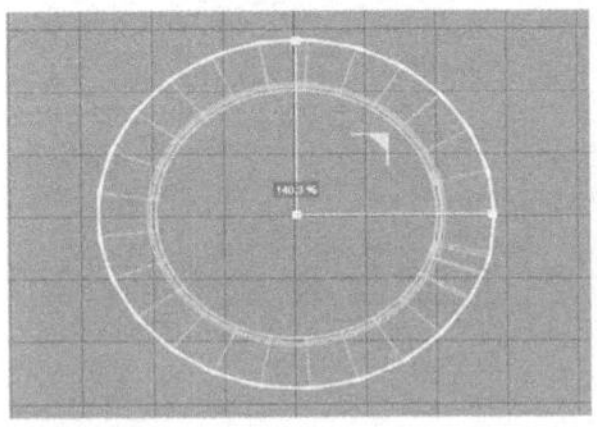

图 4-191

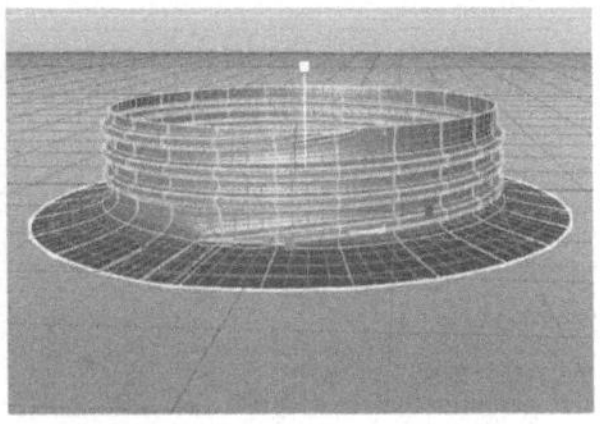

图 4-192

（27）切换到顶视图，选“缩放”工具，按 Ctrl 键，将模型底部的圆环线往内缩四圈，每缩一圈松开鼠标左键，再按鼠标左键缩小，如图 4-197 所示。

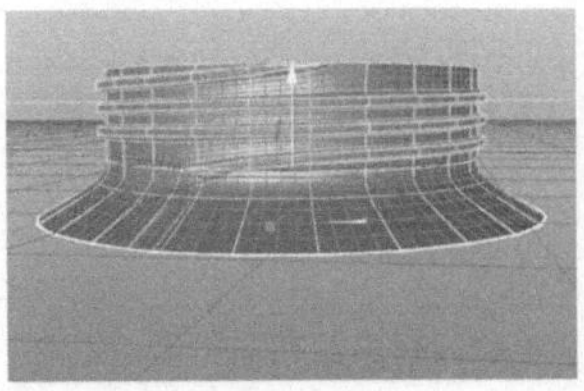

图 4-193

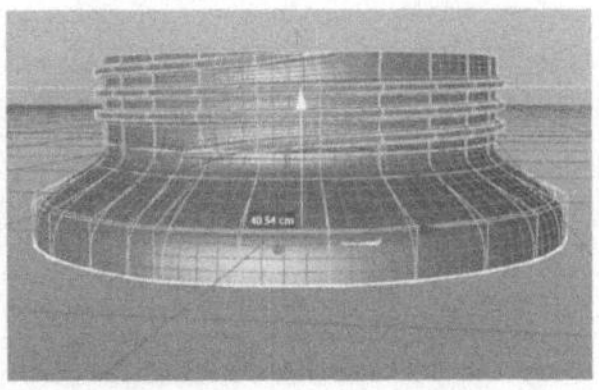

图 4-194

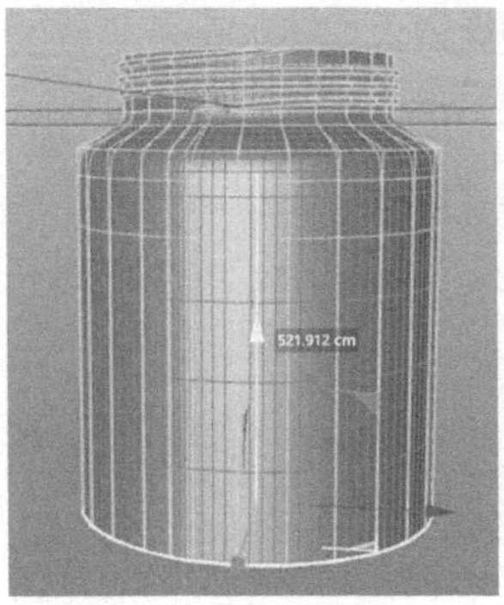

图 4-195

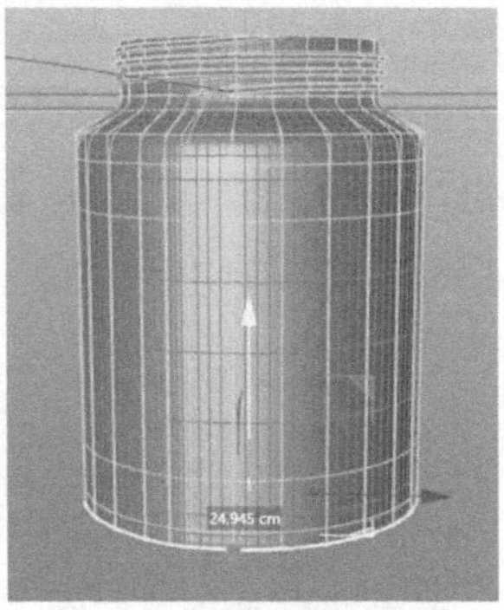

图 4-196

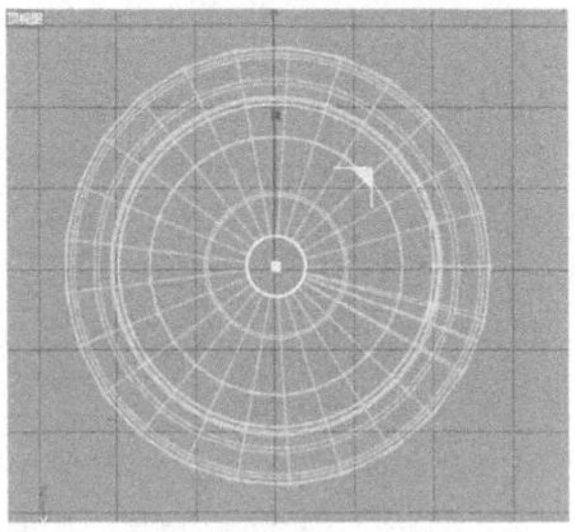

图 4-197

（28）将缩的最小圆圈放大，按鼠标右键，在弹出的菜单面板中选“封闭多边形孔洞” 封闭多边形孔洞，“封闭多边形孔洞”的图标指向圆圈边沿线即刻封闭孔洞，如图 4-198 所示。

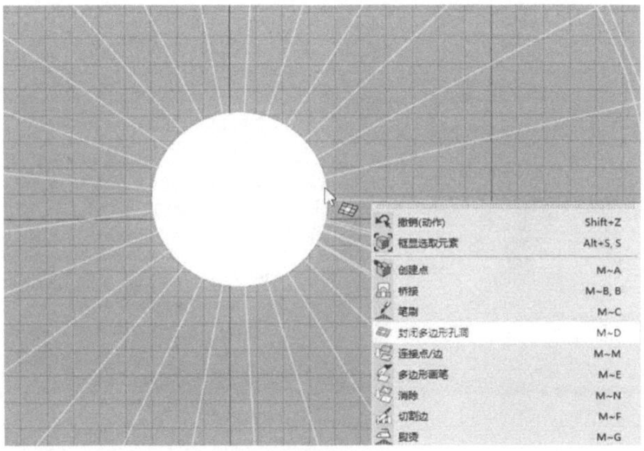

图 4-198

（29）回到透视视图，可以看到瓶子模型的底部孔洞封闭得很好，瓶底的转角处较为圆滑，效果如图 4-199 所示。

（30）用“循环选择”选瓶口顶端的边线，如图 4-200 所示。接着选“缩放”工具，按 Ctrl 键，向内缩约 96% 左右后迅速松开鼠标左键，给瓶口增加一个厚度，切换到四个视图同时看效果，如图 4-201

所示。选“移动”工具，切换到右视图，点 Y 轴线绿光标向下移动，如图 4-202 所示。再切换到顶视图，选“缩放”工具，按 Ctrl 键，向外放大一点，再选“移动”工具，再切换到右视图，按 Ctrl 键，向下移动一点，再向下移至底部，如图 4-203、图 4-204、图 4-205 所示。

（31）在透视视图中可看出瓶底部位还没封口，还要做封口处理，如图 4-206 所示。再切换到顶视图，用“缩放”工具，按 Ctrl 键，反复多缩几层，做法与外部一样，再用“封闭多边形孔洞”封口，如图 4-207 所示。

（32）至此，瓶口的螺旋纹和瓶身就做好了，如图 4-208 所示。

（33）接下来制作一个瓶盖。在对象面板中打开之前复制隐藏的螺旋纹瓶口模型“细分曲面 .1”，如图 4-209 所示。

（34）切换到顶视图，用“缩放”工具向外拖动，放大一点，因为瓶盖要比瓶颈和瓶口大一点，如图

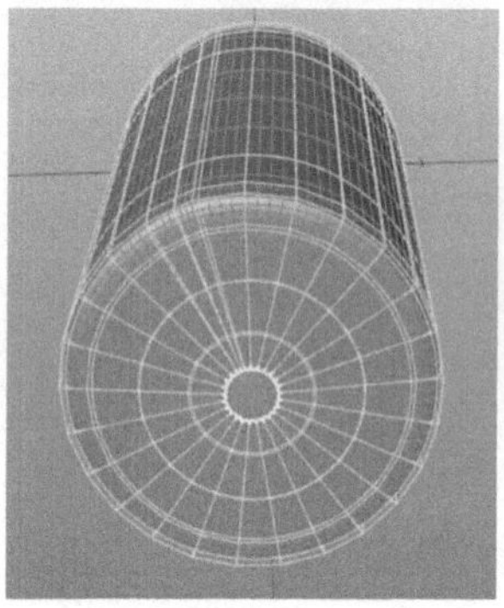

图 4-199

图 4-200

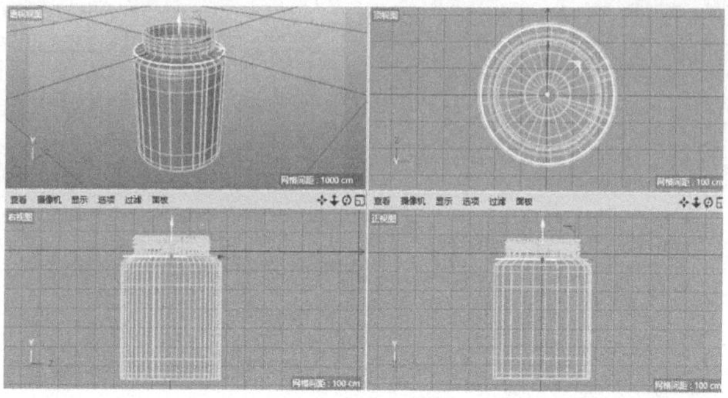

图 4-203

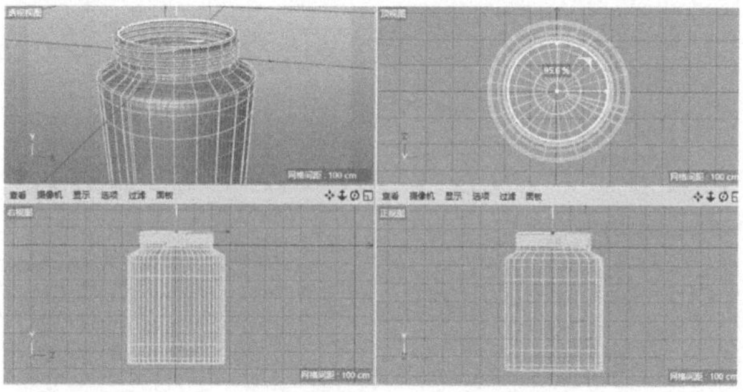

图 4-201

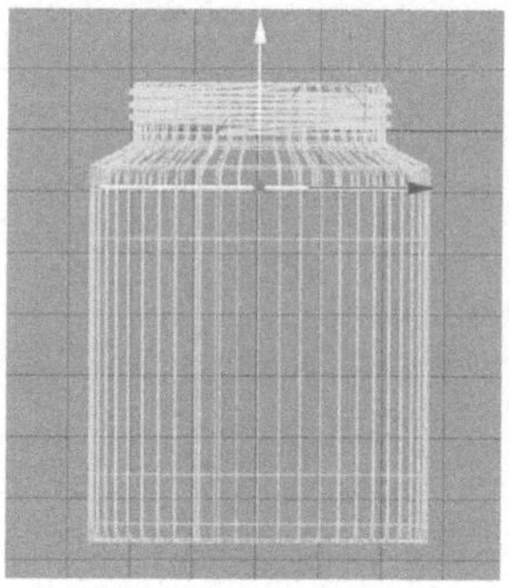

图 4-204

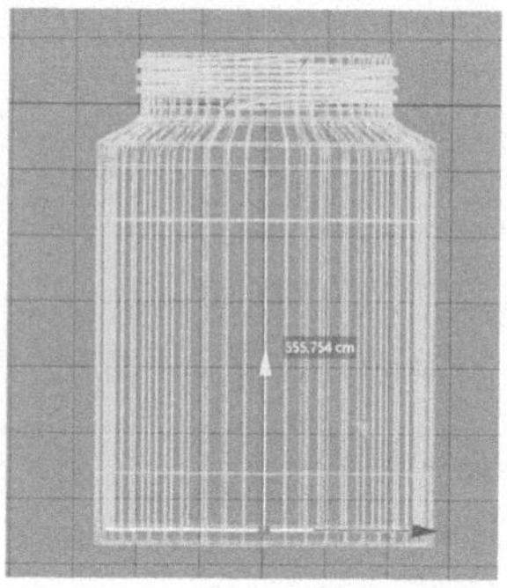

图 4-205

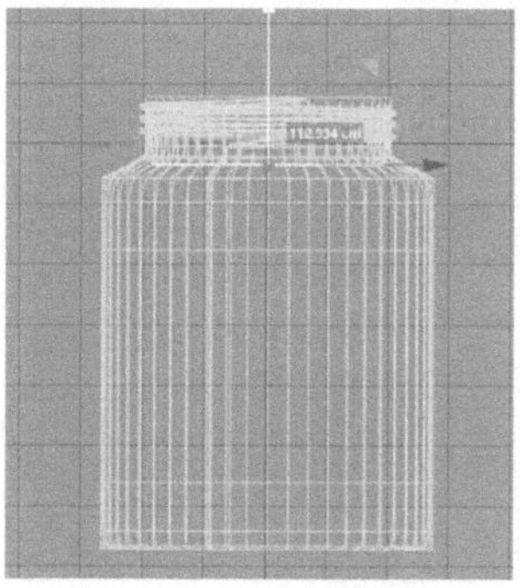

图 4-202

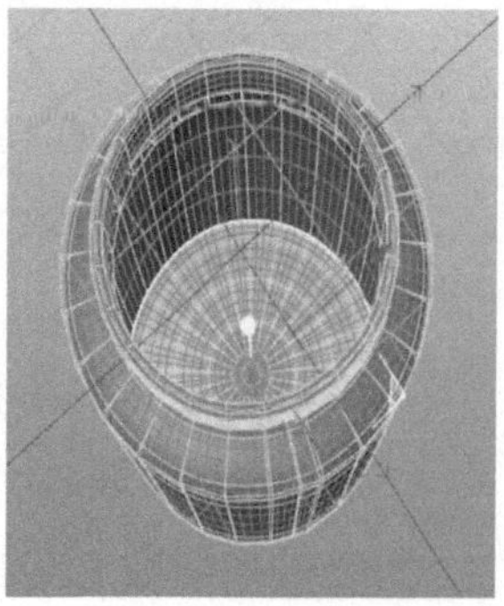

图 4-206

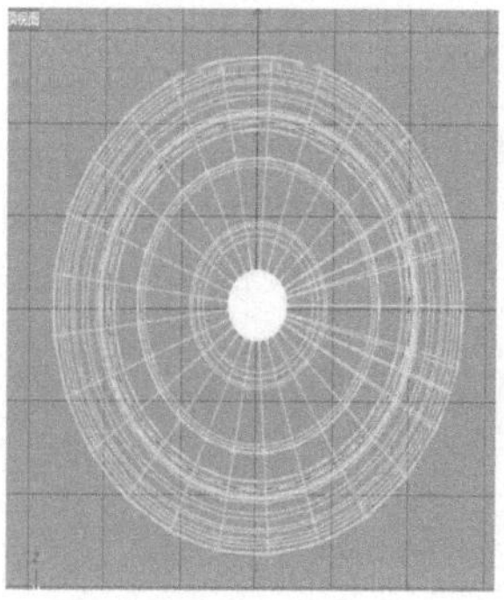

图 4-207

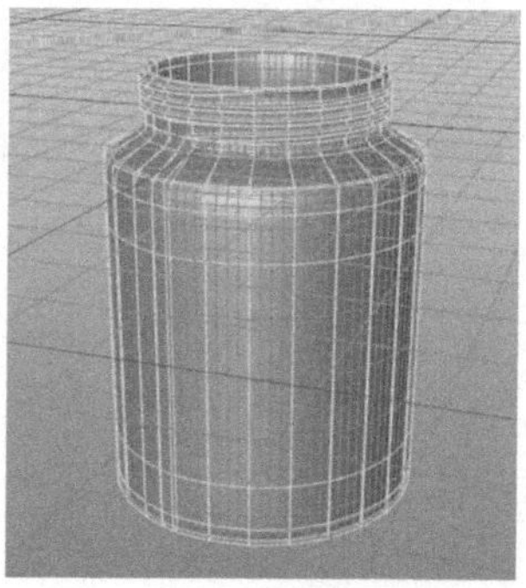

图 4-208

4-210 所示。

（35）在对象面板中点击“细分曲面”上下两点中上面的点，呈现红色，将瓶身和瓶口隐藏，接着用“循环选择”选瓶盖最底部的边沿线，如图 4-211 所示。切换到顶视图，用“缩放”工具按，Ctrl 键放大 110% 左右，如图 4-212 所示。回到透视视图场景中看效果，如图 4-213 所示。

（36）点击“移动”工具，按 Ctrl 键往上移 15 cm 左右，松开鼠标，接着再按鼠标，点移动光标往上移 80 cm 左右，如图 4-214 和图 4-215 所示。

（37）切换到顶视图，向内缩 93% 左右，同时在透视视图场景中看效果，松开鼠标再缩多层圆圈，缩到较小时再用“封闭多边形孔洞”封口，如图 4-216 和图 4-217 所示。效果如图 4-218 所示。

（38）至此，豆浆瓶模型制作好，在“显示”中选“光影着色”模式 光影着色 看效果，如图 4-219 所示。

（39）最终渲染效果如图 4-220 所示。

课堂练习 6：**用多边形建模制作花束包装**

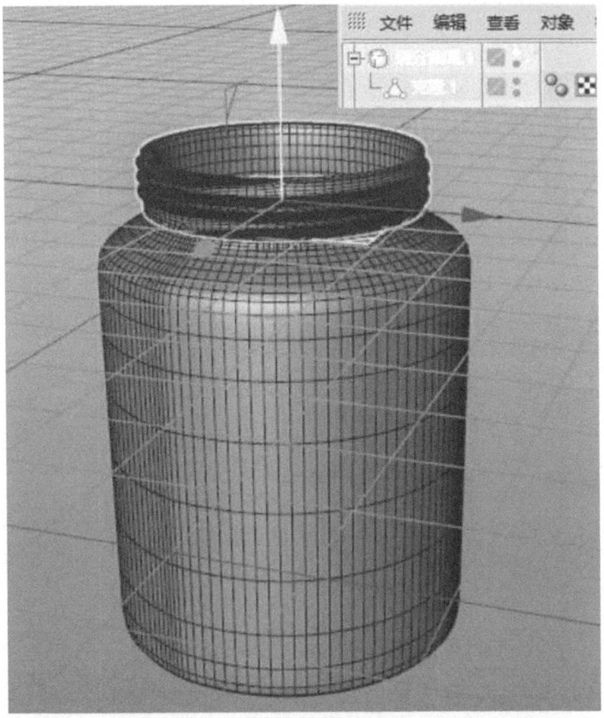

图 4-209

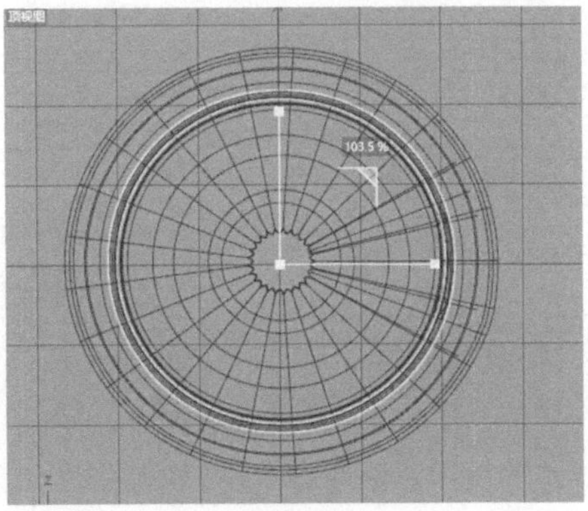

图 4-210

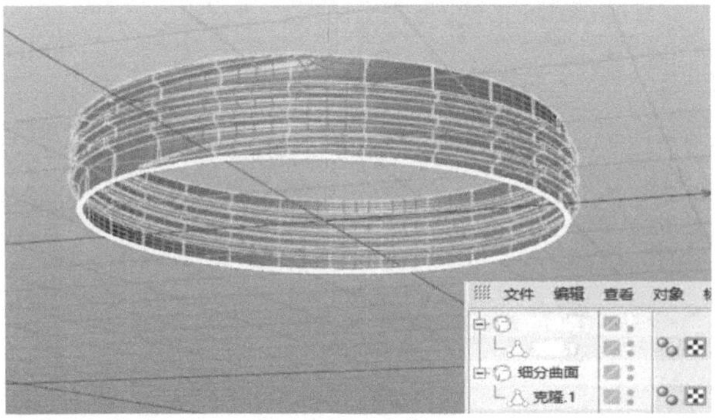

图 4-211

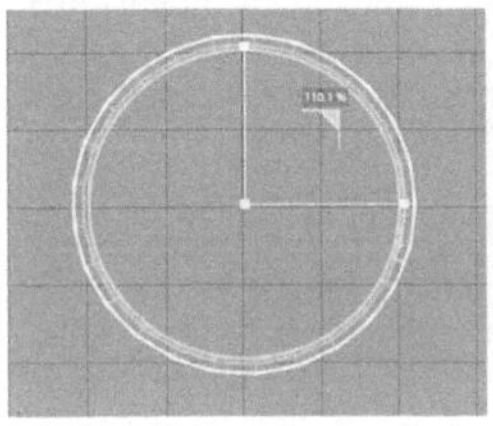

图 4-212

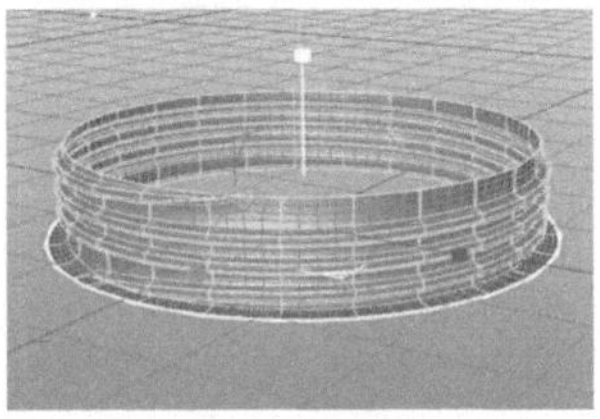

图 4-213

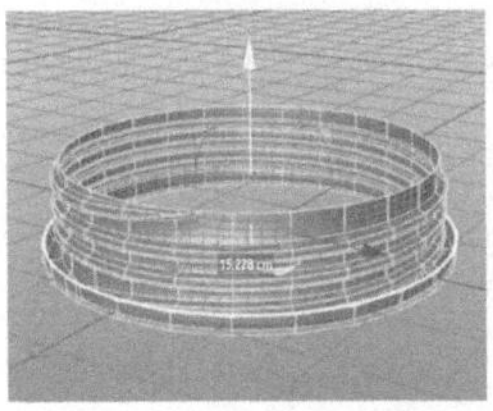

图 4-214

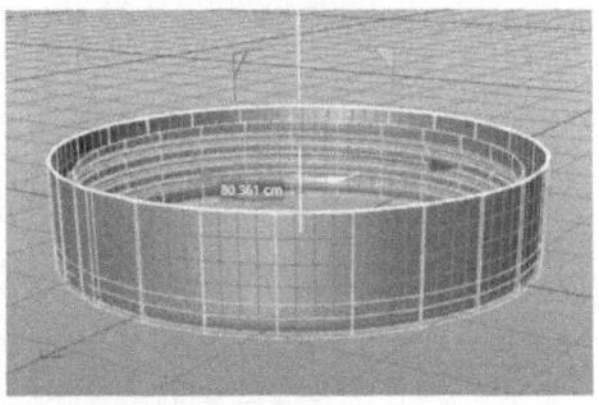

图 4-215

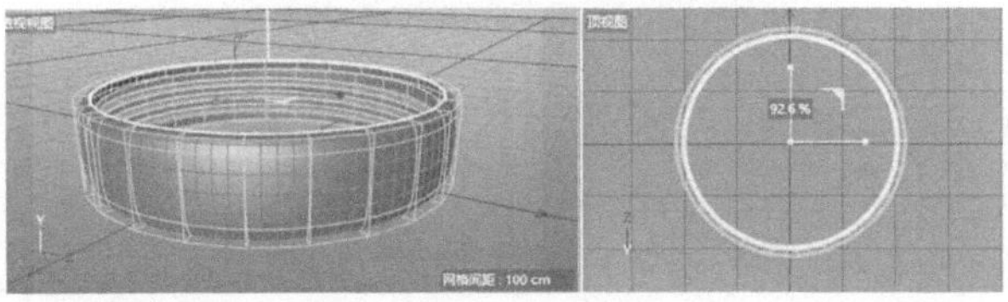

图 4-216

学习目标：掌握多边形建模工具的使用方法。

（1）先在透视视图中建一个“圆柱”，选“显示为光影着色（线条）”，在对“象属性中”将“半径”设置为“15 cm”，“高度”设置为“300 cm”，“高度分段”设置为“1”，“旋转分段”为“36”，“方向”为“+Y”，如图 4-221 所示。

（2）在变形器中选“锥化”工具，放在对象面板中“圆柱”下方作为子层级，在“锥化”“对象属性”中先用鼠标左键点面板下面的“匹配到父级”，再把“尺寸”设置为“30 cm”“300 cm”“30 cm”，“模式”为限制，“强度”设置为“-170%”，“弯曲”设置为“100%”，如图 4-222 所示。

（3）接着按 C 键将圆柱转为可编辑对象，进入“多边形”模式用菜单栏“选择”中的“循环选择”选中圆柱上端的面，如图 4-223 所示。

（4）按鼠标右键，在弹出的菜单面板中选“内部挤压”工具 内部挤压，设置“偏移”为“1 cm”，如图 4-224 所示。接着向下向内挤压 298 cm，如图

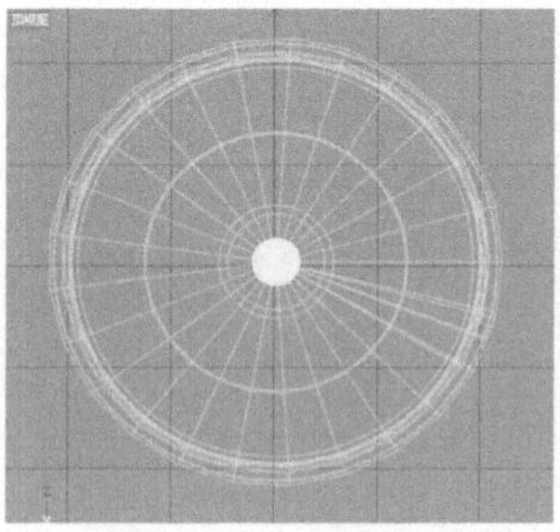

图 4-217

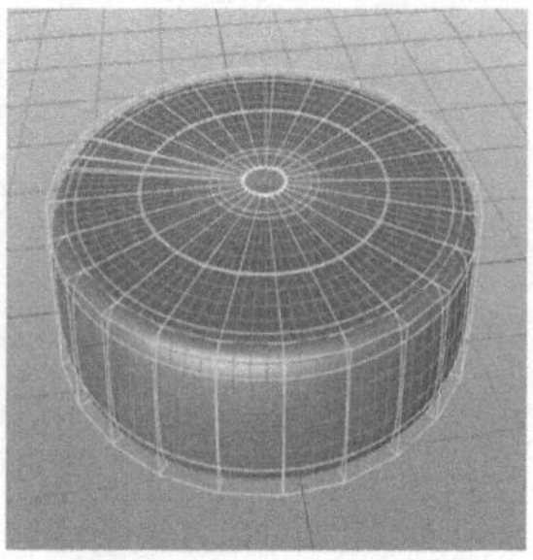

图 4-218

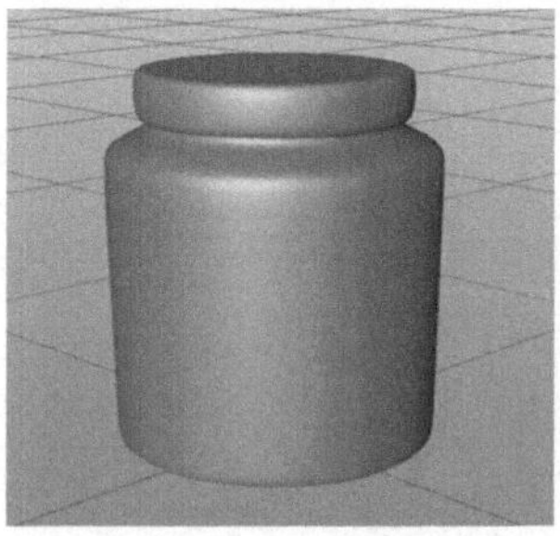

图 4-219

图 4-220

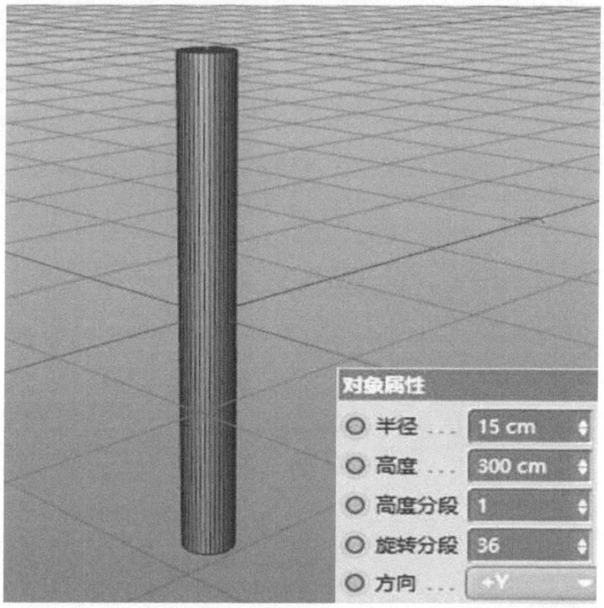

图 4-221

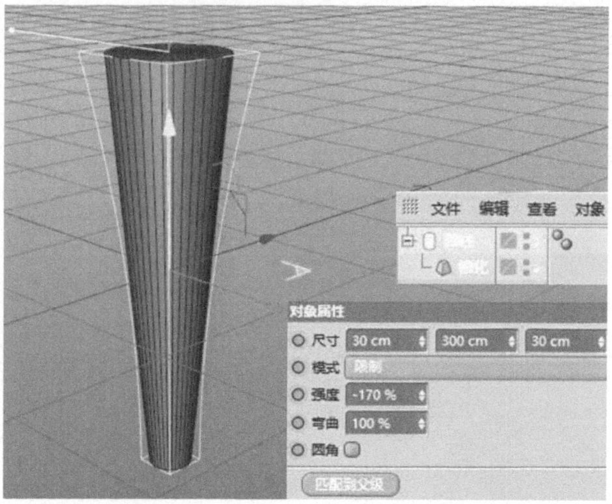

图 4-222

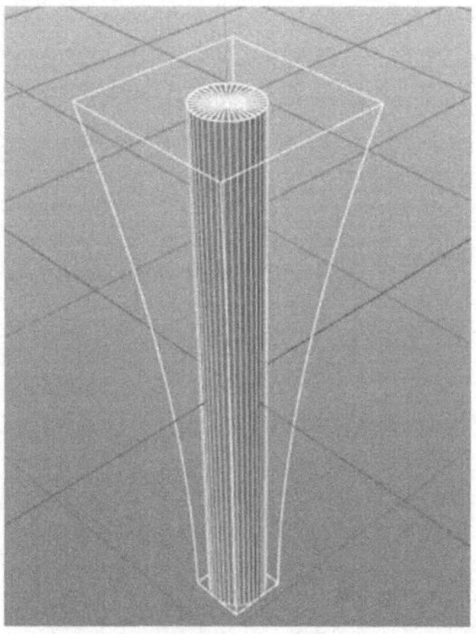

图 4-223

4-225 所示。接着在模式工具栏中点“模型” ，在场景中显示模型效果，如图 4-226 所示。

（5）进入“边”模式，按鼠标右键，在弹出的菜单面板中选“循环路径切割”，在模型外面中切割一条圆线，在属性面板“选项”中将“偏移”设置为“50%”，“距离”为“150 cm”，如图 4-227 所示。接着在模型里面中也切割一条圆线，切割的方法是把模型放大，先对里面切割一条圆线，如图 4-228 所示。然后在属性面板“选项”中将“偏移”设置为“50%”，切割的第二条圆线就会与第一条基本吻合，在正视图把模型放大后会看得更明显，如图 4-229 和图 4-230 所示。

（6）进入“点”模式，在正视图中用“框选”工具框选模型被切割的两条线，用“缩放”工具将其向内缩小 70%，如图 4-231 所示。模型在透视视图中的效

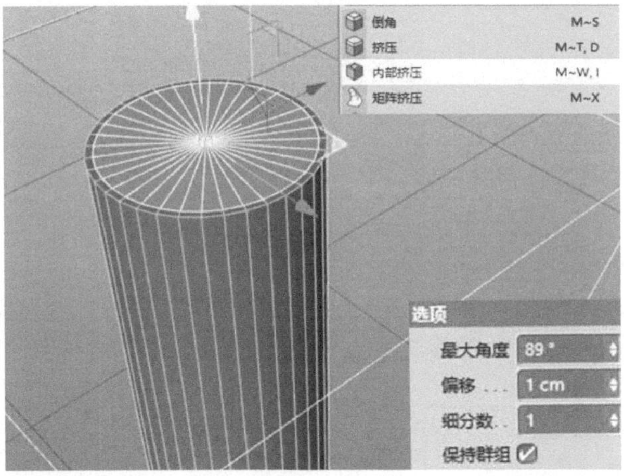

图 4-224

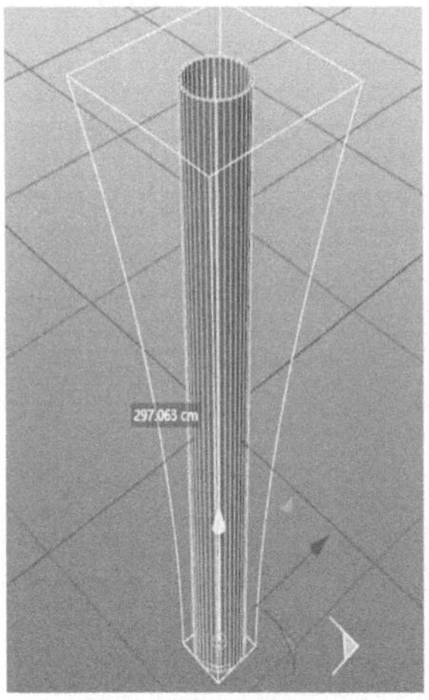

图 4-225

图 4-226

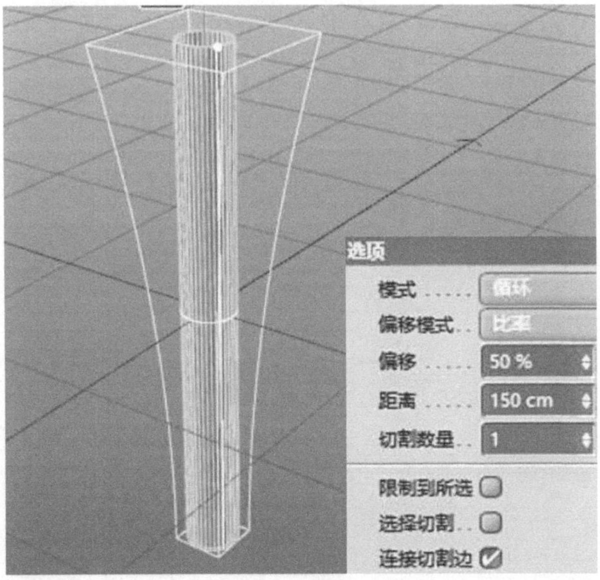

图 4-227

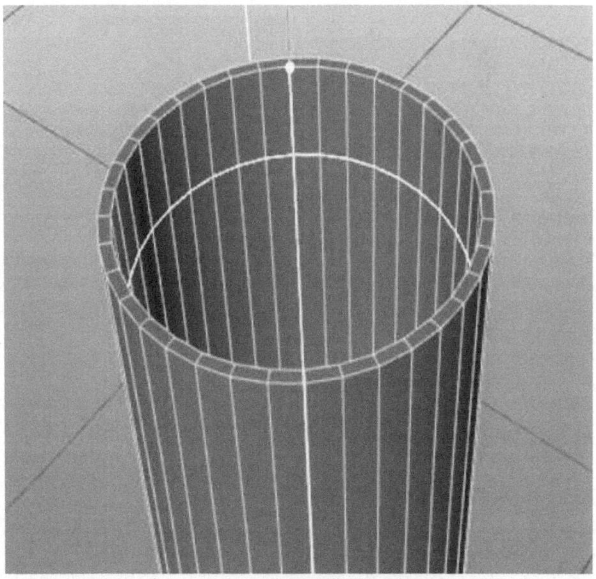
图 4-228

果如图 4-232 所示。

（7）给模型上端部位做一个造型。把视图切换到顶视图，“显示”为“线框”，再用“框选”工具框选模型顶端部位的点，按 shfit 键增选，隔一组选一组，如图 4-233 所示。

（8）切换到透视视图场景中观看，模型底部的点也被选上了，如图 4-234 所示。用“框选”工具按 Ctrl 键进行减选，因为底部是平的所以不需要做造型，如图 4-235 所示。

（9）选绿色光标，把选中的黄色点向下拖动 2.5 cm 左右，此时可看到模型顶端波浪形的造型就做好了，如图 4-236 所示。

（10）模型上端尖角造型做好后显得太尖锐，需要进行倒角，倒角后选“模型”就可看到倒角后效果，

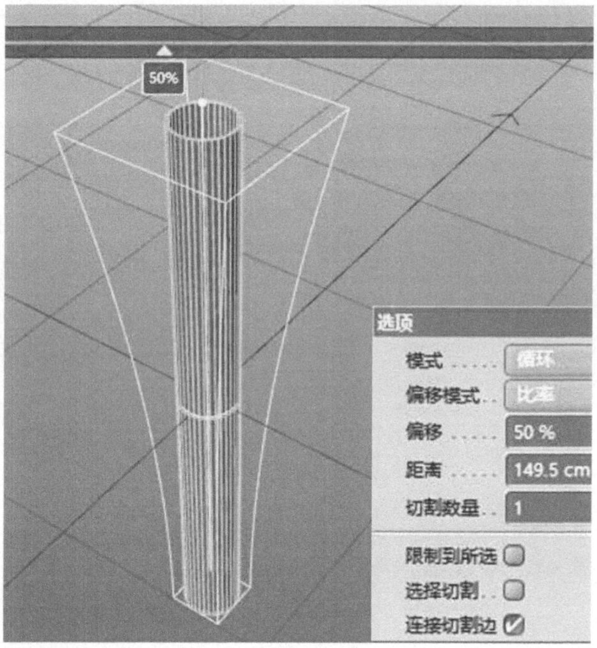

图 4-229

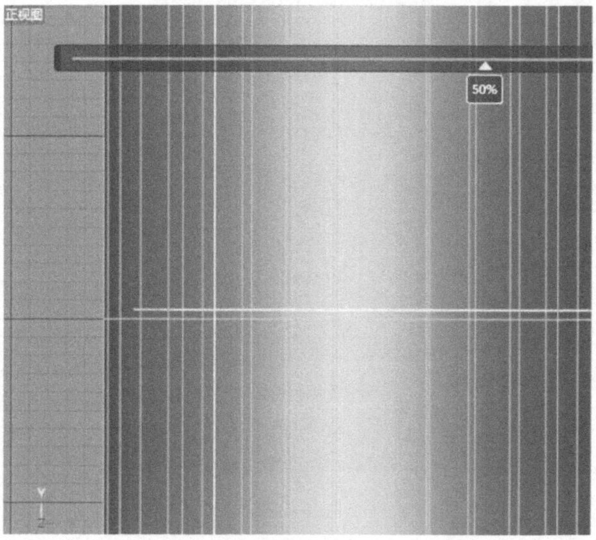

图 4-230

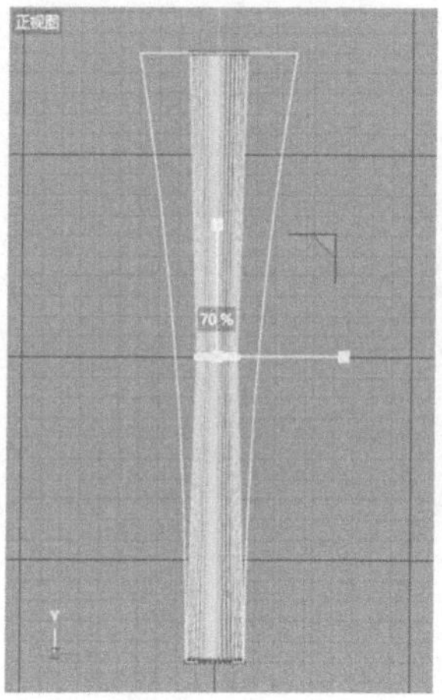

图 4-231

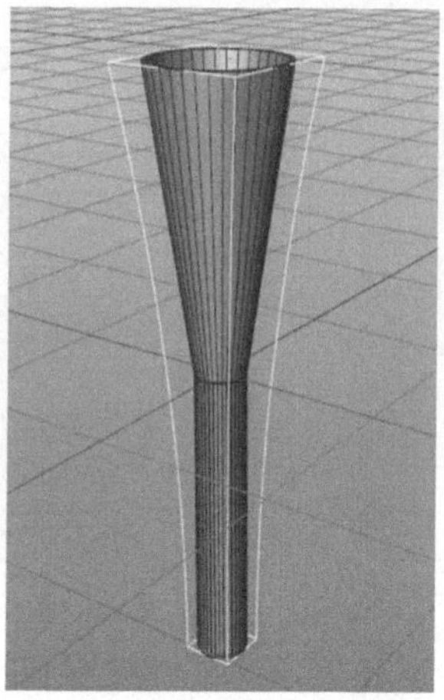

图 4-232

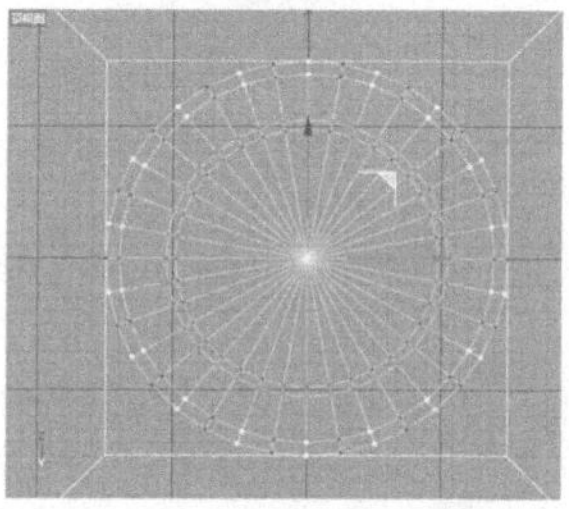

图 4-233

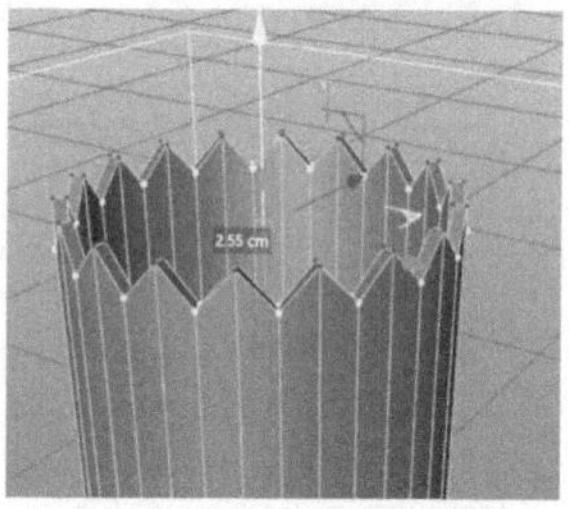

图 4-236

图 4-234

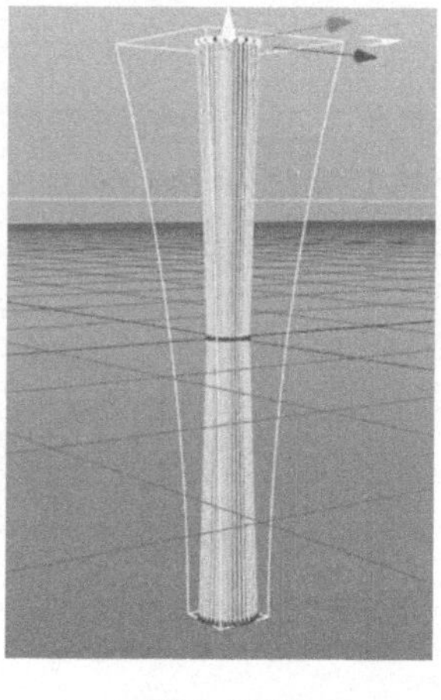

图 4-235

如图 4-237 所示。花束外包装基本做好，在场景中的整体效果如图 4-238 所示。

（11）最后把一枝花做出来。先在透视图中建一个“圆环”样条，在“对象属性”中勾选“椭圆”，“半径”设置为“30 cm”“50 cm”，“平面”为“XY”，如图 4-239 所示。

（12）把圆环样条转为可编辑对象，视图切换到右视图，选“点”模式，上部分创建两个点，用“框选”工具和光标对圆环的侧面做一个弧线造型，如图 4-240 所示。

（13）在对象面板中增加一个“挤压”生成器 挤压，把圆环样条放在挤压下方作为子层级，在挤压“对象属性”中设置“移动”为“1 cm”，在透视视图中的效果如图 4-241 所示。

（14）切换到右视图，用“旋转”工具将圆环样条旋转 -30°，如图 4-242 所示。

（15）在对象面板中增加一个“阵列”造型生成器 阵列，将“挤压”放在其下方作为子层级，在“阵列”对象属性面板中将“半径”设置为“52 cm”，“副本”为“7”，其他参数不变，花的模型效果如图 4-243 所示。

（16）再复制一个“阵列”，“半径”为“35 cm”，“副本”为“7”，如图 4-244 所示。

（17）如果觉得花的模型做大了可以用“缩放”工具将其缩小点，调整为合适的大小。接着用“画笔”

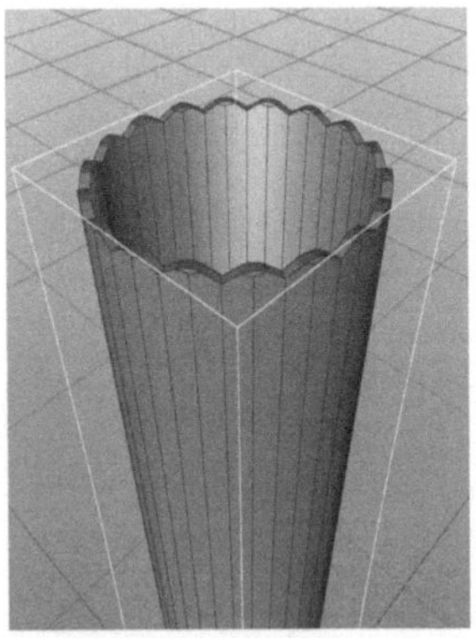

图 4-237

图 4-238

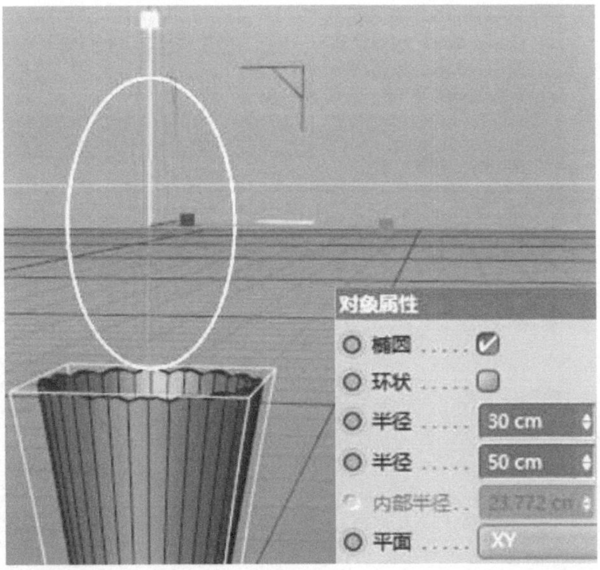

图 4-239

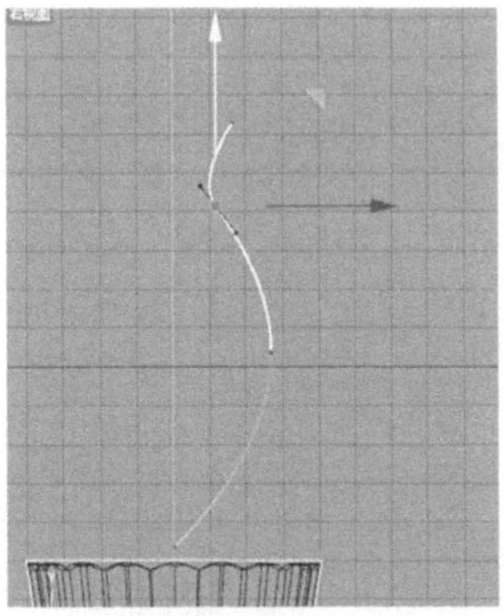

图 4-240

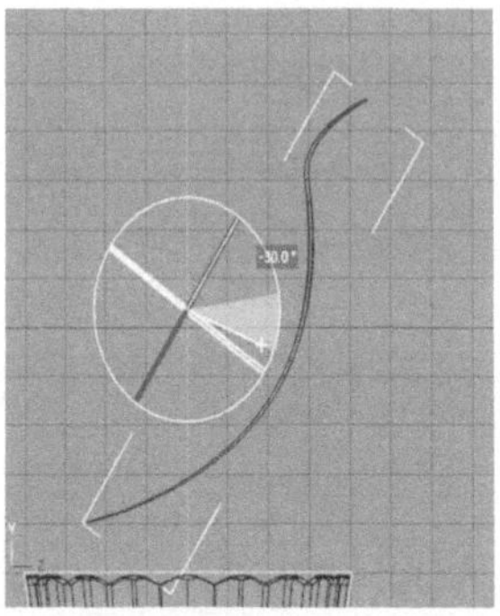

图 4-242

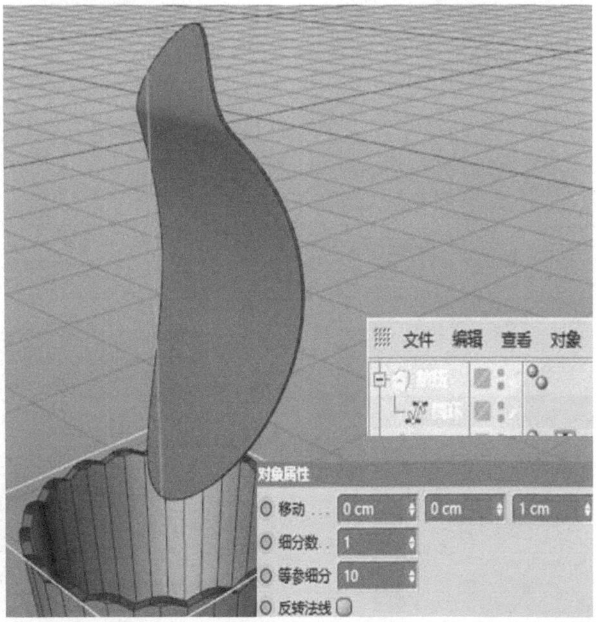

图 4-241

样条画一根线，再建一个“圆环”样条，“半径”设置为“4 cm”，在“对象”面板中增加一个“扫描”生成器，将“圆环”和“画笔”样条放在其下方作为子层级，枝干模型就做好了。在圆柱属性面板中勾选“透显”就可看到枝干，如图 4-245 所示。

（18）按 Shift+R 键，花束包装模型最终效果如图 4-246 所示。

课堂练习 7：**用多边形建模制作狗狗 IP 形象**

学习目标：掌握多边形建模工具的使用方法。

（1）首先在透视视图中建一个“球体”对象，“显示”为“光影着色（线条）”，接着在对象属性中选“类型”为“六面体”，其他参数不变，如图 4-247 所示。

（2）然后按 C 键将“球体”转为可编辑对象，在模式工具栏中选“点”模式，接着切换到右视图，如图 4-248 所示。

（3）左手按 Ctrl+A 键全选球体点模式，右手按鼠标右键，在弹出的菜单面板中选“笔刷”，在“笔刷”属性面板“选项”中选“衰减”为“铃状”，“模式”为“涂抹”，“强度”设置为“100%”，“半径”设置为“100%”，“宽度”设置为“50%”，“笔刷”在视图中会出现白线圆圈，再用“笔刷”对全选的球体点模式进行造型，如图 4-249 所示。

（4）切换到透视视图，选“多边形”模式，再用“框选”工具框选球体的左半部，接着按 Delete 键将其删除，如图 4-250 和图 4-251 所示。

（5）在造型生成器中选“对称”工具，在对象面板中将“球体”放在“对称”下方作为子层级，被删除的左半部会出现一个对称的半边球形，如图 4-252 所示。

（6）接着在球体右侧上端的部位用“多边形”模式选三个面，如图 4-253 所示。接着用“挤压”工具挤出 18 cm，如图 4-254 所示。接着用“挤压”工具挤出 20 cm，如图 4-255 所示。接着再挤出 50 cm，如图 4-256 所示。

（7）进入“点”模式。用“框选”工具、“移动”

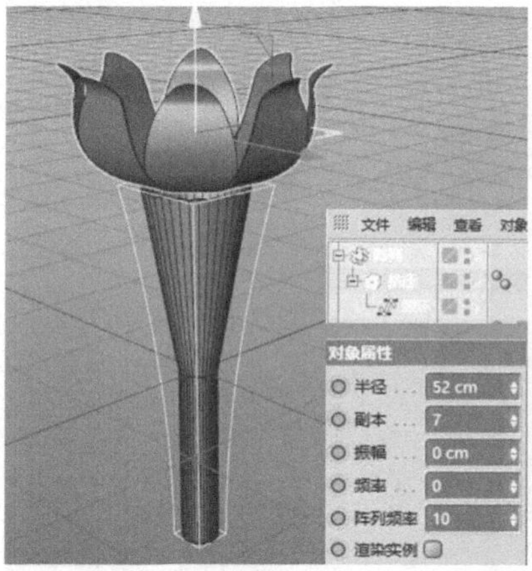

图 4-243

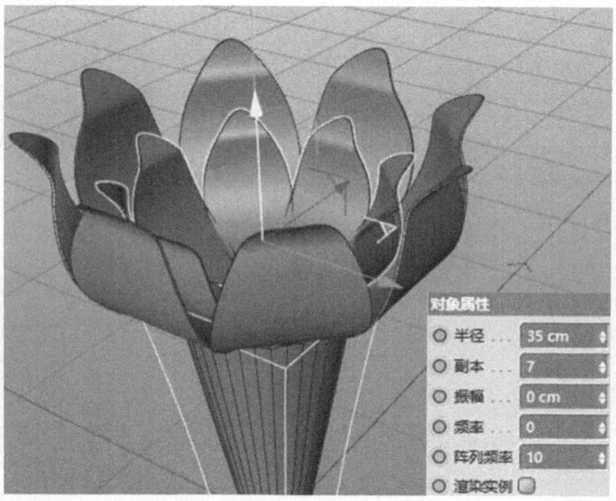

图 4-244

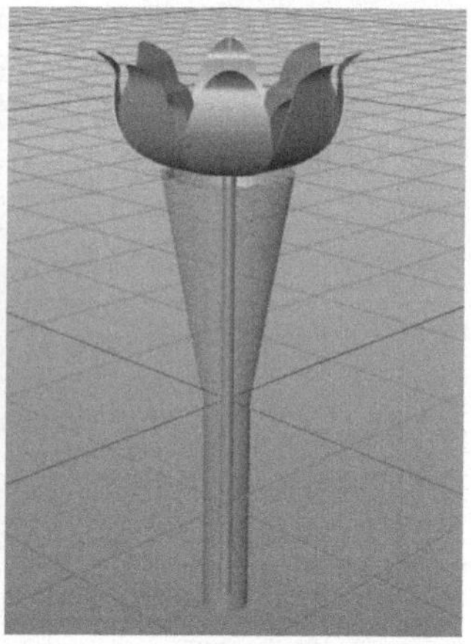

图 4-245

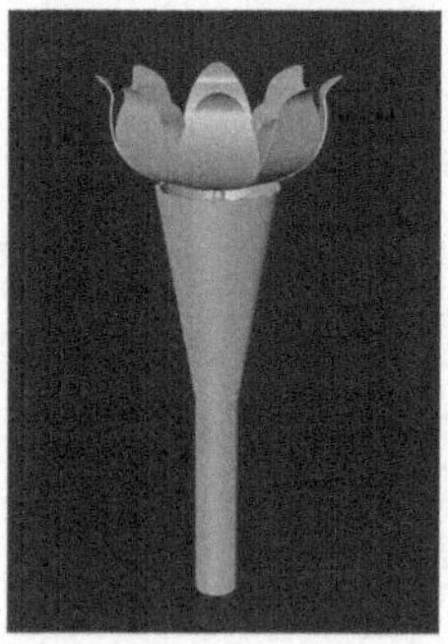

图 4-246

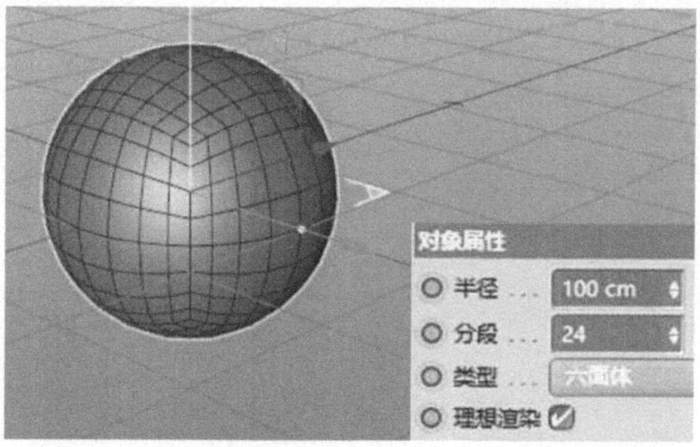

图 4-247

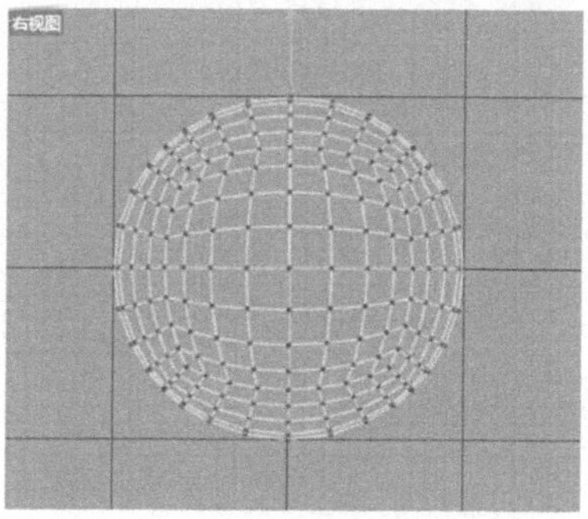

图 4-248

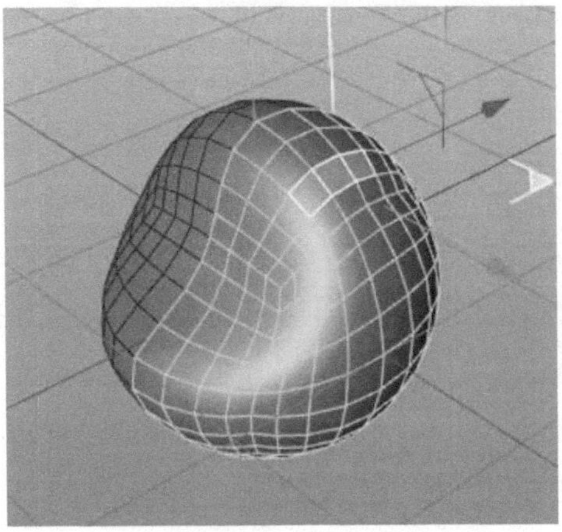

图 4-253

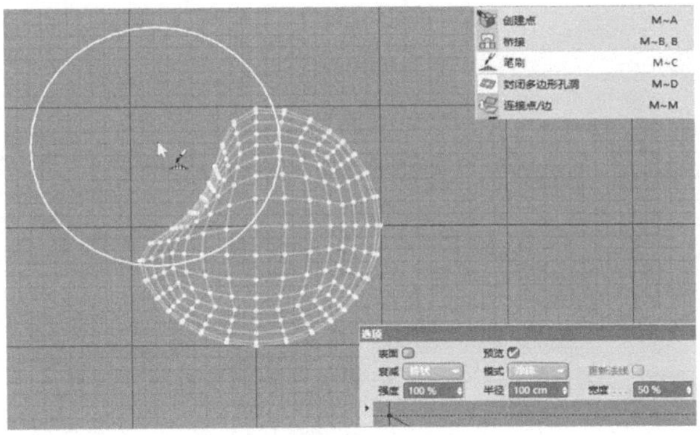

图 4-249

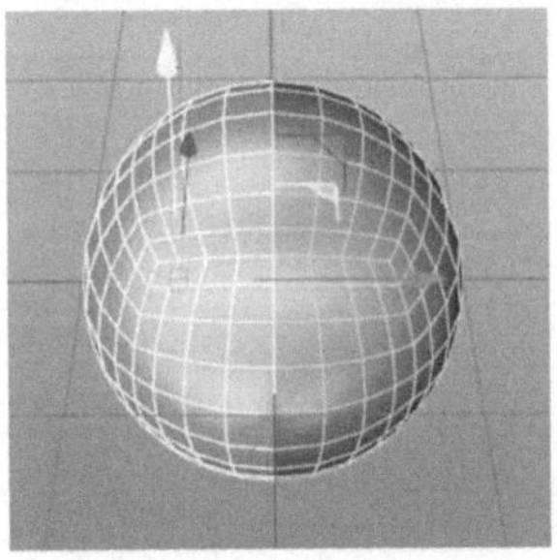

图 4-250

图 4-251

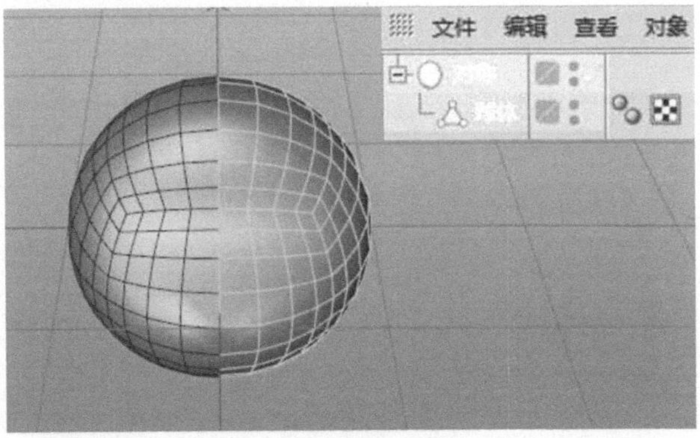

图 4-252

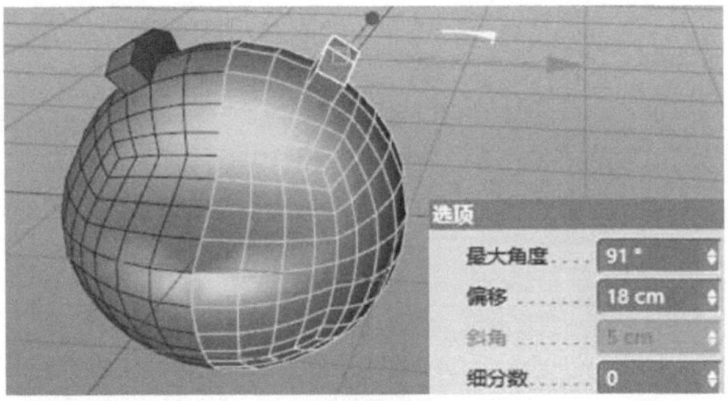

图 4-254

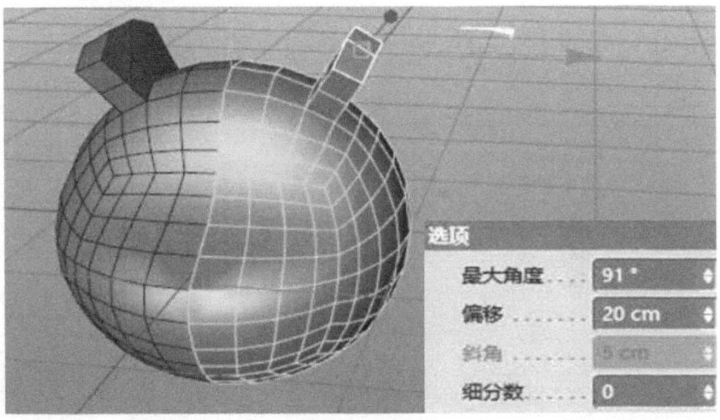

图 4-255

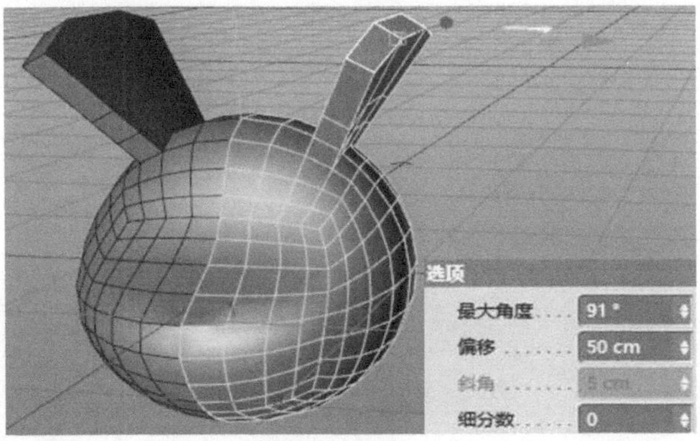

图 4-256

工具、“旋转”工具和“缩放”工具来回切换，不断调整，把狗狗耳朵模型的造型做出，如图 4-257 和图 4-258 所示。

（8）进入“多边形”模式，按 Shift 键增选球体右半部位下面的三个面，用“挤压”工具向内挤压，设置“偏移”为“-7 cm”，如图 4-259 所示。接着把挤出的狗狗嘴巴模型中间的面用“多边形”模式选择后删除，如图 4-260 和图 4-261 所示。

（9）进入“点”模式，选中嘴巴模型中间的点，用“移动”工具向上拉一点，做出嘴巴造型，如图 4-262 所示。

（10）在透视视图中再建一个“球体”对象，在对象属性中将“半径”设置为“20 cm”，“分段”为“24”，“类型”为“标准”，作为狗狗脸部模型右半部的眼睛，如图 4-263 所示。

（11）在对象面板中增加一个“对称”造型生成器，将球体放在“对称”下方作为子层级，狗狗左脸部就会同样出现相同的球体，这个作法很标准，如图 4-264 所示。还有一种复制球体方法就是左手按 Ctrl 键，右手用鼠标左键点球体，向左拖动移至合适的位置。此时，狗狗的眼睛模型就做好了。

（12）下面做一个鼻子。先在透视视图中再复制

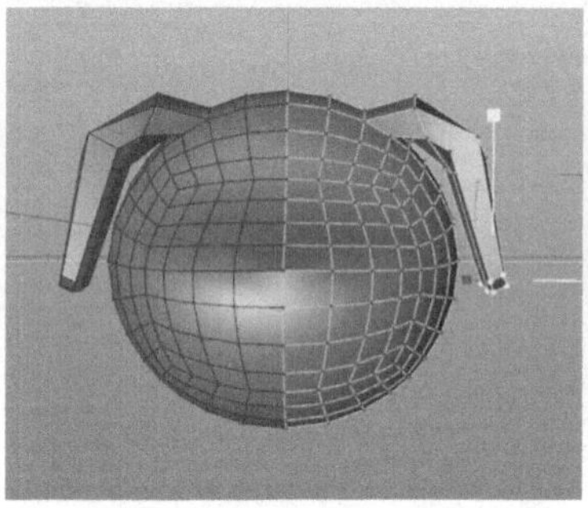

图 4-257

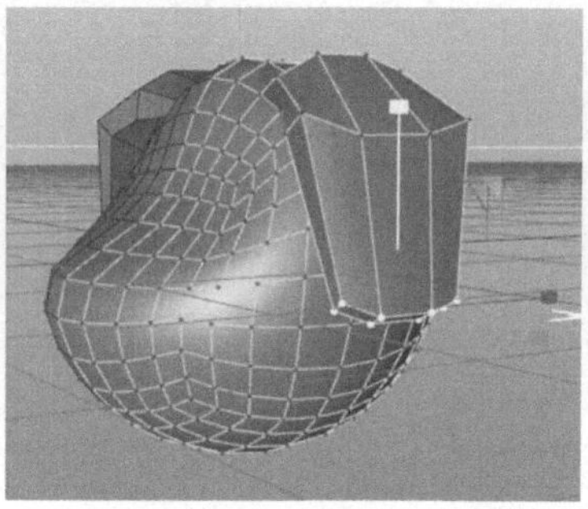

图 4-258

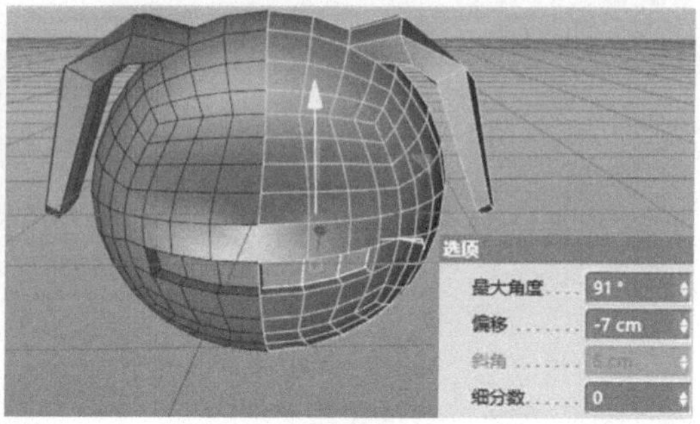

图 4-259

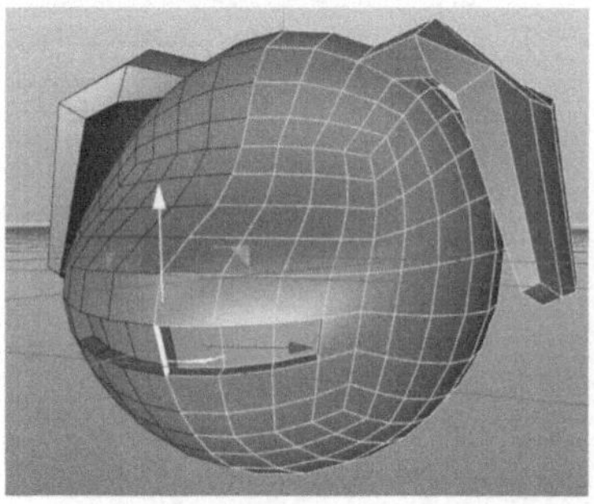

图 4-260

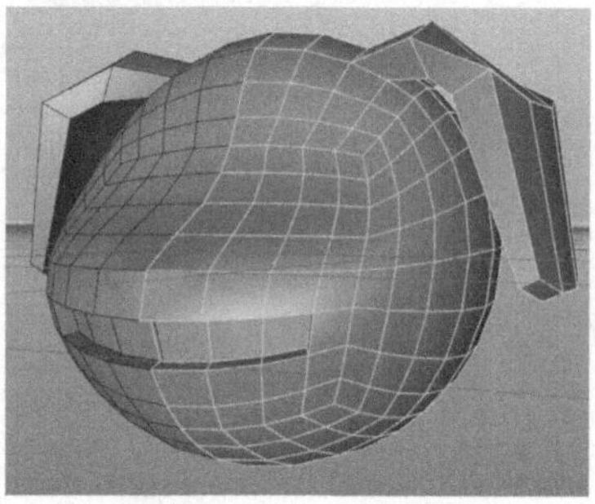

图 4-261

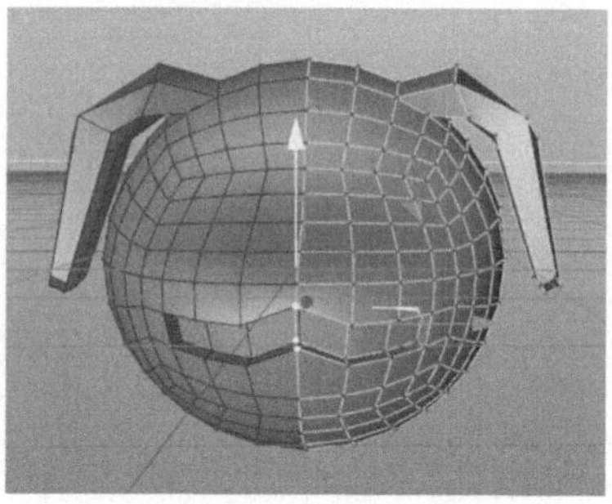

图 4-262

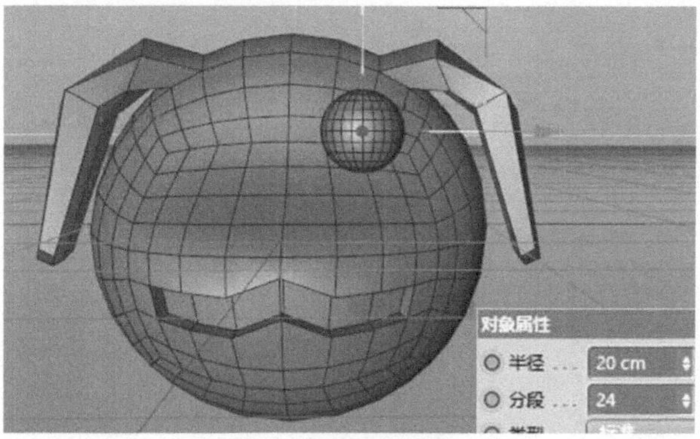

图 4-263

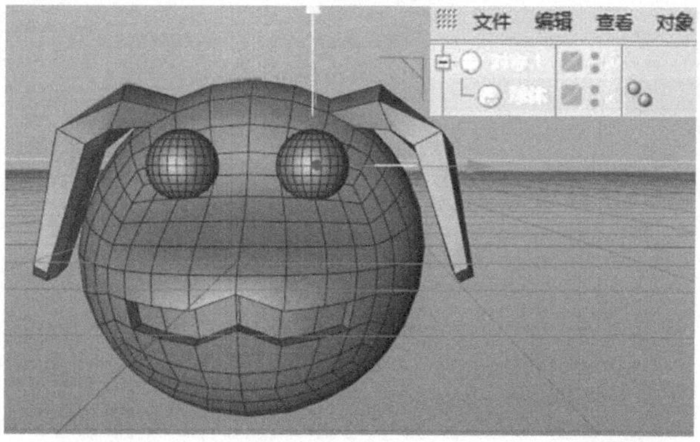

图 4-264

一个眼睛球体移至下方，在对象属性中将“半径”设置为“15 cm”，其他参数不变，如图4-265所示。然后将复制的球体按C键转为可编辑对象，再用“缩放”工具将其压扁一点，使其呈椭圆形。此时，狗狗的鼻子和头部就做好了，如图4-266所示。

（13）切换到右视图，右手按鼠标右键，在弹出的菜单面板中选“笔刷”工具，将模型头部下端修平一点，如图4-267所示。

（14）接下来做一个狗狗身体部位的模型。先在透视视图中建一个“球体”对象，移至下方，“显示”为“光影着色（线条）”，接着在对象属性中选“类型”为“六面体”，其他参数不变，如图4-268所示。

（15）按C键将球体转为可编辑对象，切换到右视图，进入“多边形”模式，左手按Ctrl+A键全选球体点模式，右手按鼠标右键，在弹出的菜单面板中选“笔刷”工具，在“笔刷”属性面板“选项”中选“衰减”为“铃状”，“模式”为“涂抹”，“强度”设置为“100%”，“半径”设置为“115 cm”，“宽度”设置为“50%”，再用“笔刷”工具对其进行造型，如图4-269所示。切换到正视图，对身体部位的模型进行造型调整，如图4-270所示。

（16）切换到透视视图，进入“多边形”模式，

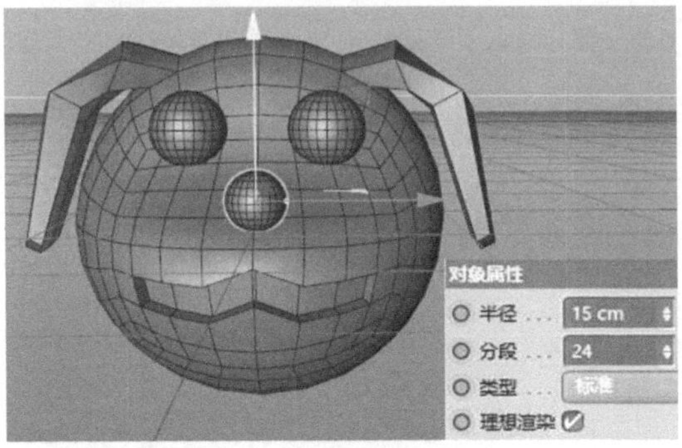

图4-265

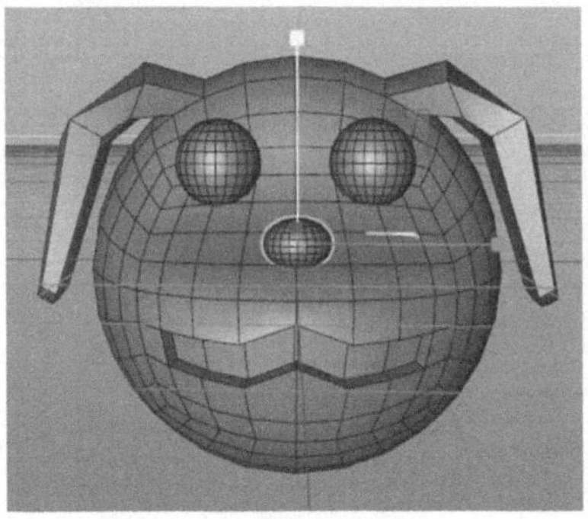

图4-266

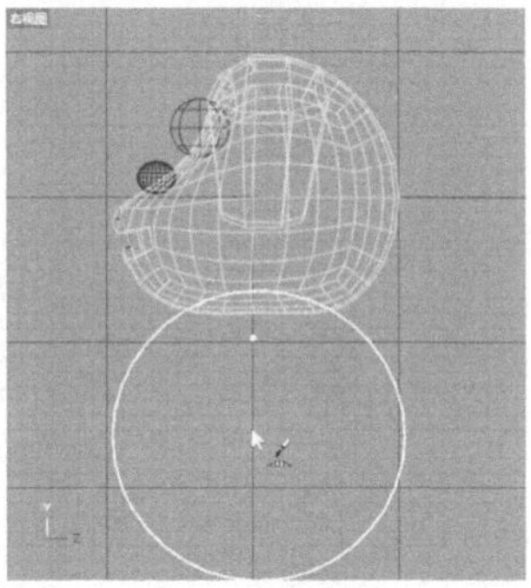

图4-267

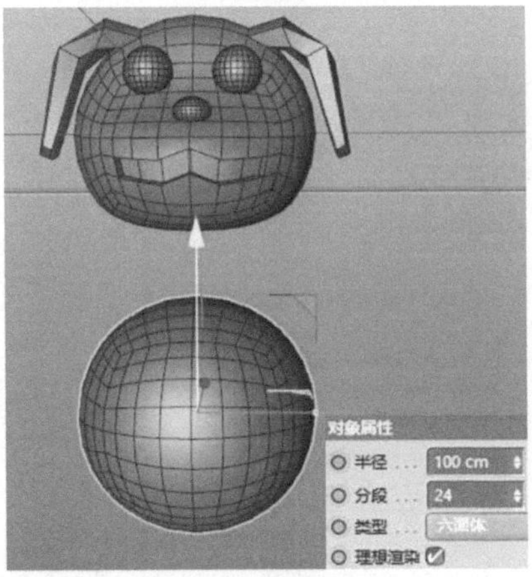

图4-268

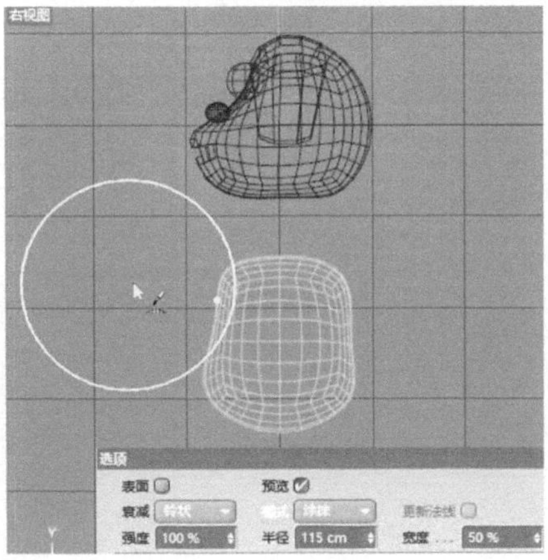

图4-269

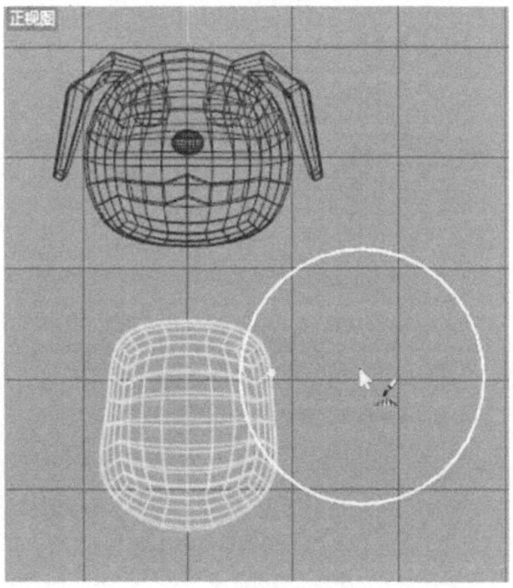

图4-270

框选左半边身体部位的模型，接着按 Delete 键将其删除，如图 4-271 和图 4-272 所示。

（17）在造型生成器中选“对称”工具，在对象面板中将做的身体部位的模型“球体”放在“对称”下方作为子层级，被删除的左半部又出现一个对称的半边球形，如图 4-273 所示。

（18）在身体部位的模型球体右侧上端的部位用“多边形”模式选四个面，如图 4-274 所示。接着用“挤压”工具挤出 50 cm，用“缩放”工具稍微缩小前端的四个面，再切换到“旋转”工具调整方向，如图 4-275 所示。接着再用“挤压”工具挤出 26 cm，并用“缩放”工具稍微缩小前端的四个面，狗狗的手的模型就做出来了，如图 4-276 所示。

（19）接下来制作狗狗的两只脚的模型。用“多边形”模式在身体部位的底端选四个面，如图 4-277 所示。接着用“挤压”工具挤出 30 cm，用“缩放”工具稍微缩小前端的四个面，如图 4-278 所示。

（20）两只脚的模型基本已做好，但发现脚的底

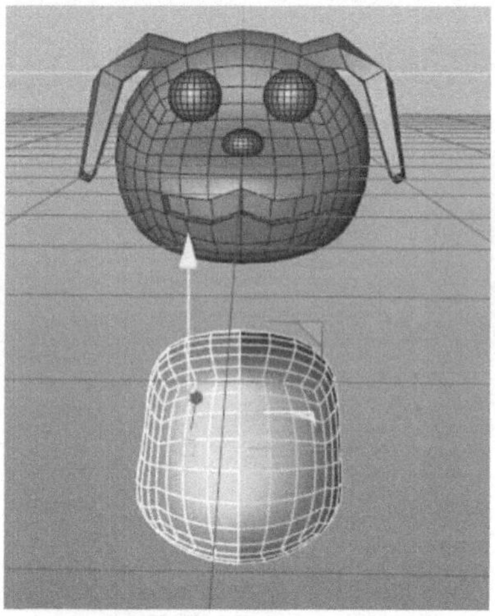

图 4-271

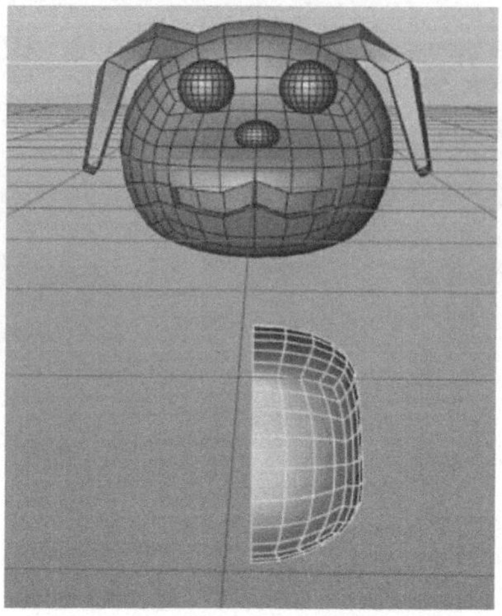

图 4-272

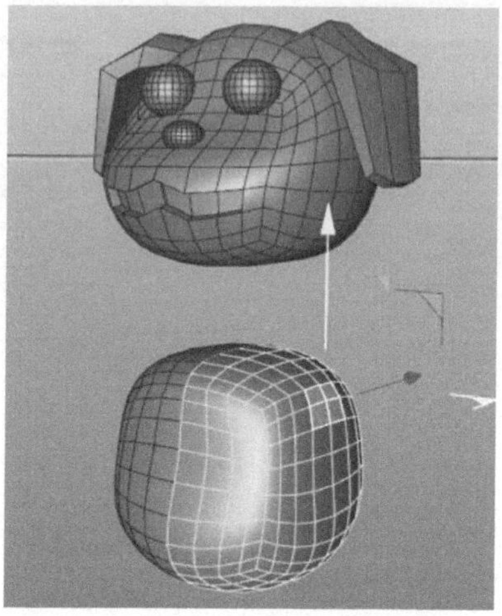

图 4-274

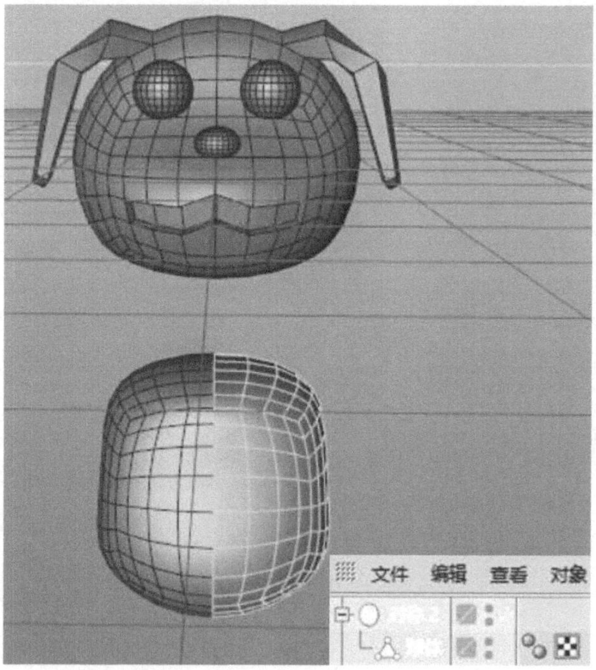

图 4-273

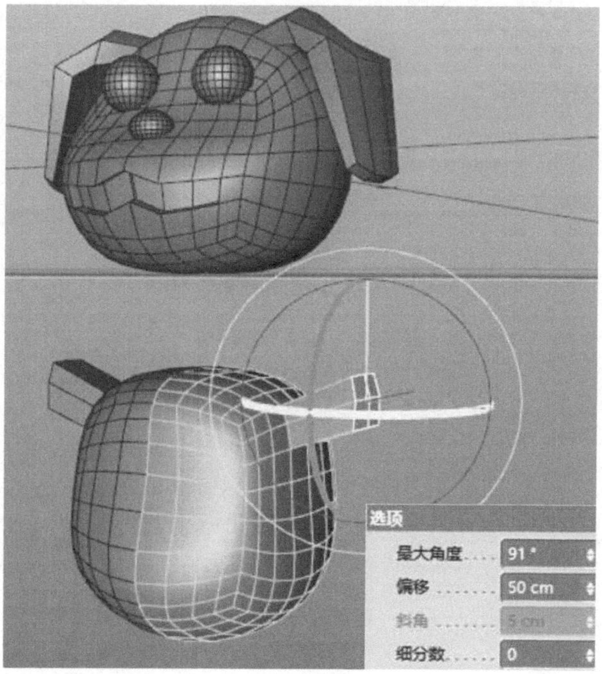

图 4-275

端是斜的而不是平的，在尺寸面板中要把原来的“尺寸.Y”由“19.759 cm”改为“0”，接着点击面板中的“应用”，脚的底端就会变为平的，如图 4-279 所示。

（21）最后给做好的模型进行调整和倒角。在对象面板中增加两个“细分曲面”生成器，把做好的头部模型和身体模型分别放在“细分曲面”生成器下方成为子层级，使模型看上去显得圆滑，效果如图 4-280 所示。

（22）狗狗 IP 形象模型最终效果如图 4-281 所示。

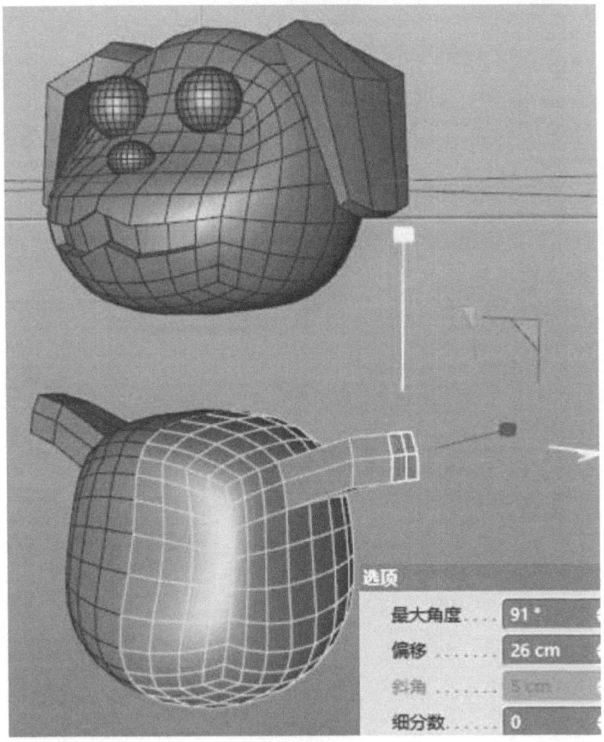

图 4-276

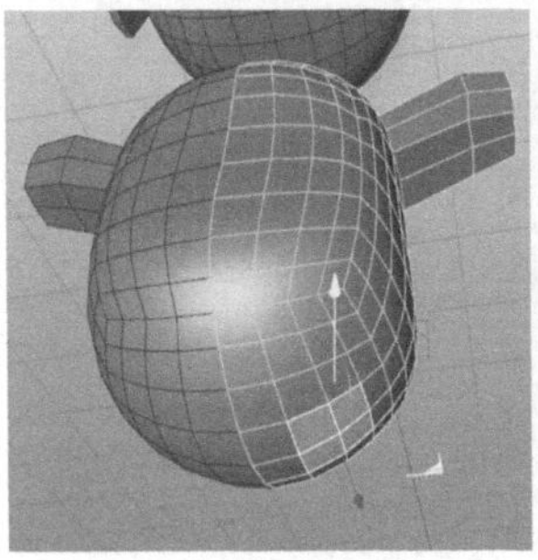

图 4-277

图 4-281

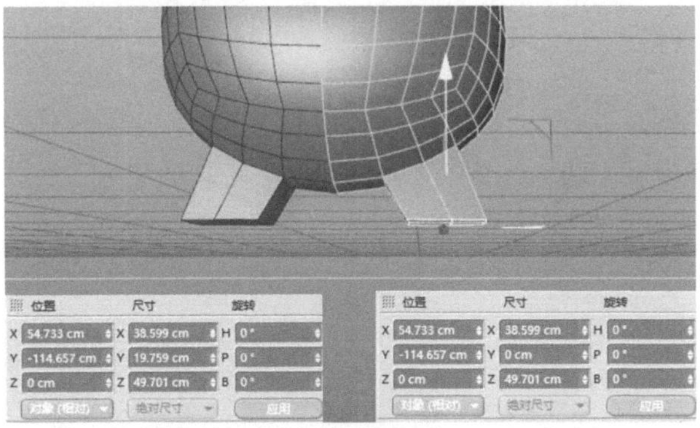

图 4-279

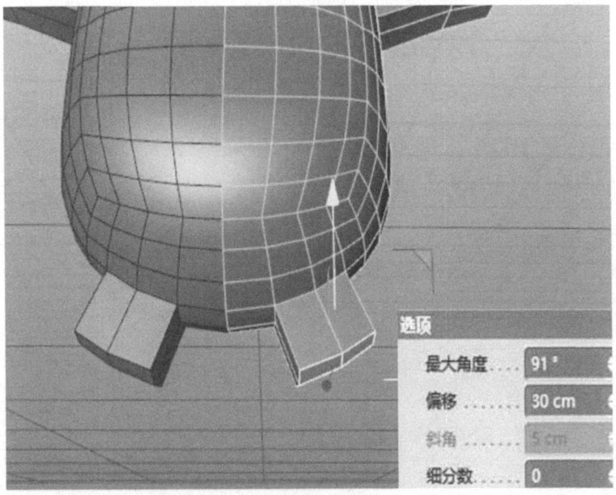

图 4-278

图 4-280

第三节 雕刻建模

C4D 的雕刻系统自带的各种笔刷工具与多边形建模相结合，可以制作出不规整态的液态类产品模型。

一、雕刻界面

在菜单栏中可以选择“雕刻”的“笔刷”，如图 4-282 所示。也可以在“界面”中选择“Sculpt”，会弹出雕刻的界面，方便使用，如图 4-283 和图 4-284 所示。

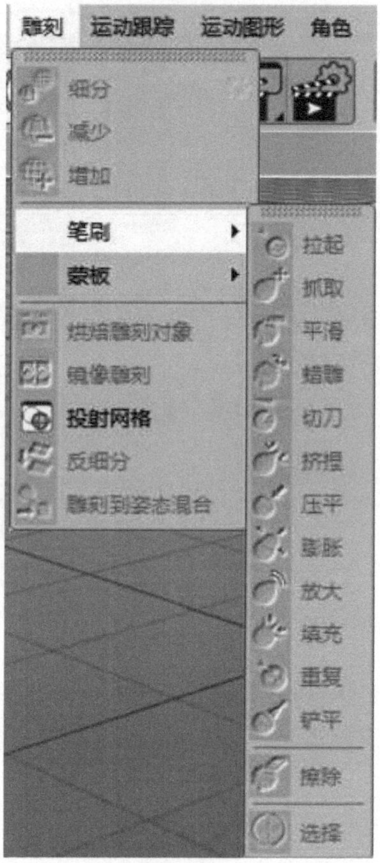

图 4-282

图 4-283

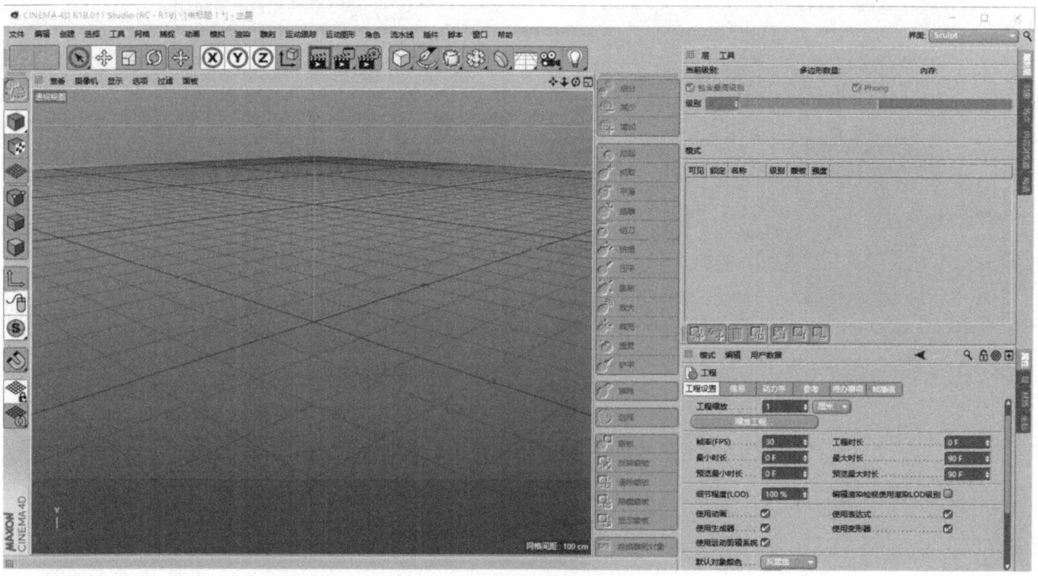

图 4-284

二、笔刷

C4D 雕刻系统的预置笔刷通过拉起、铲平和挤捏等工具可以实现预想效果。只有编辑多边形对象时才能使用雕刻的笔刷，其余状态的对象都不能使用。笔刷面板如图 4-285 所示。

主要工具命令参数解释

细分：设置模型的细分数量，数值越大，模型的网格越多。

减少：减少模型网格数量。

增加：增加模型网格数量。

拉起：代表推拉表面，部分模型被拉起，如图 4-286 所示。

抓取：代表拉伸表面，拖拽选取的对象，如图 4-287 所示。

平滑：让选取的点变得平滑。

切刀：让模型表面产生细小褶皱。

挤捏：将顶点挤捏在一起。

膨胀：沿着模型法线方向移动点。

课堂练习：**用雕刻工具制作瓶子里的果酱**

学习目标：掌握多边形建模和雕刻工具的使用方法。

（1）先在透视视图中建一个“圆柱”体，在“对象属性”面板中将“半径”设置为“50 cm”，“高度分段”为“1”，“旋转分段”为“36”，如图 4-288 所示。

（2）按 C 键转换为可编辑多边形，然后进入“多边形”模式，用“循环选择”选圆柱顶面，按鼠标右键在弹出的菜单中选“内部挤压”工具，对圆柱顶面向内挤压，设置“偏移”为“3 cm”，如图 4-289 所示。再选“挤压”，向上挤压 22 cm，如图 4-290 所示。

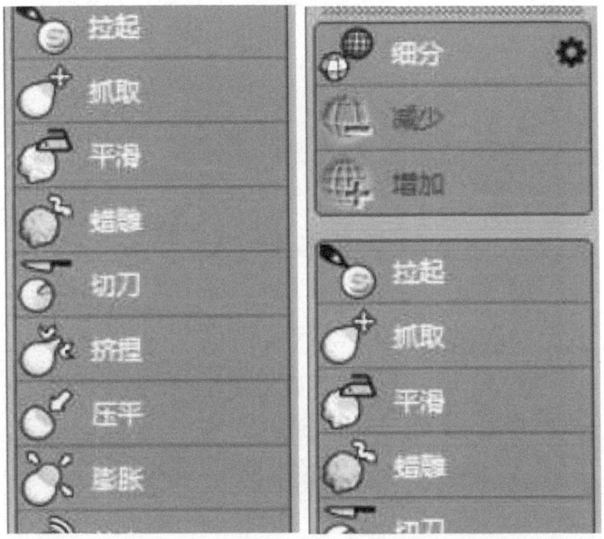

图 4-285

图 4-286

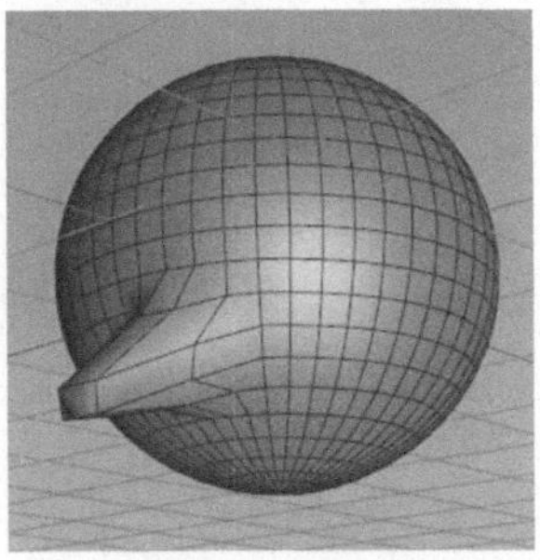

图 4-287

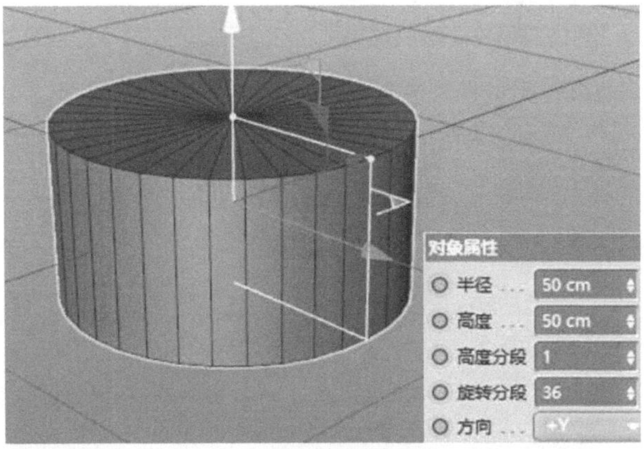

图 4-288

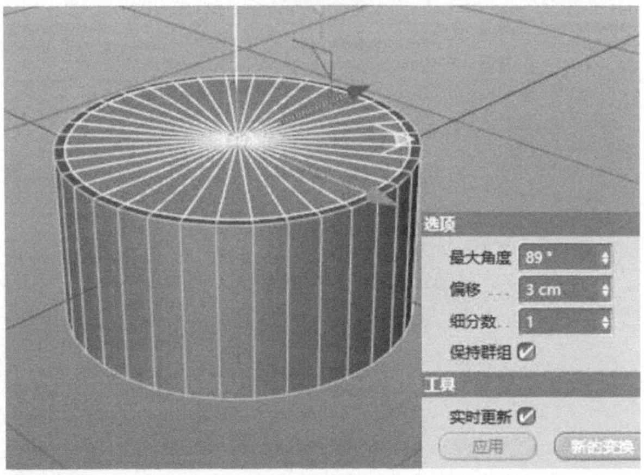

图 4-289

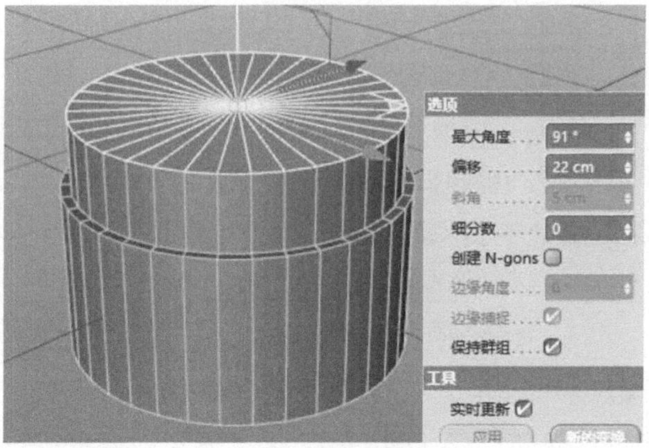

图 4-290

（3）用“内部挤压”工具向内挤压 2 cm，再用“挤压”工具向下挤压内部的空间出来，如图 4-291 所示。

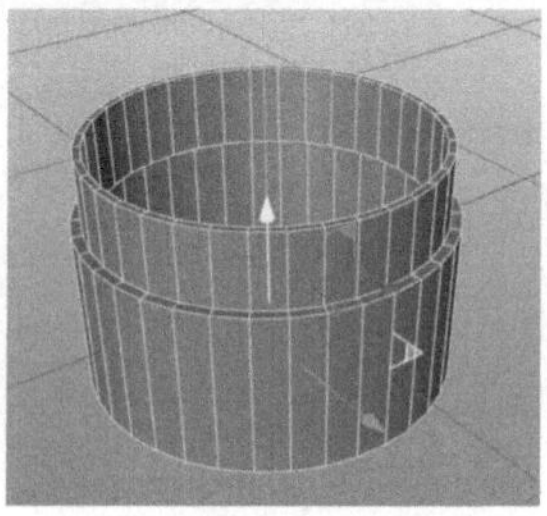

图 4-291

（4）在场景中创建一个“圆柱”，然后在“对象属性”中设置“半径”为“45 cm”，“高度”为“55 cm”，“高度分段”为“8”，“旋转分段”为“36”，“方向”为“+Y”，接着在“封顶”中勾选“圆角”选项，并设置“分段”为“5”，“半径”为“10 cm”，如图 4-292 所示。

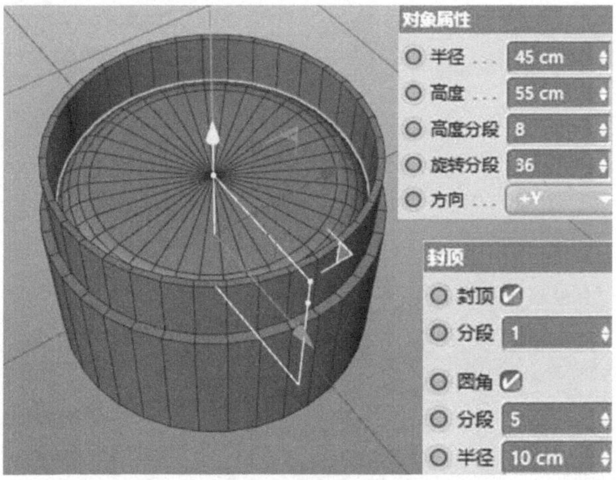

图 4-292

（5）将修改后的“圆柱 .1”按 C 键转换为可编辑多边形，然后进入“多边形”模式，接着挤出边缘的面，选中挤出的多边形，然后上下移动，这样可以做出酱料流动起伏的大致效果。效果如图 4-293 所示。

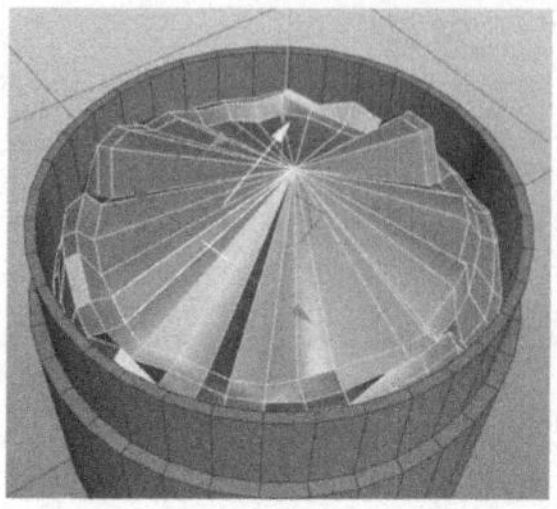

图 4-293

（6）将“界面”切换到“Sculpt”，然后单击“细分”按钮，增加模型的细分，方便接下来的雕刻工作，如图 4-294 所示。

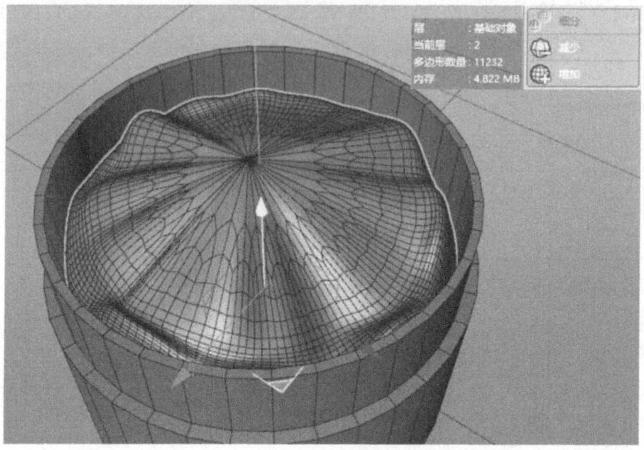

图 4-294

（7）使用“拉起”工具，制作出酱料模型的液体感，如图 4-295 所示。

（8）使用“膨胀”工具，使果酱模型形成圆弧效果。使用“抓取”工具，使果酱模型形成想要的造型效果，如图 4-296 所示。

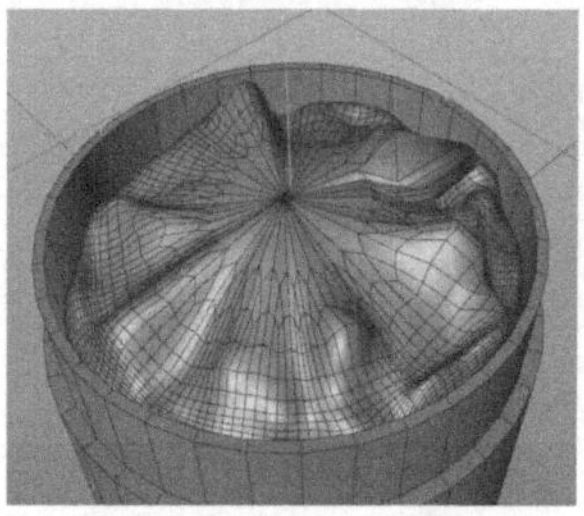

图 4-295

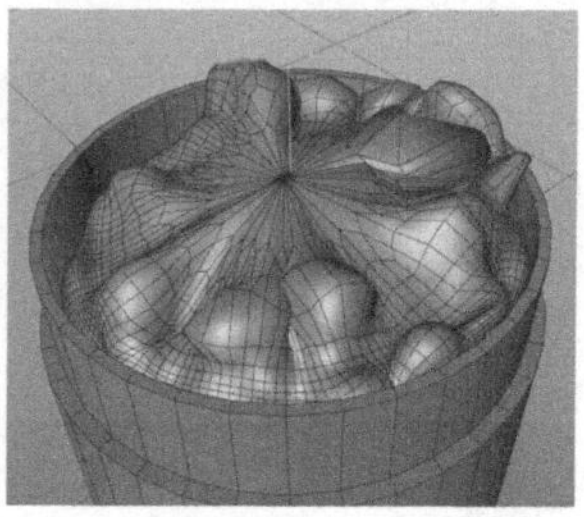

图 4-296

（9）使用“拉起”工具，增加小的细节，并用“平滑”工具，使果酱的边缘更加圆滑，如图 4-297 所示。

（10）渲染后最终效果如图 4-298 所示。

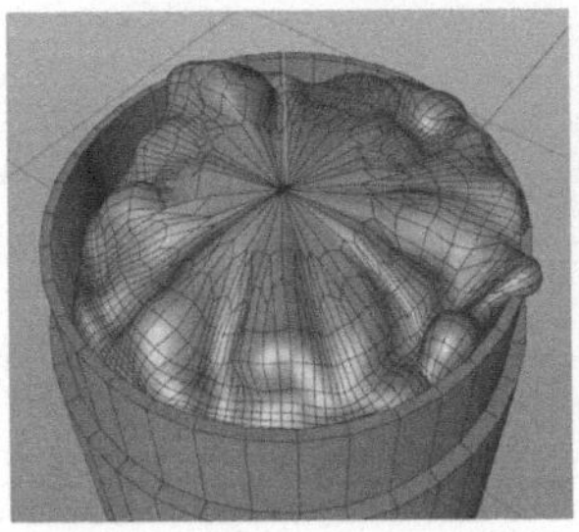
图 4-297

图 4-298

课后习题 1：**用多边形工具制作饮料瓶。**

课后习题 2：**用多边形工具制作礼品盒。**

第五章　摄像机

本章将讲解 C4D 的摄像机技术。通过本章的学习，可以掌握摄像机的创建方法，以及景深的制作，了解图像比例和安全框的设置方法。

教学目标：掌握创建摄像机的方法，掌握用摄像机制作景深效果的方法，了解安全框的用法。

第一节　C4D中的摄像机

长按“常用工具栏”的“摄像机” 按钮，会弹出摄像机面板，如图 5-1 所示。

一、摄像机

“摄像机”工具的作用是对场景进行拍摄，是使用频率最高的摄像机工具之一。在视图中找到合适的视角，单击“摄像机”即可完成创建。创建的摄像机会出现在“对象”面板中，如图 5-2 所示。

单击“对象”面板中的黑色按钮，即可进入摄像机视图。为了防止在场景操作时不小心移动摄像机，可在“摄像机”上单击鼠标右键，然后在菜单中选择“C4D 标签”—“保护”选项，如图 5-3 所示。此时摄像机的后面会出现一个“保护”标签⃠的图案，如图 5-4 所示。

在“摄像机”的“属性”面板中有“对象属性”“物理渲染器”“细节”“立体”和“合成辅助”共 5 个选项卡，如图 5-5 所示。

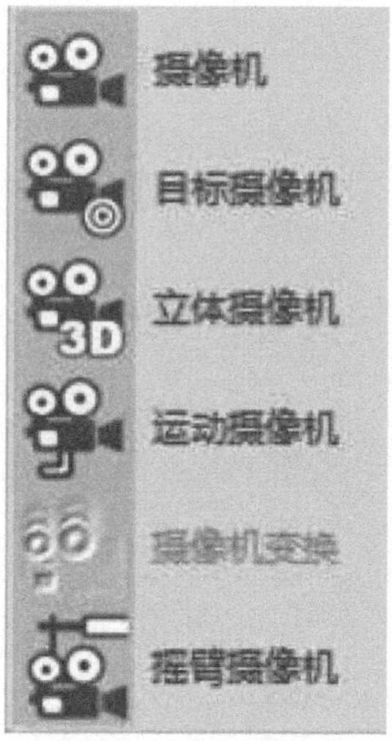

图 5-1

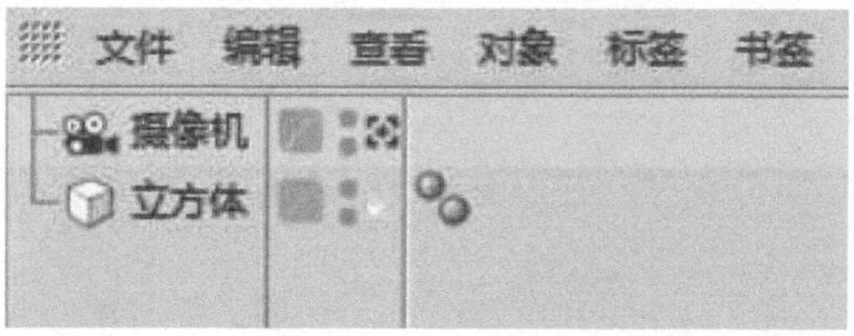

图 5-2

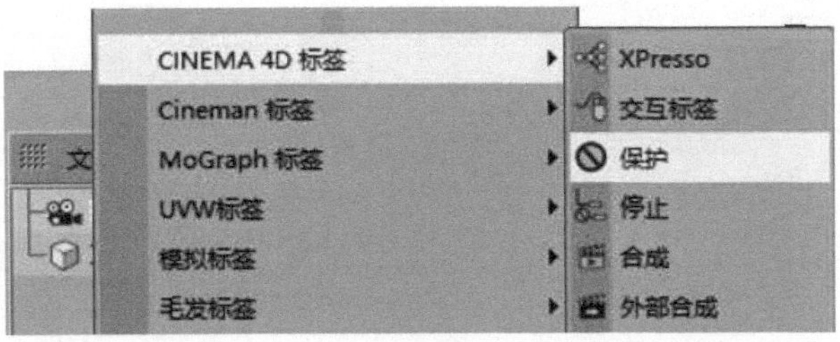

图 5-3

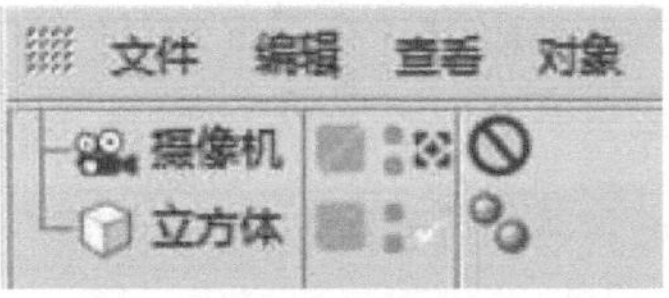

图 5-4

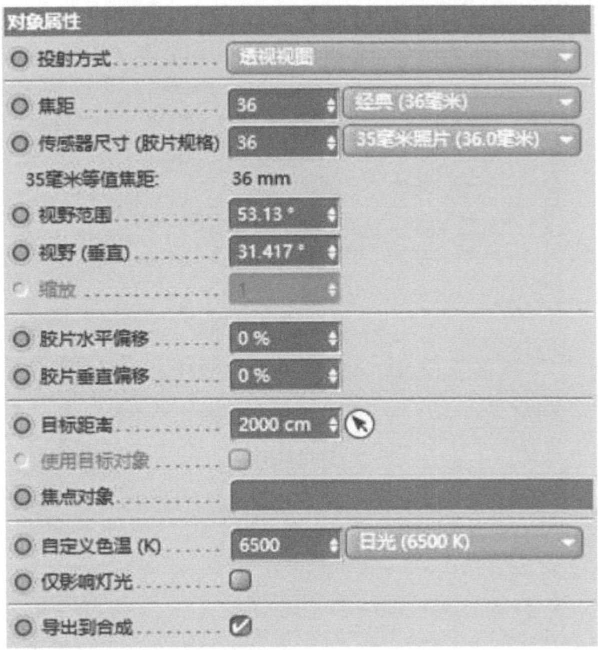

图 5-5（1）

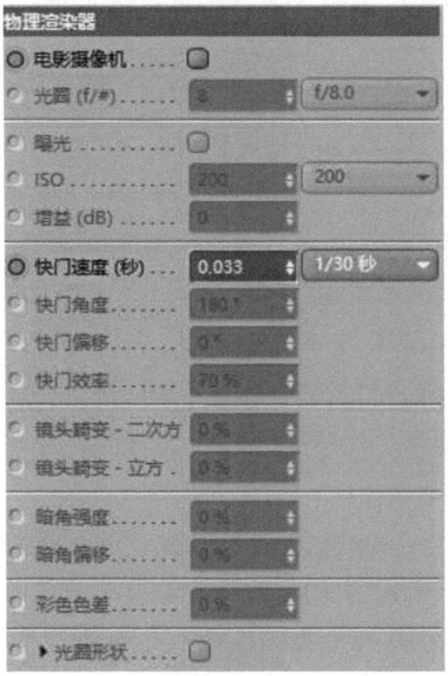

图 5-5（2）

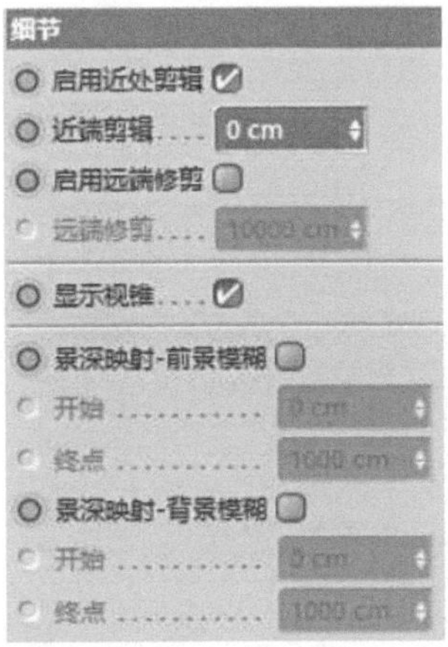

图 5-5（3）

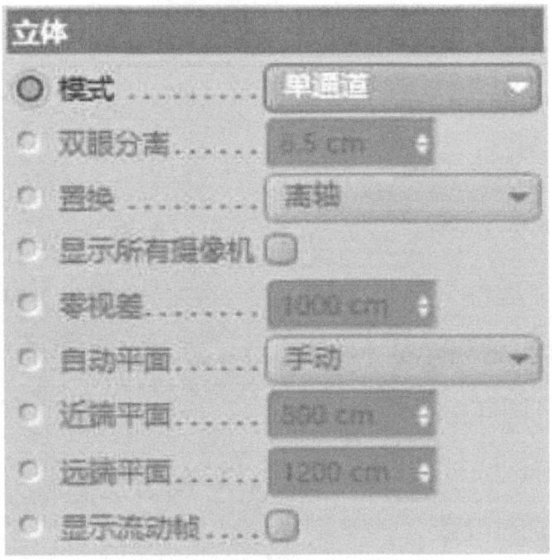

图 5-5（4）

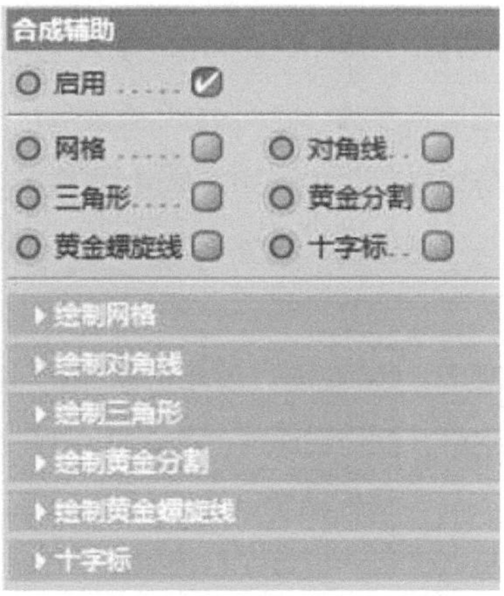

图 5-5（5）

主要工具命令参数解释

投射方式：设置摄像机投射的视图。

焦距：设置焦点到摄像机的距离，默认为 36 mm。

视野范围：设置摄像机查看区域的宽度视野。

目标距离：设置目标对象到摄像机的距离。

焦点对象：设置摄像机焦点链接的对象。

自定义色温：设置摄像机的照片滤镜，默认为6500K。

电影摄像机：勾选后会激活“快门角度”和“快门偏移”选项。

提示：在默认的“标准”渲染器中，不能设置“光圈”“曝光”和“ISO”等选项，只有将渲染器切换为“物理”时，才能设置这些参数。

快门速度：控制快门的速度。

近端剪辑 / 远端剪辑：设置摄像机画面选取的区域，只有处于这个区域中的对象才能被渲染。

二、目标摄像机

“目标摄像机”工具与“摄像机”的创建方法相同，只是在“对象”面板中多了一个“摄像机 . 目标 .1”标签，如图 5-6 所示。

“目标摄像机”的“属性”面板与“摄像机”的基本相同，但会多出“目标”选项卡，如图5-7 所示。在“目标对象”中可以设置需要成为目标点的对象。方法是点击鼠标左键，将“对象”面板中的“立方体”拖拽到“目标对象”栏中。如果单击“删除标签”按钮，其属性就与“摄像机”完全一样。

选择了“目标对象”后，需要返回“对象属性”选项卡，然后勾选“使用目标对象”选项，如图 5-8 所示。这样在制作景深时，才能将目标对象与摄像机相连接。

“目标摄像机”和“摄像机”的最大区别在于，“目标摄像机”连接了目标对象，即移动目标对象的位置，摄像机的位置也会跟着移动，如图 5-9 所示。

课堂练习 1：**为场景创建摄像机**

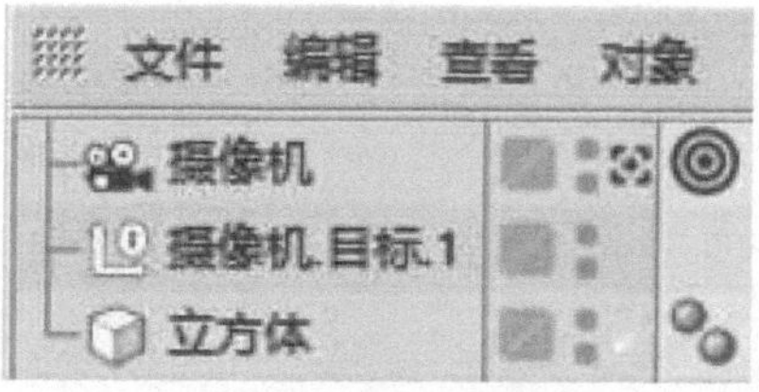

图 5-6

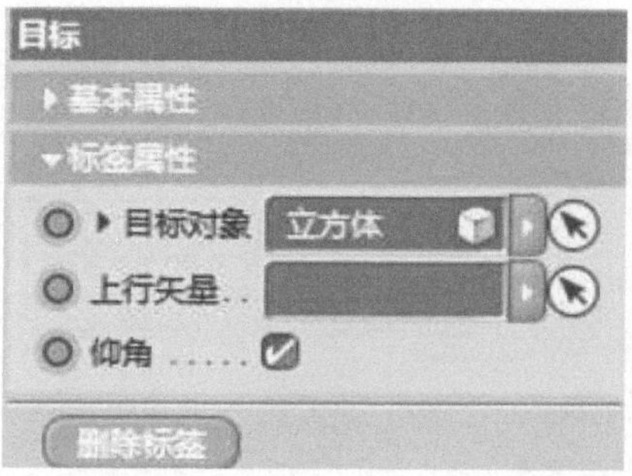

图 5-7

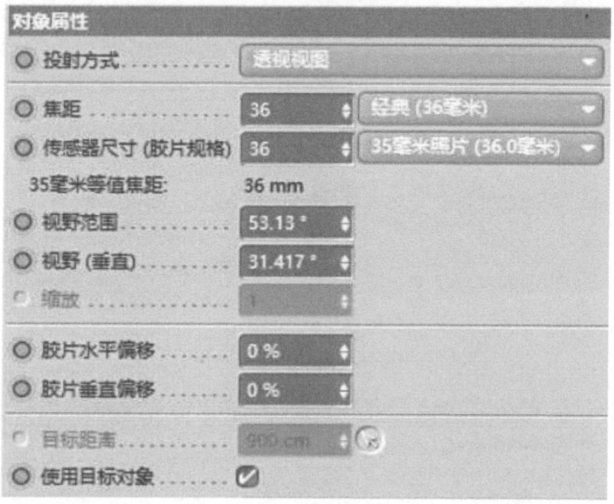

图 5-8

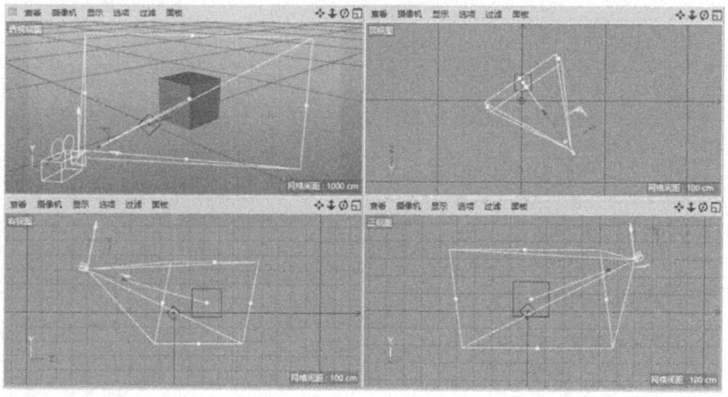

图 5-9

学习目标：掌握创建摄像机的方法。

（1）场景已经创建好了灯光和材质，需要为场景创建摄像机，如图 5-10 所示。

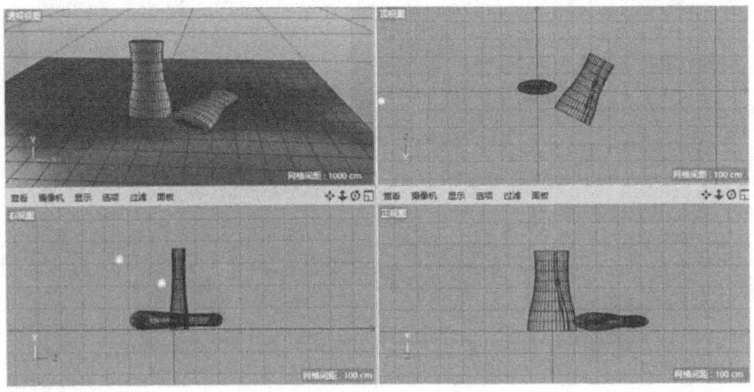

图 5-10

（2）进入透视视图，然后移动视图寻找摄像机的合适角度，如图 5-11 所示。

图 5-11

（3）单击“摄像机”按钮，对象面板自动添加摄像机图标，场景自动添加摄像机，如图 5-12 所示。

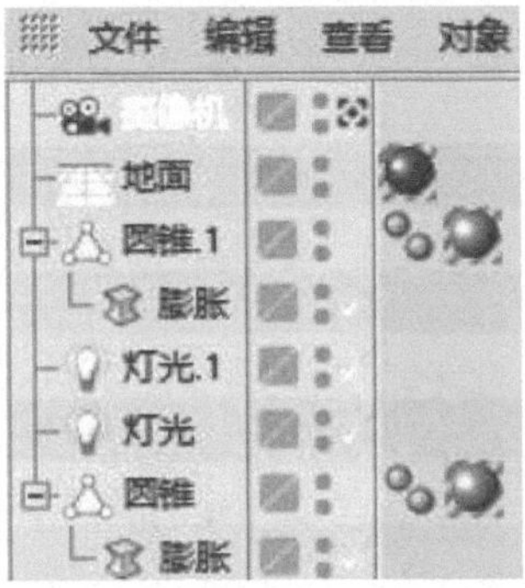

图 5-12

（4）为了防止摄像机被移动，选中摄像机选项，然后单击鼠标右键，选择“C4D 标签”—“保护”选项，为摄像机添加“保护”标签，如图 5-13 所示。

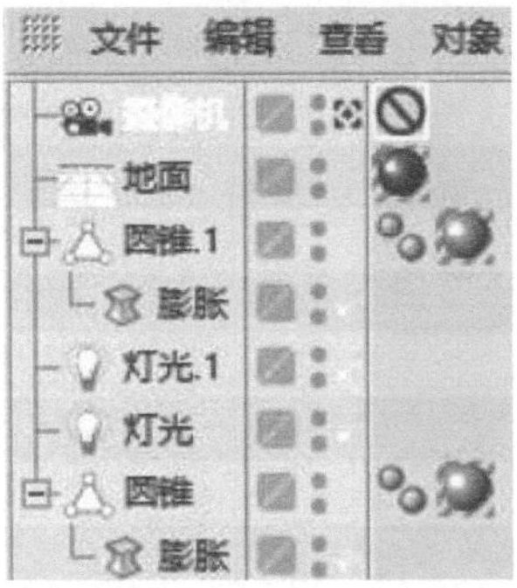

图 5-13

（5）单击“对象”面板中的黑色按钮，其随后变成白色按钮，进入摄像机视图，然后在“对象属性”选项卡中将“视野范围”设置为“50° ”，如图 5-14 和图 5-15 所示。

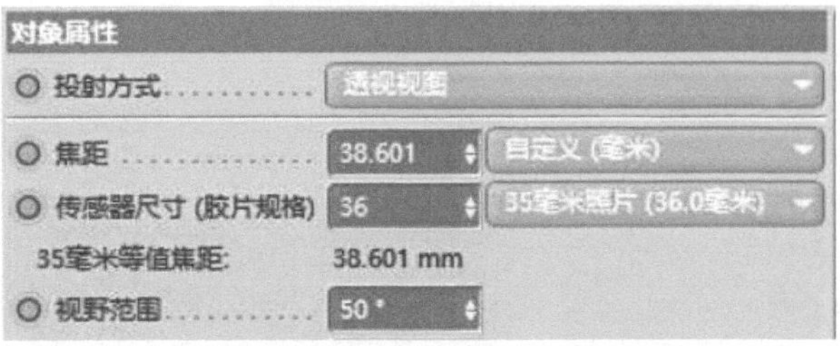

图 5-14

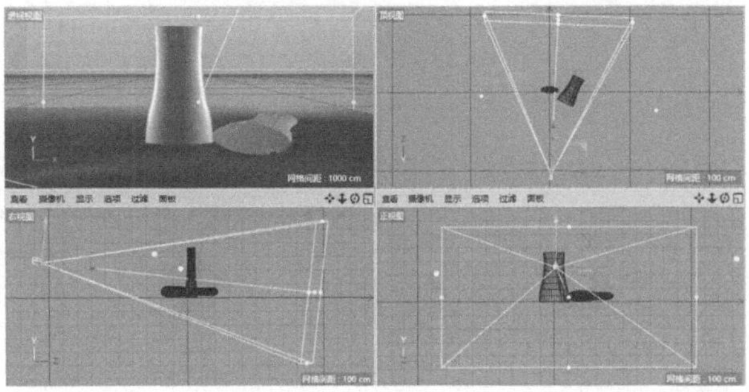

图 5-15

（6）按常用工具栏里的“渲染到图片查看器”按钮或按快捷键 Shift+R 渲染场景，效果如图 5-16 和图 5-17 所示。

课堂练习 2：**用目标摄像机制作景深效果**

（1）先建立有灯光和材质的容器模型，为场景创建摄像机。进入透视视图，然后移动视图，寻找摄像机的合适角度，如图 5-18 所示。

（2）单击“目标摄像机”按钮，对象面板自动添加摄像机图标，场景自动添加摄像机，如图 5-19 所示。

（3）为了防止摄像机被移动，选中摄像机选项，然后单击鼠标右键选择“C4D 标签”—“保护”选项，为摄像机添加“保护”标签，如图 5-20 所示。

（4）单击“对象”面板中的黑色按钮，其随后变成白色按钮，进入摄像机视图，然后按快捷键 Shift+R 渲染

图 5-16

图 5-17

图 5-18

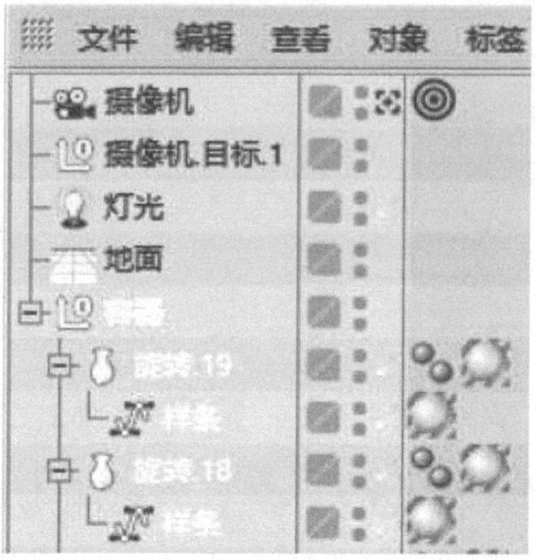

图 5-19

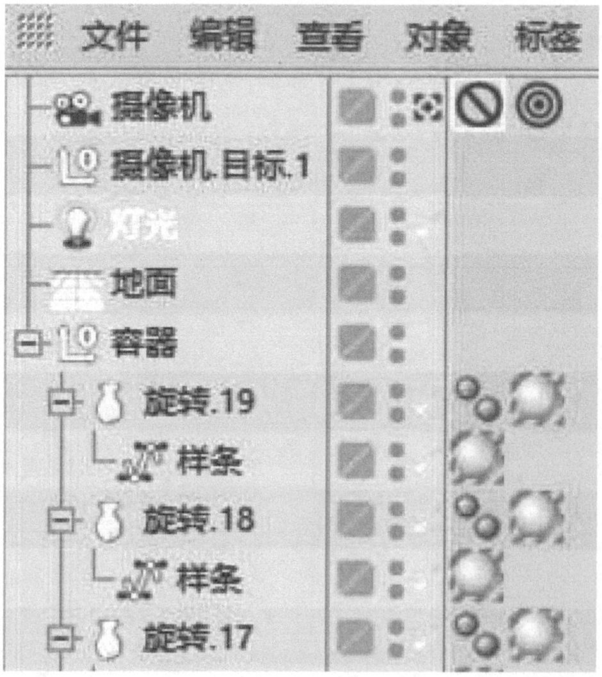

图 5-20

视图，如图 5-21 所示。此时渲染的效果没有开启景深。

（5）为场景添加景深效果。在摄像机的“对象属性”选项卡中单击“目标距离”后的箭头按钮，此时光标变成十字形，然后单击场景中央的容器模型，“目标距离”选项会自动显示摄像机到容器之间的距离为“910.528 cm”，如图 5-22 至图 5-25 所示。

（6）单击“编辑渲染设置”按钮，打开“渲染设置”面板，如图 5-26 所示。

图 5-21

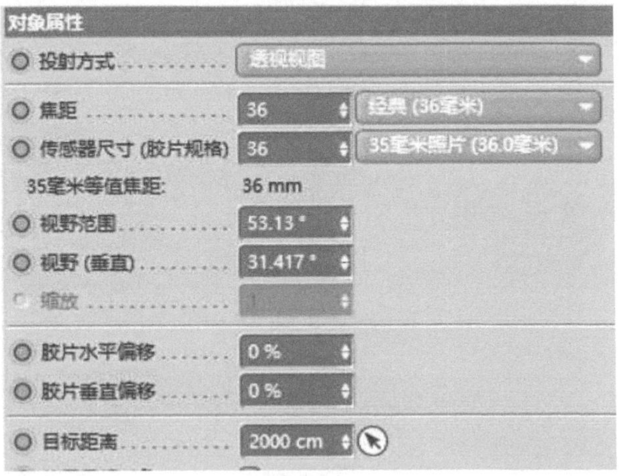

图 5-22

图 5-23

图 5-24

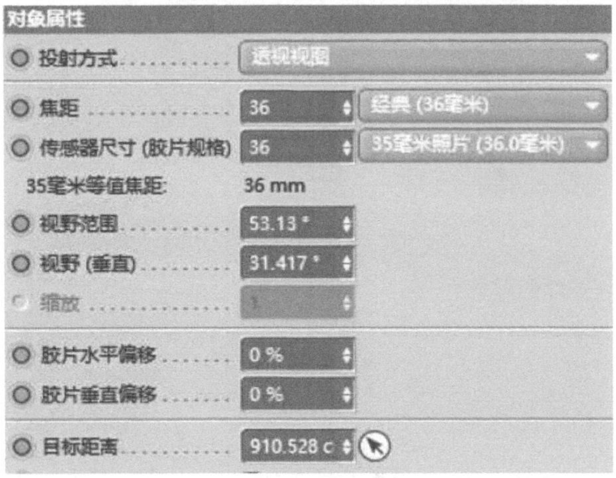

图 5-25

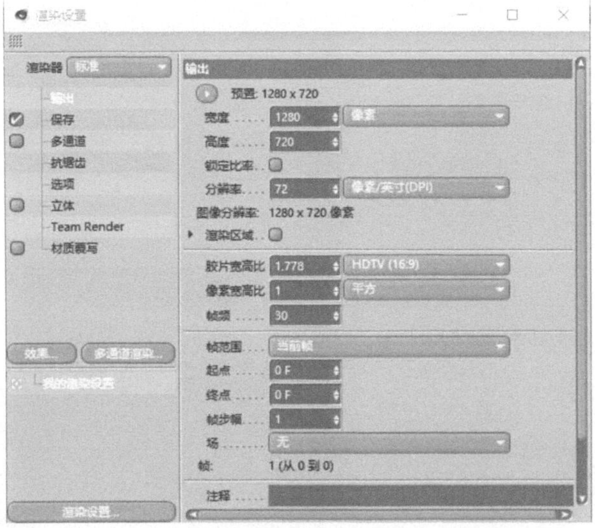

图 5-26

（7）将“渲染器”选项选择为“物理”，然后勾选“景深”选项，如图 5-27 所示。

（8）切换到摄像机“属性”面板的“物理渲染器”选项卡，此时的“光圈（f/#）”为“8”，如图 5-28 所示。将“光圈（f/#）”设置为“0.5”，如图 5-29 所示，

图 5-27

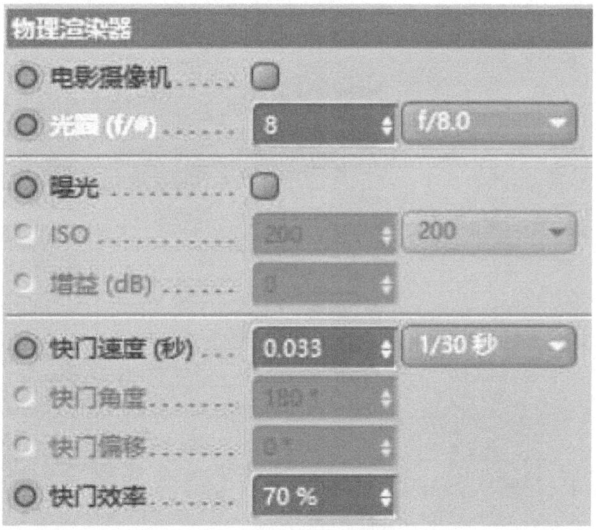

图 5-28

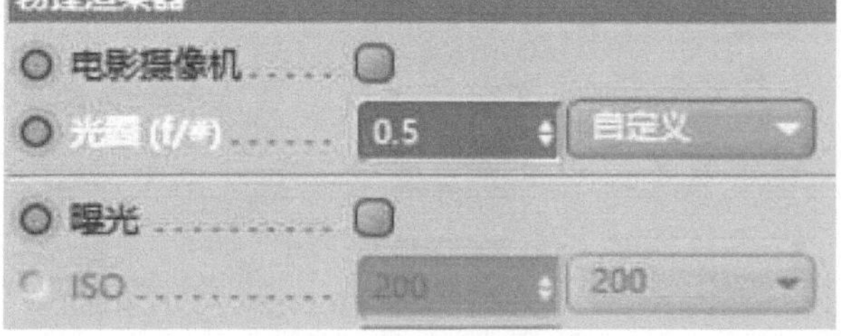

图 5-29

然后按快捷键 Shift+R 渲染效果，如图 5-30 所示。

（9）景深效果还不够强烈，将“光圈（f/#）”设置为“0.1”，如图 5-31 所示，渲染效果如图 5-32 所示。景深达到了理想的效果，但画面的噪点很多，图片质量不高。

（10）在“渲染设置”面板的“物理”选项组中，设置“采样器”为“自适应”，“采样品质”为“中”，如图 5-33 所示。此时渲染效果如图 5-34 所示，画面几乎没有噪点。

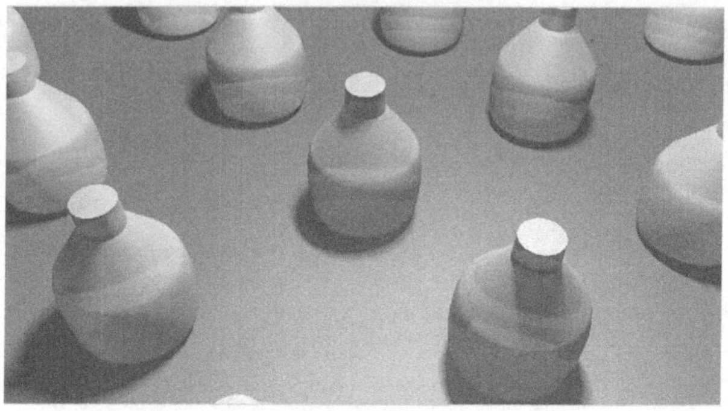

图 5-30

图 5-31

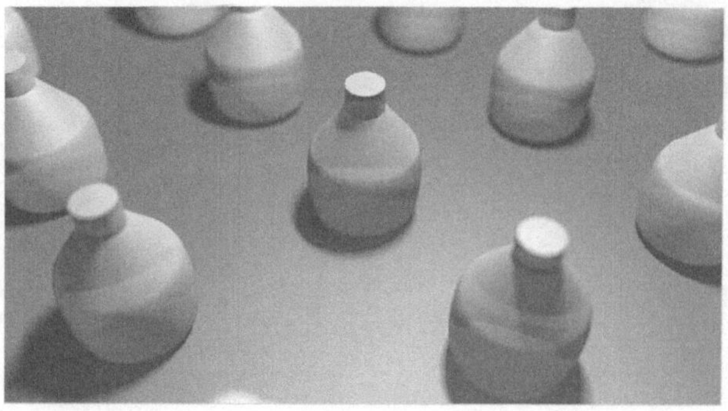

图 5-32

图 5-33

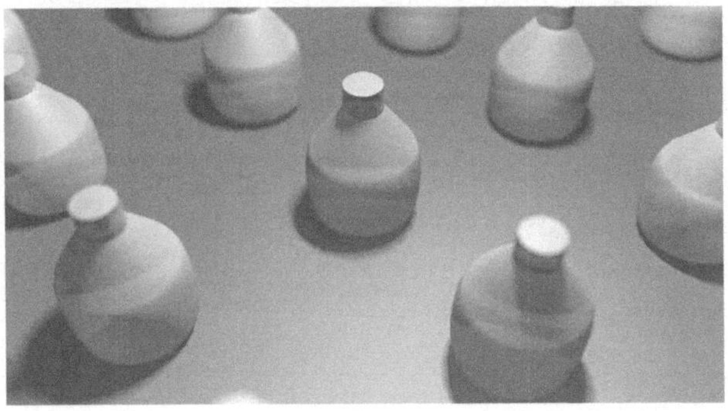

图 5-34

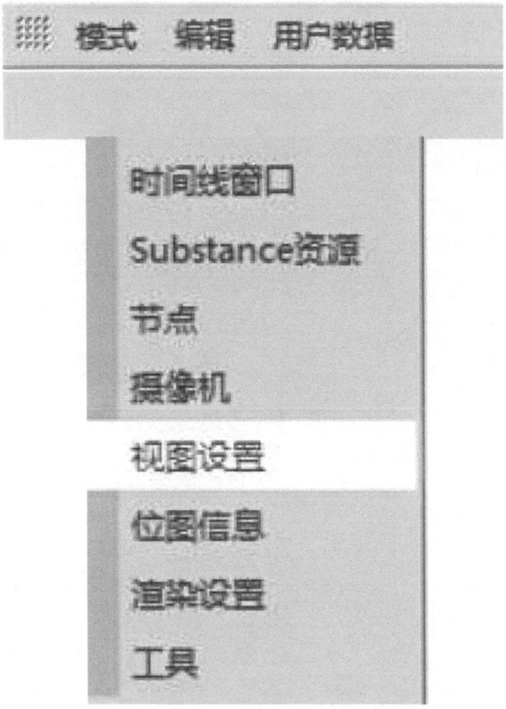

图 5-35

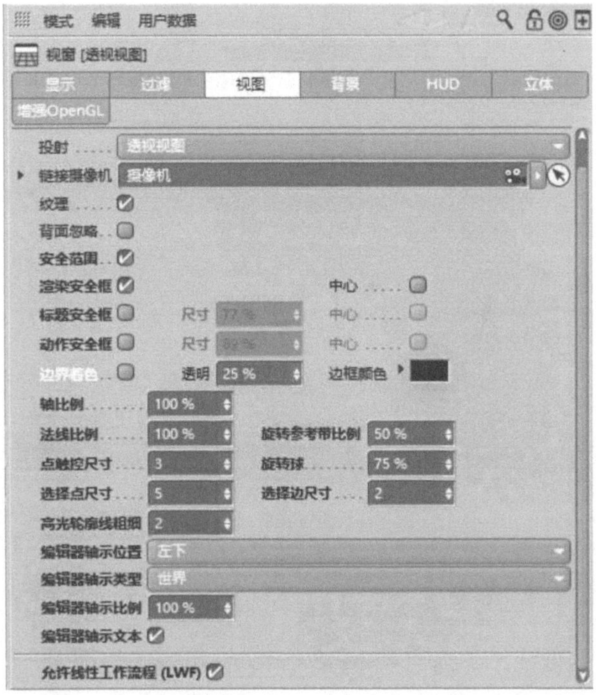

图 5-36

第二节　安全框

本节将讲解安全框的设置和胶片宽高比的调整。

一、安全框的设置

在“属性”面板上单击“模式”菜单，然后选择“视图设置”选项，如图 5-35 所示。接着选“视图”，“属性” 面板显示效果如图 5-36 所示。

勾选“安全范围”选项后，会激活“渲染安全框”“标题安全框”和“动作安全框”选项，如图 5-37 所示。

因渲染的效果与“渲染安全框”的位置是一致的，因此在渲染时，只勾选“渲染安全框”即可。视图中“渲染安全框”的黑线很细，与模型重叠在一起时不容易观察，如图 5-38 所示。可通过“边界着色”进行区分。勾选“边界着色”选项后，视图中“渲染安全框”以外的部分会显示为半透明的黑色，如图 5-39、图 5-40 所示。这样就能在视图中明确观察到摄像机所渲染的范围。

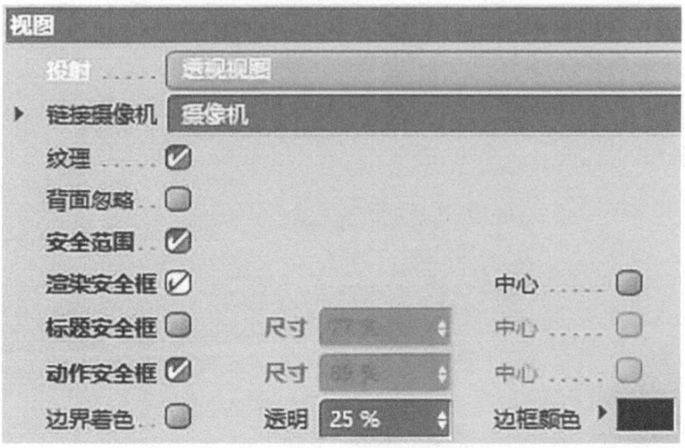

图 5-37

图 5-38

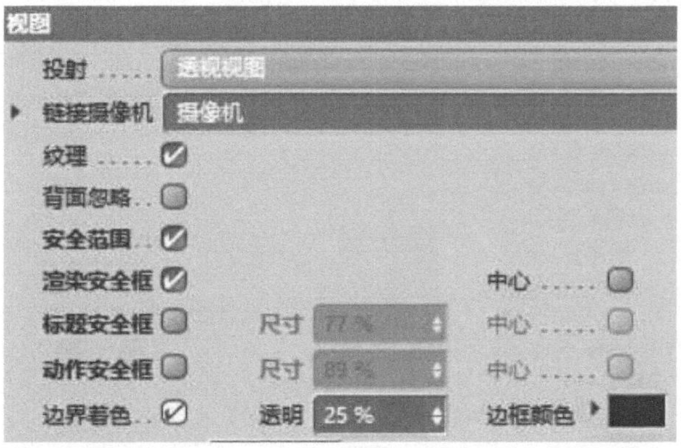

图 5-39

图 5-40

提示：勾选“边界着色”选项后，可以设置“透明”和“边框颜色”两个选项。“透明”控制黑色边框的透明度，“边框颜色”控制边框的显示颜色。

二、胶片宽高比

为了达到理想的画面效果，在摄像机不能继续调整的情况下，就需要调整“渲染安全框”的长宽比例，即“胶片宽高比”。该功能不在摄像机的属性中，而是在“渲染设置”面板中，如图 5-41 所示。

除了可以设置任意的“胶片宽高比”，系统也提供了预置的参数，如图 5-42 所示。

在具体应用中，可根据包装容器造型的长宽、大小决定采用哪个比例更合适。最常用的是“标准（4 ：3）”和“HDTV（16 ：9）”，如图 5-43 和图 5-44 所示。

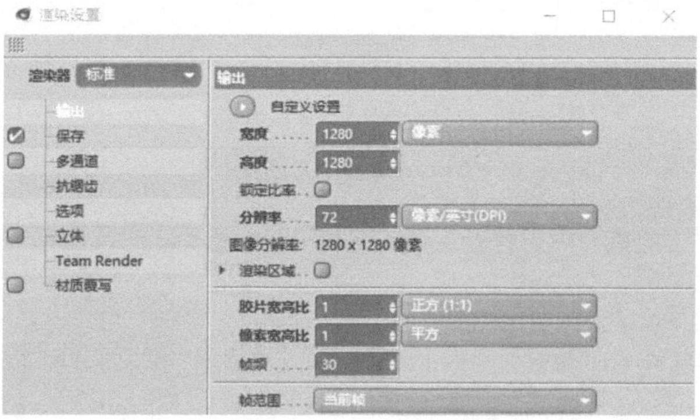

图 5-41

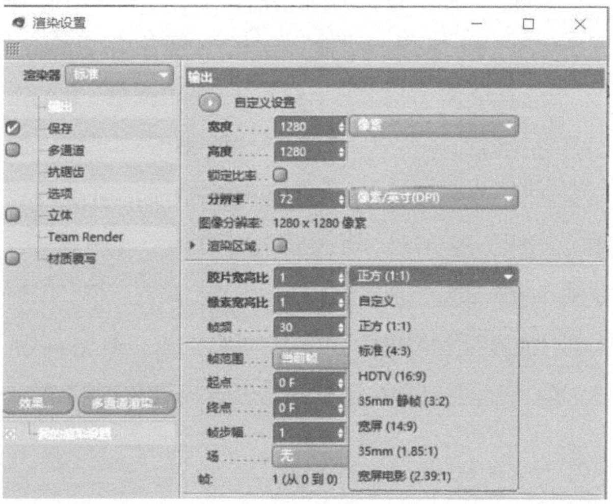

图 5-42

课后习题：**用目标摄像机制作包装容器景深**

要求：根据提供本案例的容器渲染效果图片，如图5-45所示，完成用目标摄像机制作包装容器景深的过程。

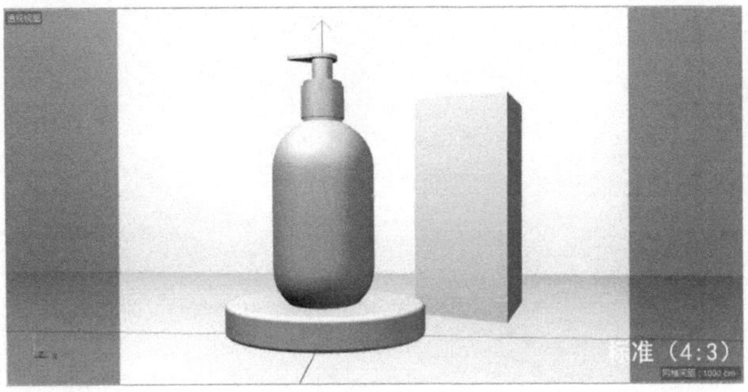

图5-43

图5-44

图5-45

第六章 灯光

本章将讲解 C4D 的灯光技术。通过了解灯光的属性和学习 C4D 的灯光工具，可以模拟不同式样的灯光效果。

教学目标：了解灯光的基本属性，了解二点布光法，掌握常用的灯光工具。

第一节 C4D的灯光

长按“工具栏”的“灯光”按钮，会弹出 C4D 中的灯光面板，如图 6-1 所示。

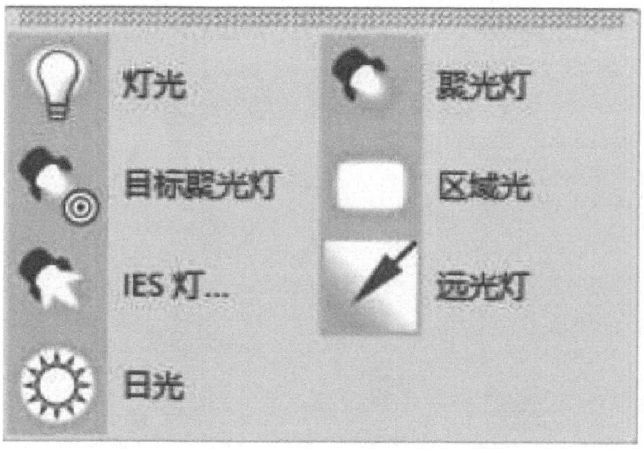

图 6-1

第一个图标“灯光”工具，也称泛光灯，是一个点光源，可以向场景的任何方向发射光线，其光线可以到达场景中无限远的地方，如图 6-2 所示。

“灯光”的“属性”面板参数较多，共有 8 个选项卡，如图 6-3 至图 6-10 所示。

主要工具命令参数解释

颜色：设置灯光的颜色，默认为纯白色。系统提供了多种颜色设置方式，包括“色轮”“光谱”“从图像取色”“RGB”“HSV”“开尔文温度”“颜色混合”和“色块”。

图 6–2

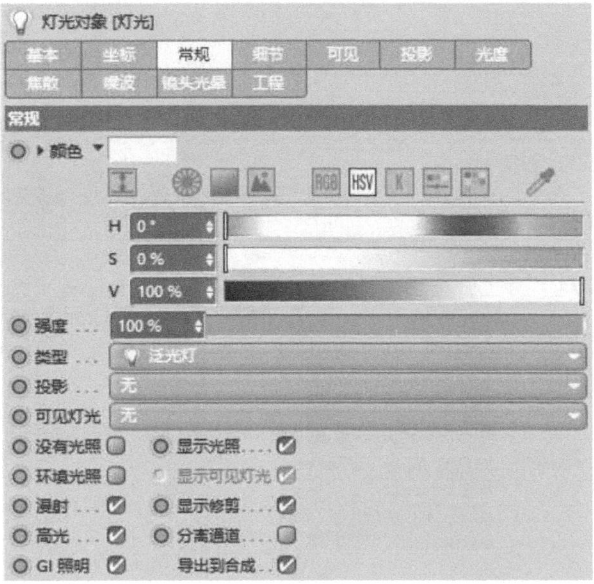

图 6–3

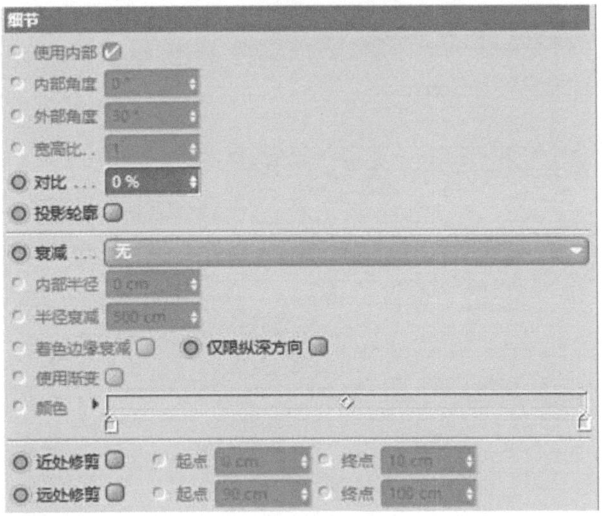

图 6–4

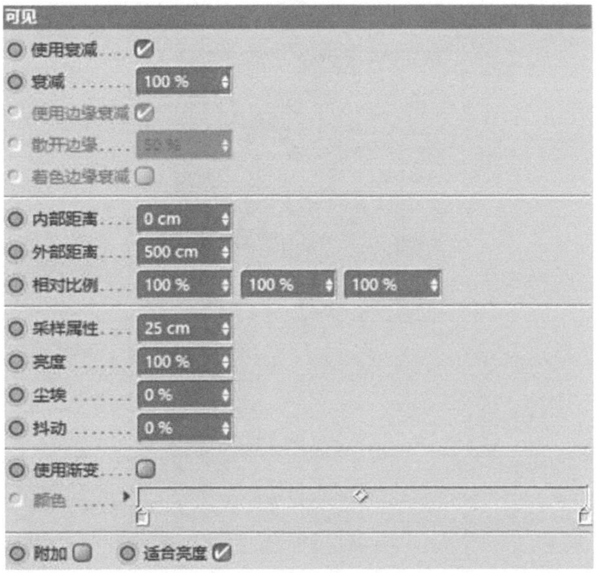

图 6–5

图 6–6

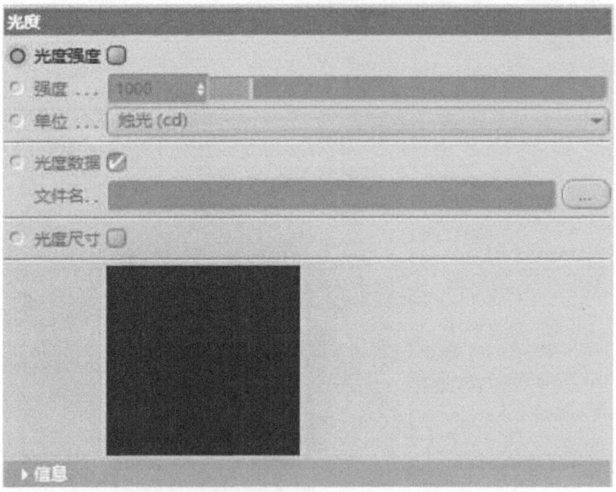

图 6-8

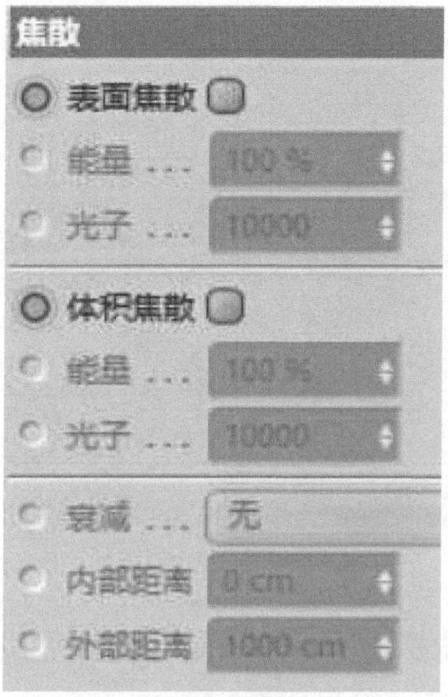

图 6-7

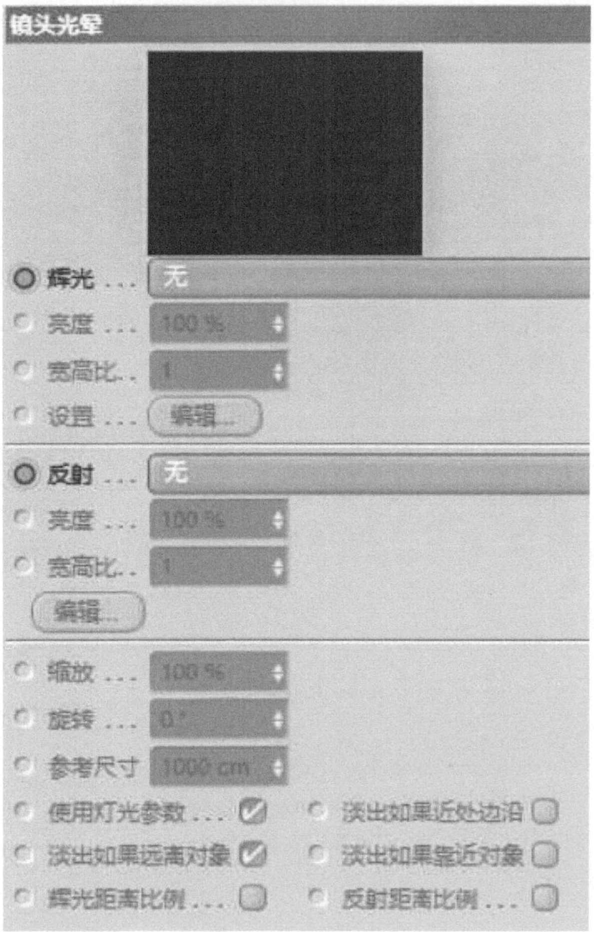

图 6-9

图 6-10

强度：设置灯光的强度，默认为 100%。

类型：设置灯光的当前类型，还可以切换为其他类型，如图 6-11 所示。

投影：设置是否产生投影以及投影的类型，如图 6-12 所示。

无：不产生阴影。

阴影贴图（软阴影）：边缘有虚化的阴影，如图 6-13 所示。

光线跟踪（强烈）：边缘锐利的阴影，如图 6-14 所示。

区域：既有锐利阴影又有软阴影，更接近真实效果，如图 6-15 所示。这是一种常用的阴影投影方式。

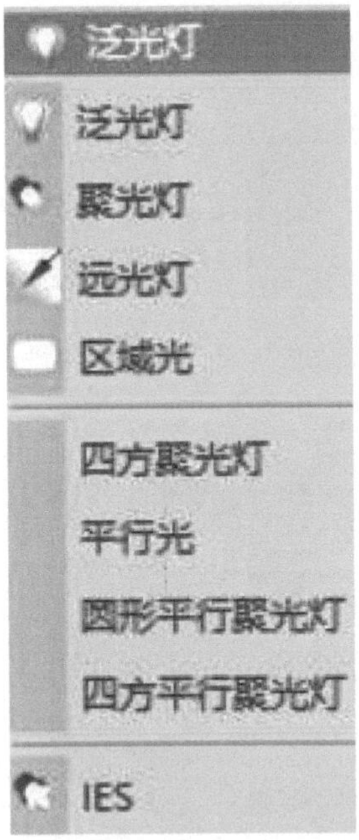

图 6-11

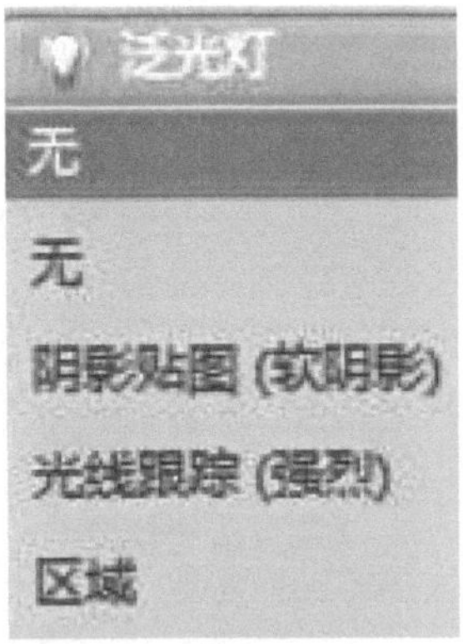

图 6-12

图 6-13

图 6-14

图 6-15

图 6-16

没有光照：勾选后不显示灯光效果。

环境光照：勾选后形成环境光。

高光：勾选后产生高光效果。

形状：当投影方式为“区域”时显示该选项，用于设置灯光面片的形状，默认为“矩形”，如图 6-16 所示。系统还提供了其他 9 种样式，如图 6-17 所示。

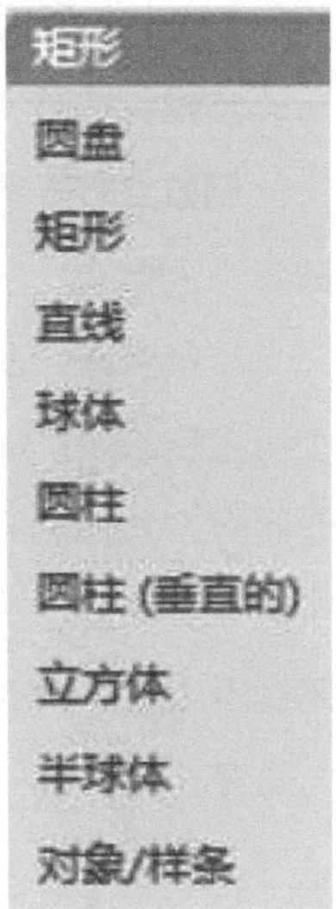

图 6-17

衰减：设置灯光的衰减和方式，如图 6-18 所示。该选项与“可见灯光”选项卡中的参数相同。

无：不产生衰减。

平方倒数（物理精度）：按照现实世界的灯光衰减进行模拟，如图 6-19 所示。这种衰减模式是日常制作中常用的。

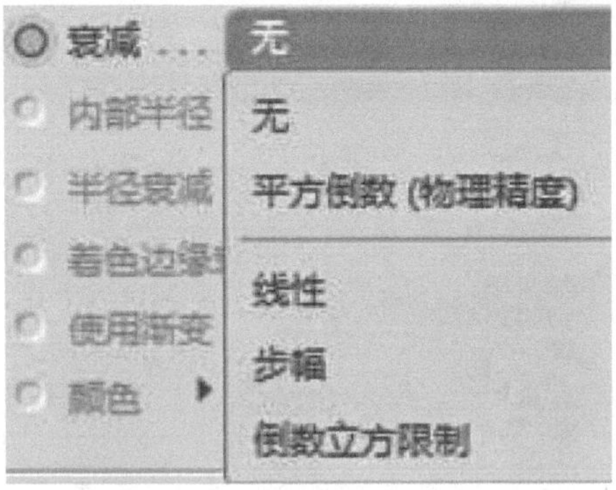

图 6-18

图 6-19

线性：按照线性算法进行衰减，如图 6-20 所示。

步幅：按照步幅算法进行衰减，如图 6-21 所示。

倒数立方限制：按照倒数立方的算法进行衰减，如图 6-22 所示。

半径衰减：设置衰减方式后，会在灯光周围出现一个可控制的圈，如图 6-23 所示。半径衰减控制灯光中心到圈边缘的距离。

采样精度：设置阴影采样精度的数值，数值越大，阴影噪点越少，如图 6-24 和图 6-25 所示。

最小取样值：设置阴影的最小取样值，数值越大，噪点越少，如图 6-26 和图 6-27 所示。

光度强度：勾选后用灯光强度单位控制灯光。

单位：设置灯光强度的单位，有“烛光（cd）”和“流明（lm）”两个选项。

表面焦散：勾选后产生表面焦散效果，用于渲染半透明和透明物体。

图 6-20

图 6-21

图 6-22

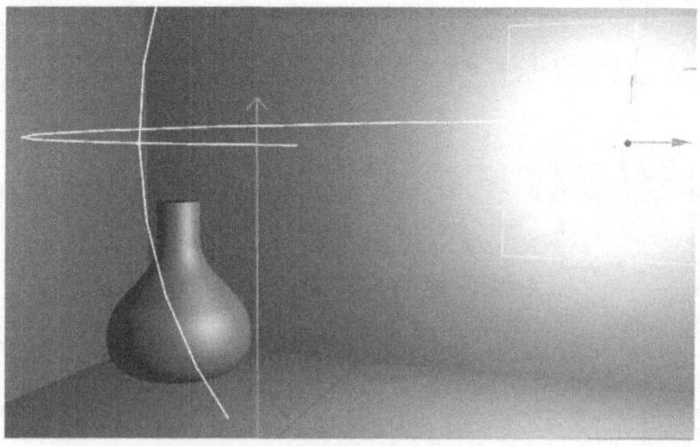

图 6-23

图 6-24 （采样精度 10）

图 6-25 （采样精度 100）

体积焦散：勾选后产生体积焦散效果，用于渲染半透明和透明物体。

模式：设置灯光照射的对象，可以将不需要照射的物体排除在灯光以外。

课堂练习：**用灯光工具制作发光酒瓶**

学习目标：掌握灯光工具的使用方法。

本案例是一个灯笼酒瓶，使用“灯光”工具制作出酒瓶的发光效果，步骤如图 6-28 至图 6-33 所示。

（1）场景中模型已经建立好摄像机、材质和地面，需要在酒瓶模型中添加灯光，如图 6-28 所示。

（2）在“工具栏”中单击“灯光”按钮，然后在场景中创建一盏灯光，如图 6-29 所示。

（3）选中步骤（2）创建的灯光，在“常规”选项卡中设置“颜色”为“（R：255，G：237，B：217）”，然后设置“强度”为“250%”，“投影”为“区域”，如图 6-30 所示。

图 6-26 （最小取样值 8）

图 6-27 （最小取样值 16）

图 6-28

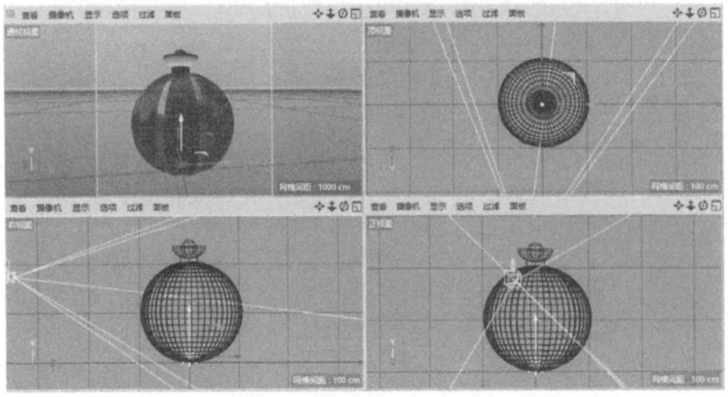

图 6-29

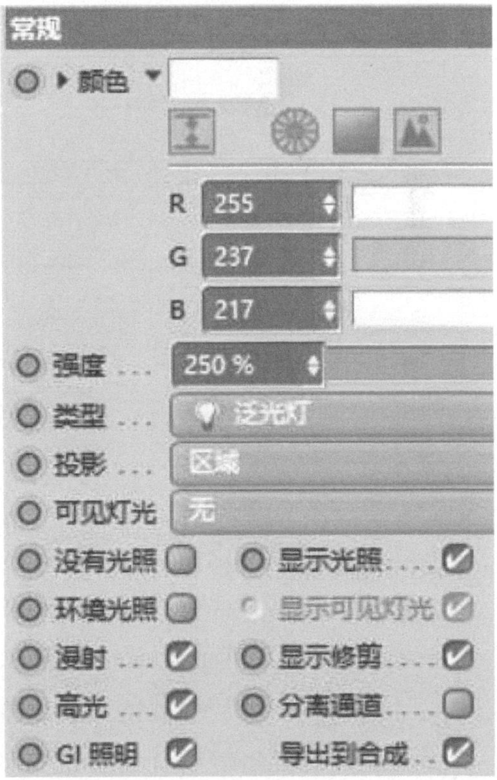

图 6-30

（4）在“细节”选项卡中设置“形状”为“球体”，然后设置“水平尺寸”“垂直尺寸”和“纵深尺寸”都为“50 cm”，设置“衰减”为“平方倒数（物理精度）”，设置“半径衰减”为“160 cm”，如图6-31所示。

（5）将设置好的灯光摆放在酒瓶中，如图6-32所示。

（6）进入“摄像机”视图，然后按快捷键Ctrl+R进行渲染，效果如图6-33所示。

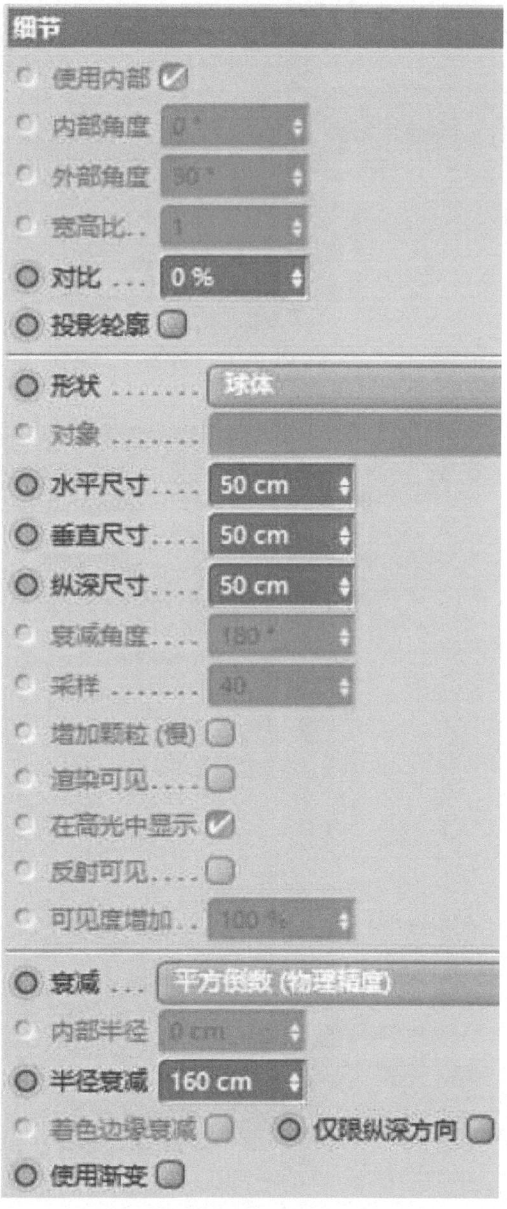

图6-31

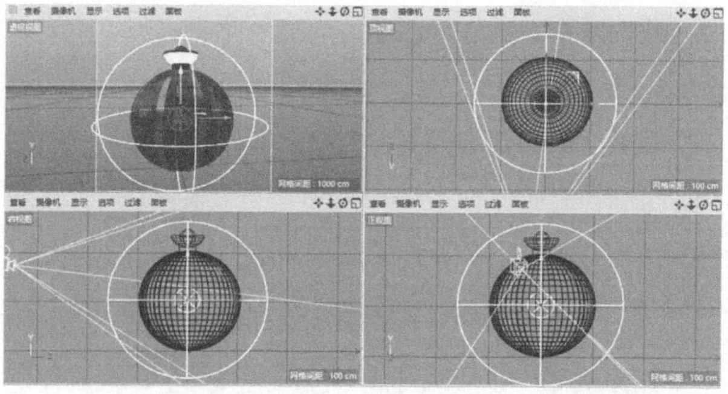

图6-32

图6-33

第二节 区域光

“区域光”可以理解为面光源或是体积光，是通过固定的形状产生光源，有一定的方向性，默认为矩形，如图6-34所示。

图6-34

“区域光”的参数面板与“灯光”完全一致，这里只着重讲解“细节”选项卡，如图6-35所示。

主要工具命令参数解释

形状：用于设置灯光面片的形状，系统提供了9种形状，如图6-36所示。

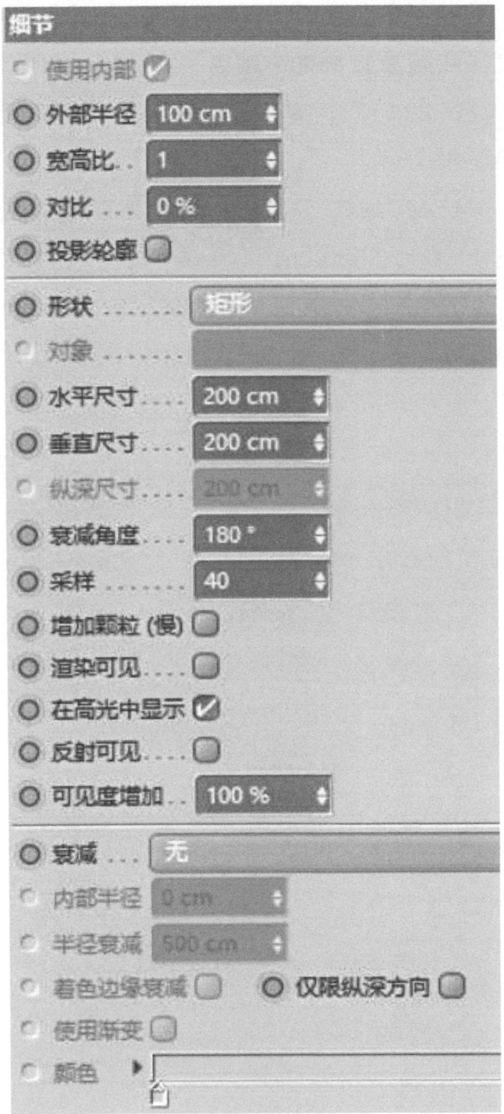

图 6–35

水平尺寸 / 垂直尺寸 / 纵深尺寸：设置灯片各方向的长度参数。

衰减角度：设置衰减的角度值，如图 6–37 和图 6–38 所示。

采样：控制灯光的细腻程度，数值越大的采样，渲染效果越好，如图 6–39 和图 6–40 所示。

课堂练习：用区域光制作包装容器展示灯光

学习目标：掌握区域光的使用方法。

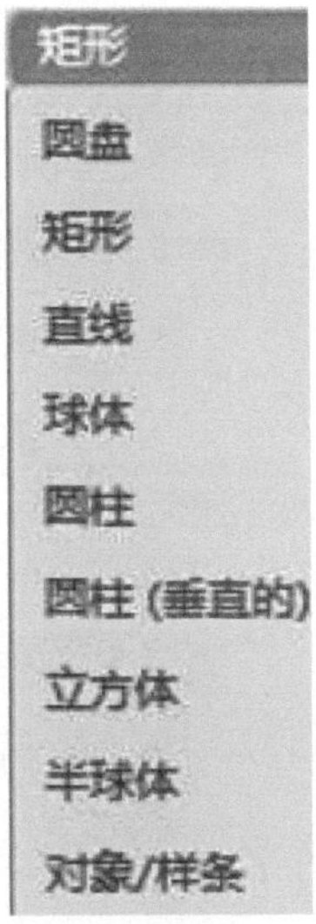

图 6–36

图 6–37

图 6–38

图 6–39

图 6–40

本案例是一组包装容器摆件，使用“区域光”工具制作出包装容器摆件展示的灯光效果，步骤如图 6–41 至图 6–52 所示。

（1）场景内已经建立好了摄像机和材质，需要为场景创建灯光，如图 6–41 所示。

（2）在“常用工具”栏中单击“区域光”按钮，然后在场景中创建一盏灯光，如图 6–42 所示。这盏灯光作为场景的主光源。

（3）选中步骤（2）创建的灯光，然后在“常规”选项卡中设置灯光的“颜色”为“（R：255，G：230，B：204）”，接着设置“投影”为“区域”，如图 6–43 所示。

（4）在“细节”选项卡中设置“水平尺寸”和“垂直尺寸”都为“600 cm”，设置“衰减”为“平方倒数（物理精度）”，设置“半径衰减”为“800 cm”，如图 6–44 所示。

图 6–41

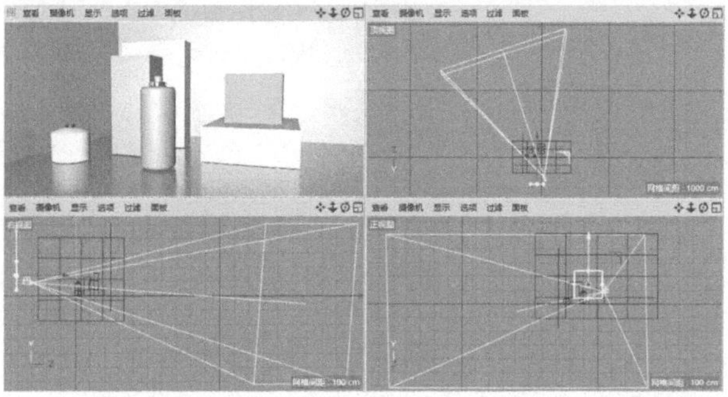

图 6–42

图 6–43

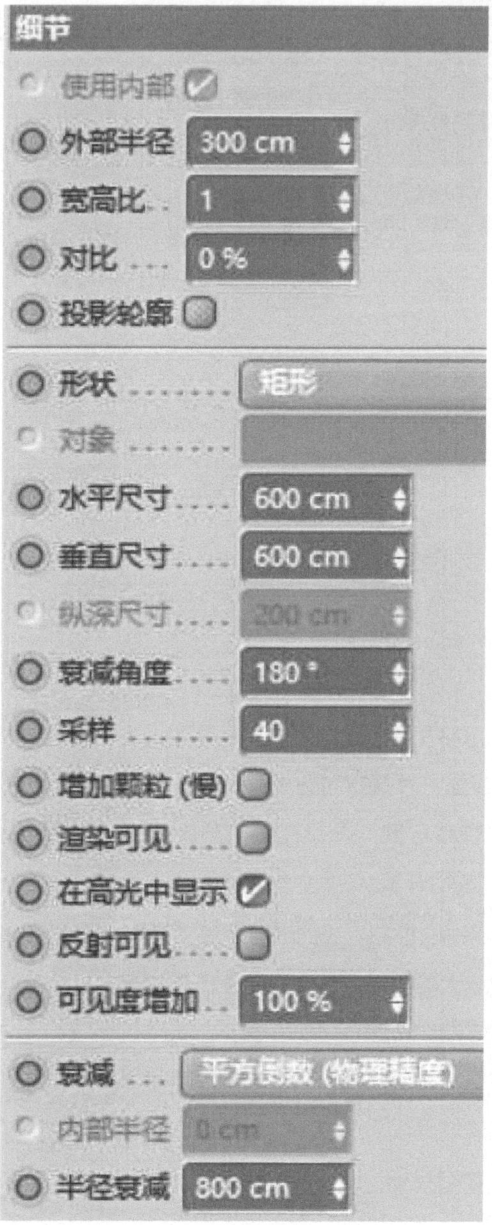

图 6–44

（5）进入摄像机视图，然后按快捷键 Ctrl+R 渲染效果，如图 6-45 所示。

图 6-45

（6）使用“区域光”工具在场景内再创建一盏灯光，如图 6-46 所示。这盏灯光作为辅助光源。

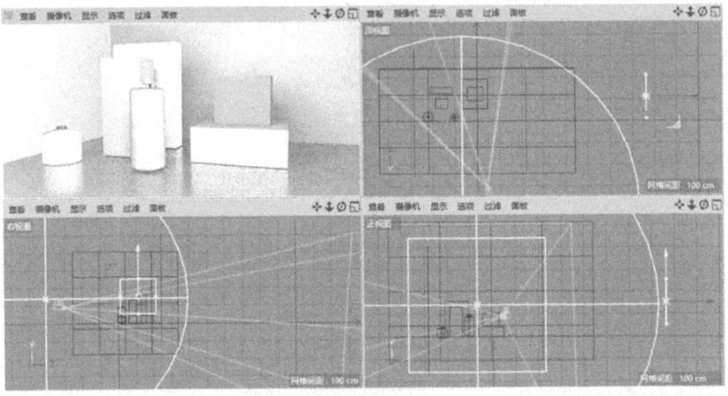

图 6-46

（7）选中步骤（6）创建的灯光，然后在“常规”选项卡中设置灯光的“颜色”为“（R：118，G：144，B：196）”，“强度”为“60%”，“投影”为“区域”，如图 6-47 所示。

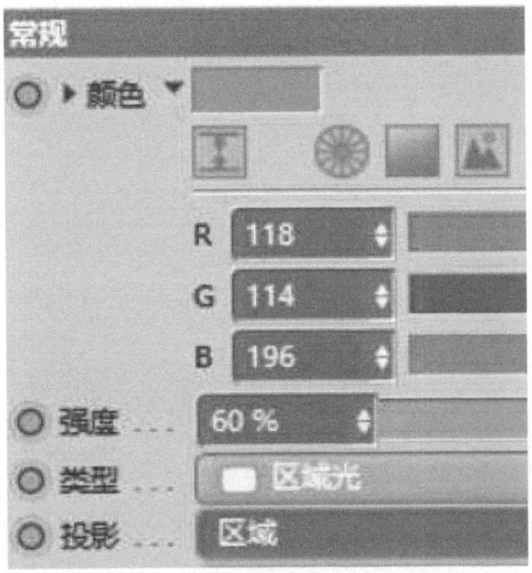

图 6-47

（8）在“细节”选项卡中设置“水平尺寸”和“垂直尺寸”都为“600 cm”，然后设置“衰减”为“平方倒数（物理精度）”，“半径衰减”为“2000 cm”，如图 6-48 所示。

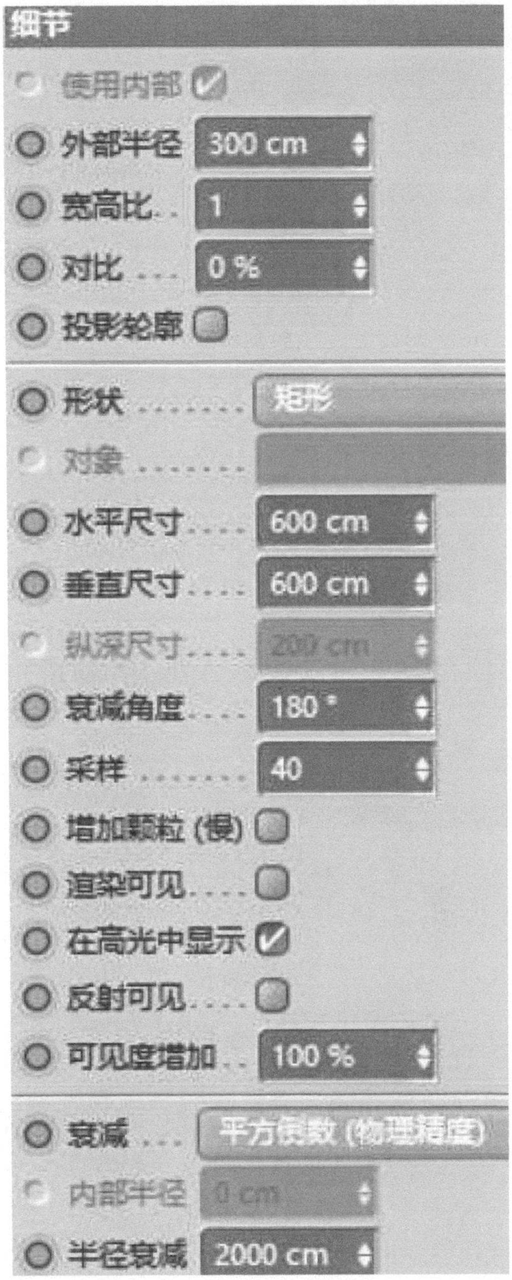

图 6-48

（9）在摄像机视图按快捷键 Ctrl+R 渲染，效果如图 6-49 所示。

（10）如果此时画面两边还留有很多空余部分，不适合现在的像素宽高比，若想重新构图，可以打开“渲染设置”面板，然后设置“胶片宽高比”为“标准(4:3)”，也可以选“HDTV(16:9)”，如图 6-50 所示。摄像机视图效果如图 6-51 所示。

图 6-49

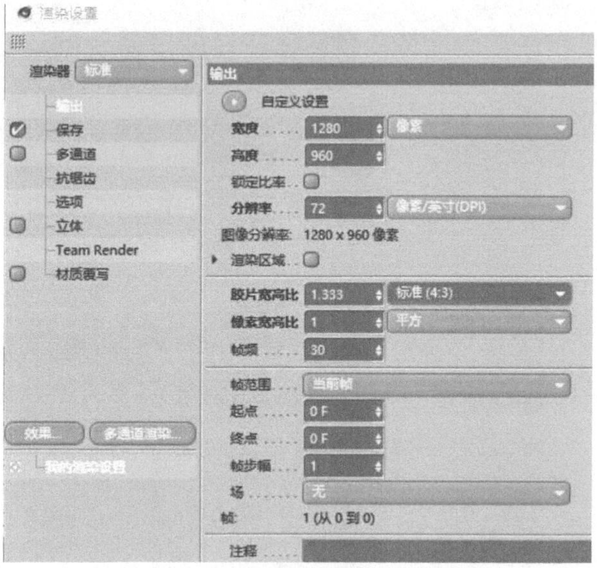

图 6-50

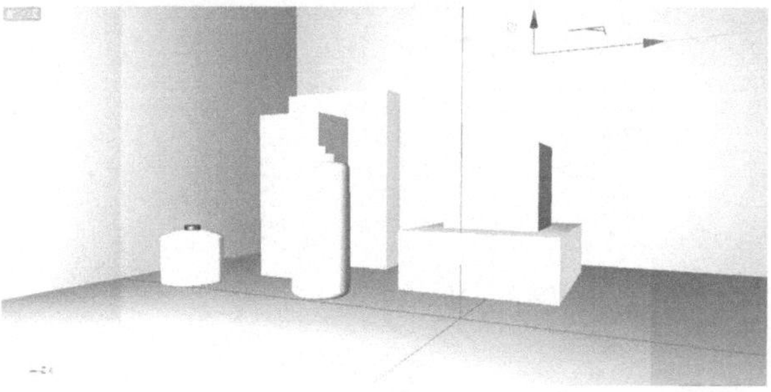

图 6-51

(11)按快捷键 Ctrl+R 进行渲染，场景最终效果如图 6-52 所示。

课后习题：**用灯光工具制作发光包装容器**

要求：综合本章知识，把如图 6-53 所示的案例图片效果的制作步骤写出，然后建模做出发光效果。

图 6-52

图 6-53

第七章 材质与纹理

本章将讲解 C4D 的材质与纹理技术。通过 C4D 的材质编辑器可以模拟出现实包装中绝大多数的材质。

教学目标：掌握材质的创建和赋予方法，掌握材质编辑器的常用属性，了解材质编辑器自带纹理。

第一节 材质的创建

在 C4D 的材质面板中可以创建新的材质，如图 7-1 所示。

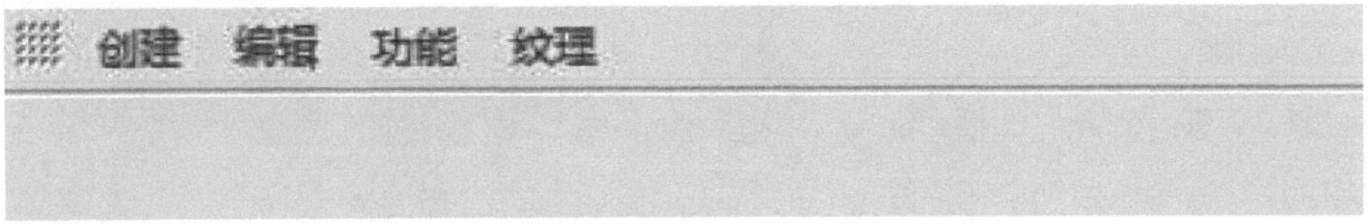

图 7-1

创建材质的方法有 4 种。

第一种：执行“创建”—“新材质”菜单命令，如图 7-2 所示。

第二种：双击材质面板，自动创建新的材质，如图 7-3 所示。

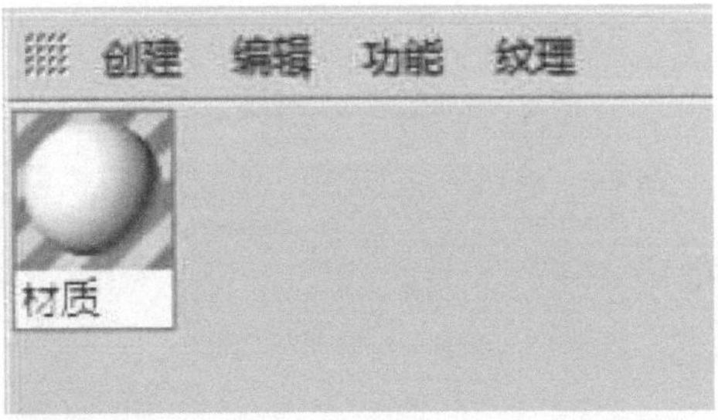

图 7-3

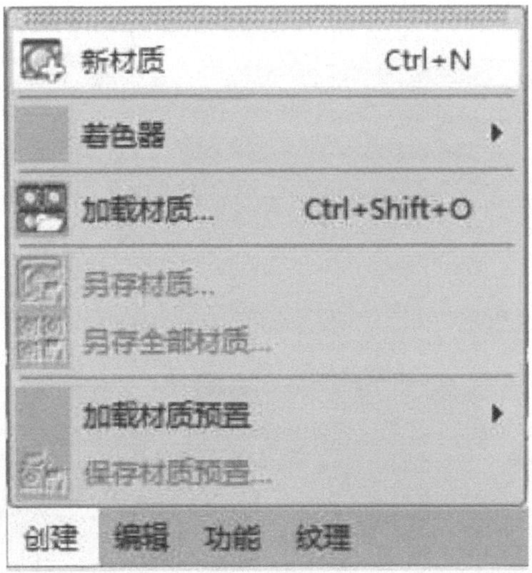

图 7-2

第三种：按快捷键 Ctrl+N。

第四种：执行“创建”—“着色器”菜单命令，可以在弹出的菜单中创建系统预置的材质，如图 7-4 所示。

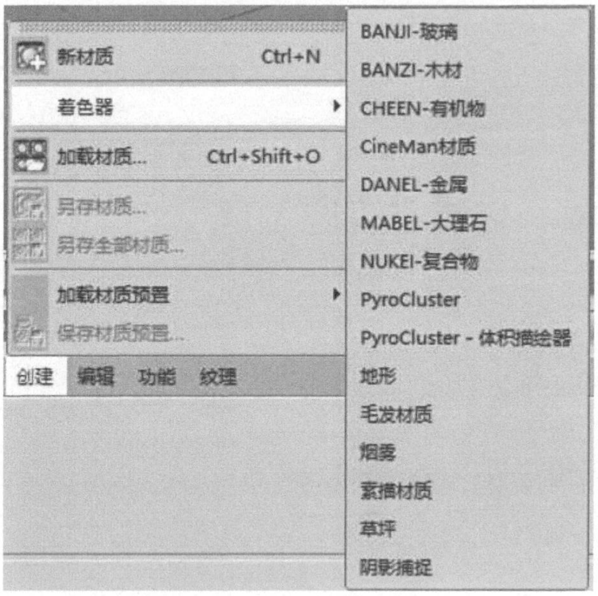

图 7-4

知识点：材质的删除方法

对于没有赋予场景中的任何对象的材质，可直接在材质面板中选中，然后按 Delete 键删除。

若材质已经赋予场景中的对象，可在“对象”面板中单击材质的图标，然后按 Delete 键删除，如图 7-5 和图 7-6 所示。此时只是将对象移除了材质，但材质还存在于材质面板中，选中材质后按 Delete 键可彻底删除。

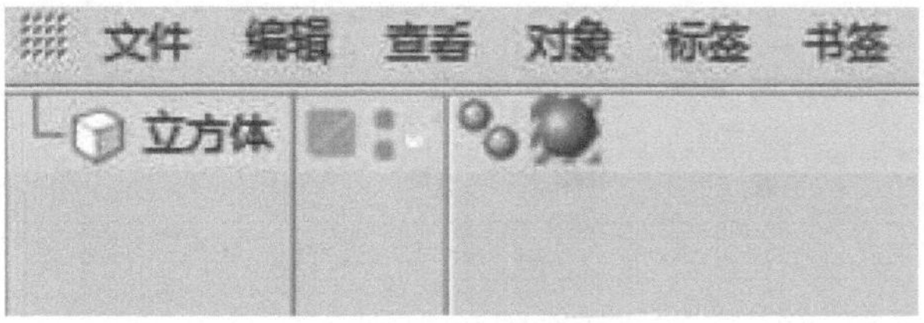

图 7-5

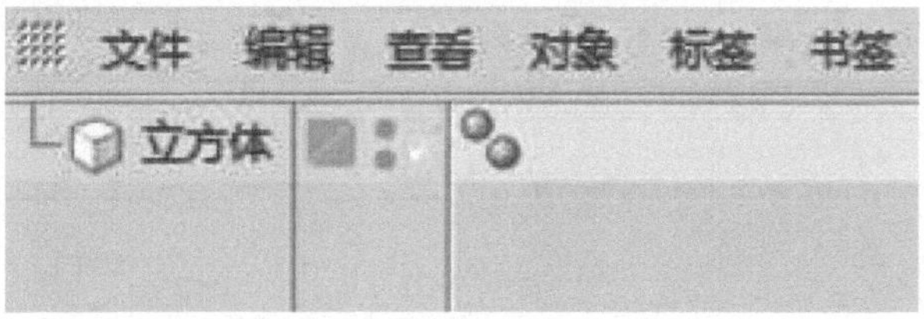

图 7-6

第二节　材质的赋予

创建好的材质可以直接赋予需要的模型，具体方法有三种。

第一种：拖拽材质到视图窗口中的模型上，然后松开鼠标，模型便被赋予了材质，如图 7-7 所示。

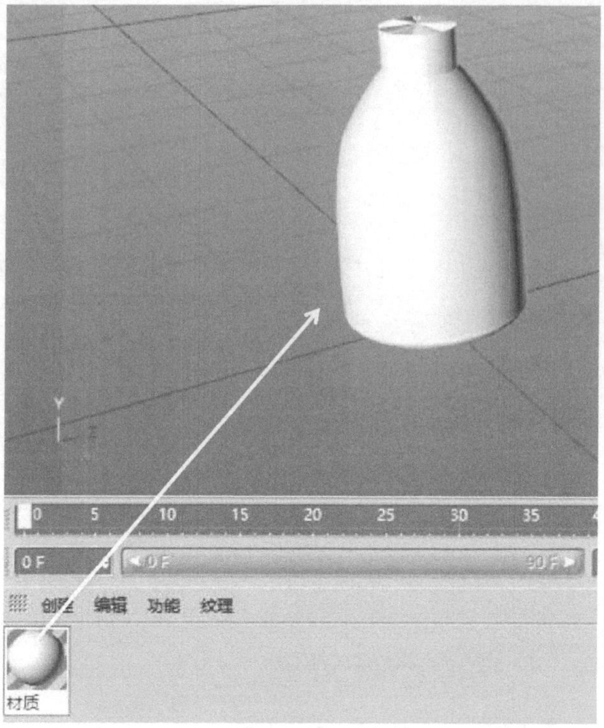

图 7-7

第二种：拖拽材质到“对象”面板的对象选项上，然后松开鼠标，模型便被赋予了材质，如图 7-8 和图 7-9 所示。

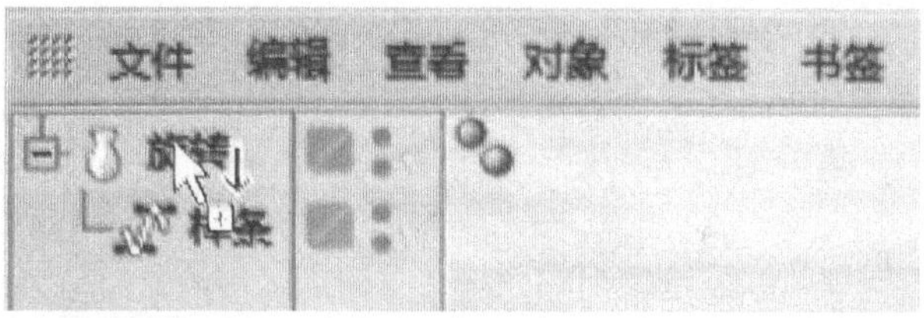

图 7-8

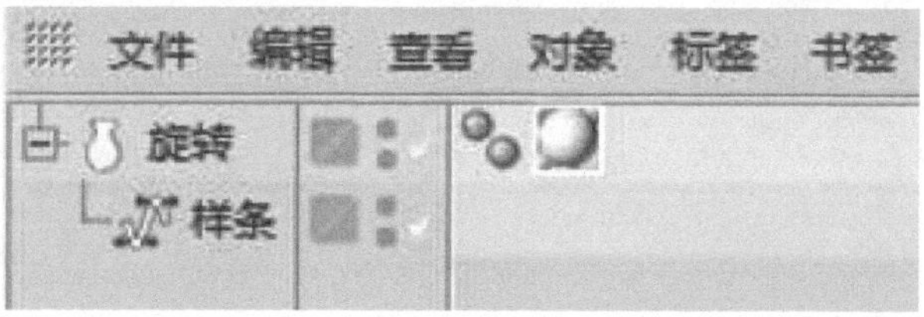

图 7-9

第三种：保持需要赋予材质的模型的选中状态，然后在材质图标上单击鼠标右键，接着选择“应用”选项，如图 7-10 至图 7-12 所示。

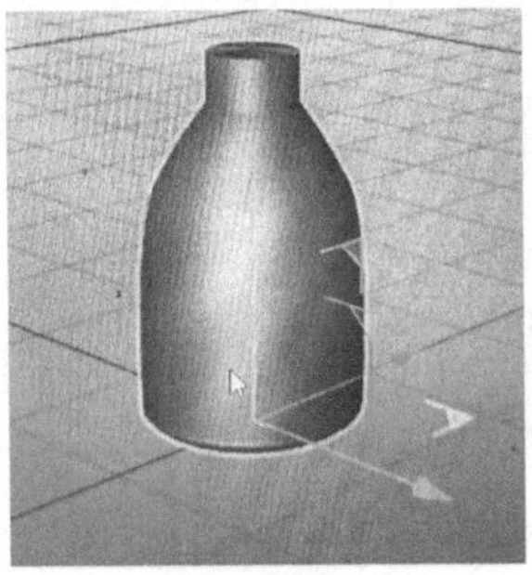

图 7-10

图 7-11

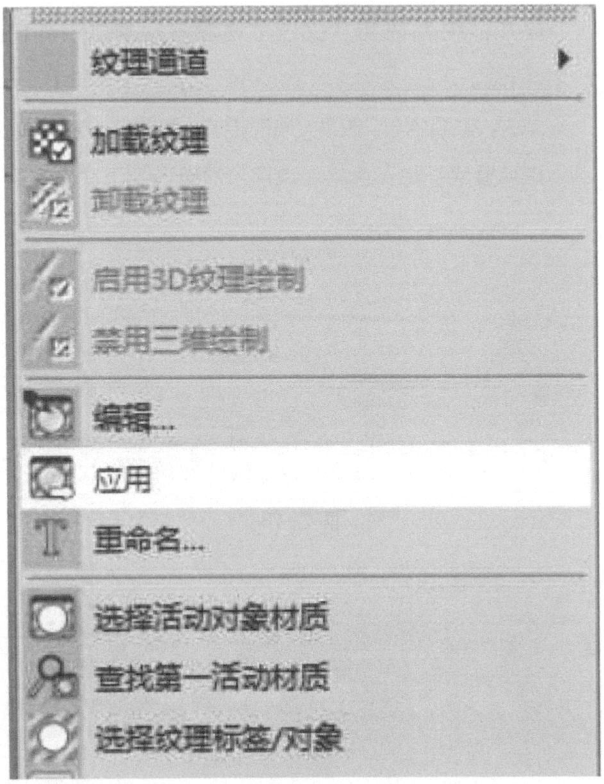

图 7-12

知识点：保存和加载材质的方法

可以将修改好参数的材质保存起来，以便以后使用。保存材质的方法是选中需要保存的材质，然后执行“创建”—“另存材质...”菜单命令，接着在弹出的窗口中设置路径和材质名称保存即可，如图 7-13 所示。

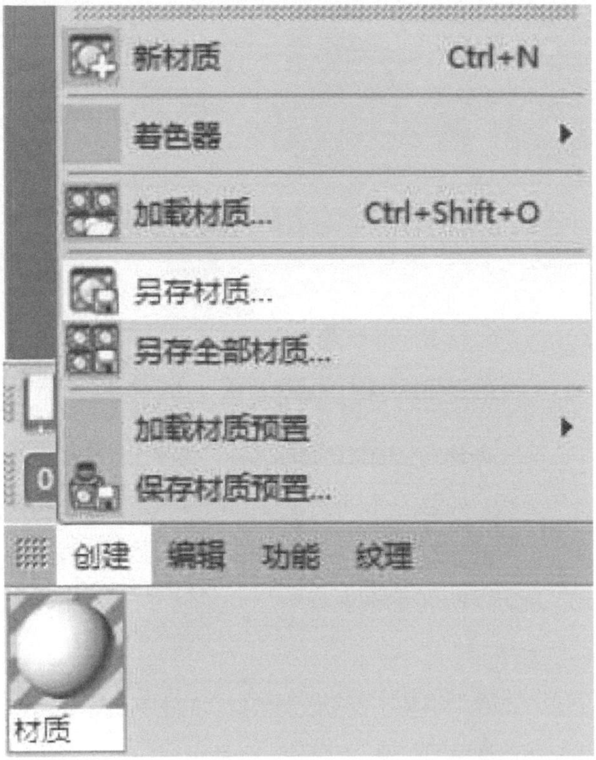

图 7-13

加载材质是将设置好的材质直接加载调用，省去重新设置材质的过程，极大地提升制作效率。加载材质的方法是执行“创建”—“加载材质...”菜单命令，然后在弹出的窗口中选择需要的材质即可，如图 7-14 和图 7-15 所示。

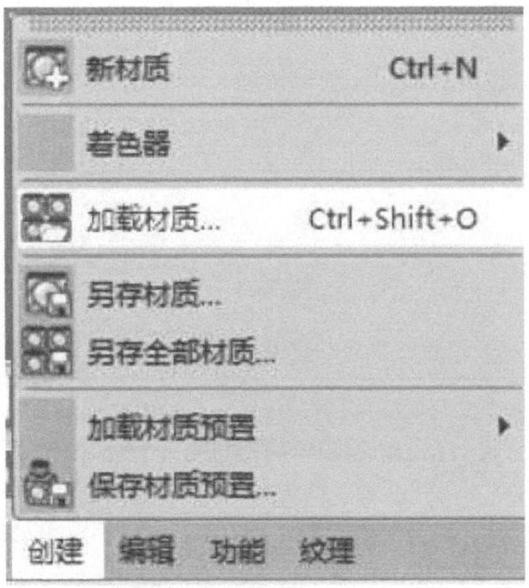

图 7-14

图 7-15

第三节　材质编辑器工具介绍

双击新建的空白材质圆球图标，会弹出“材质编辑器”面板，如图 7-16 所示。“材质编辑器”是对材质属性进行调节的面板，包含“颜色”“漫射”“发光”和“透明”等 12 种属性。

一、颜色

“颜色”选项不仅可以调整材质的固有色，还可以为材质添加贴图纹理，如图 7-17 所示。

主要工具命令参数解释

颜色：材质显示的固有色，可以通过“色轮”“光谱”“RGB”和“HSV”等方式进行调整。

亮度：设置材质颜色显示的程度。当设置为“0”时显示为纯黑色，设置为“100%”时显示为材质本身的颜色，超过 100% 时显示为自发光效果，如图 7-18 至图 7-20 所示。

纹理：材质加载内置纹理或外部贴图的通道。

混合模式：当“纹理”通道中加载了贴图时会自动激活，用于设置贴图与颜色的混合模式。

标准：完全显示“纹理”通道中的贴图，如图 7-21 所示。

添加：将颜色与“纹理”通道进行叠加，如图 7-22 所示。

减去：将颜色与“纹理”通道相减，如图 7-23 所示。

正片叠底：将颜色与“纹理”通道进行正片叠底，

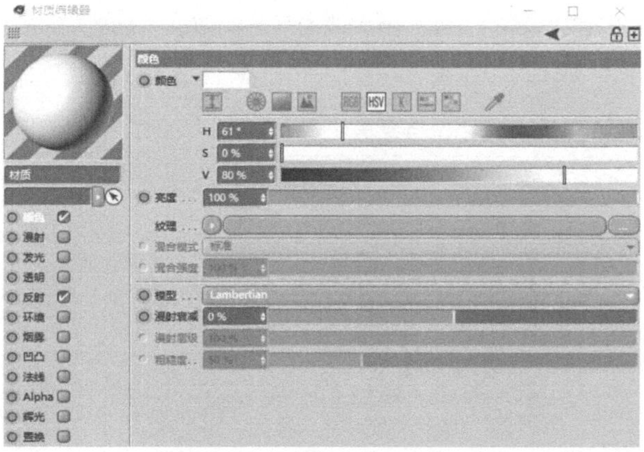

图 7-16

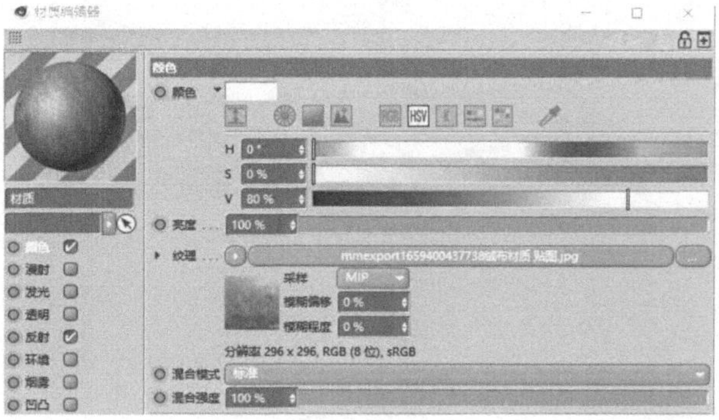

图 7-17

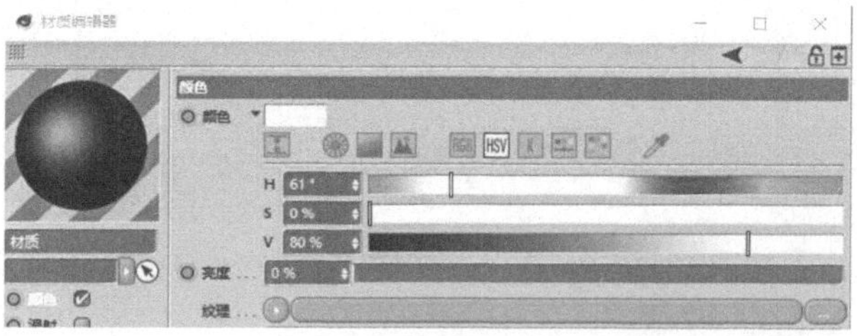

图 7-18

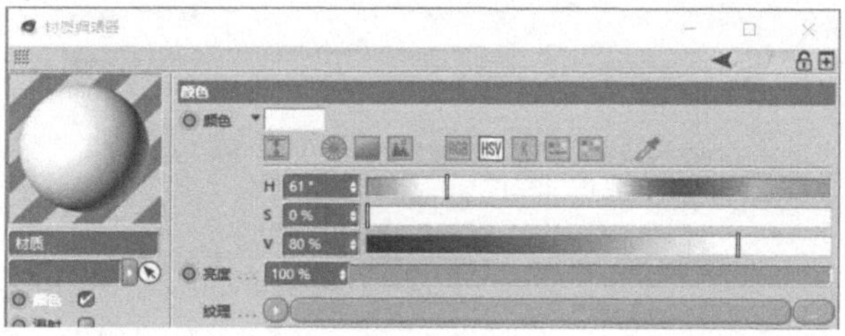

图 7-19

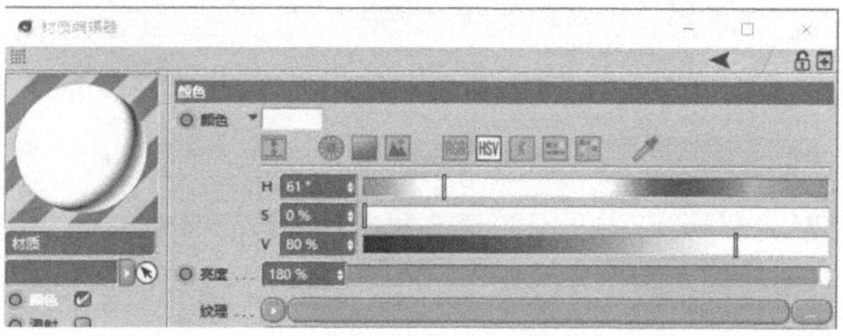

图 7-20

图 7-21

图 7-22

图 7-23

图 7-24

如图 7-24 所示。

混合强度： 设置颜色与“纹理”通道的混合量。

二、漫射

“漫射”选项用于设置材质的固有色亮度和材质属性，如图 7-25 所示。

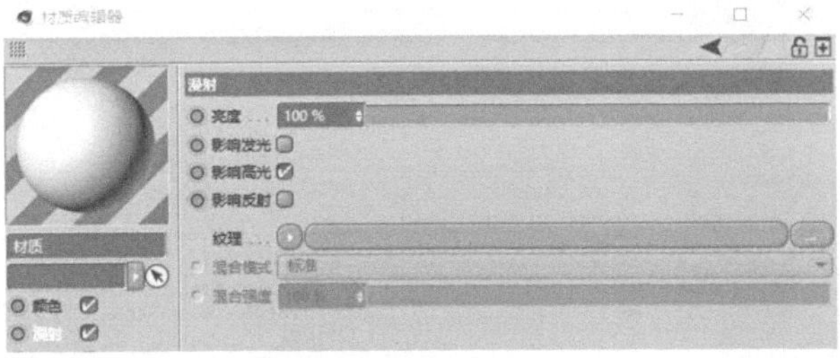

图 7-25

主要工具命令参数解释

亮度： 设置材质固有色显示的亮度。

纹理： 加载贴图的通道。需要注意的是，这里加载的贴图都会显示为灰度效果。

三、发光

“发光”选项用于设置材质的自发光效果，如图 7-26 所示。

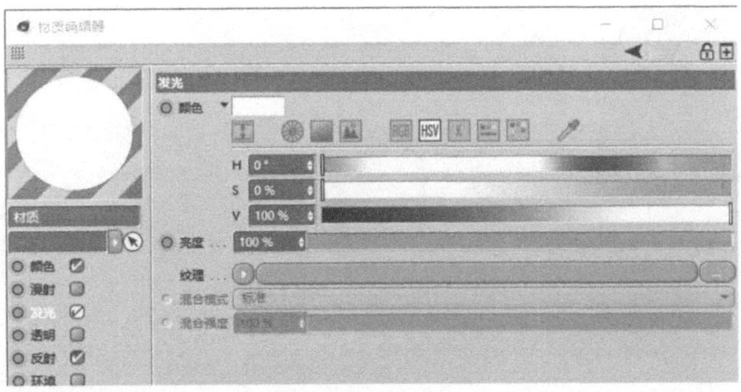

图 7-26

主要工具命令参数解释

颜色： 设置材质的自发光颜色。

亮度： 设置材质的自发光亮度。

纹理： 用加载的贴图显示自发光效果，如图 7-27 所示。

图 7-27

四、透明

“透明”选项用于设置材质的透明和半透明效果，如图 7-28 所示。

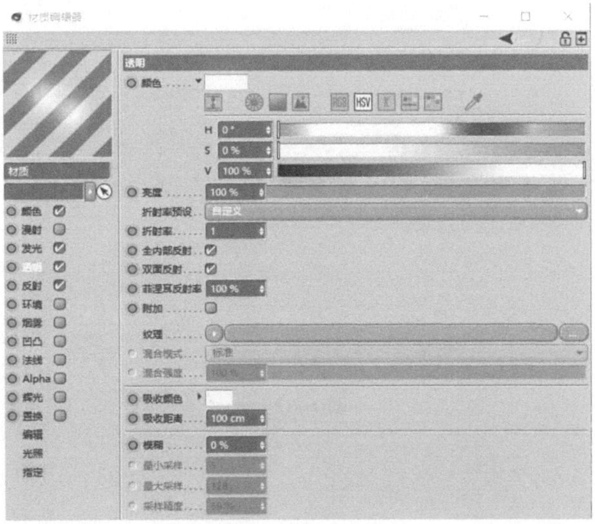

图 7-28

主要工具命令参数解释

颜色：设置材质的折射颜色。折射的颜色越接近白色，材质越透明，如图 7-29 至图 7-31 所示。

亮度：设置材质的透明程度。

折射率预设：系统提供了一些常见材质的折射率，如图 7-32 所示。通过预设可以快速设定材质的折射效果。

折射率：通过输入数值设置材质的折射率。

菲涅耳反射率：材质产生菲涅耳反射的程度，默认为 100%。

纹理：通过加载贴图控制材质的折射效果。

吸收颜色：设置折射产生的颜色。

吸收距离：设置折射颜色的浓度，如图 7-33 和图 7-34 所示。

模糊：控制折射的模糊程度，数值越大，材质越模糊，如图 7-35 和图 7-36 所示。

图 7-29

图 7-30

图 7-31

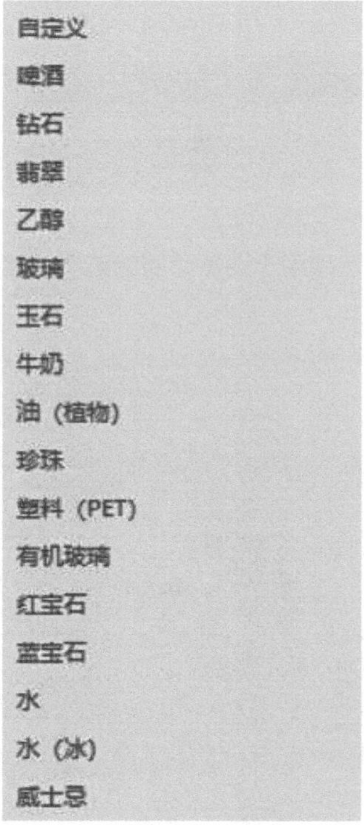

图 7-32

图 7-33（吸收距离 100 cm）

图 7-34（吸收距离 30 cm）

图 7-35（模糊 0%）

图 7-36（模糊 50%）

五、反射

“反射”选项用于设置材质的反射强弱和反射效果，如图 7-37 所示。

主要工具命令参数解释

类型：设置材质的高光类型，这里列举两个，如图 7-38 和图 7-39 所示。

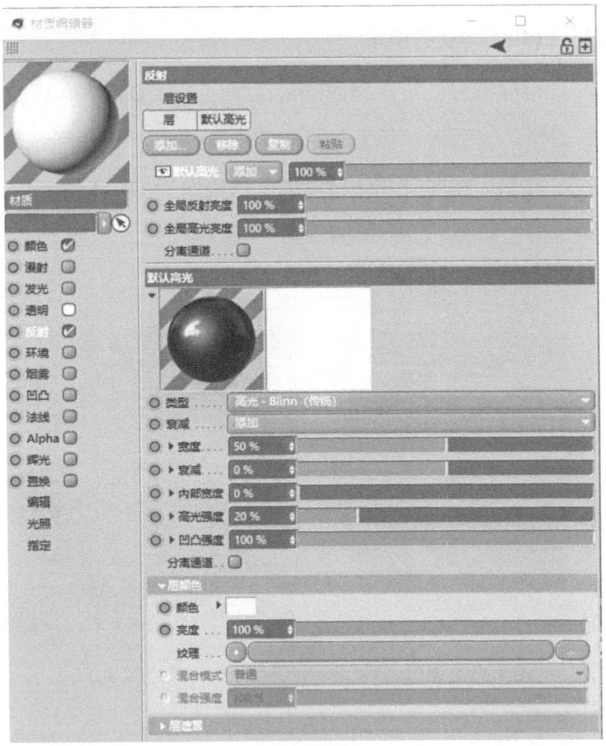

图 7-37

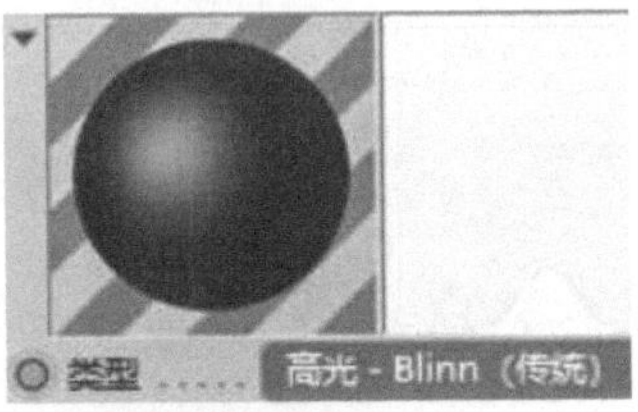

图 7-38

图 7-39

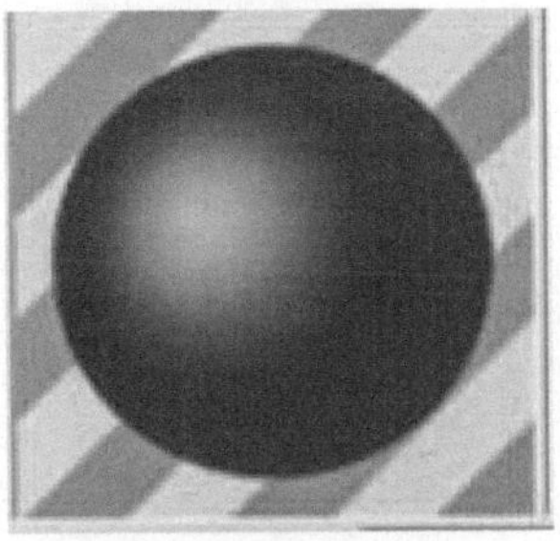

图 7-40（宽度 50%）

图 7-41（宽度 65%）

衰减：设置材质反射衰减效果，有“添加”和“金属”两个选项。

宽度：控制高光的范围，这里列举两个，如图 7-40 和图 7-41 所示。

高光强度：设置材质高光的强度，这里列举两个，如图 7-42 和图 7-43 所示。

层颜色：设置材质反射的颜色，默认为白色。

六、GGX

GGX 是一种材质反射类型，常用于制作高反射类材质，如金属、塑料和水等，如图 7-44 所示。

GGX 并不是默认的选项面板，需要在“反射”选项组中进行添加。在“反射”选项组中单击“层”选项卡，然后单击“添加”按钮，接着在下拉菜单中选择“GGX”

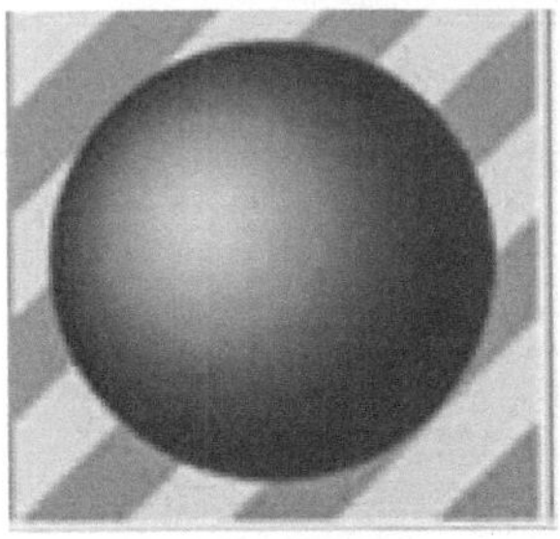

图 7-42（高光强度 28%）

图 7-43（高光强度 50%）

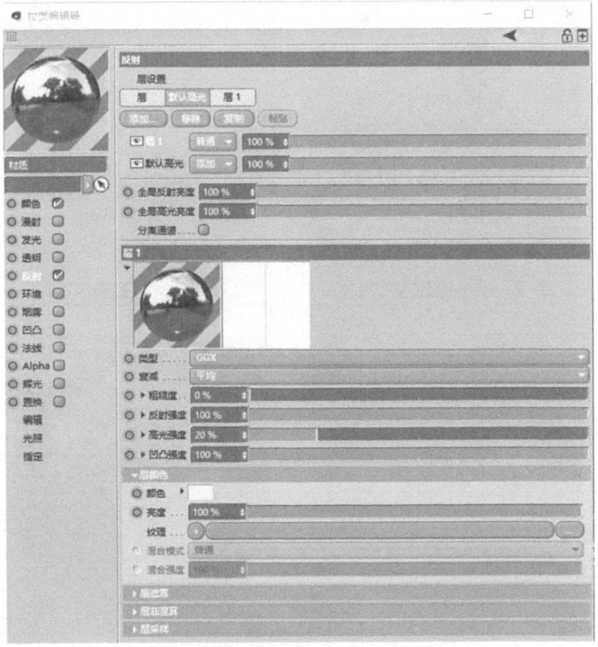

图 7-44

选项，如图 7-45 所示。

主要工具命令参数解释

粗糙度：设置材质的磨砂程度，如图 7-46 和图 7-47 所示。

反射强度：设置材质的反射强度。数值越小，材质越接近固有色，如图 7-48 和图 7-49 所示。

高光强度：设置材质的高光范围，如图 7-50 和图 7-51 所示。只有设置了“粗糙度”的数值，该参数才有效。

菲涅耳：设置材质的菲涅耳属性，有“无”“绝缘体”和“导体”3 种类型。现实生活中的材质基本上都有菲涅耳效果，因此在设置材质时都会设置“菲涅耳”的类型，如图 7-52 所示。

预置：设置“菲涅耳”类型为“绝缘体”或“导体”时此选项被激活。系统提供了不同类型材质的菲涅耳折射率预置，如图 7-53 和图 7-54 所示。

强度：设置菲涅耳效果的强度。

折射率（IOR）：设置材质的菲涅耳折射率。当选择预置效果时，可以不设置此选项。

反向：勾选此项后，菲涅耳效果也会反向，如图 7-55 和图 7-56 所示。

采样细分：设置材质的采样细分，数值越大，材质越细腻。这里列举两个，如图 7-57 和图 7-58 所示。

提示：在实际制作材质时，选择合适的“菲涅耳”类型可使材质的效果更加真实。

图 7-45

图 7-46（粗超度 0%）

图 7-47（粗超度 50%）

图 7-48（10%）

图 7-49（100%）

图 7-50（高光强度 20%）

图 7-51（高光强度 80%）

图 7-52

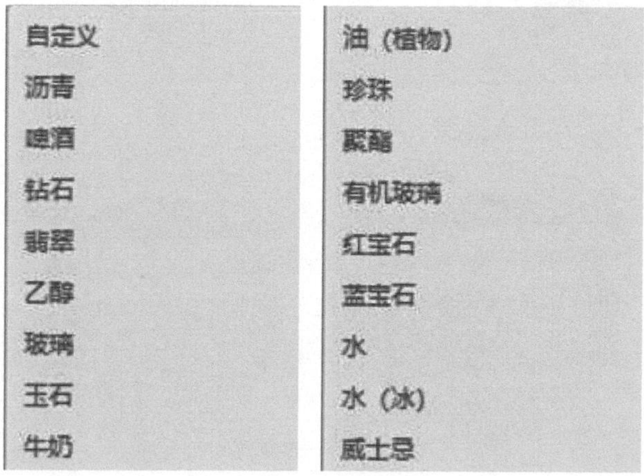

图 7-53（绝缘体）

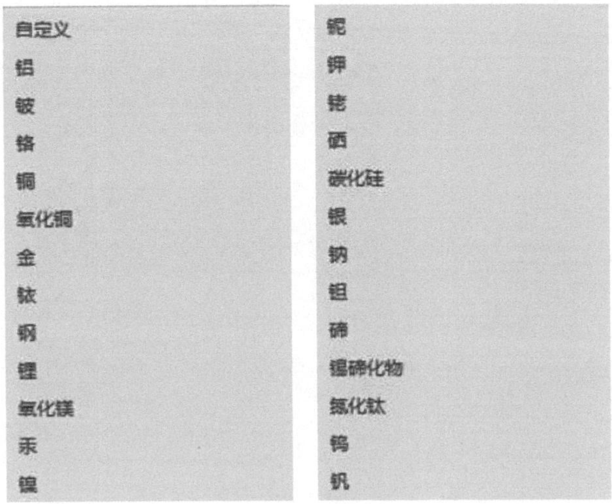

图 7-54（导体）

图 7-55（不勾选“反向”）

图 7-56（勾选“反向”）

图 7-57（采样细分数值 6）

图 7-58（采样细分数值 1）

七、环境

“环境”选项通过颜色或纹理贴图表现材质的表面反射效果，如图 7-59 所示。

八、凹凸

“凹凸”选项用于设置材质的凹凸纹理通道，如图 7-60 所示。

图 7-59

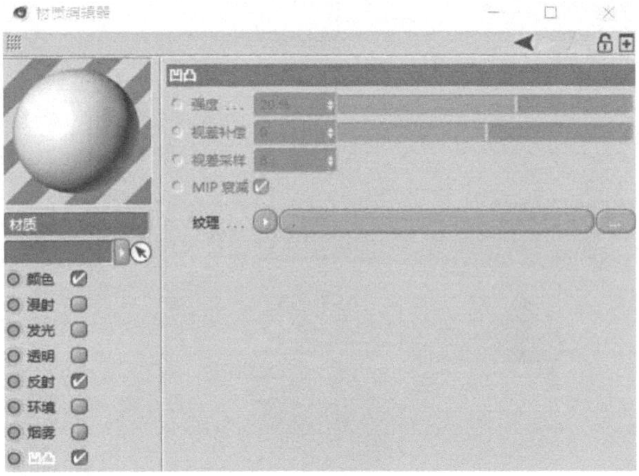

图 7-60

主要工具命令参数解释

纹理：加载材质的纹理贴图，需要注意的是，此通道只识别贴图的灰度信息。

强度：设置凹凸纹理的强度，列举两个例子，如图 7-61 和图 7-62 所示。在“纹理”通道中加载贴图后，此选项会被激活。

图 7-61（强度 20%）

图 7-62（强度 90%）

九、置换

“置换”选项与“凹凸”选项类似，用于在材质上形成凹凸纹理。不同的是“置换”会直接改变模型的形状，而“凹凸”只是形成凹凸的视觉效果，如图 7-63 至图 7-65 所示。

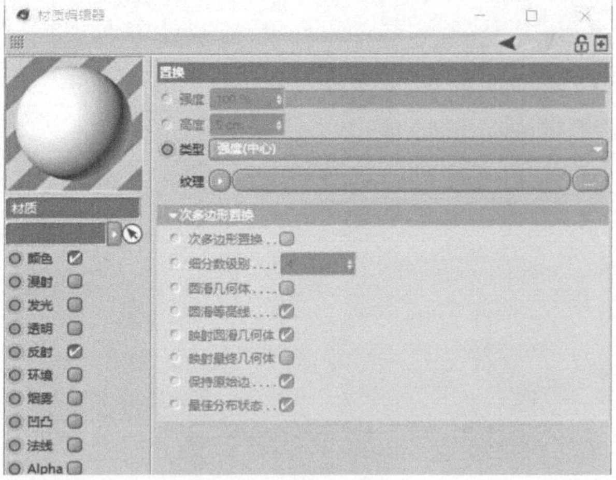

图 7-63

图 7-64（置换 30%）

图 7-65（置换 70%）

知识点：系统预置材质

除了手动调整参数形成不同的材质效果外，C4D R18 还提供了一些预置的材质效果。按快捷键 Shift +F8 或菜单栏窗口中打开“内容浏览器”面板，在“预置 \Visualize\Materials”文件夹中罗列了常见类型的材质和贴图，如图 7-66 所示。

在材质图标上双击鼠标左键即可将材质添加到材质面板，接着赋予场景的模型即可。每个预置材质文件夹中的“tex”文件夹里存储了材质所附带的贴图，如图 7-67 所示。

课堂练习 1：**制作玻璃酒瓶**

学习目标：掌握透明材质的使用方法。

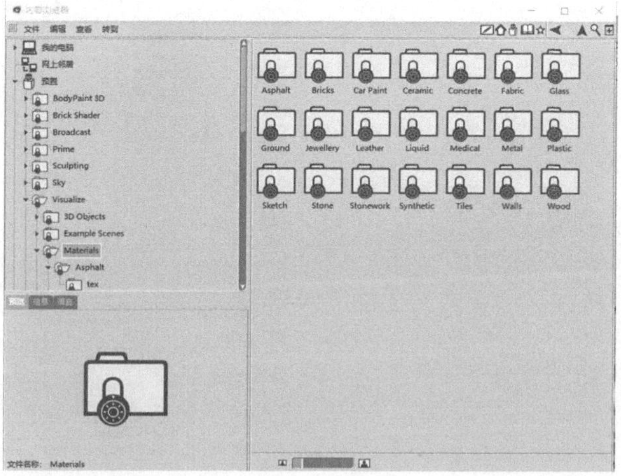

图 7-66

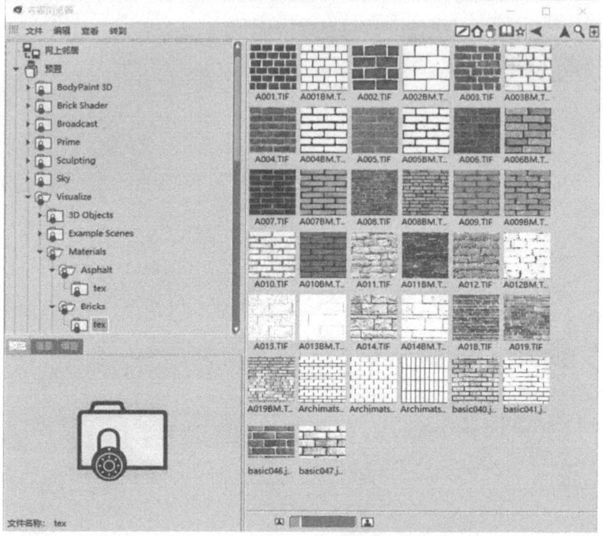

图 7-67

（1）场景内已经建立好了摄像机和灯光，需要为场景赋予材质。在模式“工程”中设置“默认对象颜色”为“80% 灰色”，模型颜色显示为灰白色，这样便于观察灯光效果，如图 7-68 和图 7-69 所示。

（2）按快捷键 Ctrl+R 渲染场景，效果如图 7-70 所示，这是没有设置材质时的白模效果。

（3）创建背景材质。双击材质面板创建一个空白材质，然后双击创建的材质打开“材质编辑器”面板，接着设置材质的名称为“背景”，如图 7-71 所示。

（4）选择“颜色”选项，然后设置“颜色”为“（R：230，G：230，B：230）”，如图 7-72 所示。

（5）选择“反射”选项，然后添加“GGX”反射，

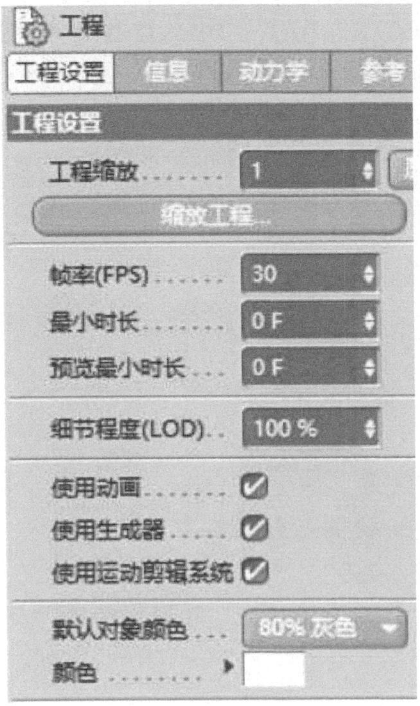

图 7-68

图 7-69

图 7-70

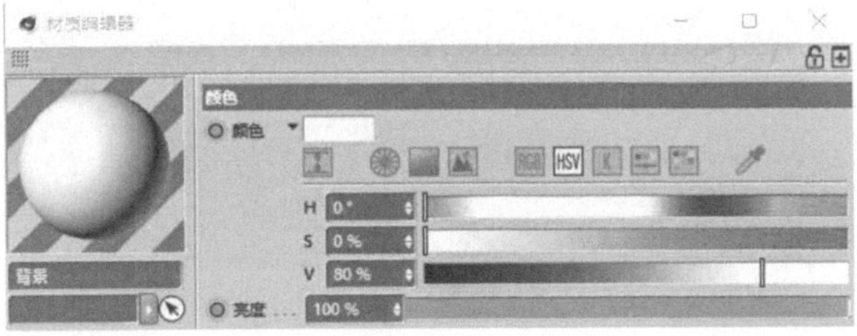

图 7-71

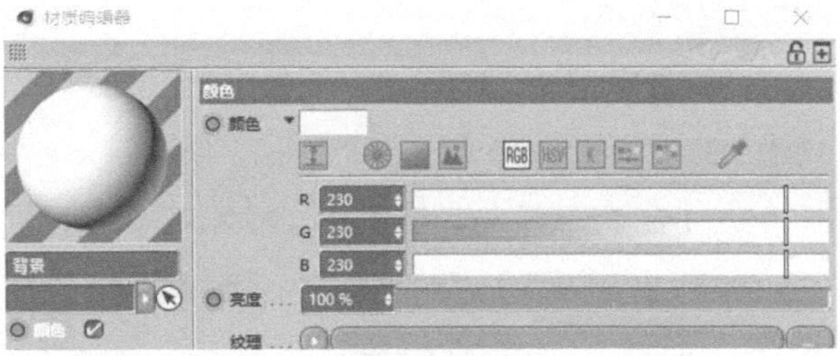

图 7-72

设置“粗糙度”为“40%”，点“层菲涅耳”下“菲涅耳”为“绝缘体”，“预置”为“沥青”，如图 7-73 所示。此时材质效果如图 7-74 所示。

（6）将“背景”材质赋予地面和背景板，然后渲染效果，如图 7-75 所示。

（7）制作玻璃材质。创建一个新材质，然后双击进入“材质编辑器”，接着将材质重命名为“玻璃”，

图 7-73

图 7-74

图 7-75

如图 7-76 所示。

（8）选择“颜色”选项，然后设置“颜色”为“（R: 150，G：29，B：29）”，如图 7-77 所示。

（9）在“反射”选项组添加“GGX”，然后设置“粗糙度”为“5%”，“菲涅耳”为“绝缘体”，“预置”为“玻璃”，如图 7-78 所示。

（10）在“透明”选项组中设置“颜色”为“（R: 150，G: 57，B: 57）”，然后设置“折射率预设”为“玻璃”，如图 7-79 所示。材质效果如图 7-80 所示。

（11）将“玻璃”材质赋予酒瓶，最终渲染效果如图 7-81 所示。

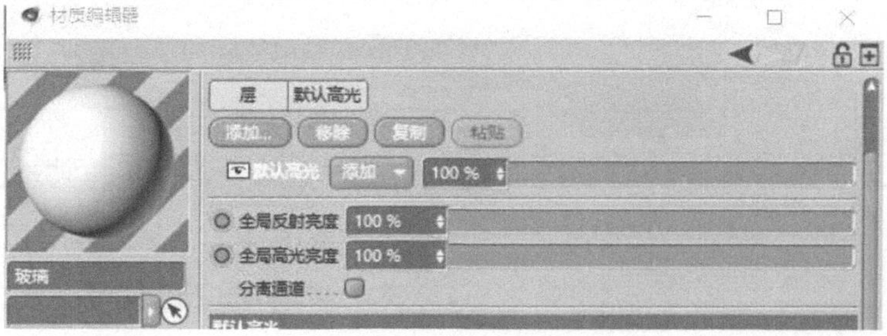

图 7-76

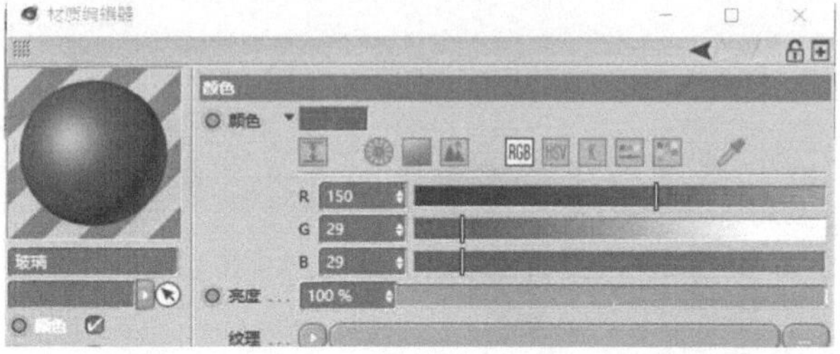

图 7-77

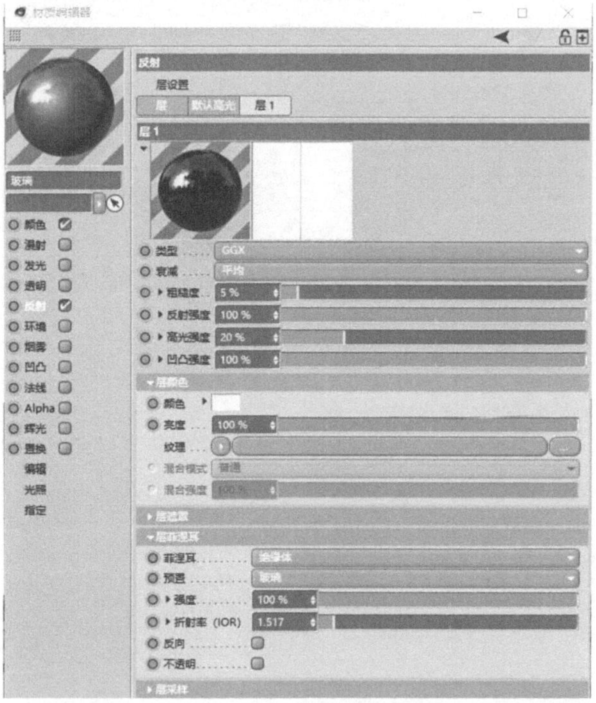

图 7-78

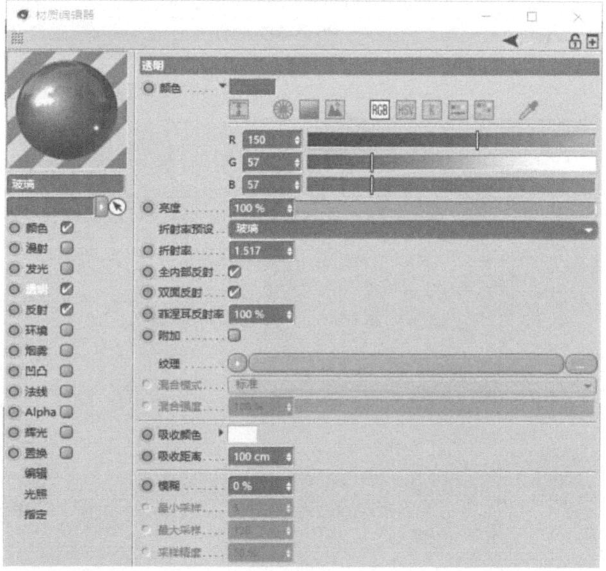

图 7-79

图 7-80

图 7-81

课堂练习 2：**制作陶瓷容器**

学习目标：掌握陶瓷材质的使用方法。

（1）场景中已经建立好了摄像机机和灯光，如图 7-82 所示。

（2）按快捷键 Ctrl+R 渲染出白模效果，有利于调整灯光效果，再创建白色的背景材质，渲染效果如图 7-83 所示。

（3）创建陶瓷材质。在“颜色”选项组中设置“颜色”为“（R：69，G：87，B：128）”，如图 7-84 所示。

（4）在“反射”选项组中添加“GGX”，然后设置“粗糙度”为“5%”，“菲涅耳”为“绝缘体”，“预置”为“玻璃”，如图 7-85 所示。材质效果如图 7-86 所示。

（5）将材质赋予模型，然后按快捷键 Ctrl + R 渲染，效果如图 7-87 所示。

课堂练习 3：**制作塑料化妆品**

学习目标：掌握塑料材质的使用方法。

（1）本案例是一个化妆品，需要制作塑料材质，场景中已经建立好了摄影机和灯光，如图 7-88 所示。

图 7-82

图 7-83

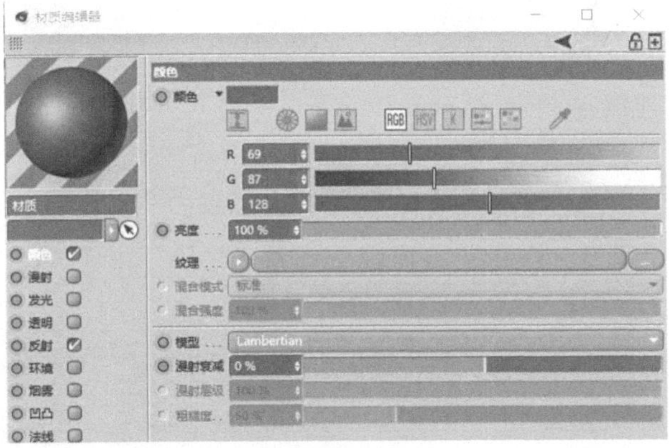

图 7-84

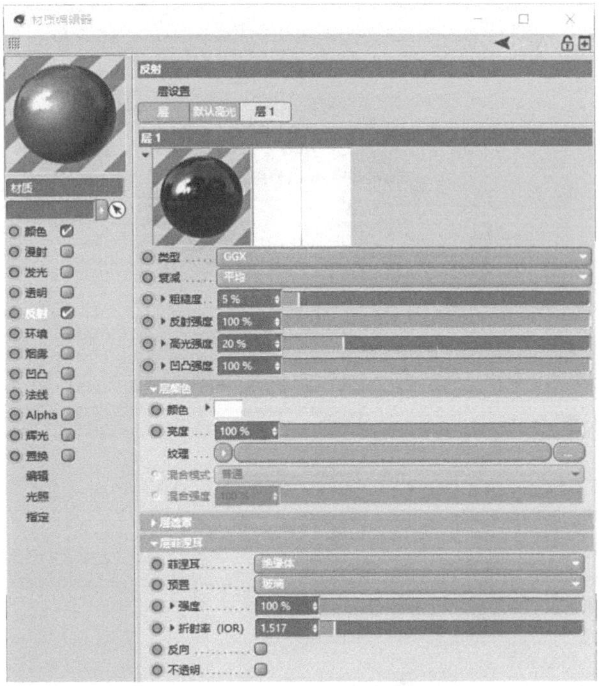

图 7-85

图 7-86

图 7-87

图 7-88

（2）制作塑料材质。新建一个材质，然后在“颜色”选项组中设置“颜色”为“（R：242，G：209，B：211）”，如图 7-89 所示。

（3）在“反射”选项组中添加“GGX”，然后设置“粗糙度”为“7%”，“菲涅耳”为“绝缘体”，“预置”为“聚酯”，如图 7-90 所示。材质效果如图 7-91 所示。

图 7-89

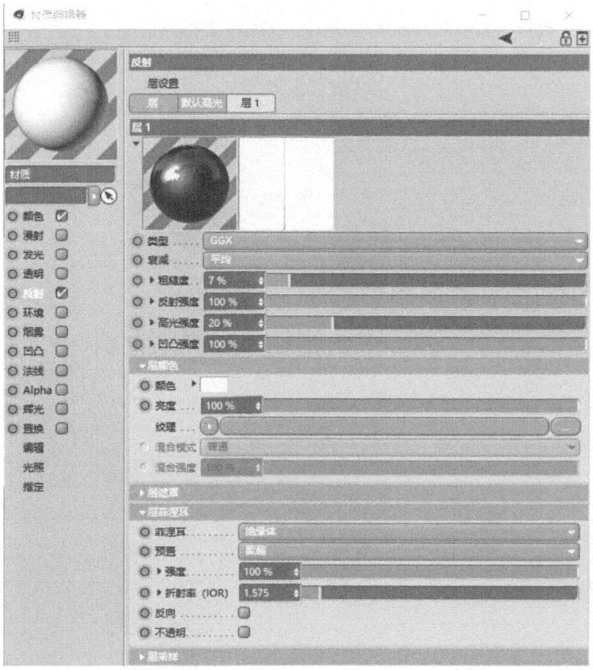

图 7-90

（4）将塑料材质赋予模型，然后渲染效果，如图 7-92 所示。

课堂练习 4：**制作金属易拉罐**

学习目标：掌握金属材质的使用方法。

（1）本案例是一个罐头盒，需要制作黄色的金属材质。场景中已经建立好了摄像机和灯光，背景材质为深色，如图 7-93 和图 7-94 所示。

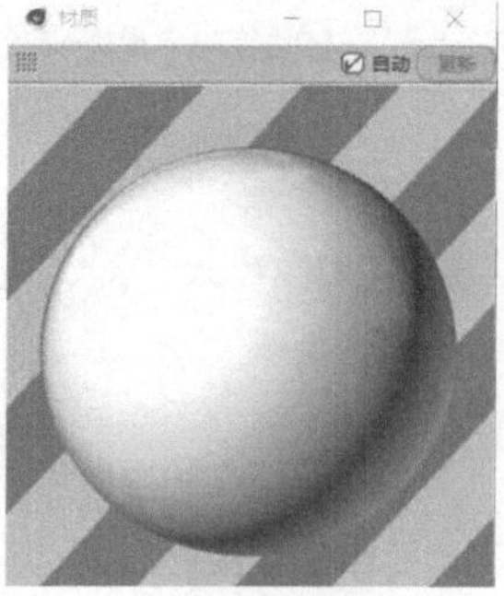

图 7-91

图 7-92

图 7-93

图 7-94

（2）新建一个材质，然后重命名为“金属 1”，接着在“颜色”选项组中设置“颜色”为“（R：224、G：153、B：43）”，如图 7-95 所示。

（3）在“反射”选项组中添加“GGX”，然后设置“粗糙度”为“25%”，“菲涅耳”为“导体”，“预置”

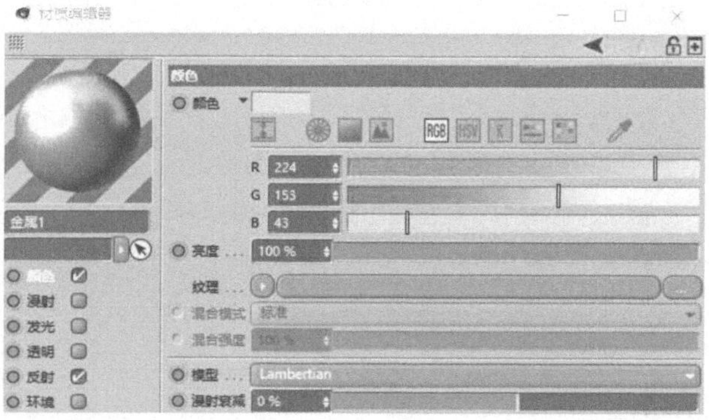

图 7-95

为“钢”，如图 7-96 所示。材质效果如图 7-97 所示。

（4）选中“金属 1”材质，然后按住 Ctrl 键拖拽材质，即可复制出一个参数完全相同的材质，接着重命名为“金属 2”，再设置“颜色”为“（R：245，G：245，B：245）”，如图 7-98 所示。材质效果如图 7-99 所示。

（5）将两个金属材质分别赋予两种材质模型，然后按快捷键 Ctrl+R 渲染场景，效果如图 7-100 所示。

课堂练习 5：制作纸材包装盒

学习目标：掌握纸材质的使用方法。

（1）本案例是一个纸盒包装，需要制作纸材，场景中已经建立好了摄影机和灯光，如图 7-101 所示。

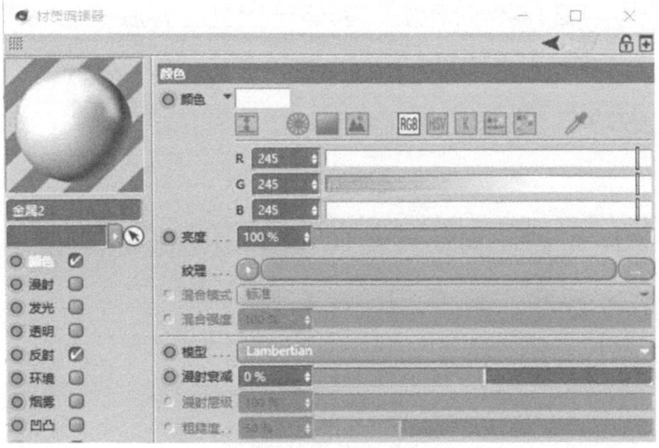

图 7-98

图 7-99

图 7-100

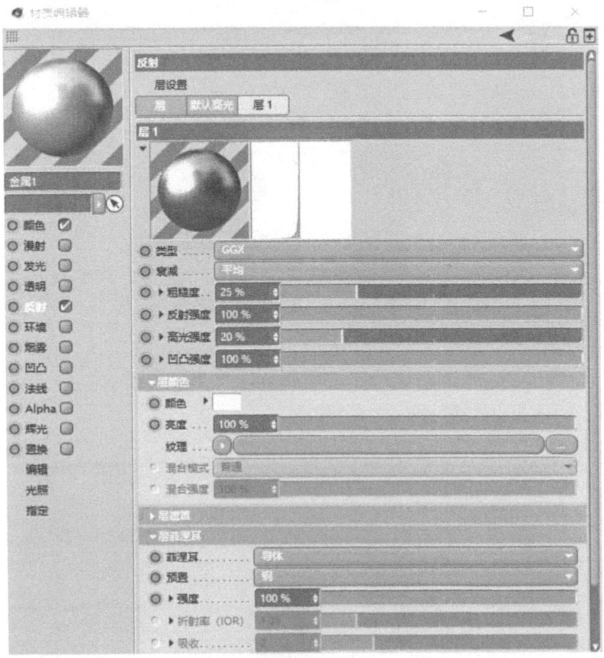

图 7-96

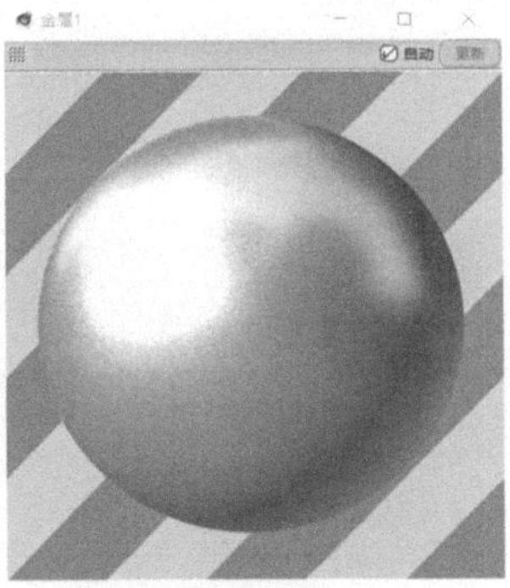

图 7-97

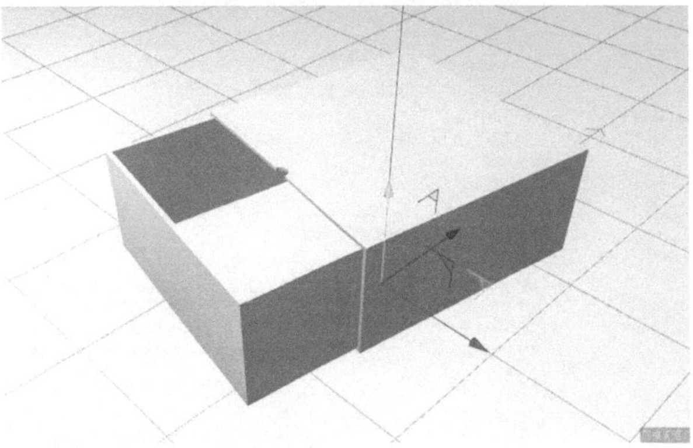

图 7-101

（2）制作白纸材质。新建一个材质，然后在“颜色”选项组中设置“颜色”为“（R：250，G：250，B：250）”，如图 7-102 所示。

图 7-102

（3）在“反射”选项组中添加“GGX”，然后设置“粗糙度”为“30%”，“菲涅耳”为“绝缘体”，“预置”为“聚酯”，如图 7-103 所示。材质效果如图 7-104 所示。

（4）制作黄纸材质。新建一个材质，然后在“颜色”选项组中设置“颜色”为“（R：241，G：224，B：172）”，如图 7-105 所示。

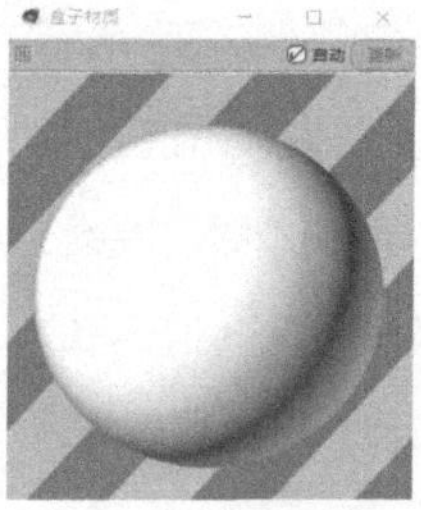

图 7-104

（5）在“反射”选项组中添加“GGX”，然后设置“粗糙度”为“30%”，“菲涅耳”为“绝缘体”，“预置”为“聚酯”，如图 7-106 所示。材质效果如图 7-107 所示。

图 7-105

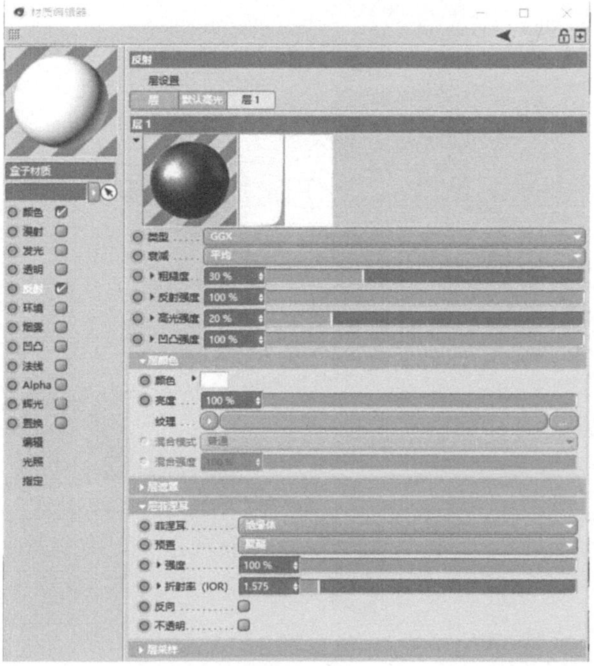

图 7-103

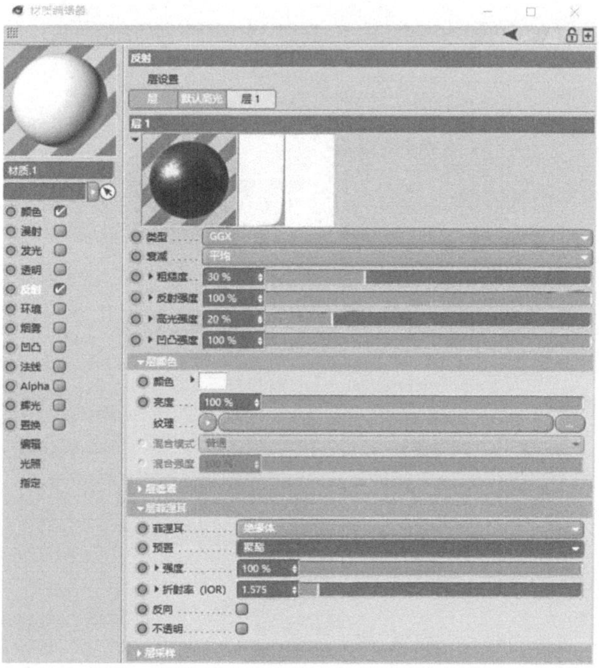

图 7-106

（6）将材质赋予模型，然后渲染效果，如图 7-108 所示。

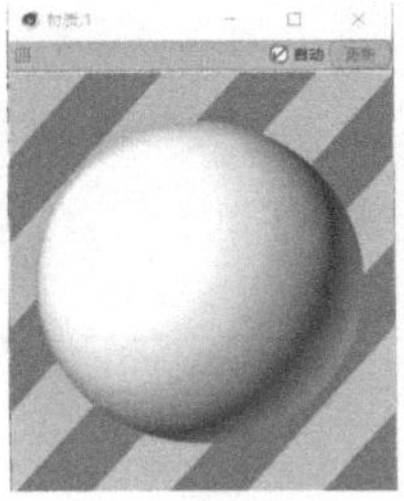

图 7-107

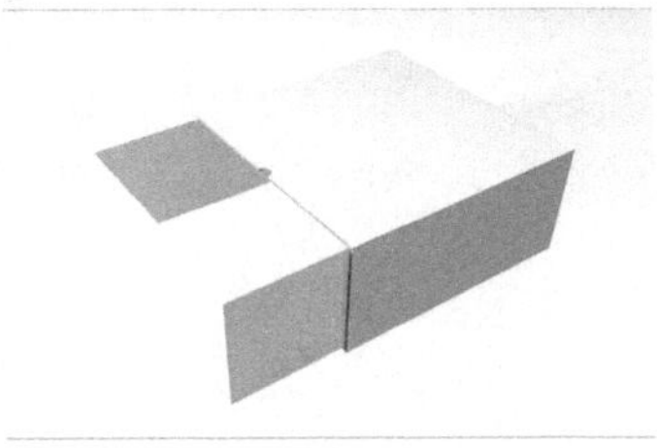

图 7-108

第四节　纹理贴图工具介绍

C4D 中自带了一些纹理贴图，方便用户直接调取。单击“纹理”通道后的箭头按钮▣，会弹出下拉菜单，里面预置了很多纹理贴图，如图 7-109 所示。

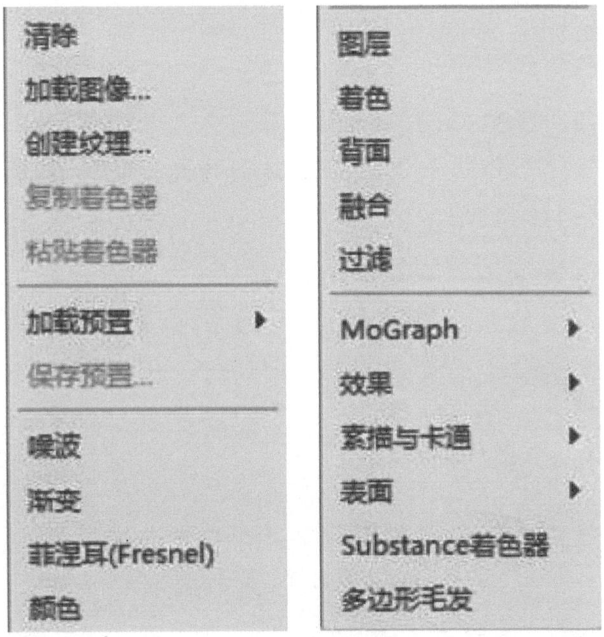

图 7-109

一、噪波

“噪波”贴图常用于模拟凹凸颗粒、水波纹和杂色等效果，在不同通道中有不同的用途，常用于“凹凸纹理”通道。双击加载的“噪波”预览图会进入“着色器”属性选项卡，可修改噪波的相关属性，如图 7-110 所示。

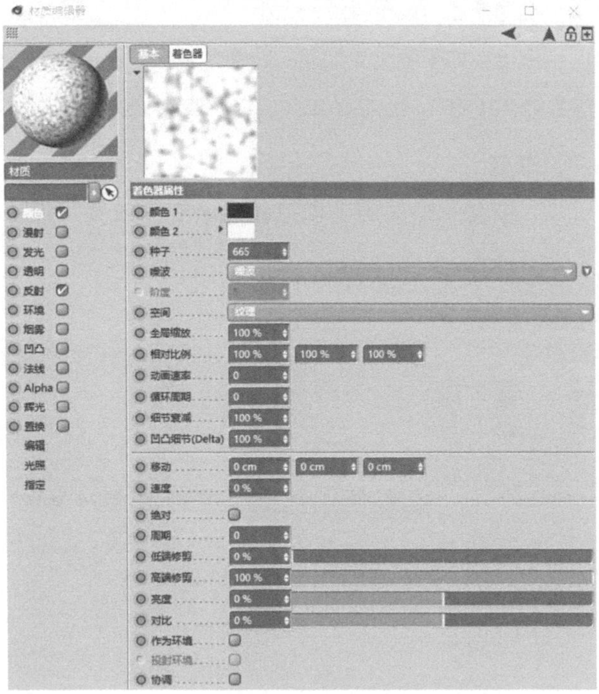

图 7-110

主要工具命令参数解释

颜色 1/ 颜色 2：设置噪波的两种显示颜色，默认为黑和白。

种子：随机显示不同的噪波分布效果。

噪波：内置多种噪波显示类型，如图 7-111 所示。

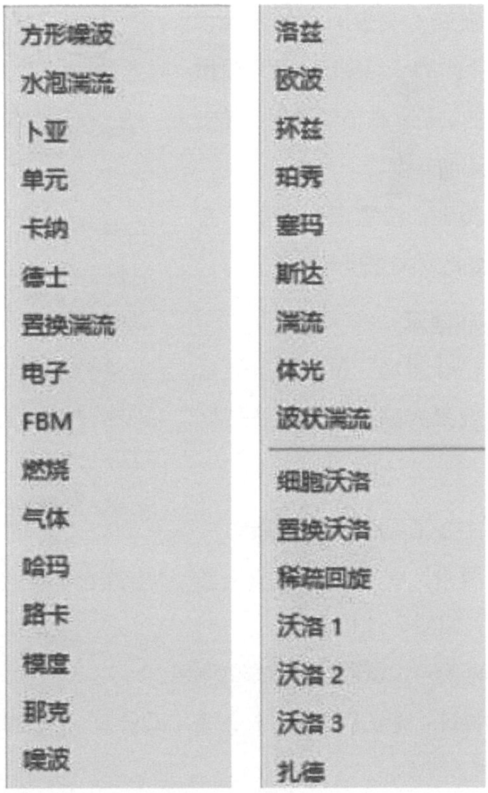

图 7-111

全局缩放：设置噪点的大小。

提示：如果要删除加载的贴图，单击“纹理”通道后的箭头按钮，然后在菜单中选择“清除”选项即可。

二、渐变

“渐变”贴图用于模拟颜色渐变的效果，如图 7-112 所示。

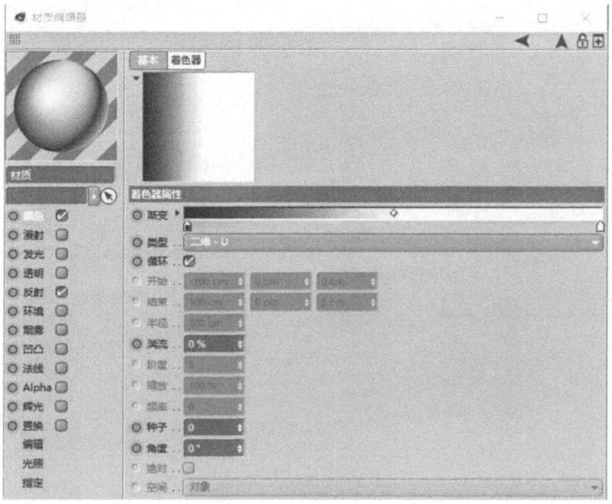

图 7-112

主要工具命令参数解释

渐变：设置渐变的颜色，单击下方的节点按钮，可以设置渐变的颜色，在渐变色条上单击可以添加节点。

类型：设置渐变的显示方向，如图 7-113 所示。

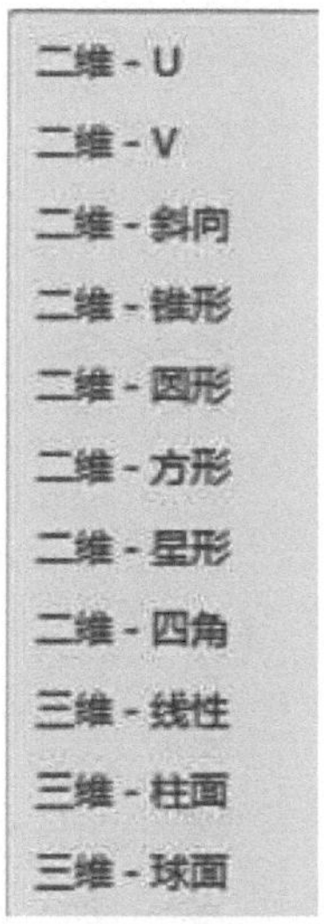

图 7-113

三、菲涅耳

“菲涅耳”是模拟菲涅耳反射效果的贴图，如图 7-114 所示。

主要工具命令参数解释

渲染：设置菲涅耳效果的类型，如图 7-115 所示。

渐变：设置菲涅耳效果的颜色。

物理：勾选后激活“折射率（IOR）”“预置”和“反相”选项。

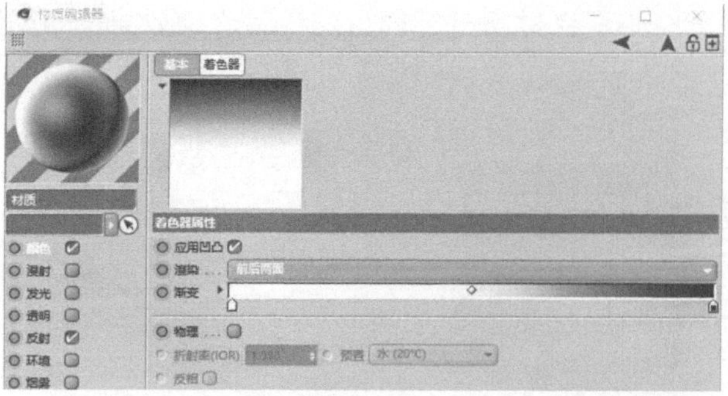

图 7-114

图 7-115

四、颜色

“颜色”贴图用于控制材质表面的颜色，如图 7-116 所示。

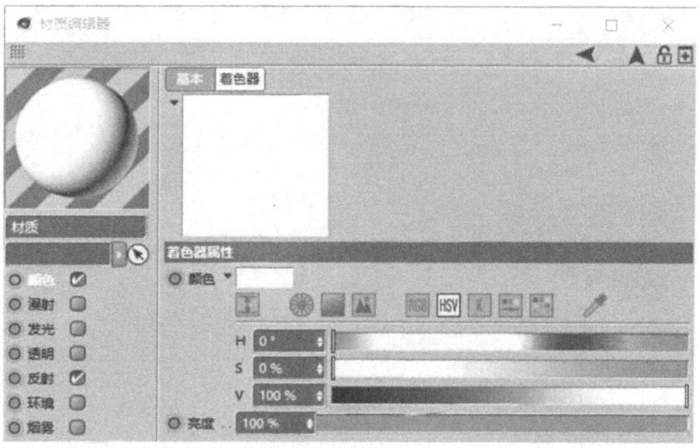

图 7-116

五、图层

进入图层属性面板可以对图层进行编组、加载图像、添加着色器和效果等操作，如图 7-117 所示。

六、着色

“着色”贴图的作用是将渐变色和图像进行图层混

合而产生效果。在纹理中可以添加各种纹理效果，渐变滑块可控制纹理混合的颜色以及整体效果，如图 7-118 和图 7-119 所示。

七、背面

“背面”贴图可以通过调整纹理、色阶和过滤宽度来改变纹理效果，如图 7-120 所示。

八、融合

“融合”工具的作用是更改图层的混合效果。通过更改上一个图层模式的类型与下一个图层的图片，产生一种混合效果。设置“混合”的百分比可以控制两个图层图片混合的强弱程度，数值越大，混合效果越强；数值越小，混合效果越弱。通过在混合通道和基本通道中加载图像或者纹理，可形成新的图像纹理效果，如图 7-121 所示。

九、过滤

“过滤”贴图通过在纹理中添加纹理贴图来调整属性栏中的色调、明度、饱和度及渐变曲线，如图 7-122 和图 7-123 所示。

十、MoGraph

MoGraph 分为多个 MoGraph 着色器，此类着色

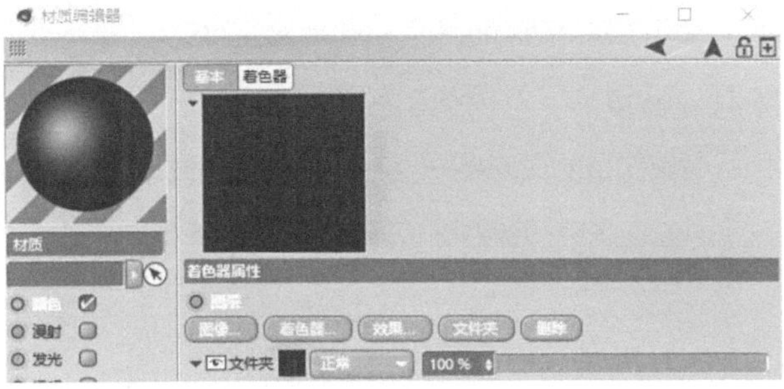

图 7-117

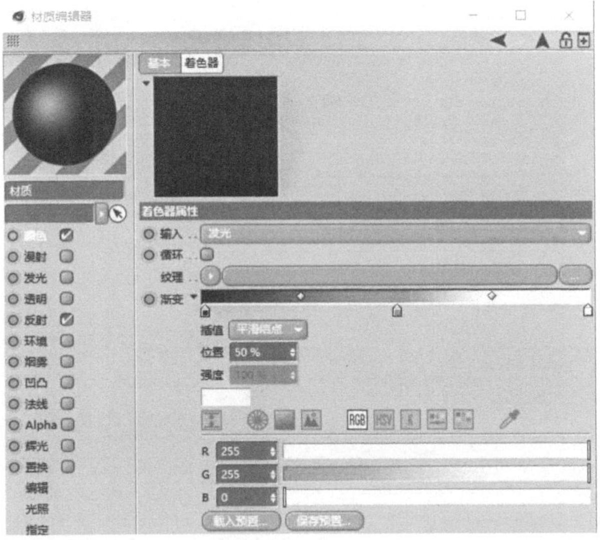

图 7-118

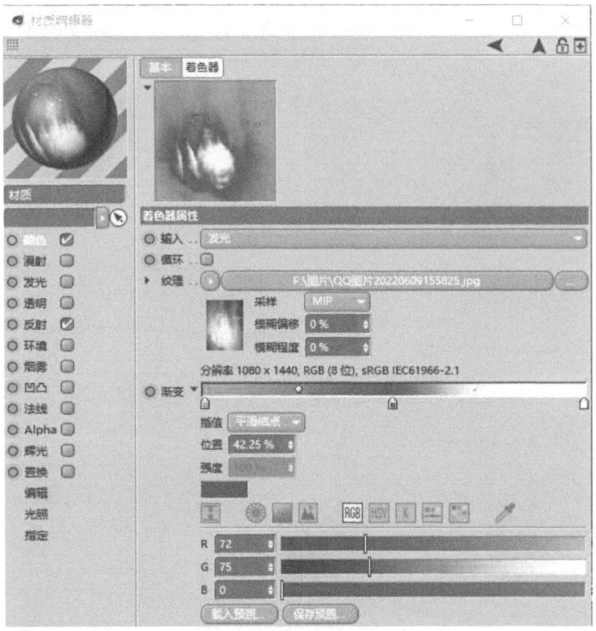

图 7-119

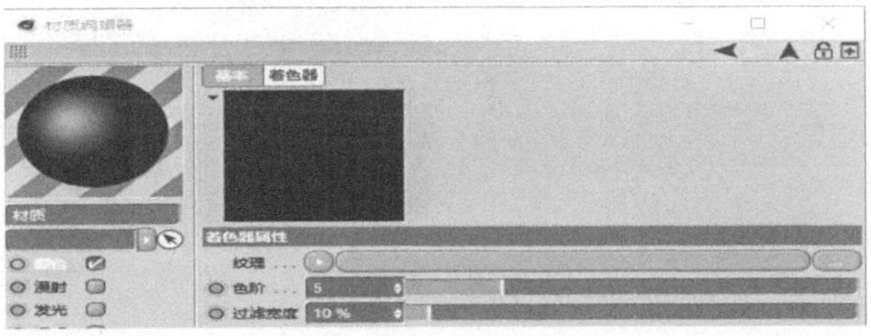

图 7-120

图 7-121

器只作用于 MoGraph 物体，如图 7-124 所示。

主要工具命令参数解释

多重着色器：可以添加多个纹理图层，并将设置好的多重着色纹理放置在物体上，物体表面将会产生多个纹理效果。

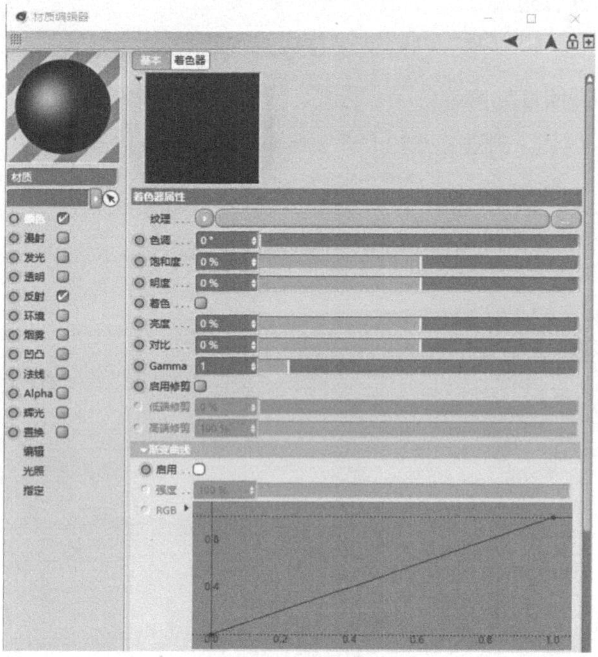

图 7-122

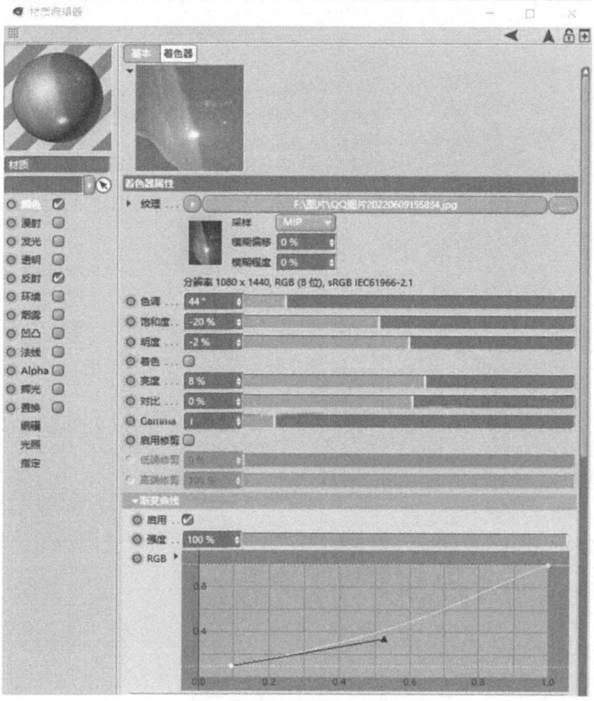

图 7-123

摄像机着色器：在摄像机一栏中加载一台摄像机，这样映射在物体材质的纹理就是摄像机所显示的画面，并可以水平和垂直缩放，对摄像机投射的纹理进行长宽比例的调整。勾选或者取消前景与背景可以控制是否投射到摄像机中。

节拍着色器：通过控制拍数、峰值范围以及范围曲线可以控制贴图在物体上的强弱变化。单击动画面板上的播放按键，物体上的贴图就会产生明暗变化。

颜色着色器：通道默认是颜色属性时，物体纹理颜色就是默认颜色，如果将颜色属性切换为索引比率，物体纹理颜色就会随着曲线的变化而发生改变。

十一、效果

效果工具的作用是产生不同的颜色和纹理。“效果”贴图中包含多种预置贴图，如图 7-125 所示。

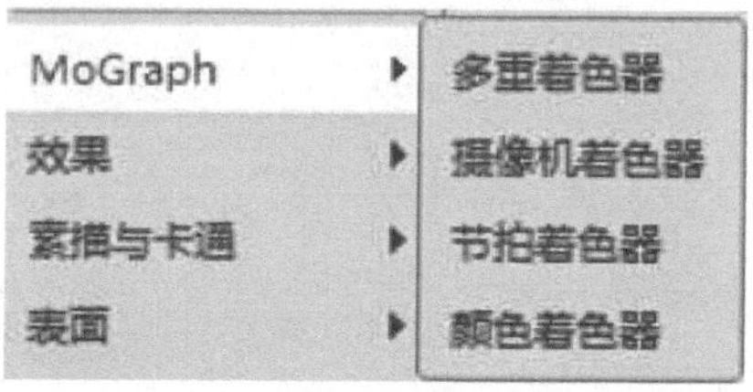

图 7-124

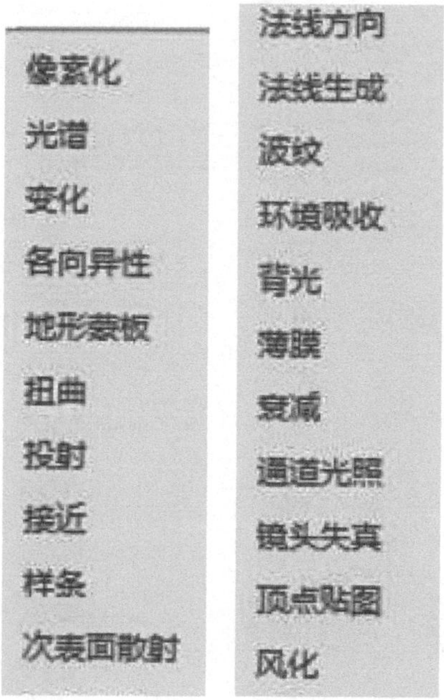

图 7-125

主要工具命令参数解释

光谱：多种颜色形成的渐变，如图 7-126 所示。

环境吸收：让模型在渲染时，阴影处更加明显。

衰减：用于制作带有颜色渐变的材质，如图 7-127 所示。

十二、素描与卡通

“素描与卡通”是制作卡通材质的贴图，由“划线”“卡通”“点状”和“艺术”4 种类型组成，如图 7-128 所示。

主要工具命令参数解释

划线：同一颜色的材质。

卡通：墨水效果的材质，如图 7-129 所示。

点状：形成点状效果，如图 7-130 所示。

艺术：形成纯黑色效果。

十三、表面

表面工具的作用是产生不同的纹理效果。“表面”贴图拥有许多纹理，能形成丰富的贴图效果，如图 7-131 所示。

主要工具命令参数解释

云：形成云朵效果，颜色可更改，如图 7-132 所示。

公式：形成波浪状效果，如图 7-133 所示。

地球：形成类似于地球图案的纹理，如图 7-134 所示。

大理石：形成大理石花纹效果，如图 7-135 所示。

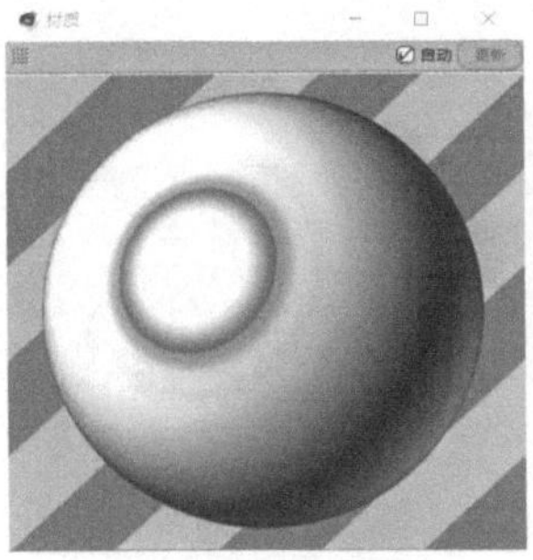

图 7-126

图 7-127

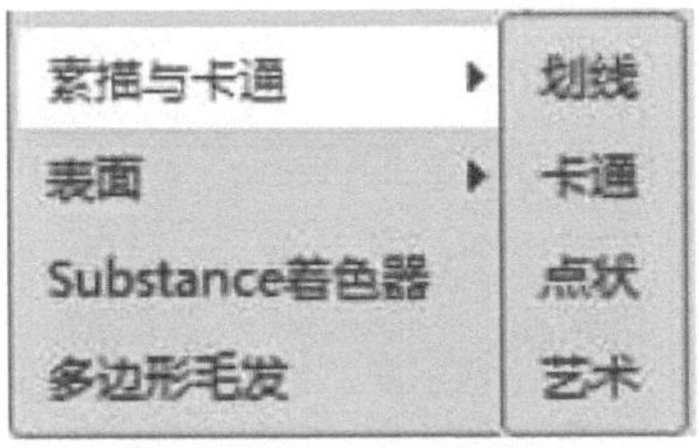

图 7-128

图 7-129

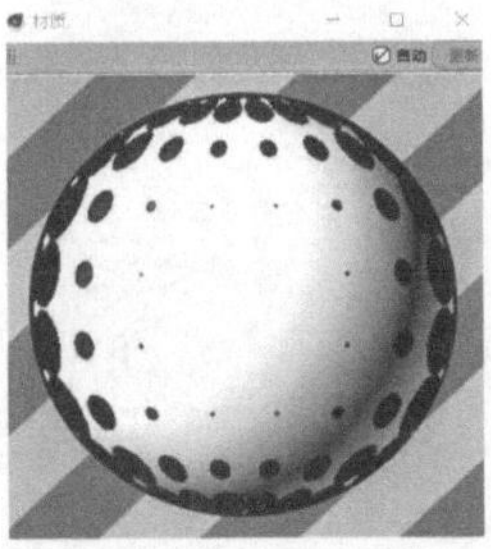

图 7-130

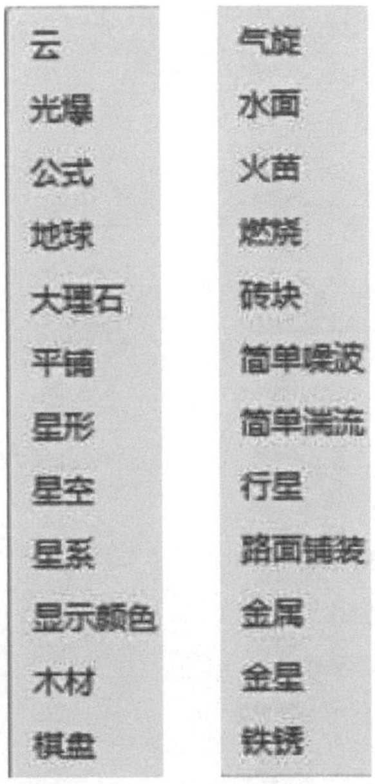

图 7-131

图 7-132

图 7-133

图 7-134

图 7-135

平铺：形成网格状贴图，常用于制作瓷砖和地板，如图 7-136 所示。

木材：形成木材纹理，如图 7-137 所示。

棋盘：形成黑白相间的方格纹理，如图 7-138 所示。

水面：用于制作水面的波纹效果，如图 7-139 所示。

砖块：形成砖块效果，常用于制作墙面和地面，如图 7-140 所示。

路面铺装：形成石块拼接效果，常用于制作地面，如图 7-141 所示。

铁锈：形成金属锈斑效果，如图 7-142 所示。

知识点：C4D 的贴图纹理坐标

将材质赋予模型后，在"对象"面板上就会出现材质的图标，单击这个图标，下方的"属性"面板会切换到该材质的"纹理标签"属性，如图 7-143 和图 7-144 所示。

"投射"选项中提供了贴图在模型上的显示方式，如图 7-145 所示。投射效果如图 7-146 至图 7-154 所示。

图 7-136

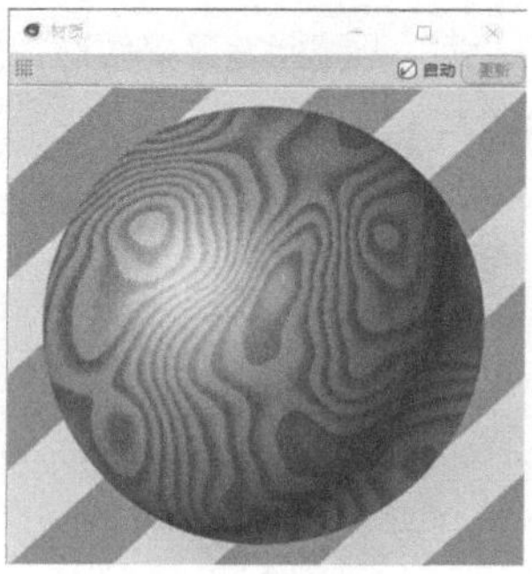

图 7-137

图 7-140

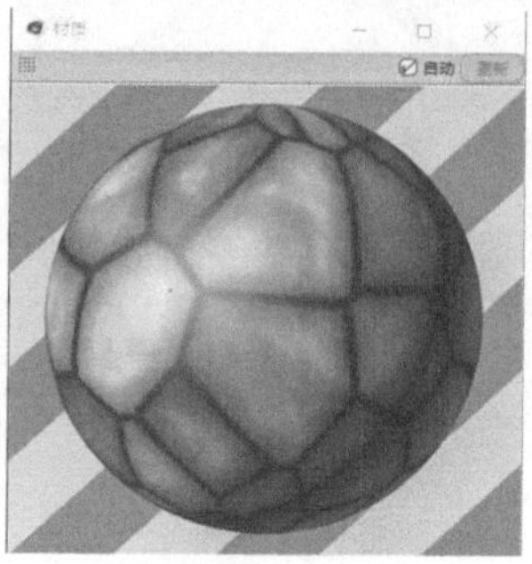

图 7-141

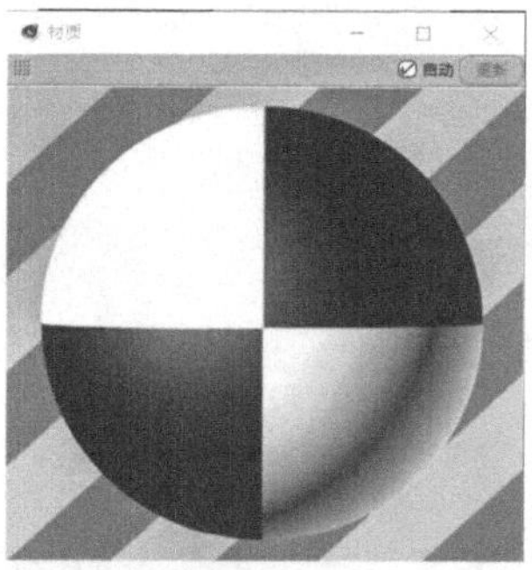

图 7-138

图 7-139

图 7-142

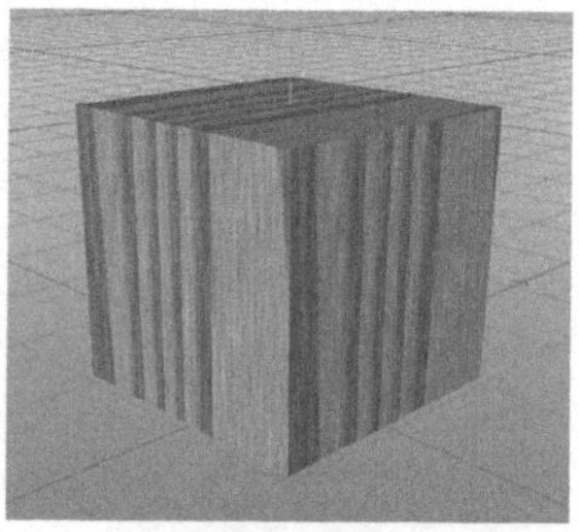

图 7-144

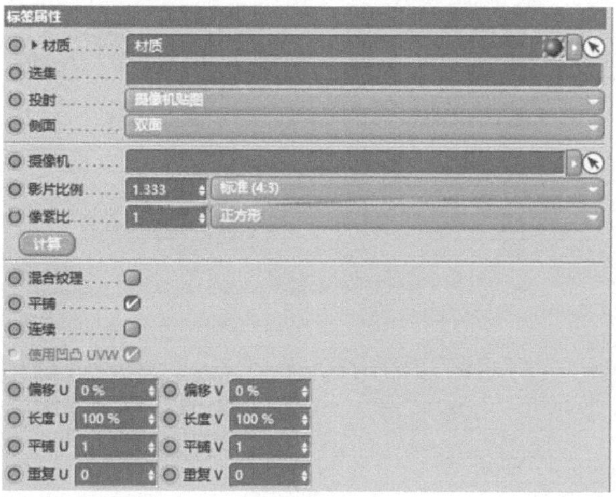

图 7-143

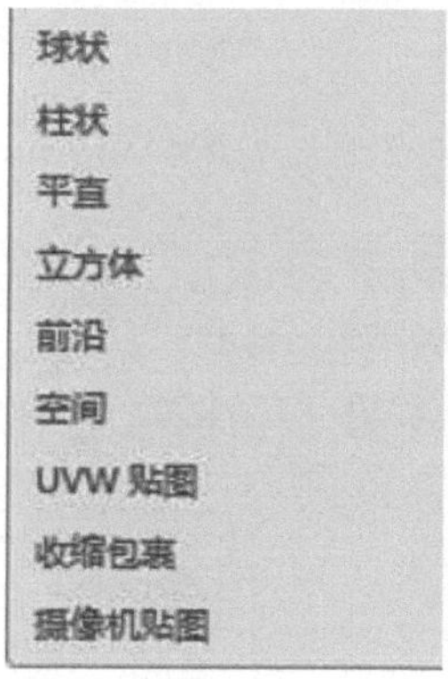

图 7-145

图 7-146（球状）

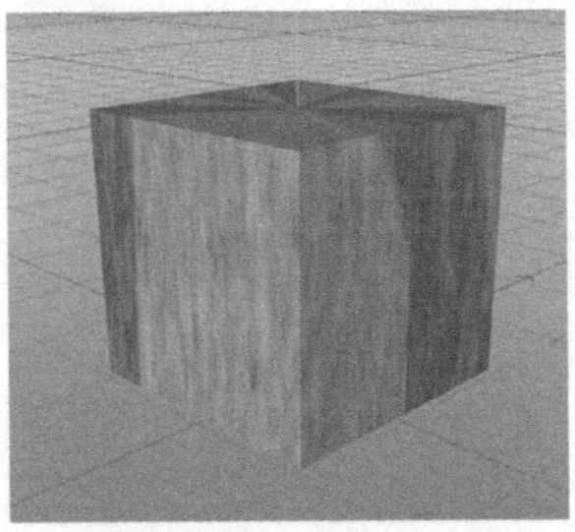
图 7-147（柱状）

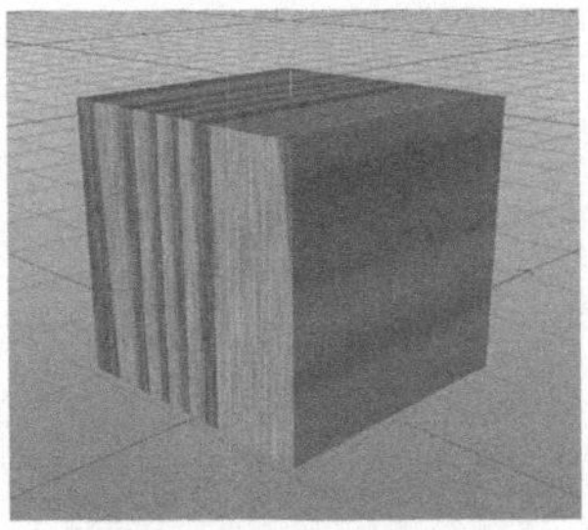
图 7-148（平直）

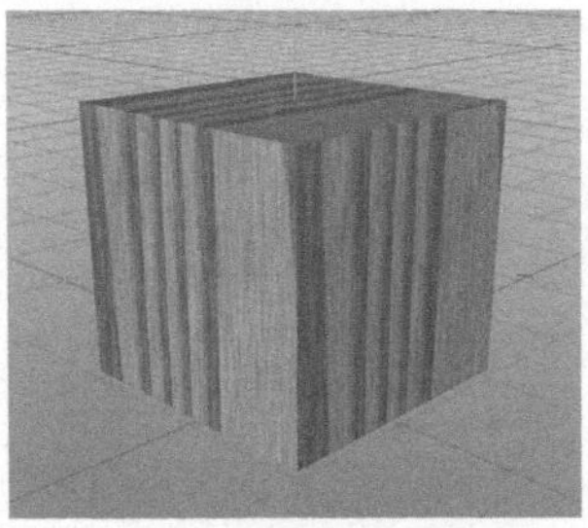
图 7-149（立方体）

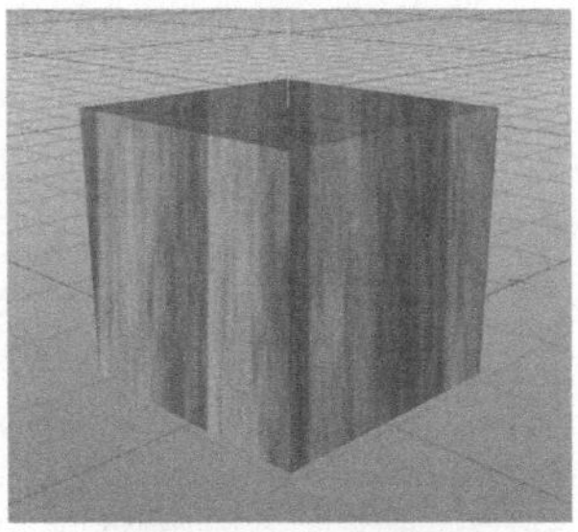
图 7-150（前沿）

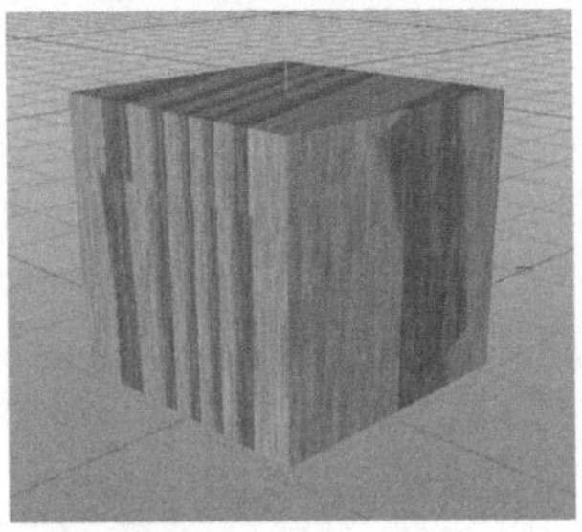
图 7-151（空间）

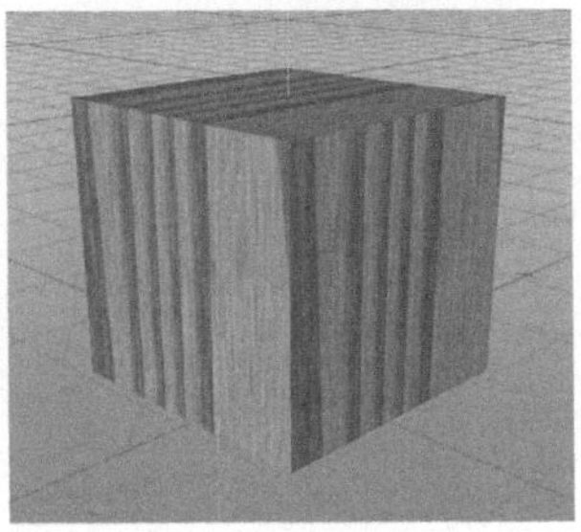
图 7-152（UVW 贴图）

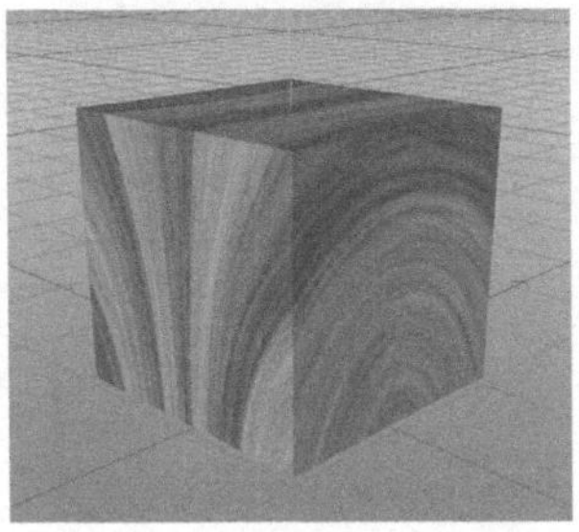
图 7-153（收缩包裹）

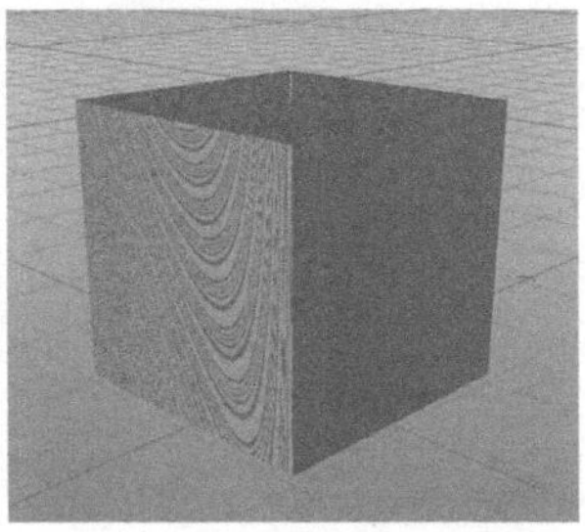
图 7-154（摄像机贴图）

偏移：设置贴图在模型上的位置。“偏移 U”为“横向移动”，“偏移 V”为“纵向移动”。

平铺：设置贴图在模型上的重复度。“平铺 U”为横向重复，“平铺 V”为“纵向重复”，如图 7-155 和图 7-156 所示。

图 7-155（平铺 U 5/平铺 V 5）　　图 7-156（平铺 U 8/平铺 V 8）

课堂练习 1：**制作洗面奶包装**

学习目标：掌握渐变贴图的使用方法。

（1）本案例需要模拟出渐变的效果，场景中已经建立好了摄像机和灯光，如图 7-157 所示。

图 7-157

（2）制作渐变材质。新建一个材质并命名为“渐变”，然后在“颜色”选项组的“纹理”通道中加载“渐变”贴图，如图 7-158 所示。

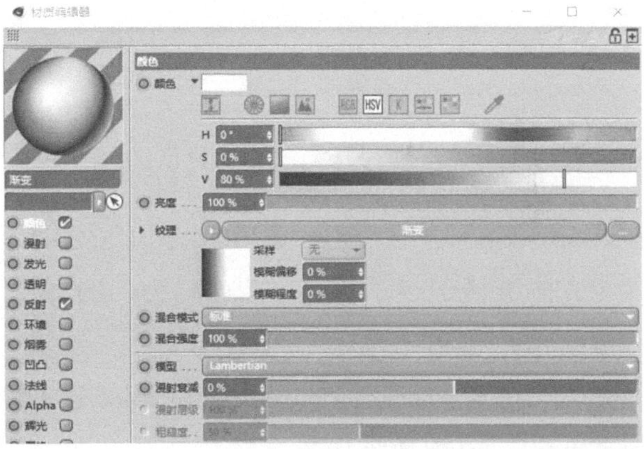
图 7-158

（3）双击“渐变”贴图的缩略图进入“着色器”选项卡，然后设置“渐变”的颜色为“（R：181，G：118，B：47）”，如图 7-159 所示。

（4）设置渐变的显示方向，如图 7-160 所示。

（5）在“反射”选项组中添加“GGX”，然后设置“粗糙度”为“8%”，“菲涅耳”为“绝缘体”，“预置”为“聚酯”，如图 7-161 所示。

图 7-159

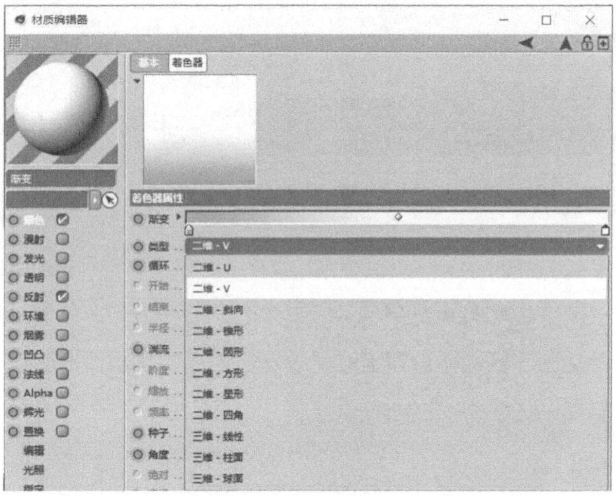

图 7-160

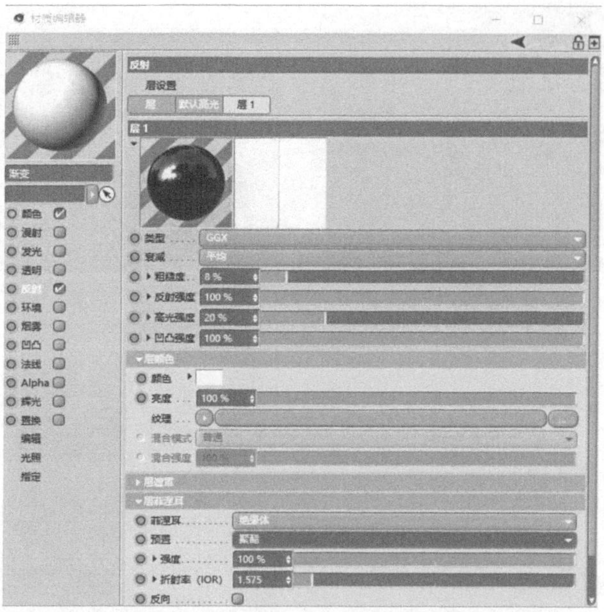

图 7-161

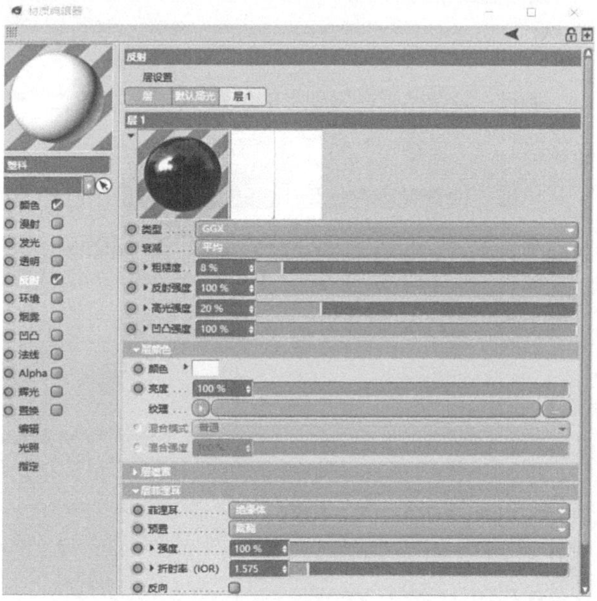

图 7-162

（6）设置塑料材质。颜色分别为“（R：253，G：253，B：253）”，在“反射”选项组中添加“GGX”，然后设置“粗糙度”为“8%”，“菲涅耳”为“绝缘体”，“预置”为“聚酯”，如图 7-162 所示。

（7）将材质赋予相应的模型，然后渲染场景，最终效果如图 7-163 所示。

课堂练习 2：**制作木盒包装**

学习目标：掌握木材纹理贴图的使用方法。

（1）场景中已经建立好了摄像机和灯光，如图 7-164 所示。

（2）制作木材纹理材质。新建一个材质并命名为“木材”，然后在“颜色”选项组的“纹理”通道中加载“表面”—“木材”贴图，如图 7-165 所示。

图 7-163

图 7-164

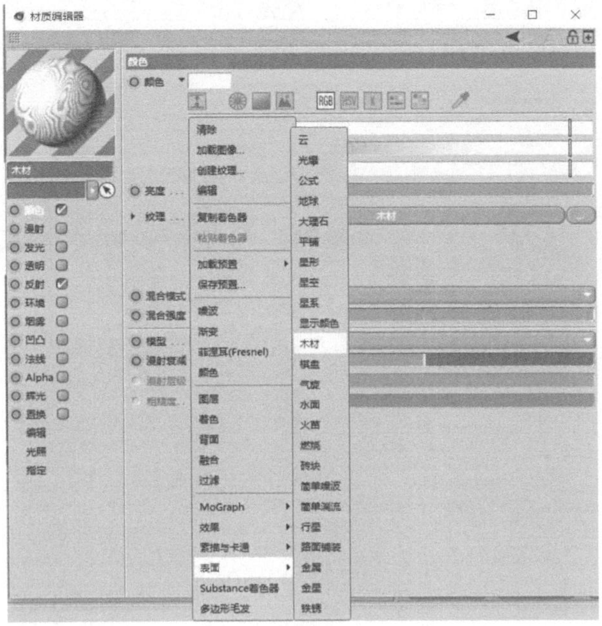

图 7-165

（3）双击“木材”贴图的缩略图进入“着色器”选项卡，然后设置“木材”的“类型”为“松木”，如图 7-166 所示。

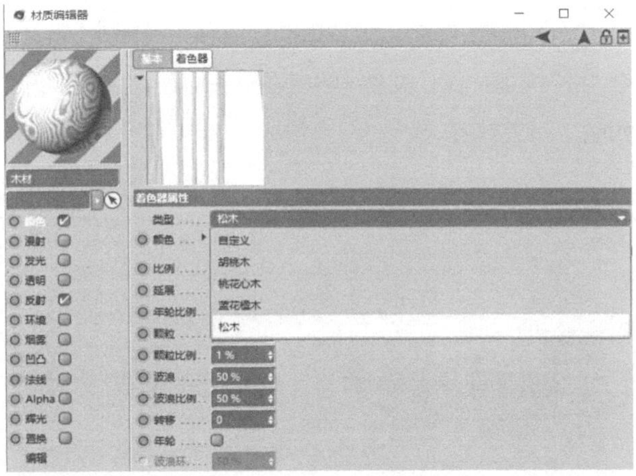

图 7-166

（4）在“反射”选项组中添加“GGX”，然后设置“粗糙度”为“40%”，“菲涅耳”为“绝缘体”，“预置”为“聚酯”，如图 7-167 所示。

（5）将材质赋予相应的模型，然后渲染场景，最终效果如图 7-168 所示。

课堂练习 3：**制作绒布首饰包装**

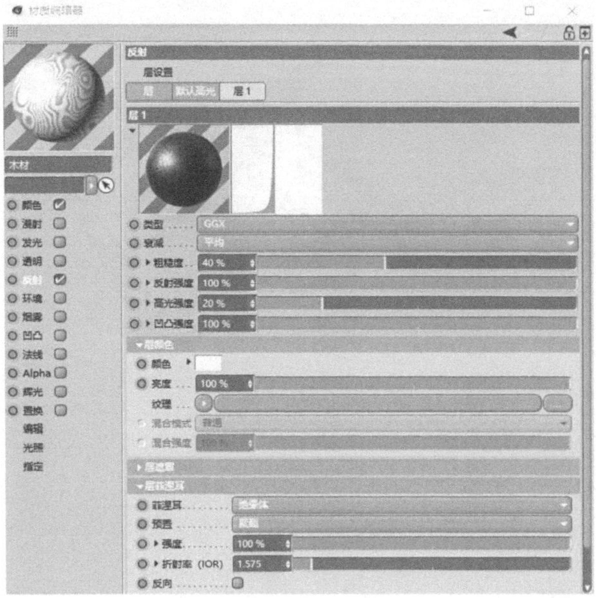

图 7-167

图 7-168

学习目标：掌握菲涅耳贴图的使用方法。

（1）本案例是一个首饰盒，需要模拟出绒布的效果。场景中已经建立好了“地面”“摄像机”和“灯光”，如图 7-169 所示。

（2）制作绒布材质。新建一个材质并命名为“绒布”，然后在“颜色”选项组的“纹理”通道中加载“菲涅耳”贴图，如图 7-170 所示。

（3）双击“菲涅耳”贴图的缩略图进入“着色器”选项卡，然后设置“渐变”的颜色为“（R：194，G：

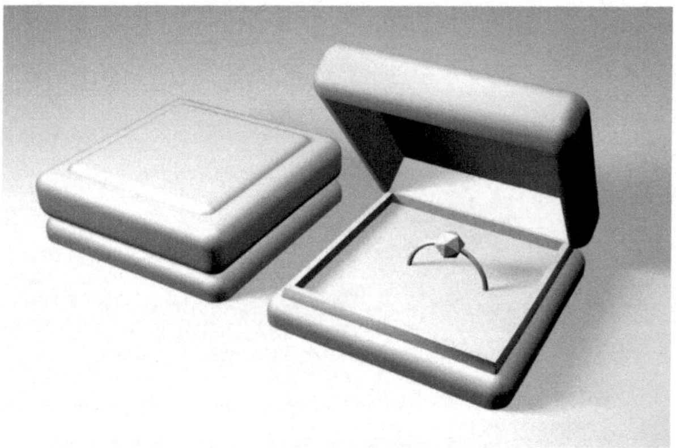

图 7-169

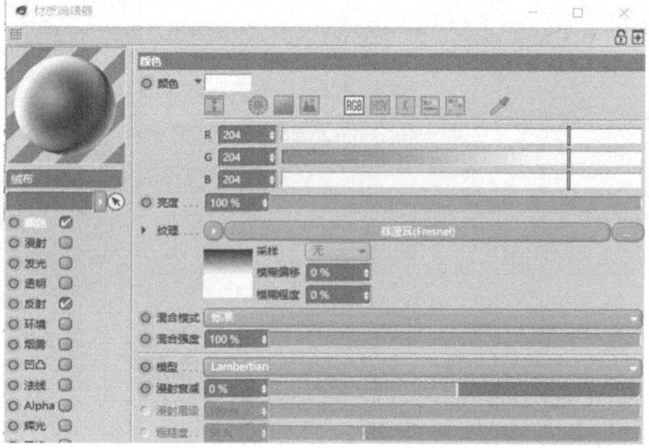

图 7-170

166，B：140）”，如图 7-171 所示。

（4）在“反射”选项组中加载“GGX”，然后设置“粗糙度”为“70%”，“高光强度”为“30%”，“菲涅耳”为“绝缘体”，如图 7-172 所示。

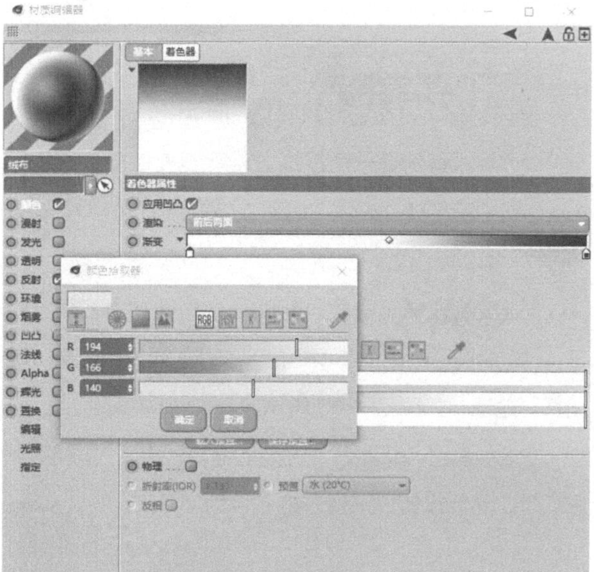

图 7-171

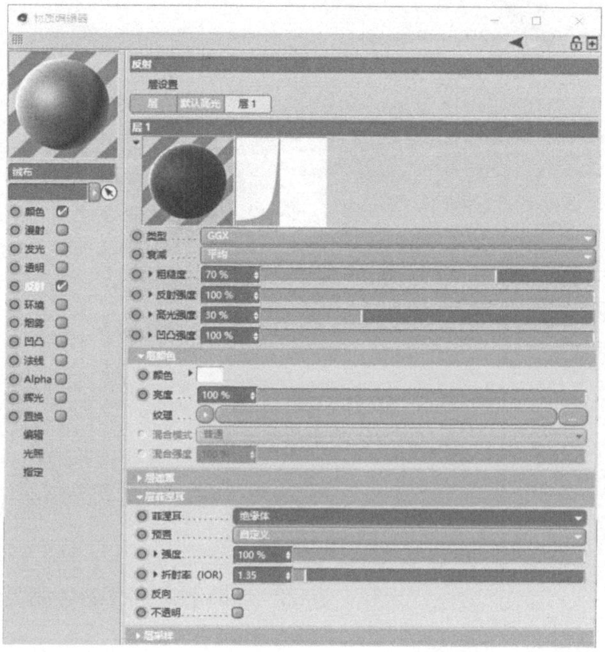

图 7-172

（5）在“凹凸”选项组的“纹理”通道中加载一个“绒布贴图.jpg”文件，然后设置“强度”为“40%”，如图 7-173 所示。

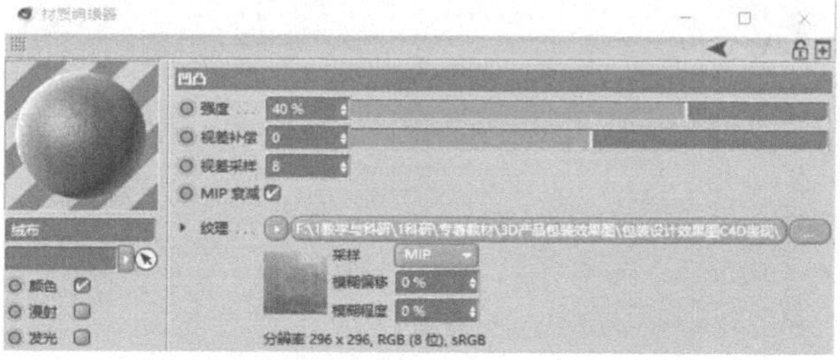

图 7-173

（6）设置金属材质。新建一个材质，然后在“反射”选项组中添加“GGX”，接着设置“粗糙度”为

"20%"，"菲涅耳"为"导体"，"预置"为"铝"，如图 7-174 所示。

（7）将材质赋予相应的模型，然后渲染场景，最终效果如图 7-175 所示。

课后习题 1：**制作塑料包装**

课后习题 2：**制作玻璃包装**

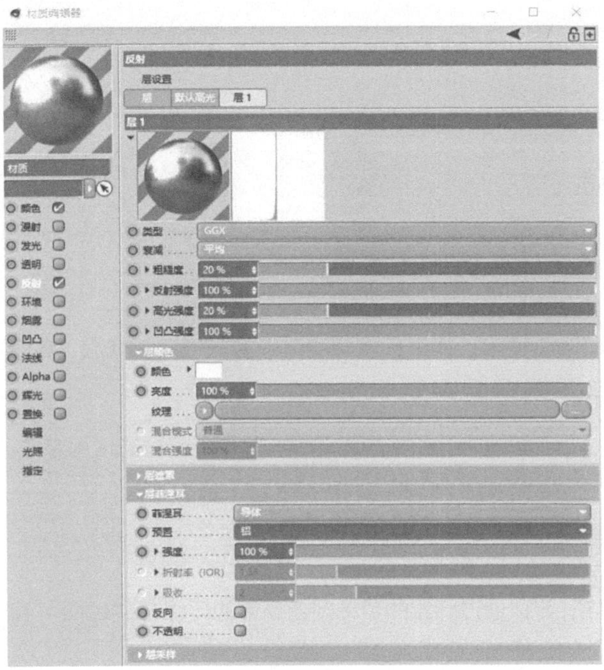

图 7-174

图 7-175

第八章　环境与渲染

本章将讲解 C4D 的环境技术和渲染技术。通过环境功能可以为场景添加地面、背景和环境光等，通过渲染功能则可以将设置好的场景渲染成效果图。

教学目标：掌握环境的添加方法，了解渲染器的类型和工具，掌握渲染器的使用方法。

第一节　环境工具介绍

长按“常用工具栏”的“地面”按钮，可以通过弹出的菜单创建场景的环境，如“地面”“背景”和“天空”等，如图 8-1 所示。

图 8-1

一、地面

单击“地面”按钮，会在场景中创建一个平面，如图 8-2 所示。

“地面”工具与“平面”工具 相似，所创建的都是一个平面，但不同的是，“地面”是无限延伸的、没有边界的平面，如图 8-3 和图 8-4 所示。使用“地面”工具时，只需要调节位置，不需要调节大小。

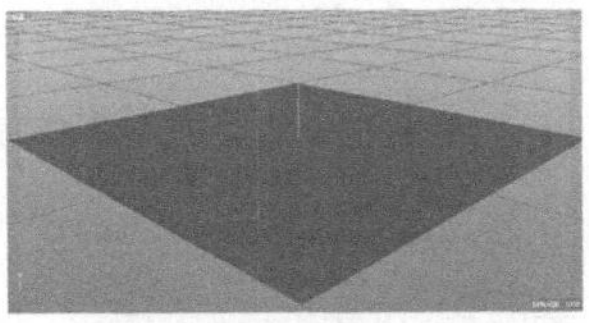

图8-2

二、天空

“天空”工具用于在场景中建立一个无限大的球体来包裹场景，类似于现实中的天空，如图8-5所示。图中容器和平面以外的部分都显示为天空。“天空”常被赋予HDRI贴图，作为场景的环境光和环境反射使用。

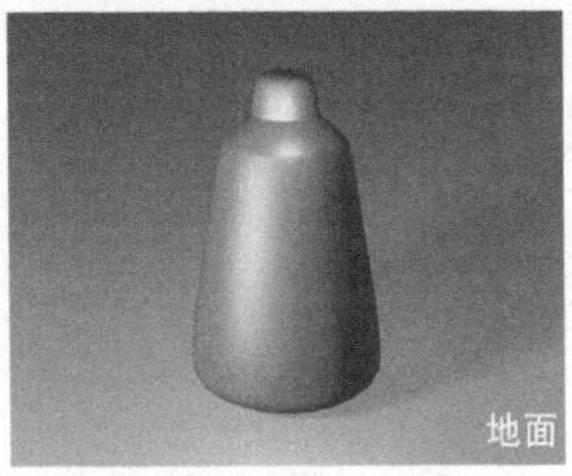

图8-3

HDRI拥有比普通RGB格式图像更大的亮度范围，渲染得到的效果更真实美观。

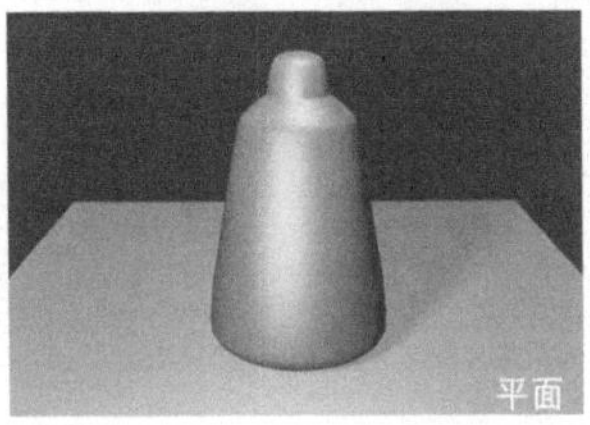

图8-4

在材质的“发光”选项的“纹理”通道中加载HDRI贴图，然后赋予“天空”，这样天空就能360°照亮整个场景。HDRI贴图上丰富的内容还可以为场景中的高反射物体提供反射内谷，增加场景的真实度。

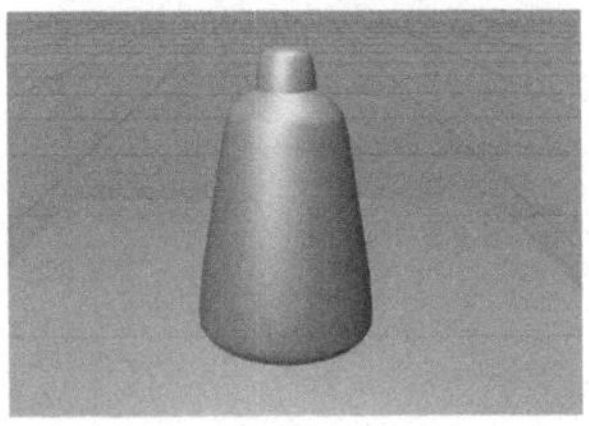

图8-5

除了可加载外部的HDRI贴图，C4D R18也预置了一些HDRI材质和贴图，方便用户快速调用。点击菜单栏“窗口”，在“内容浏览器”（快捷键为Shift+F8）中选择“预置”选项，然后选择“Visualize”选项，接着选择“Presets”选项，再选择“Light Setups”选项，最后选择“HDRI”选项，里面会出现预置的HDRI材质和贴图，如图8-6所示，直接将材质赋予相应的模型即可。

课堂练习：为场景添加环境光

学习目标：掌握地面和天空的添加方法。

（1）本案例需要为场景添加地面和天空，并为天空赋予HDRI贴图。场景中已经建立了摄像机、灯光和材质，如图8-7所示。

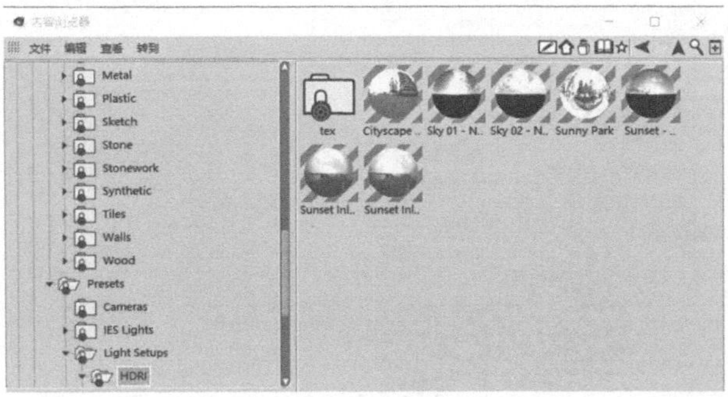

图8-6

图8-7

（2）单击“地面”按钮，在场景中创建一个地面，并创建一个深灰色的默认材质，然后赋予“地面”模型，效果如图8-8所示。

（3）单击“天空”按钮，在场景中创建天空，渲染效果如图8-9所示。容器的玻璃反射了“天空”默认的灰蓝色，但还是缺少反射的细节。

图8-8

（4）新建一个材质，然后在“发光”选项组的“纹理”通道中加载“HDRI”文件为场景添加环境光，如图8-10所示。

提示：在“发光”选项组加载HDRI贴图时，需要取消勾选“颜色”和“反射”选项。

图8-9

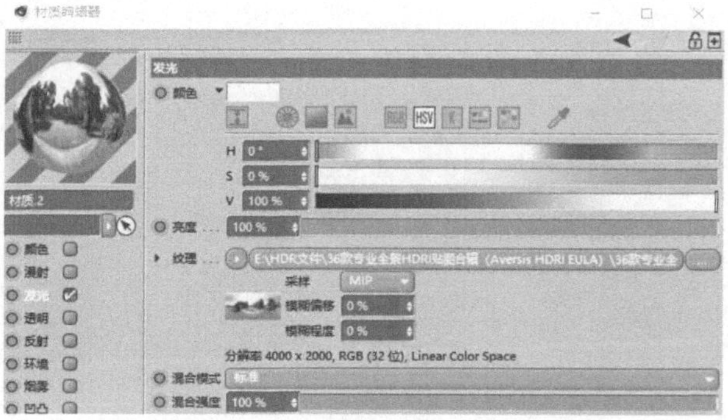

图 8-10

（5）将材质赋予“天空”模型，然后渲染效果，如图 8-11 所示。此时玻璃容器表面反射了 HDRI 贴图的纹理，使整个场景看起来更加真实。

当镜头与地面的夹角变小时，会在镜头中看到添加了 HDRI 贴图的天空，渲染效果如图 8-12 所示。

无论是在场景视口还是在渲染效果中，都可以看到添加了 HDRI 贴图的天空。如何才能既不显示也不渲染出天空？这就需要使用“合成”标签。

在“对象”面板中选中“天空”选项，然后单击鼠标右键，接着在菜单的“CINEMA 4D 标签”中选择“合成”选项，如图 8-13 所示。此时“天空”选项的后面会出现“合成”图标，如图 8-14 所示。

图 8-11

图 8-12

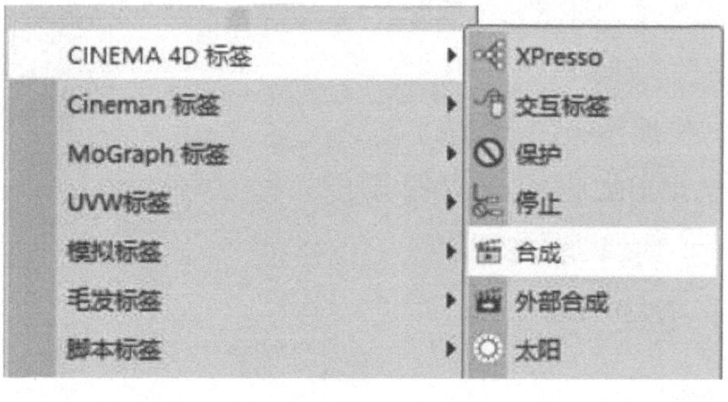

图 8-13

选中“合成”标签的按钮，然后在下方的“标签属性”选项卡中取消勾选“摄像机可见”选项，此时视口中天空模型消失，如图 8-15 和图 8-16 所示。渲染场景效果如图 8-17 所示。取消勾选该选项后，不仅在视口中不会显示天空，在渲染图中也不会显示，但模型上还是保留了反射的细节，如图 8-18 所示。

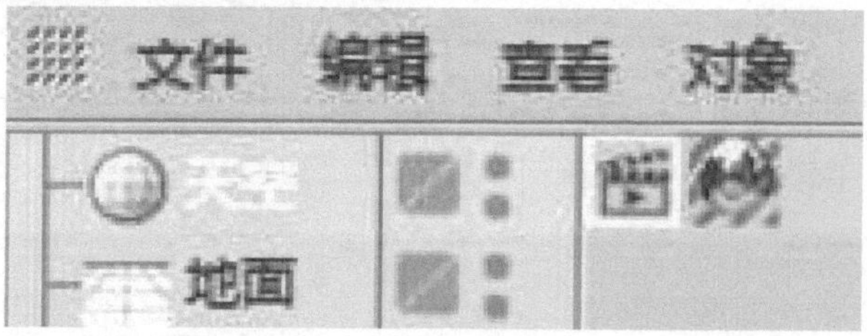

图 8-14

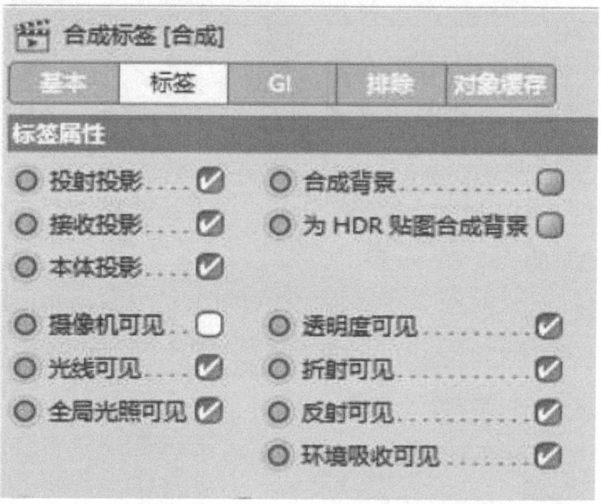

图 8-15

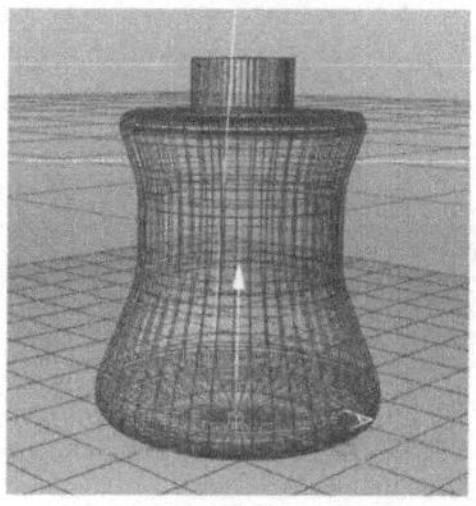

图 8-16

图 8-17

图 8-18

三、物理天空

“物理天空”工具与“天空”工具一样，用于创建一个包裹场景的球体，如图 8-19 所示。

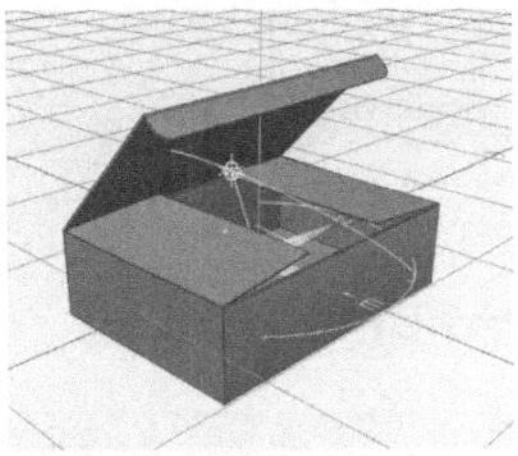

图 8-19

通过“属性”面板可以设置天空的光照效果，如图 8-20 所示。

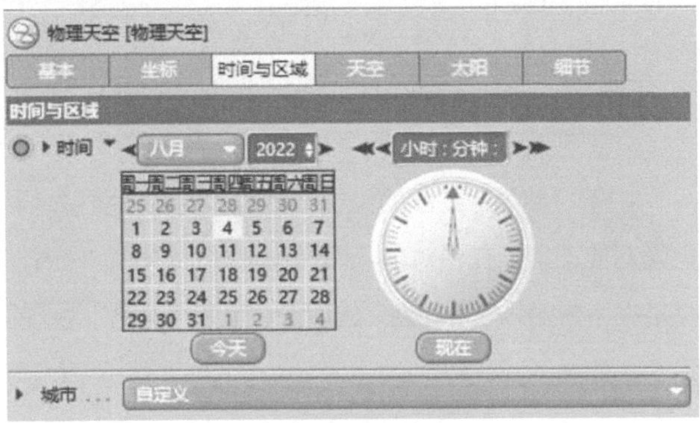

图 8-20

主要工具命令参数解释

时间：设置天空在特定时间呈现的颜色、亮度和光影关系，如图 8-21 和图 8-22 所示。

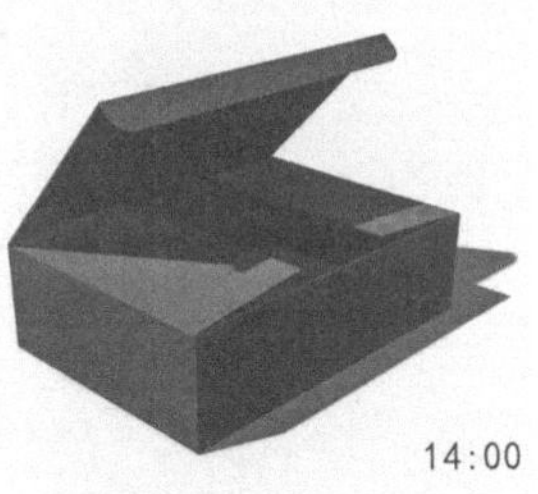

图 8-21

图 8-22

城市：设置所在城市的天空颜色、亮度和光影关系，如图 8-23 和图 8-24 所示。

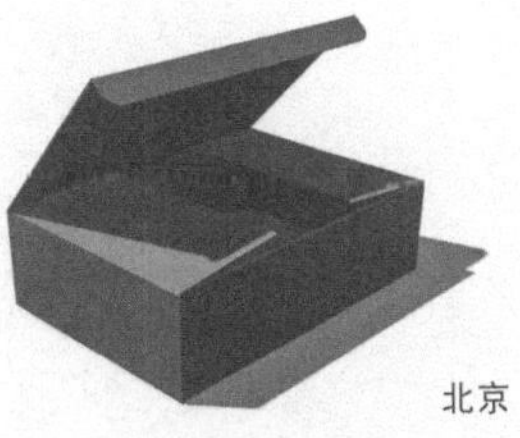

图 8-23

8-24

颜色暖度：设置天空的冷暖效果，如图 8-25 和图 8-26 所示。

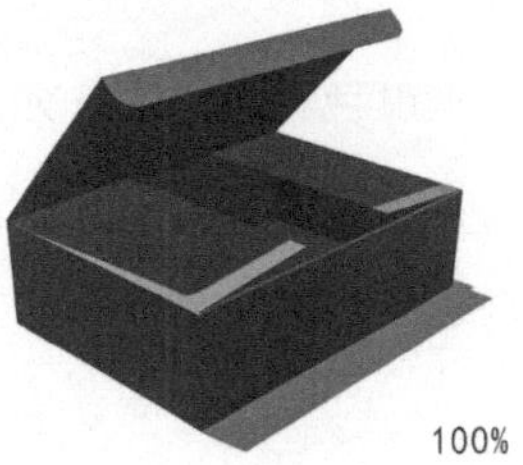

图 8-25

图 8-26

强度：设置天空的亮度，如图 8-27 和图 8-28 所示。

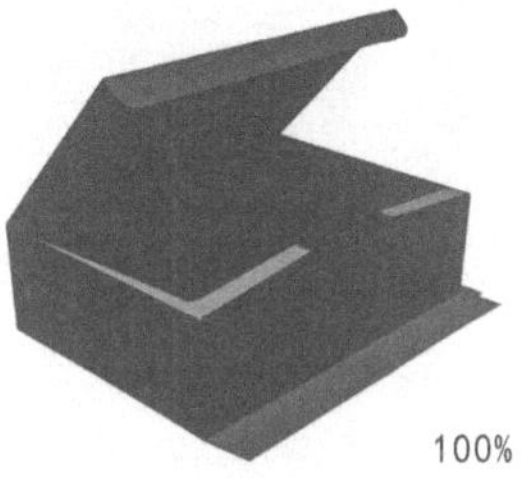

图 8-27

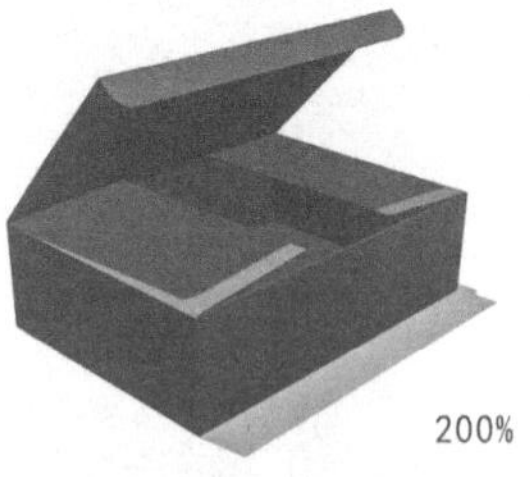

图 8-28

浑浊：设置天空的浑浊度，效值越大，天空颜色越亮，如图 8-29 和图 8-30 所示。

图 8-29

图 8-30

预览颜色：设置太阳的颜色。

强度：设置太阳光的强度，如图 8-31 和图 8-32 所示。

图 8-31

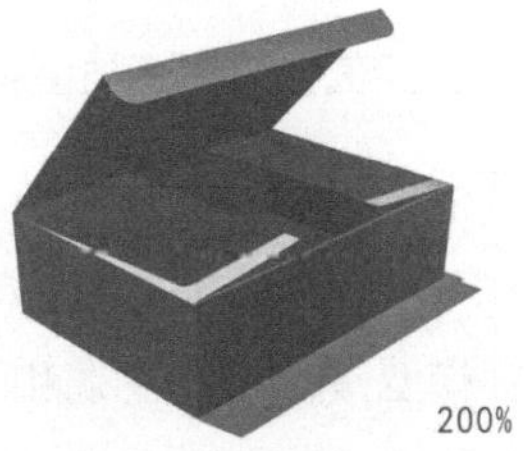

图 8-32

自定义太阳对象：将场景内的其他灯光作为太阳光照亮场景。

四、环境

“环境”工具用于设置环境颜色和雾效果，如图 8-33 所示。

“环境”工具的“对象属性”选项卡参数如图 8-34 所示。

图 8-33

图 8-34

主要工具命令参数解释

环境颜色：设置环境的颜色，如图 8-35 和图 8-36 所示。

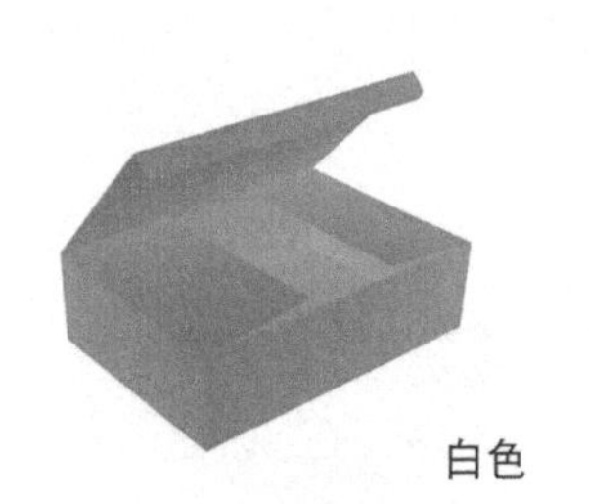

图 8-35

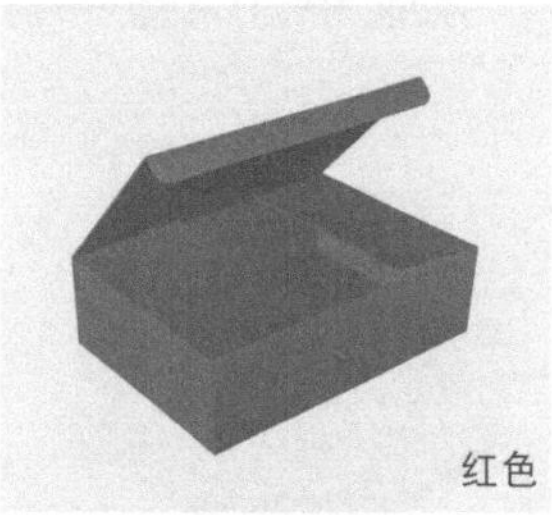

图 8-36

环境强度：设置环境颜色的显示强度。

启用雾：勾选后开启雾效果。

颜色：设置雾的颜色。

强度：设置雾的浓度。

距离：设置雾与镜头之间的距离。

五、背景

“背景”工具用于设置场景的整体背景，它没有实体模型，只能通过材质和贴图进行表现，如图 8-37 所示。

知识点：融合地面与背景

在制作一些场景时，需要将地面部分与背景融为一体，形成无缝效果，使用“背景”工具与“合成”标签即可实现。

为“地面”和“背景”加载同样的贴图，如图 8-38 所示。

图 8-37

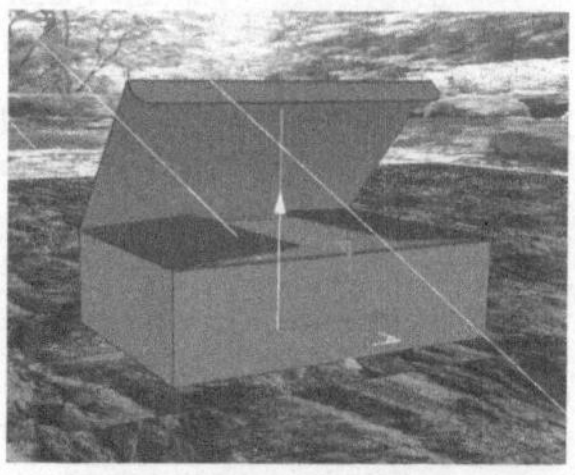

图 8-38

由于“地面”贴图的坐标不合适，导致地面和背景贴图对应不上。在“对象”面板中选择“地面”材质，然后在下方的“标签属性”选项卡中设置“投射”为“前沿”，如图 8-39 所示。

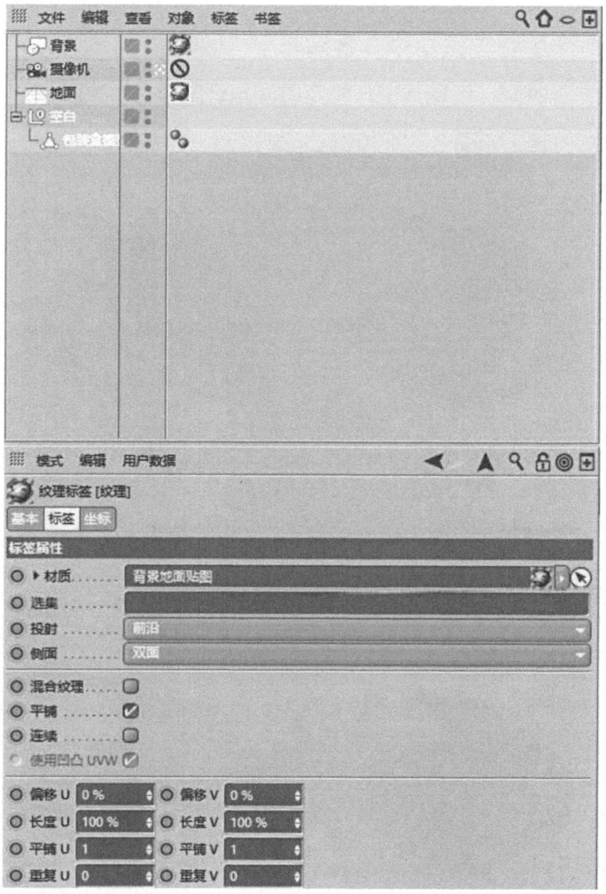

图 8-39

现在无论怎样移动和旋转视图，地面与背景都呈现无缝效果，渲染效果如图 8-40 所示。

图 8-40

观察渲染的效果，地面和背景虽然连接上了，但还是有明显的分界。选中“地面”选项，然后添加“合成”标签，接着勾选“合成背景”选项，如图 8-41 所示。场景效果如图 8-42 所示。

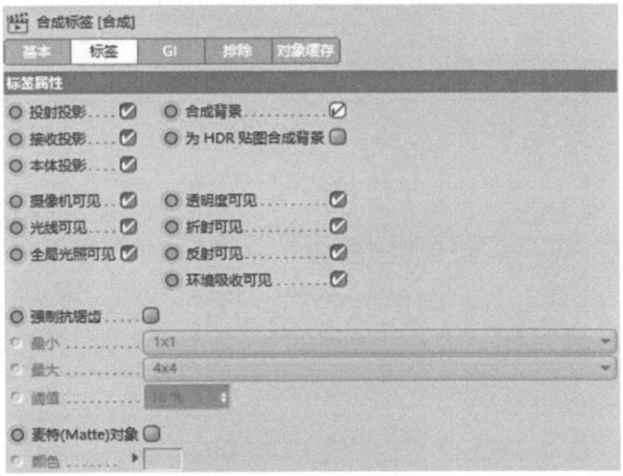

图 8-41

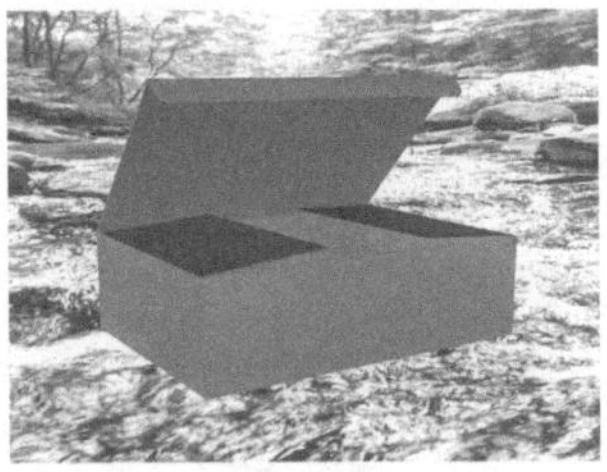

图 8-42

六、背景图片

在“属性”面板执行“模式”—“视图设置”菜单命令，然后选择“背景”选项卡，就可以在视图中加载背景图片，如图 8-43 所示。

提示：“背景”选项卡只有在二维视图中才会被激活，如前视图、顶视图和右视图，如图 8-44 所示。在透视视图中，“背景”选项卡处于非激活状态，不能加载背景图片。

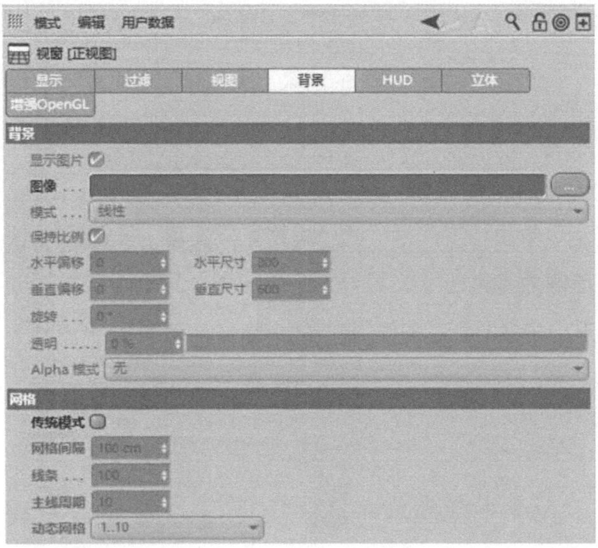

图 8-43

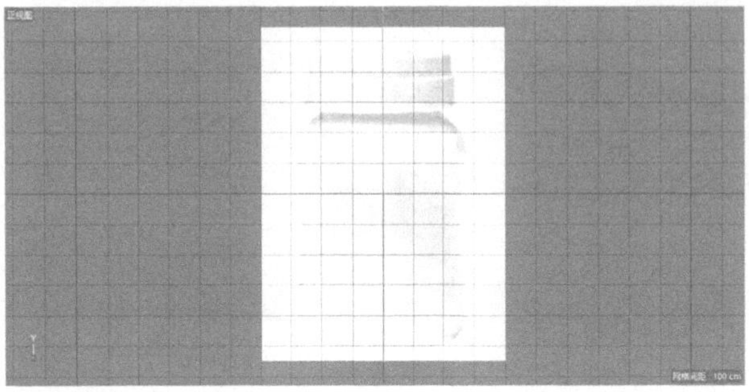

图 8-44

主要工具命令参数解释

图像：加载背景图片的通道。

保持比例：勾选后调整图片会按照原有比例进行放大或缩小。

水平偏移 / 垂直偏移：左右或上下移动图片的位置。

旋转：旋转图片的角度。

透明：设置背景图片的透明度。在照片建模时，会降低背景图片的透明度以方便用户绘制，如图 8-45 所示。

图 8-45

第二节 渲染

本节将讲解 C4D 的渲染器类型和渲染工具的基础知识。

一、渲染器类型

单击“工具栏”的“编辑渲染设置”按钮（快捷键为 Ctrl+B），打开“渲染设置”面板，在面板的左上角会显示当前使用的渲染器类型，如图 8-46 所示。

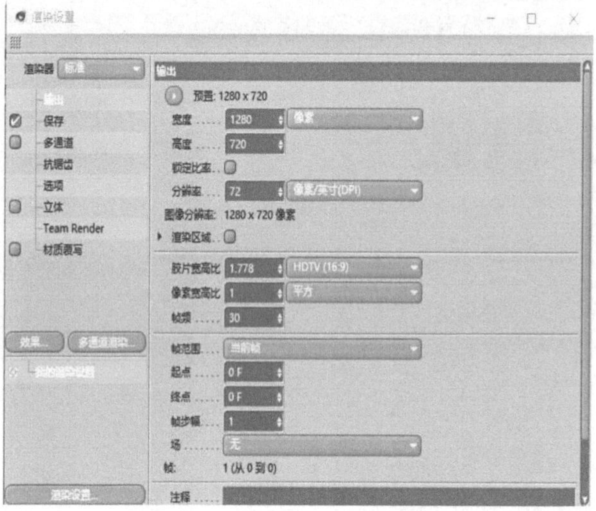

图 8-46

单击“渲染器”的下拉菜单会显示 C4D 内置的渲染器类型，如图 8-47 所示。

图 8-47

主要工具命令参数解释

标准：常用的渲染器之一，可以满足大部分场景的渲染。

物理：除去“标准”渲染器的功能外，还可以渲染景深和运动模糊效果。

二、渲染工具

“常用工具栏”提供了两种渲染工具：一种是“渲染活动视图”工具（快捷键为 Ctrl+R），另一种是“渲染到图片查看器”工具（快捷键为 Shift+R），如图 8-48 所示。

图 8-48

（一）渲染活动视图

单击“渲染活动视图”按钮，会在视口中直接显示渲染效果，如图 8-49 所示。单击渲染视口，渲染效果随即消失，切换为普通场景的状态。

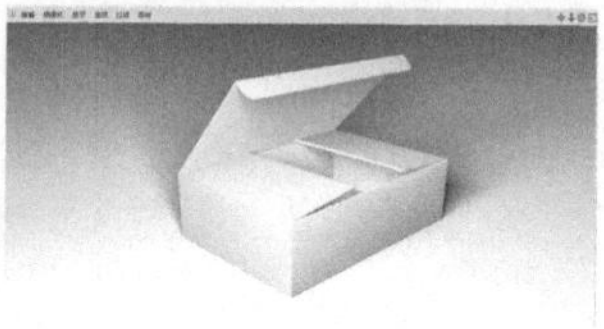

图 8-49

（二）渲染到图片查看器

单击“渲染到图片查看器”按钮，会弹出“图片查看器”面板，并显示渲染效果，如图 8-50 所示。

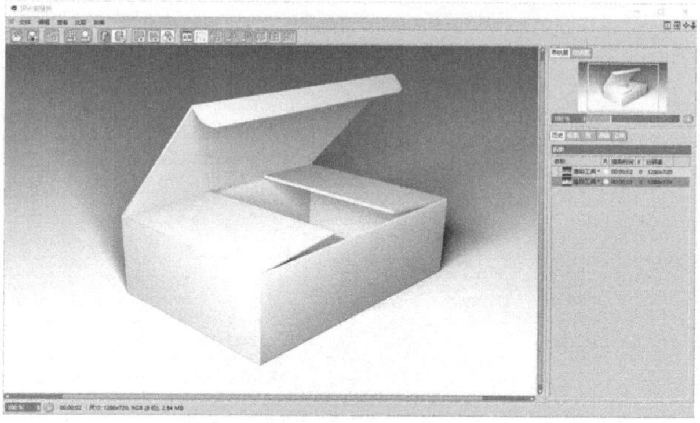

图 8-50

主要工具命令参数解释

打开：打开现有图片。

另存为：保存渲染的图片，单击该按钮后会弹出“保存”对话框，如图 8-51 所示。

类型：选择保存的类型，有“静帧”和“已选静帧”两个选项。

格式：设置渲染图片保存的格式，如图 8-52 所示。

深度：设置渲染图片的颜色深度。

DPI：设置图片的 DPI 值。

使用滤镜：勾选此选项后，在“滤镜”选项卡中设置的效果才会被保存，否则保存的图片只显示渲染效果。

停止渲染：停止当前渲染进程，快捷键为 Esc 键。

转换十字形 HDRI：将当前渲染图片保存为十字形 HDRI 图片。

转换球形 HDRI：将当前渲染图片保存为球形 HDRI 图片。

清除缓存：清除全部缓存图片。

AB 比较：单击该按钮后，可以对两张渲染图片进行比较。

导航器：图片在查看器中的显示比例。

历史：显示所有渲染的图片缓存，如图 8-53 所示。

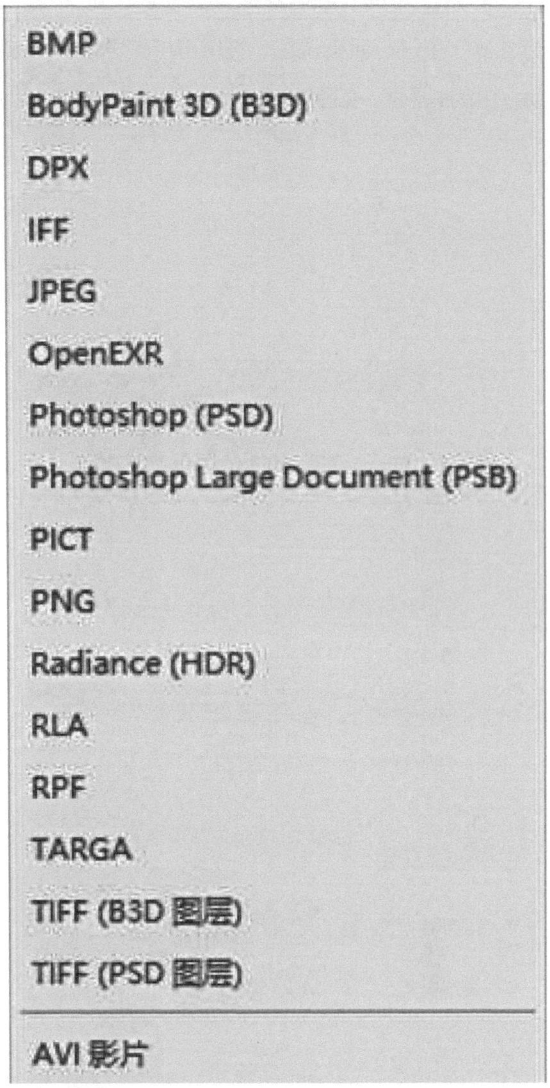

图 8-52

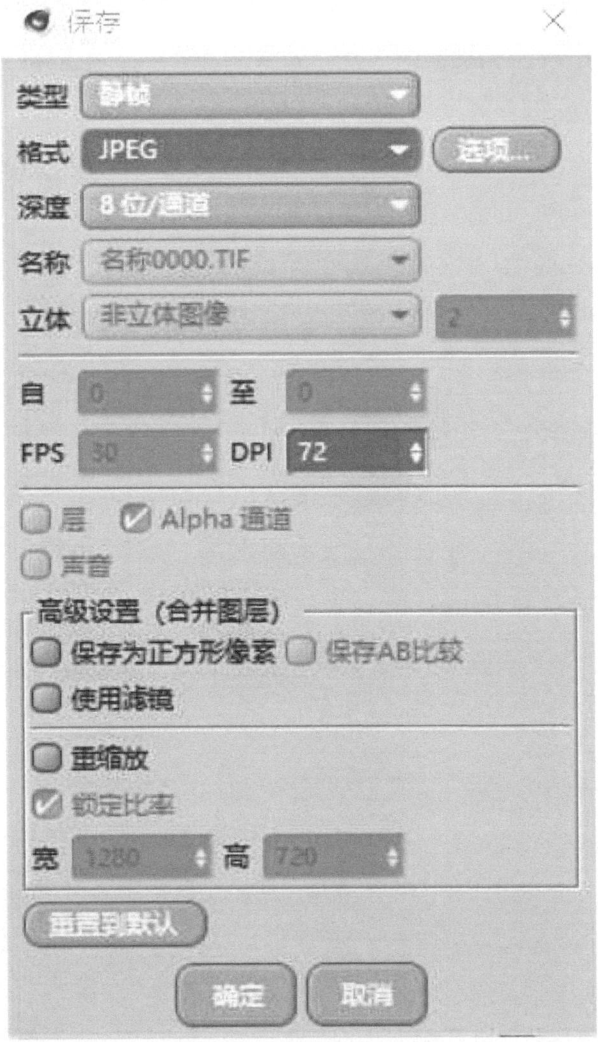

图 8-51

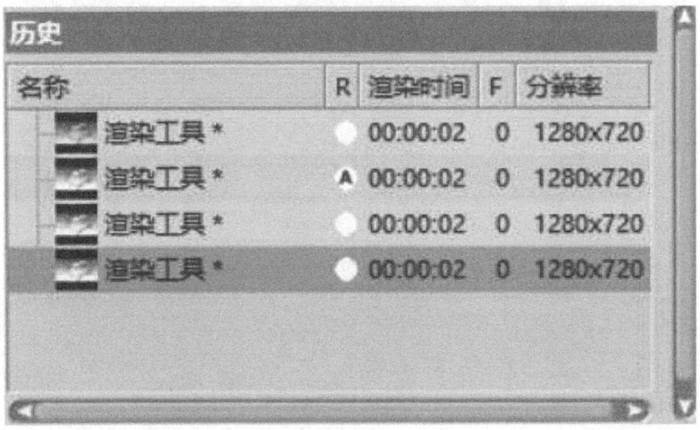

图 8-53

信息：显示渲染图片的信息，如图 8-54 所示。

层：多通道渲染时，会显示每个层级，如图 8-55 所示。

滤镜：勾选“激活滤镜”选项后，可以在“图片查看器”中进行后期调色，不用再将其导入 Photoshop 中单独调整，如图 8-56 所示。

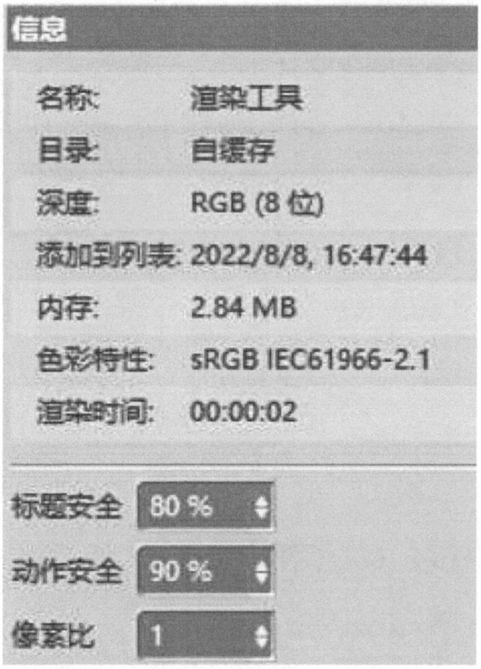

图 8-54

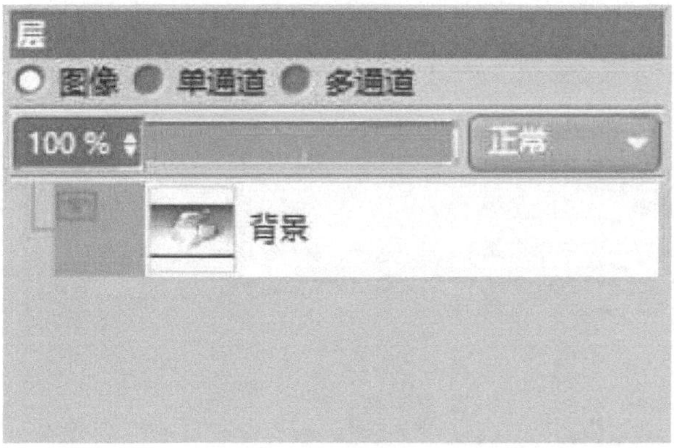

图 8-55

第三节 渲染器

C4D 常用的内置渲染器是“标准”和“物理”，这两个渲染器的选项面板基本相同，如图 8-57 和图 8-58 所示。本节将讲解这些选项面板的使用方法。

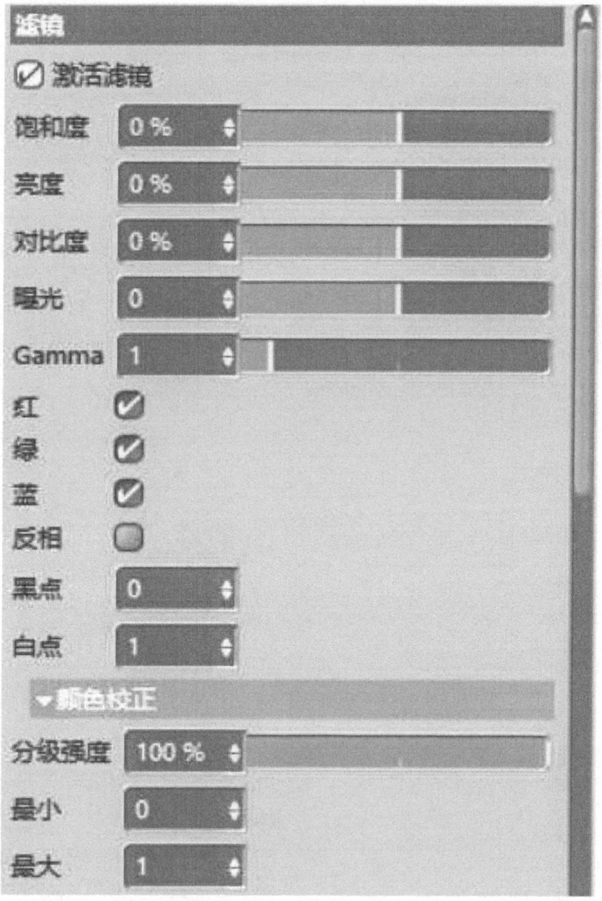

图 8-56

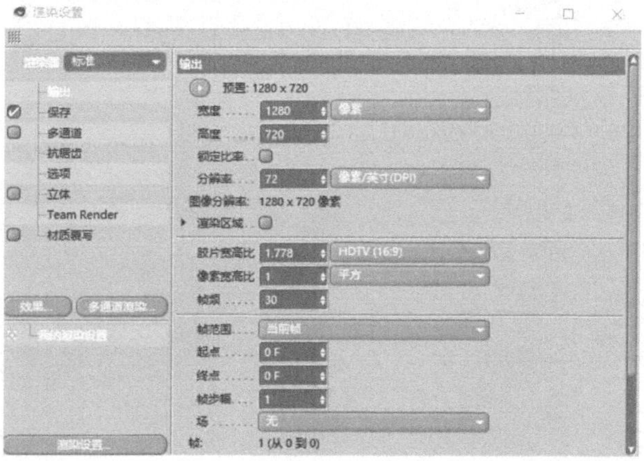

图 8-57

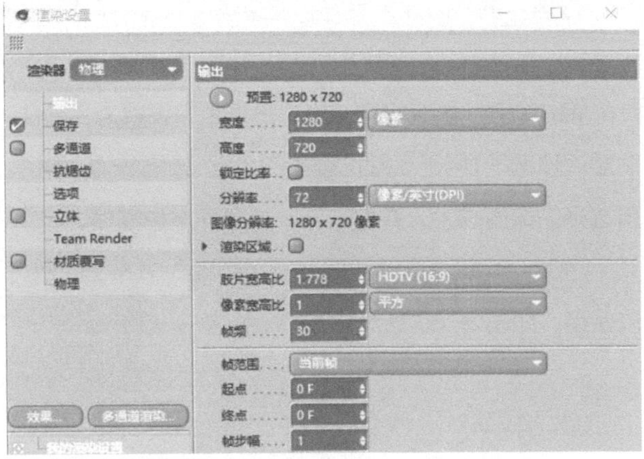

图 8-58

一、输出

“输出”选项组用于设置渲染图片的尺寸、图片比例以及渲染帧范围，如图 8-59 所示。

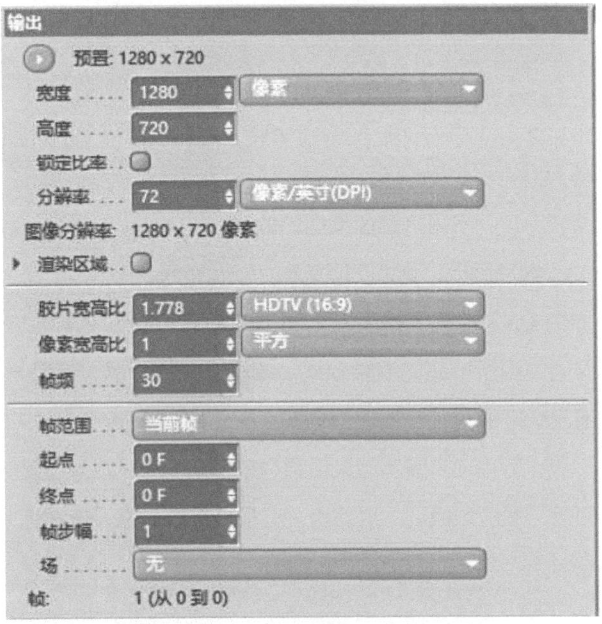

图 8-59

主要工具命令参数解释

宽度 / 高度：设置图片的宽度和高度，默认单位为“像素”，也可以使用“厘米”“英寸”和“毫米”等单位。

锁定比率：勾选该选项后，无论修改“宽度”还是“高度”的数值，另一个效值都会根据“胶片宽高比”进行更改。

分辨率：设置图片的分辨率。

渲染区域：勾选该选项后，会在下方设置渲染区域的大小，如图 8-60 所示。

图 8-60

胶片宽高比：设置画面的宽度与高度的比例。

帧频：设置动画播放的帧率。

帧范围：设置渲染动画时的帧起始范围。

帧步幅：设置渲染动画的帧间隔，默认的“1”表示逐帧渲染。

二、保存

“保存”选项组用于设置渲染图片的保存路径和格式，如图 8-61 所示。

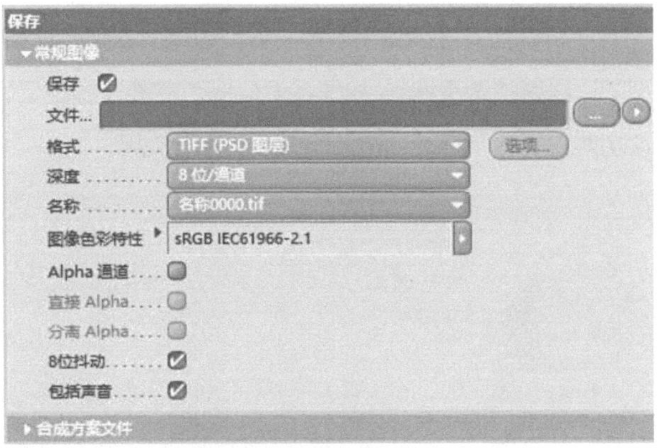

图 8-61

主要工具命令参数解释

文件：设置图片的保存路径。

格式：设置图片的保存格式。

深度：设置图片的深度。

名称：设置图片的保存名称。

Alpha 通道：勾选后，图片会保留透明信息。

三、多通道

“多通道”选项组用于将图片渲染为多个图层，方便在后期软件中进行调整，如图 8-62 所示。

图 8-62

主要工具命令参数解释

分离灯光：有“无”“全部”和“选取对象”3 个选项。

模式：设置分离通道的类型，如图 8-63 所示。

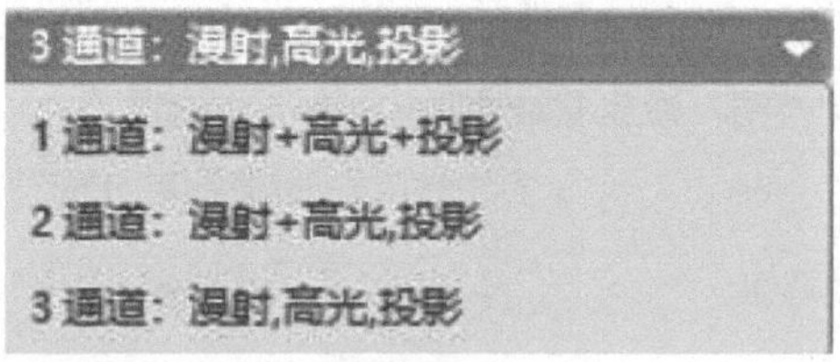

图 8-63

投影修正：勾选该选项后，通道的投影会得到修正。

四、抗锯齿

“抗锯齿”选项组用于控制模型边缘的锯齿，让模型的边缘更加圆滑细腻，如图 8-64 所示。需要注意的是，该功能只有在“标准”渲染器中才能完全使用。

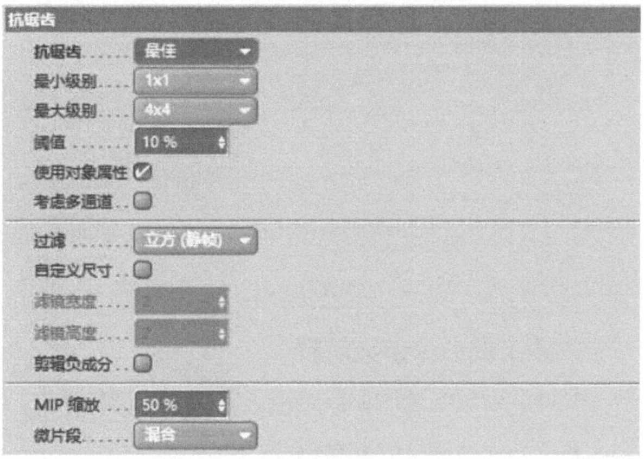

图 8-64

主要工具命令参数解释

抗锯齿：有“无”“几何体”和“最佳”3 种模式，如图 8-65 所示。

无：没有抗锯齿效果。

几何体：有一定的抗锯齿效果，渲染速度较快，可用于测试渲染。

最佳：抗锯齿效果良好，渲染速度较慢，可用于成图渲染。

最小级别 / 最大级别：当“抗锯齿”设置为“最佳”时激活该选项，用于设置抗锯齿的级别，如图 8-66 所示。所选择的数值越大，效果越好，计算速度也越慢。

过滤：设置图像过滤器，在“物理”渲染器中也可以使用，如图 8-67 所示。

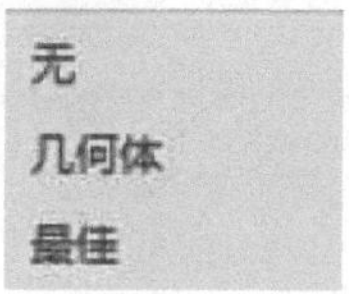

图 8-65

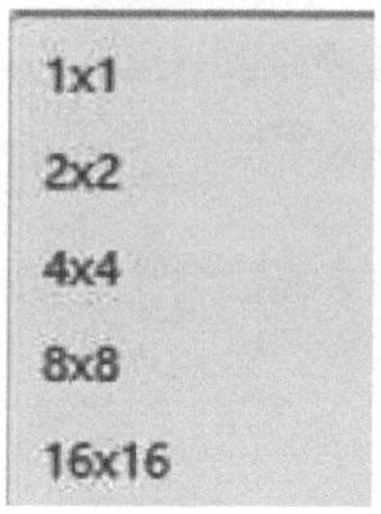

图 8-66

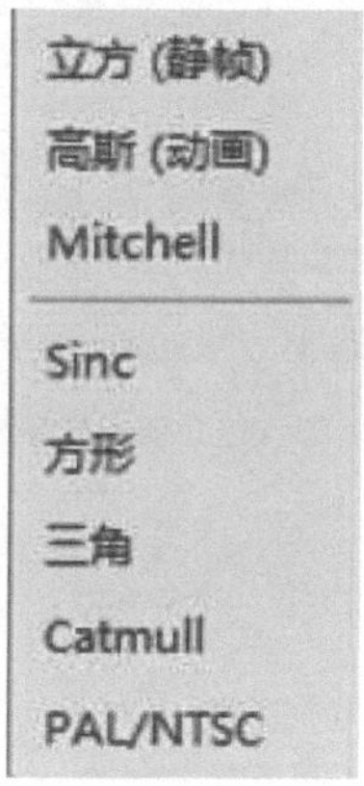

图 8-67

课堂练习：**不同抗锯齿类型的效果**

学习目标：测试不同抗锯齿类型的渲染效果。

（1）本案例将用一个简单的场景，测试不同的抗锯齿类型所产生的渲染效果。如图 8-68 所示，这是一组已建好的包装容器模型场景。

（2）单击“编辑渲染设置”按钮，打开“渲染设置”面板，然后切换到“抗锯齿”选项，接着设置“抗锯齿”

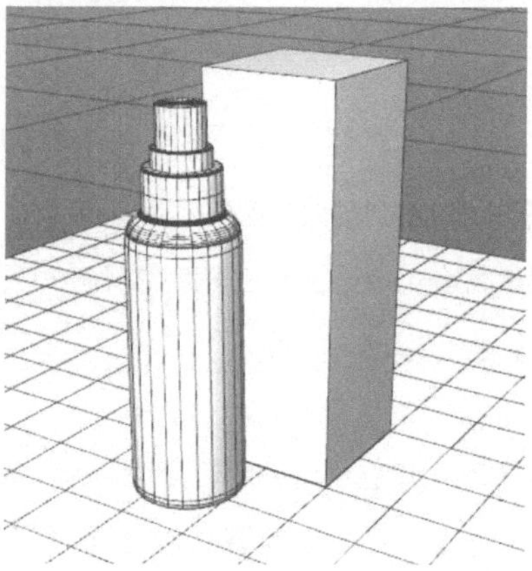

图 8-68

的类型为“无”，再按快捷键 Shift+R 渲染效果，如图 8-69 和图 8-70 所示，立方体和容器的边缘有明显的锯齿形状。

（3）设置“抗锯齿”的类型为“几何体”，然后渲染效果，如图 8-71 和图 8-72 所示。立方体边缘的锯齿得到明显的改善，但与地面相接的部分仍有细微锯齿。

（4）设置“抗锯齿”类型为“最佳”，然后保持“最小级别”和“最大级别”的数值不变，进行渲染，如图 8-73 和图 8-74 所示。立方体与地面相接的部分

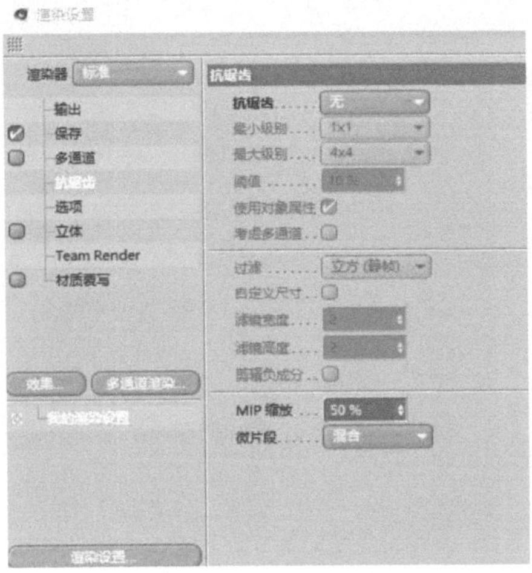

图 8-69

图 8-70

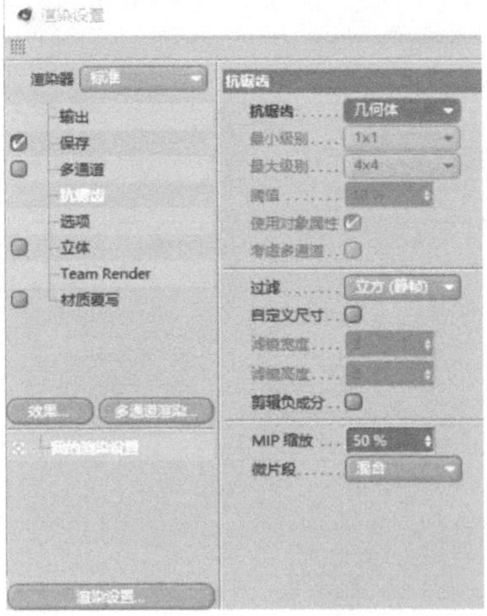

图 8-71

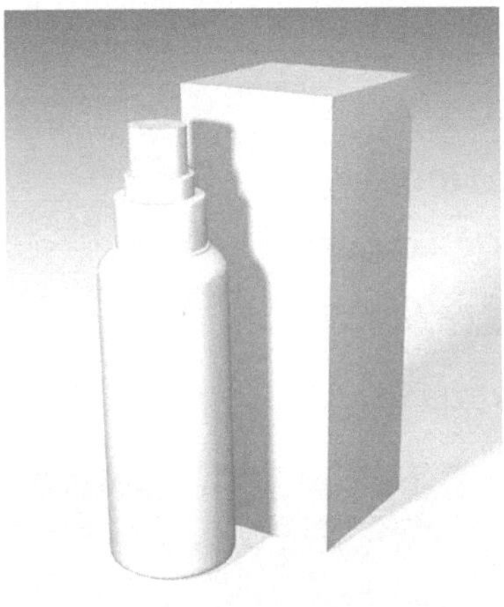

图 8-72

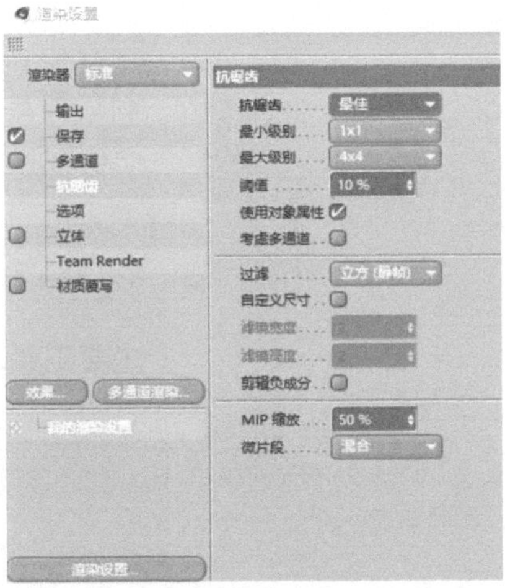

图 8-73

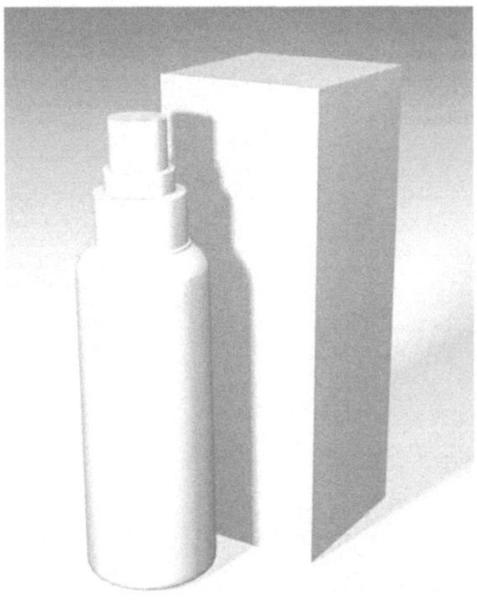

图 8-74

已基本没有锯齿。

（5）设置“抗锯齿”类型为“最佳”，然后设置“最小级别”为“2×2”，接着渲染效果，如图 8-75 和图 8-76 所示。立方体和容器的边缘完全没有锯齿。

通过以上参数的渲染对比，当“抗锯齿”类型为“最佳”，“最小级别”为“2×2”时，渲染效果的锯齿最少，渲染时间也最慢。

图 8-75

图 8-76

五、选项

“选项”选项组用于设置渲染的整体效果，如图 8-77 所示。该面板数据一般保持默认，不做更改。

主要工具命令参数解释

透明： 设置是否渲染透明效果。

折射率： 设置是否使用设定的材质折射率进行渲染。

反射： 设置是否渲染反射效果。

投影： 设置是否渲染物体的投影。

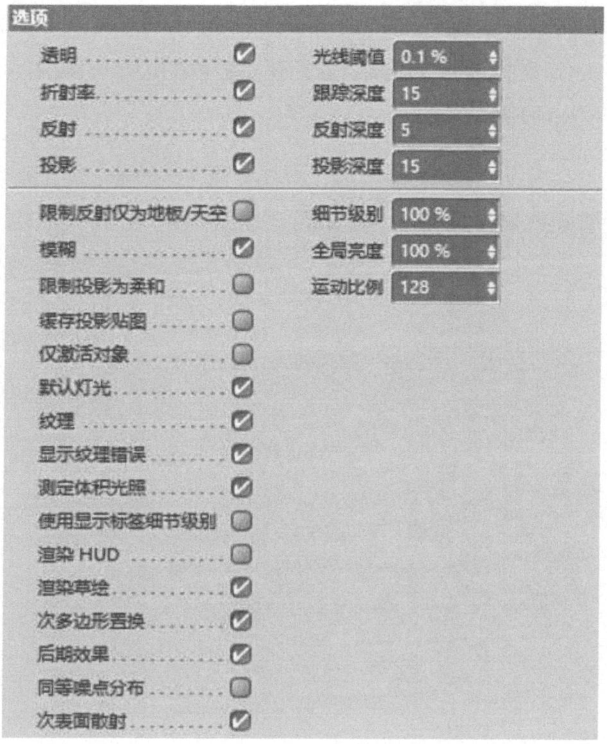

图 8-77

区块顺序： 设置图片渲染的顺序，如图 8-78 所示。

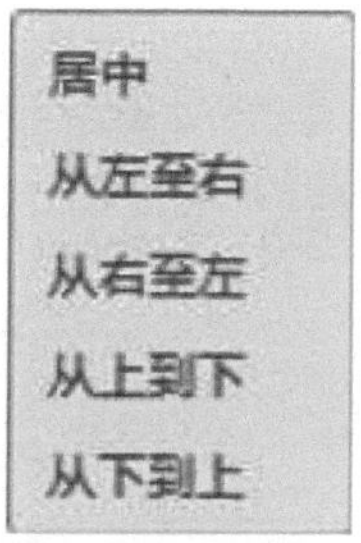

图 8-78

六、材质覆写

“材质覆写”选项组用于为场景整体添加一个材质，但不改变场景模型本身的材质，如图 8-79 所示。

主要工具命令参数解释

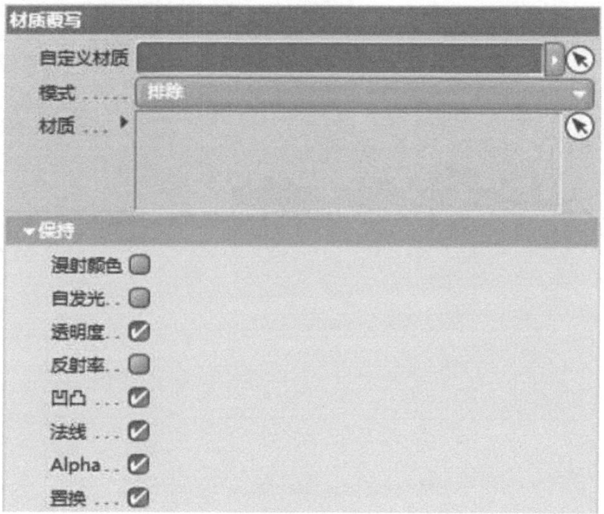

图 8-79

自定义材质：设置场景整体的覆盖材质。

模式：设置材质覆写的模式，如图 8-80 所示。

七、全局光照

“全局光照”选项组非常重要，能计算出场景的全局光照效果，让渲染的图片更接近真实的光影关系，作用是反弹场景内的灯光，避免死黑的现象，使场景中的灯光更加柔和。全局光照本身是不能作为灯光使用的，一般应用在半封闭或者全封闭的场景中，效果会更加明显。

点“效果”再点“全局光照”，如图 8-81 和图 8-82 所示。

主要工具命令参数解释

预设：设置渲染的经度模式，如图 8-83 所示。

首次反弹算法：设置光线首次反弹的方式，一般采用“辐照缓存”方式，如图 8-84 所示。

二次反弹算法：设置二次反弹的方式，如图 8-85 所示。

Gamma：设置画面的整体亮度值。

采样：设置图片像素的采样精度，如图 8-86 所示。

辐照缓存：设置辐照缓存的精度，如图 8-87 所示。

课堂练习：**全局光照渲染引擎搭配效果**

学习目标：测试不同渲染引擎的渲染效果。

（1）本案例将用一个简单的场景，测试不同的渲染引擎组合所产生的渲染效果，如图 8-88 所示，这是

图 8-80

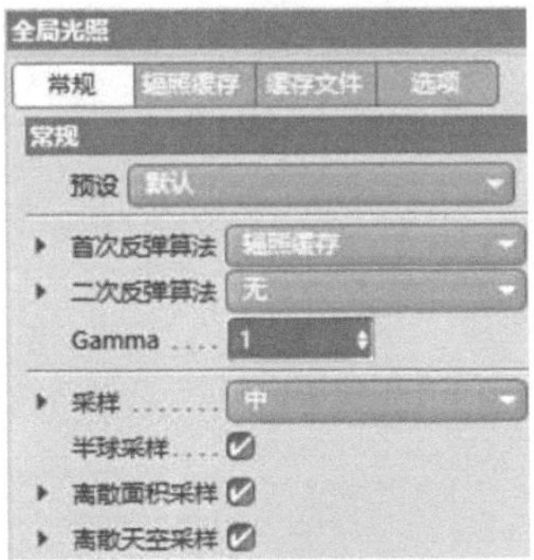

图 8-82

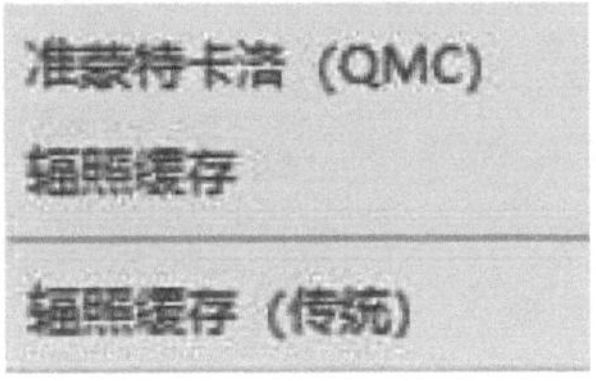

图 8-84

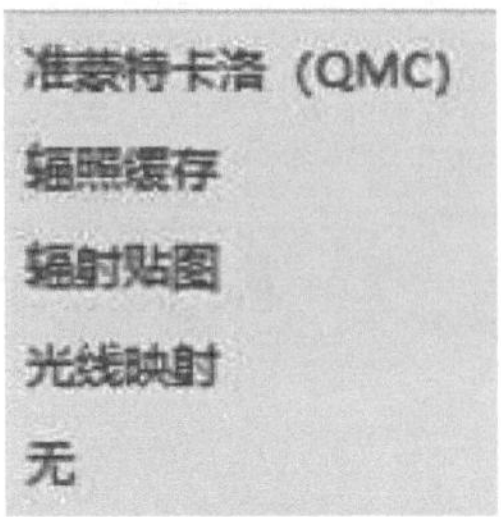

图 8-85

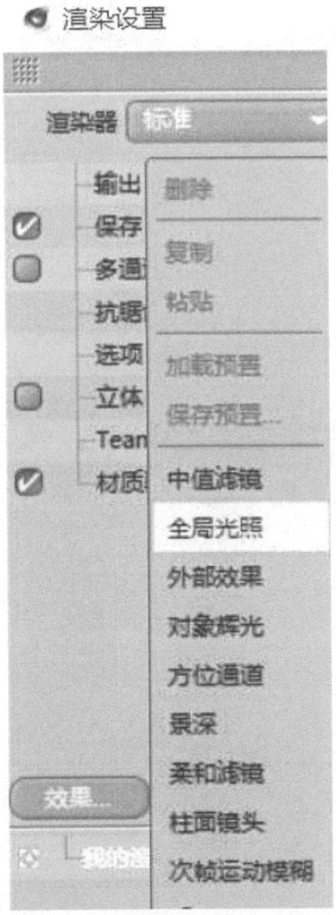

图 8-81

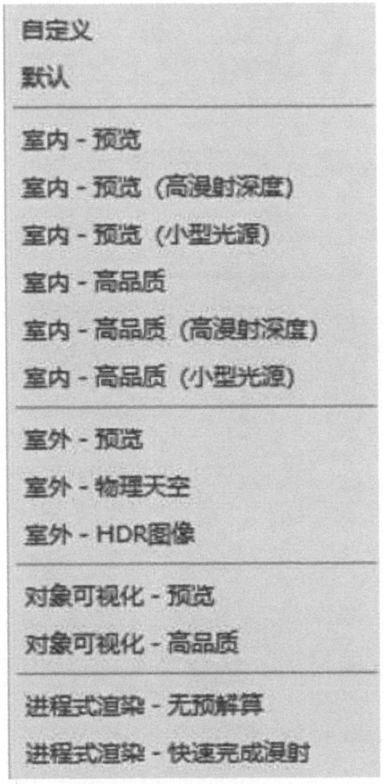

图 8-83

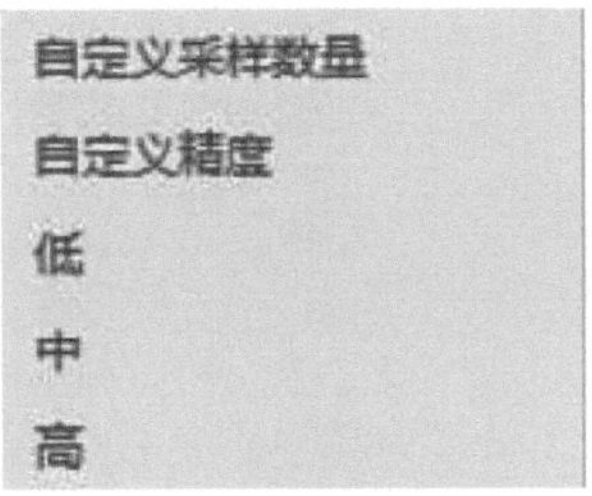

图 8-86

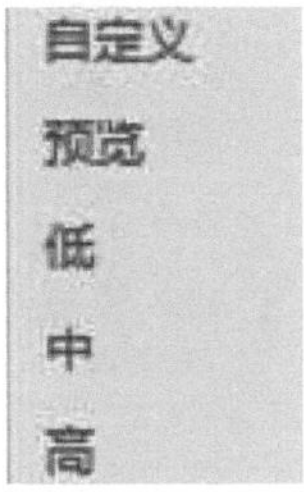

图 8-87

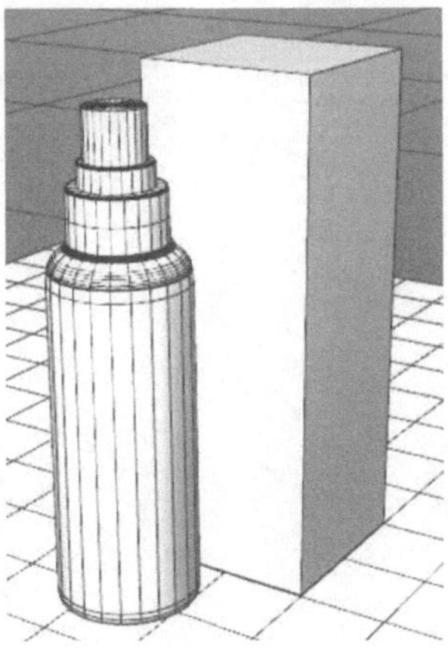

图 8-88

一组包装容器石膏模型。

（2）单击“编辑渲染设置”按钮，打开“渲染设置”面板，然后单击“效果”按钮添加“全局光照”选项，接着设置“首次反弹算法”为“辐照缓存”，再设置“二次反弹算法”为“无”，最后按快捷键 Shift+R 渲染效果，如图 8-89 和图 8-90 所示。这组引擎是渲染器默认的组合，画面有白色噪点。

（3）设置“首次反弹算法”和“二次反弹算法”都为“辐照缓存”，然后渲染效果，如图 8-91 和图 8-92 所示。这组引擎是日常工作中使用较多的组合，画面中白色的噪点得到很大的改善，画面效果较好。

（4）设置“首次反弹算法”为“辐照缓存”，然后设置“二次反弹算法”为“辐射贴图”，接着渲染效果，如图 8-93 和图 8-94 所示。这组引擎渲染质量要好于第一组，差于第二组，但渲染时间与第一组一致。

（5）设置“首次反弹算法”为“准蒙特卡洛（QMC）”，然后设置“二次反弹算法”为“辐照缓存”，接着渲染效果，如图 8-95 和图 8-96 所示。这组引擎

图 8-89

图 8-91

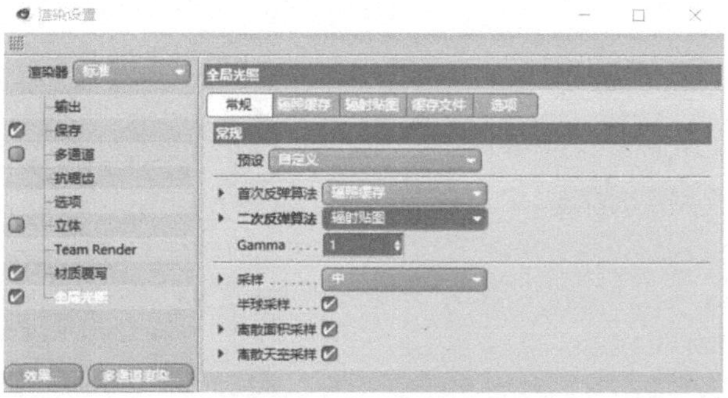

图 8-93

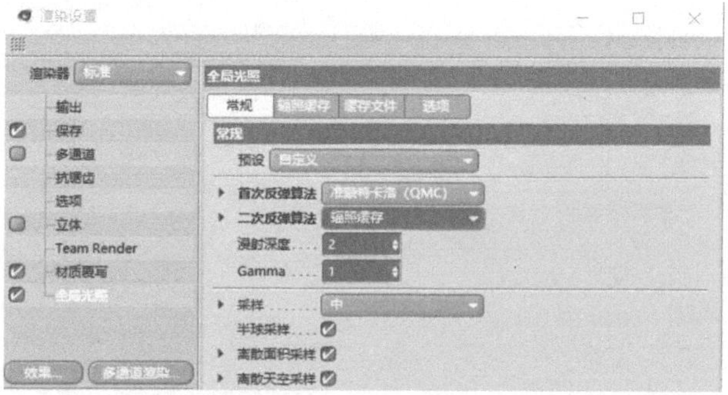

图 8-95

图 8-90

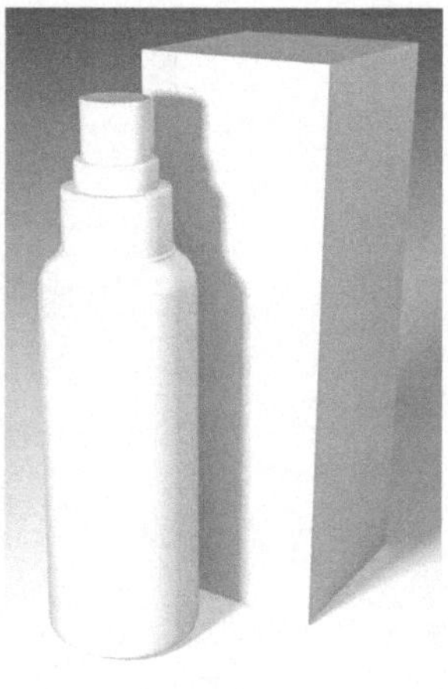

图 8-92

图 8-94

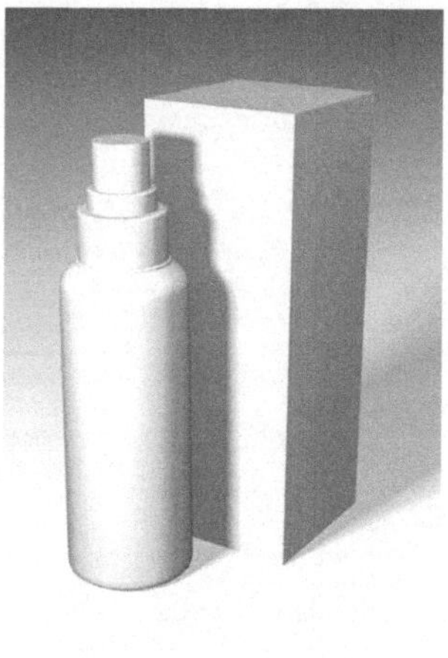

图 8-96

的渲染效果要好于第二组，但渲染时间较慢。

（6）设置“首次反弹算法”和“二次反弹算法”都为“准蒙特卡洛（QMC）”，然后渲染效果，如图 8-97 和图 8-98 所示。这组引擎渲染效果最好，但速度也是最慢的。

图 8-97

图 8-98

提示：通过以上引擎组合的渲染对比，当“首次反弹算法”和“二次反弹算法”都为“辐照缓存”时，渲染质量较好且速度很快，适合日常工作中渲染成图时使用。

八、物理

当渲染器类型切换为“物理”时，才会出现该选项组，如图 8-99 和图 8-100 所示。

主要工具命令参数解释

景深：勾选后配合摄像机的设置渲染景深效果。

运动模糊：勾选后渲染运动模糊效果。

运动细分：设置运动模糊的细分效果，数值越大，

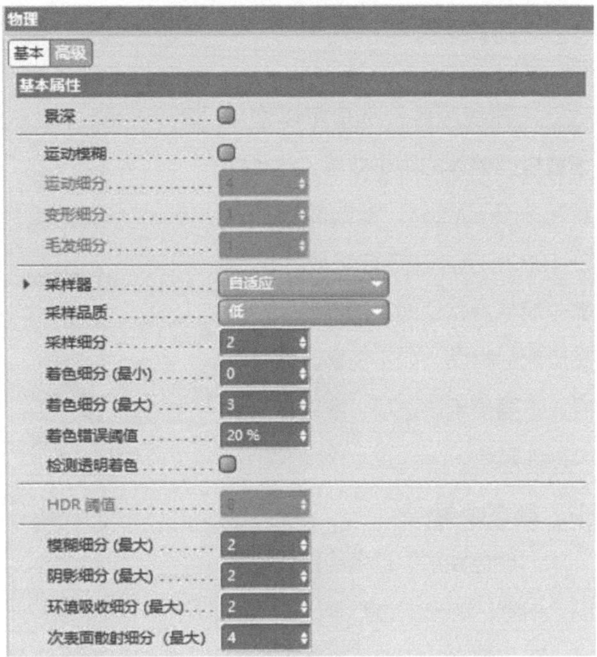

图 8-99

图 8-100

画面越细腻。

采样器：与“抗据齿”选项作用相同，其下拉选项如图 8-101 所示。

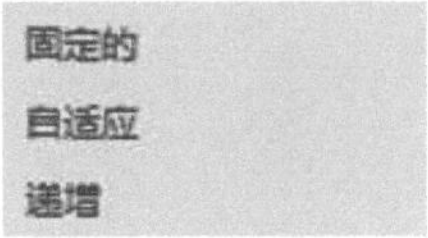

图 8-101

采样品质：设置抗锯齿的级别。

采样细分：设置全局的抗锯齿细分值。

模糊细分（最大）：设置场景中模糊效果的细分值。

阴影细分（最大）：设置场景中阴影效果的细分值。

环境吸收细分（最大）：添加了“环境吸收”后该效果的细分值。

九、环境吸收

单击“效果”按钮，弹出的菜单显示可以使用的渲染选项，如图 8-102 所示。除去“全局光照”选项是必须要添加的选项外，还有一些选项也可以根据情况进

行添加，如“环境吸收”“颜色映射”等。

“环境吸收”选项可以增加场景模型整体的阴影效果，让场景看起来更加立体，参数面板如图 8-103 所示。“环境吸收”的参数一般保持默认即可。当场景中有高反射的材质，如不锈钢、玻璃等时，不要使用该选项，容易将其渲染为纯黑色。

十、颜色映射

“颜色映射”选项组是让场景以“指数”的形式进行曝光，从而减少图片曝光的情况，参数面板如图 8-104 所示。“指数”曝光会让渲染的图片对比度降低，效果发灰。勾选“HSV 模式”选项后，能保留原有的颜色，且不容易曝光。

课堂练习 1：**为场景添加环境背景**

场景效果如图 8-105 所示。

（1）在菜单栏“窗口”中点

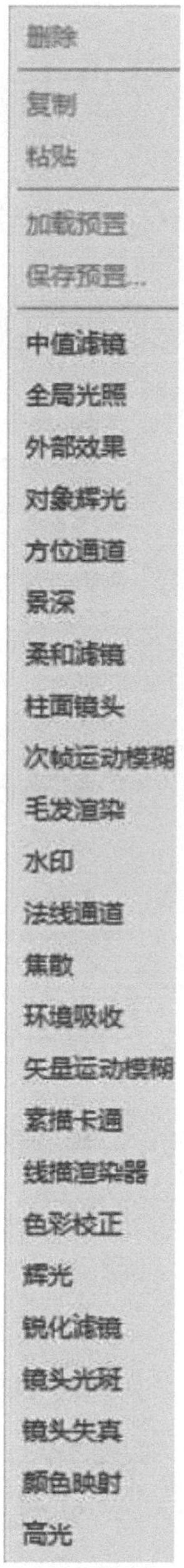

图 8-102

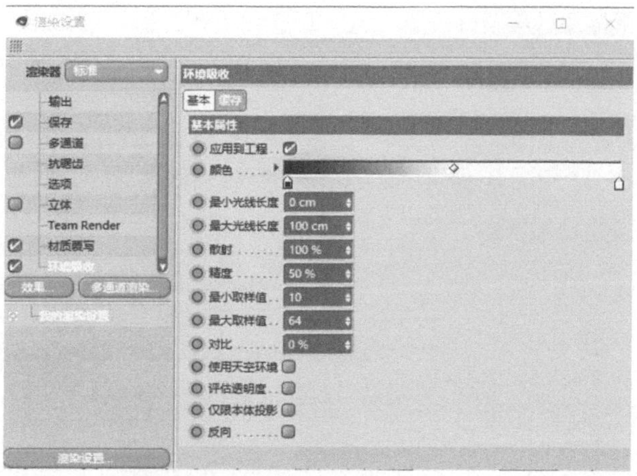

图 8-103

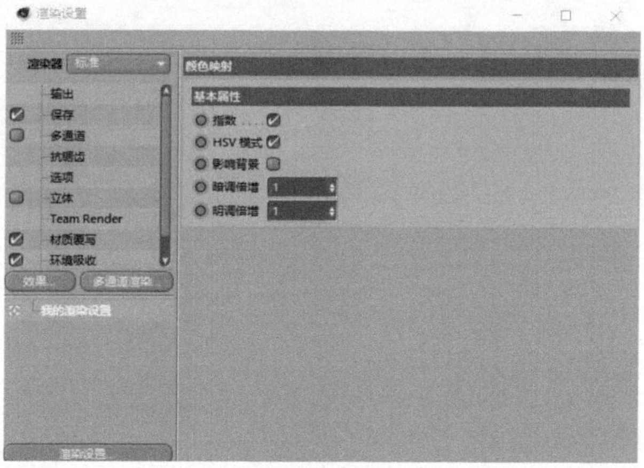

图 8-104

图 8-105

击“内容浏览器”，按快捷键 Shift+F8，也可以在对象面板右上点“内容浏览器”，进入内容浏览器面板，按鼠标左键点击“预置”，如图 8-106 所示。

（2）点击“Visualize”，如图 8-107 所示。

（3）点击“3D Objects”，如图 8-108 所示。

（4）点击“Packaging”，如图 8-109 所示。

（5）进入“Packaging”窗口面板，双击鼠标左键选择“Bottle-Wine 02”，会在透视视图显示酒瓶模型，在材质面板显示材质，如图 8-110 和图 8-111 所示。

（6）点击“Glassware”，如图 8-112 所示。

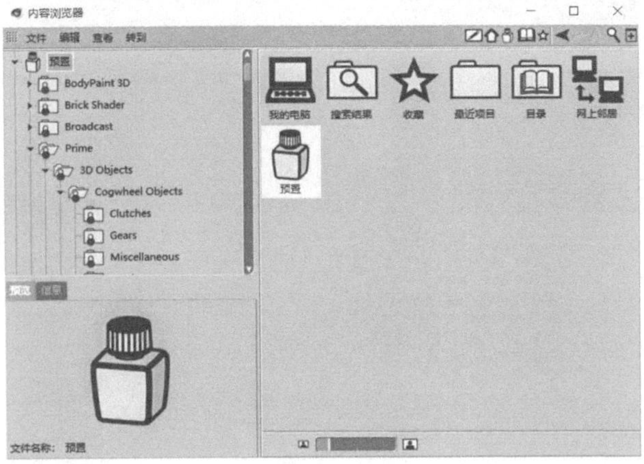

图 8-106

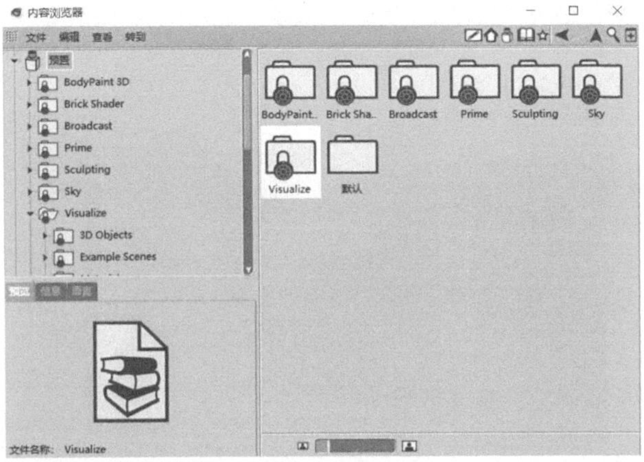

图 8-107

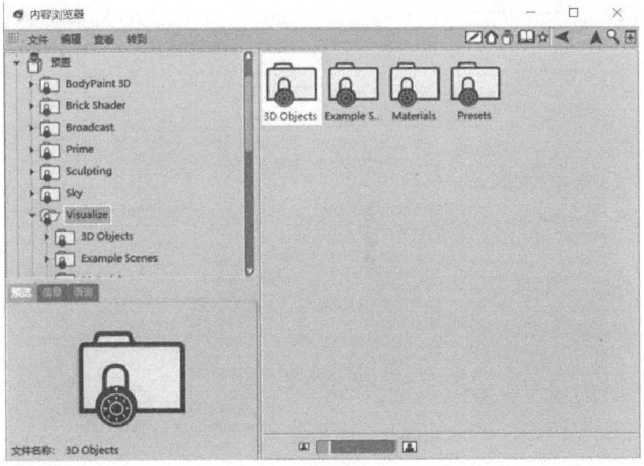

图 8-108

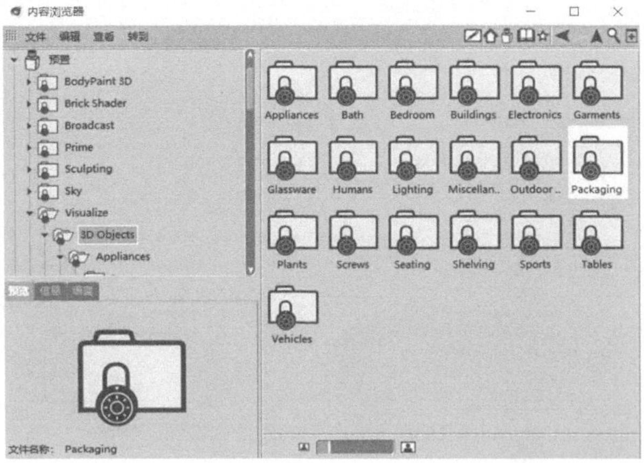

图 8-109

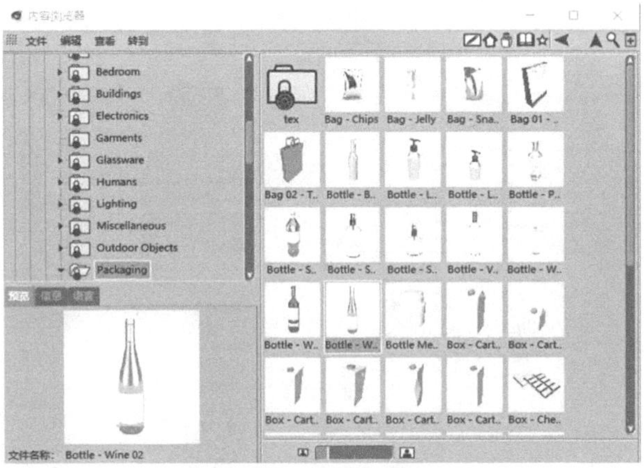

图 8-110

图 8-111

（7）进入“Glassware”窗口面板，双击鼠标左键选择“Glass 01”，会在透视视图显示杯子模型，在材质面板显示材质，如图 8-113 和图 8-114 所示。

（8）添加“平面”，如图 8-115 所示。

（9）调整一下“平面”，使其比“地面”高一点点，“平面”与酒瓶、酒杯同处于一个高度，如图 8-116 所示。

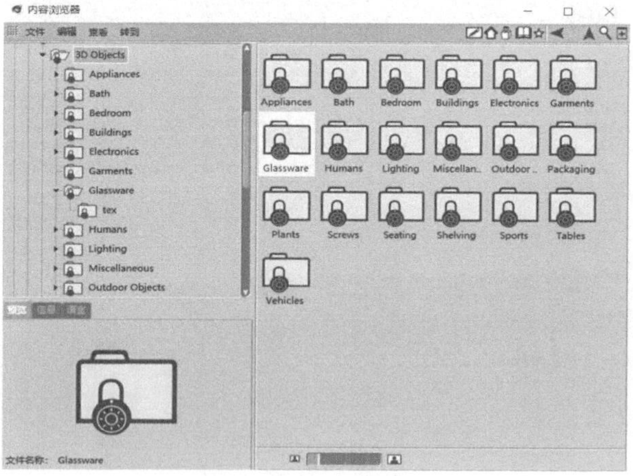

图 8-112

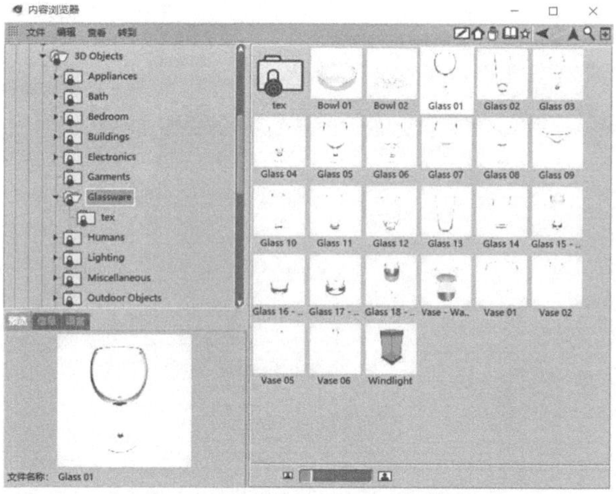

图 8-113

图 8-114

（10）添加摄像机与灯光，如图 8-117 所示。

（11）添加一个材质球，打开“材质编辑器”，在“纹理”选项中点选“表面”里的“木材”，如图 8-118 所示。

（12）选木材类型的“蓝花楹木”，也可以选其

图 8-115

图 8-116

图 8-117

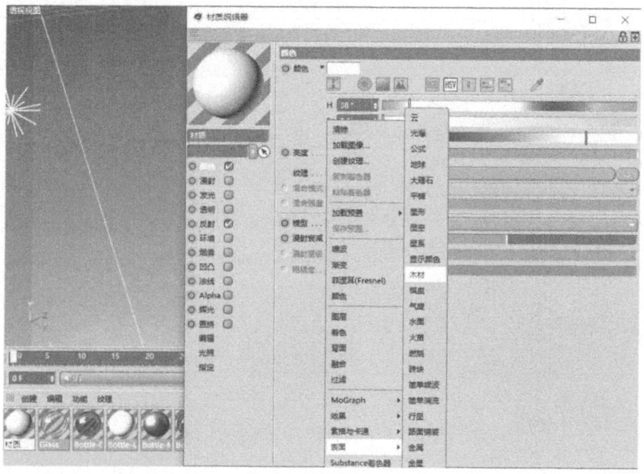

图 8-118

他类型，如图 8-119 所示。

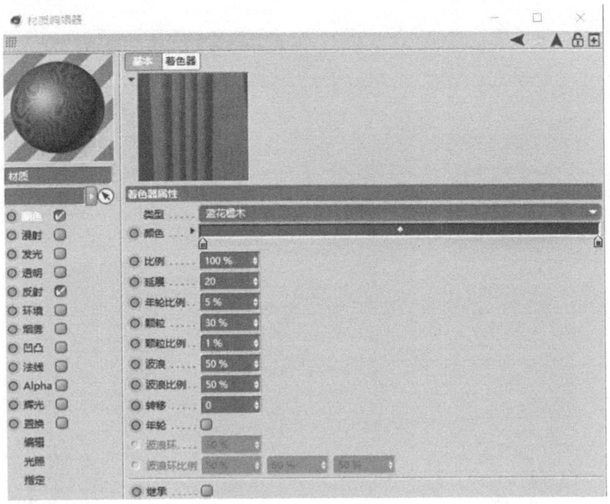

图 8-119

（13）勾选“反射”，“类型”为“GGX”，“粗糙度”为“15%”，“菲涅耳”选“绝缘体”，“预置”选“聚酯”，如图 8-120 所示。

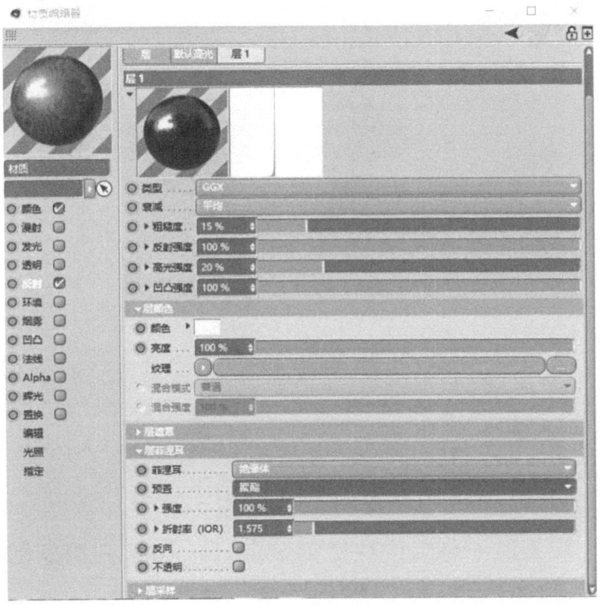

图 8-120

（14）把材质球拖拽到对象面板中的“平面”里，同时可以调整“平面”的长宽尺寸，如图 8-121 和图 8-122 所示。

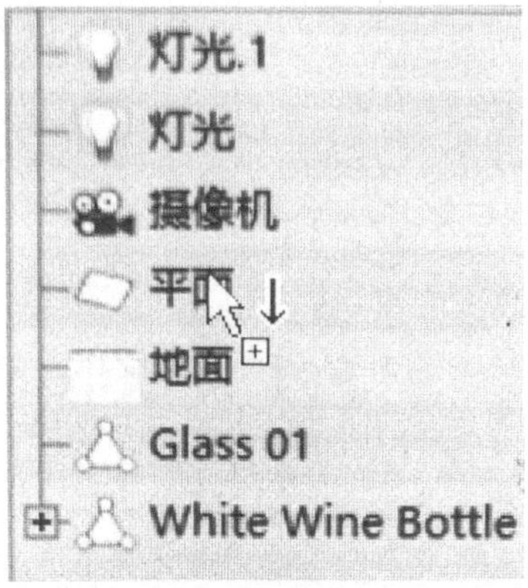

图 8-121

图 8-122

（15）在标准工具栏中点击“地面”选“天空”，在对象面板里添加“天空”，如图 8-123 所示。

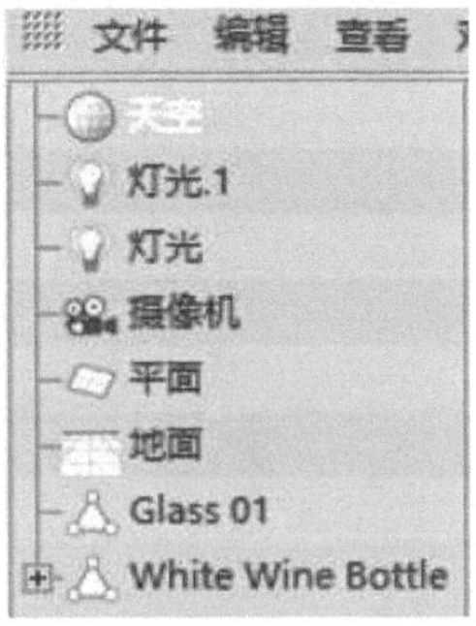

图 8-123

（16）再回到内容浏览器里点击“预置”，如图 8-124 所示。

（17）点击“Visualize”，如图 8-125 所示。

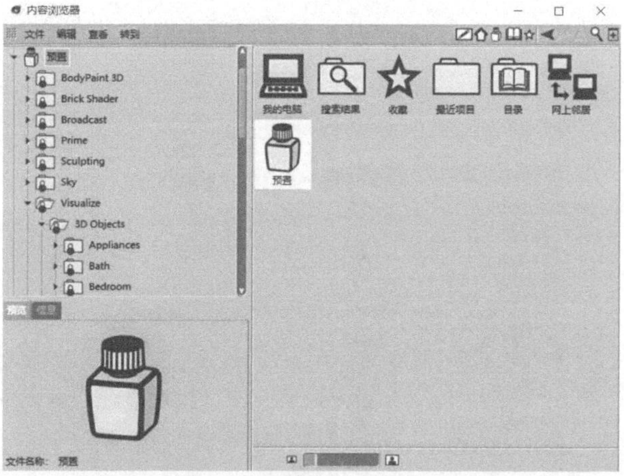

图 8-124

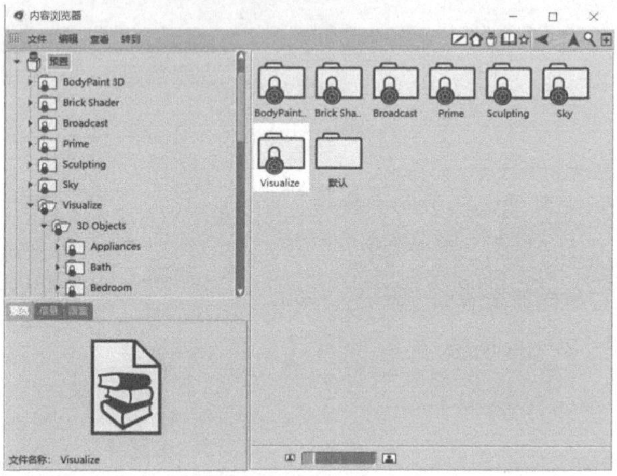

图 8-125

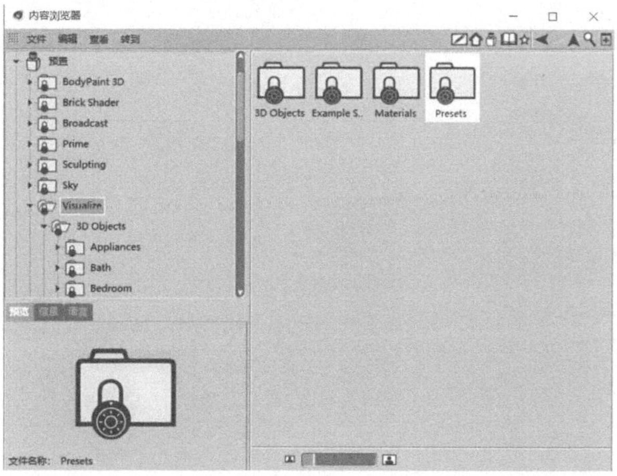

图 8-126

（18）点击“Presets”，如图 8-126 所示。

（19）点击“Light Setups”，如图 8-127 所示。

（20）点击“HDRI”，如图 8-128 所示。

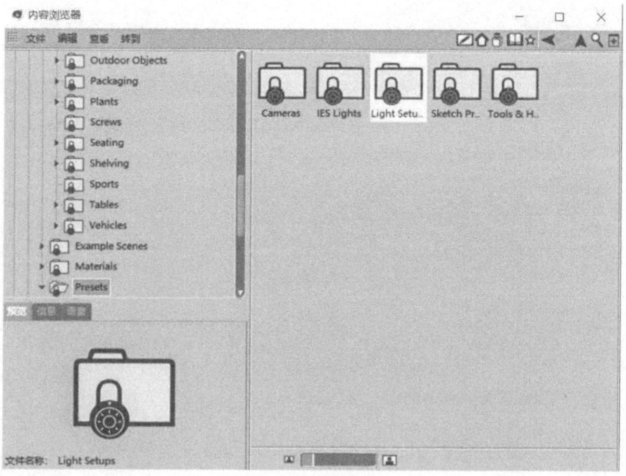

图 8-127

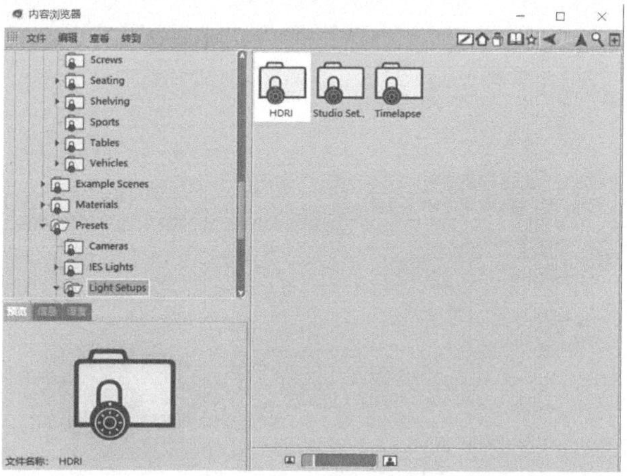

图 8-128

（21）双击第一个“Cityscape Bright Day”，就会出现在材质面板里，然后拖拽到对象面板“天空”里，如图 8-129 至图 8-131 所示。

（22）最后按快捷键 Shift+R，渲染效果如图 8-132 所示。

课堂练习 2：**渲染输出场景包装效果图**

场景效果如图 8-133 所示。

（1）在菜单栏“窗口”中选择点击“内容浏览器”，快捷键 Shift+F8，也可以在对象面板右上边点击“内容浏览器”，进入内容浏览器面板，按鼠标左键点击“预置”，如图 8-134 所示。

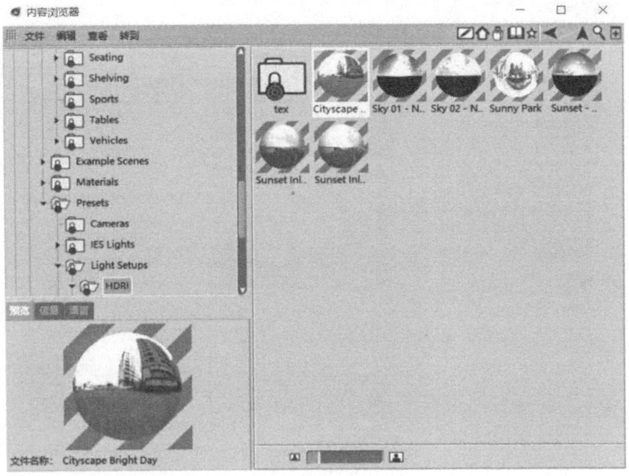

图 8-129

图 8-130

图 8-131

图 8-132

图 8-133

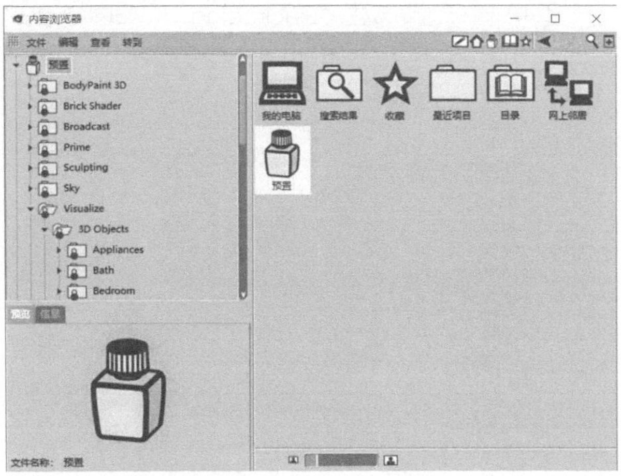

图 8-134

（2）点击“Visualize”，如图 8-135 所示。

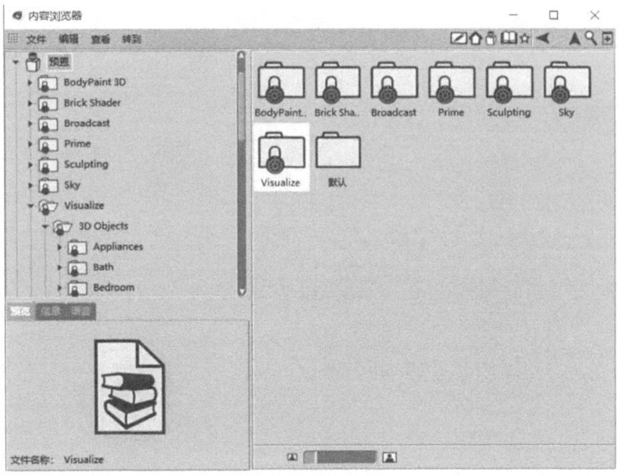

图 8-135

（3）鼠标左键双击“Example Scenes”，如图 8-136 所示。

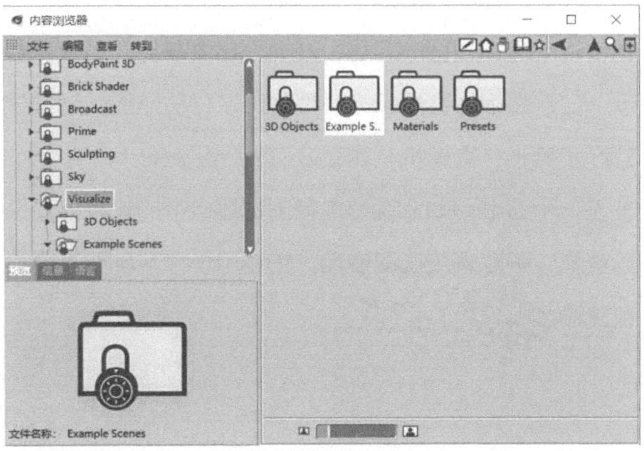

图 8-136

（4）鼠标左键双击“Packaging”，如图 8-137 所示。

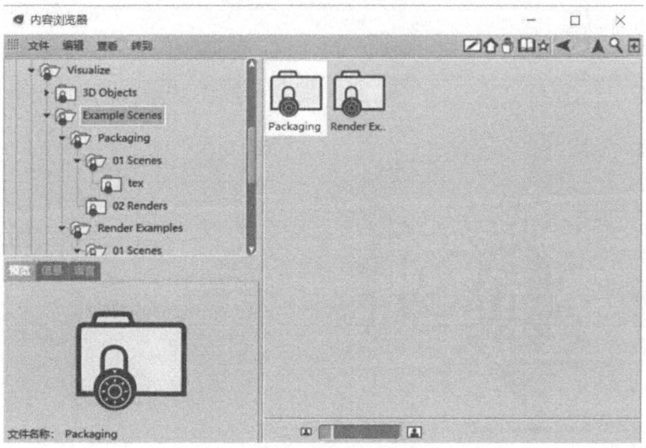

图 8-137

（5）鼠标左键双击“01 Scenes”，如图 8-138 所示。

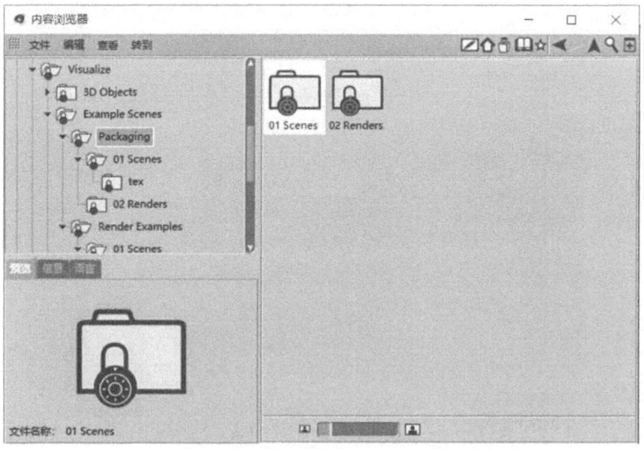

图 8-138

（6）鼠标左键双击“Cream Box c4d”，模型就会出现在透视视图窗口里，其模型材质在材质面板中显示，对象面板也会显示该模型附带了材质贴图，已经建立好了灯光、摄像机，如图 8-139 至图 8-141 所示。这是一个 C4D R18 系统内容浏览器自带的化妆品包装场景图，可以直接调取使用，主要用于练习掌握渲染参数并输出出来。

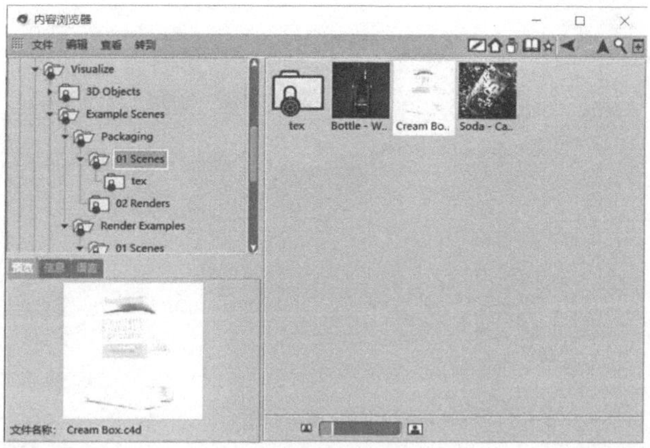

图 8-139

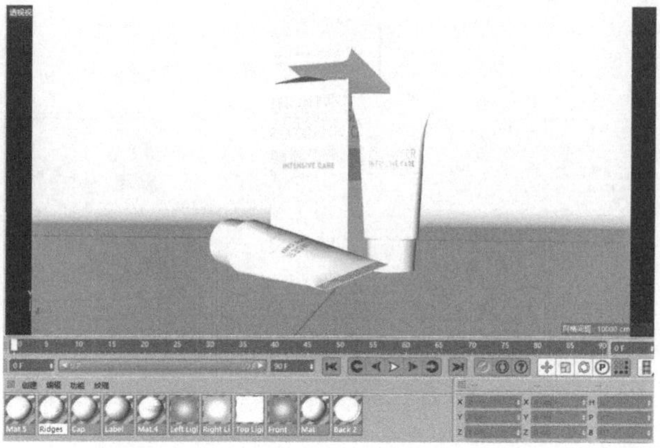

图 8-140

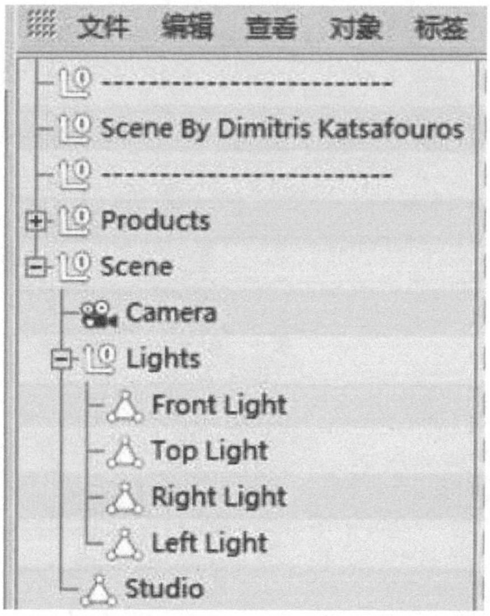

图 8-141

（7）点击“编辑渲染设置”打开渲染设置面板，渲染器类型为“标准”，在“输出”窗口里设置输出的宽度和高度，把胶片宽高比设置为标准（4 ：3），输出的宽度改小为 720，如图 8-142 和图 8-143 所示。

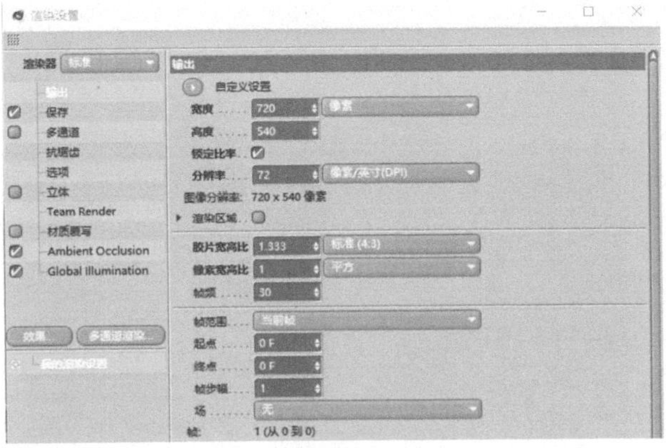

图 8-142

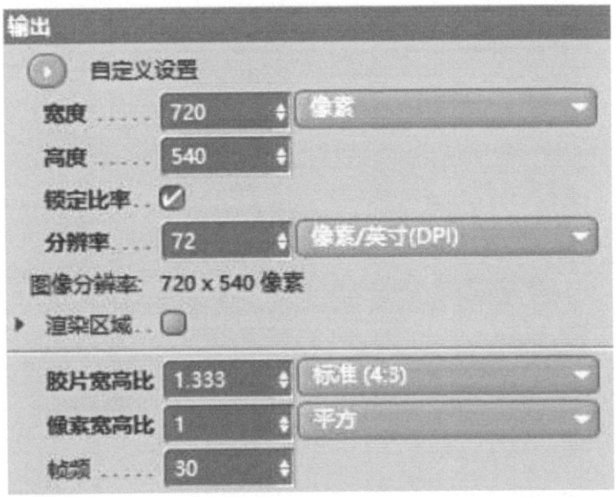

图 8-143

（8）在“抗锯齿”窗口里的“抗锯齿”选“最佳”，“最小级别”选“2×2”，“最大级别”选“4×4”，“过滤”设置为“Mitchell”，也可以设置其他的，如图 8-144 所示。

（9）点击“效果”按钮，选择“Global Illumination”和“Ambient Occlusion”。设置全局光照窗口中的“首次反弹算法”为“辐照缓存”，“二次反弹算法”也为“辐照缓存”，为了使模型更清晰、更立体，增加“环境吸收”，“环境吸收”也可以增加阴影效果，里面的参数都不变，如图 8-145 和图 8-146 所示。

图 8-144

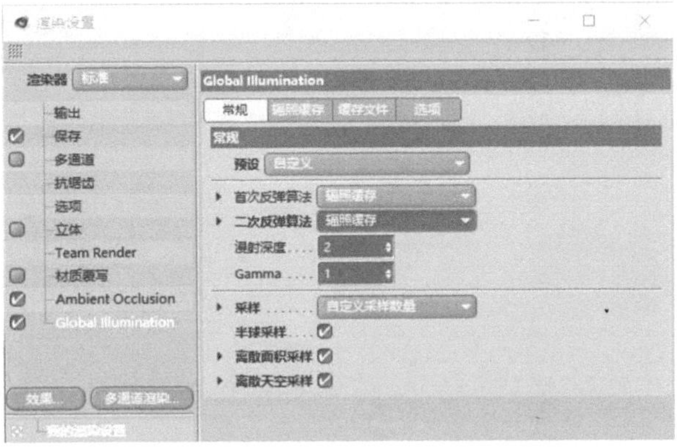

图 8-145

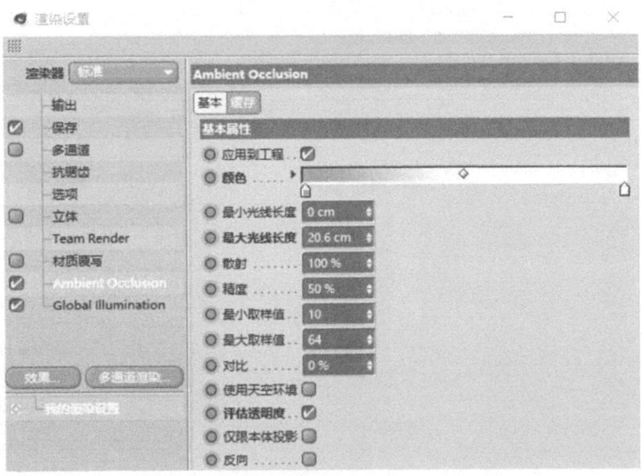

图 8-146

（10）点击“渲染到图片查看器”，按快捷键 Shift+R，渲染效果如图 8-147 所示。

图 8-147

（11）如感觉到整体有点暗、有点灰或有点亮，可以在 C4D“图片查看器”中进行调整，选择“滤镜”，勾选“激活滤镜”，调整曝光、亮度、对比度或饱和度等，如图 8-148 所示。

图 8-148

（12）在滤镜下方的曲线调整亮度和暗度，亮的更亮点，暗的更暗点，如图 8-149 所示。

图 8-149

（13）输出此图，点击“文件”，选“另存为”，会弹出“保存”浮动面板，图片选“JPEG”格式，在“JPEG 设置”里把默认的“JPEG 质量”由“95”调到“100”，再在“保存”面板中勾选“使用滤镜，”如图 8-150 和图 8-151 所示。

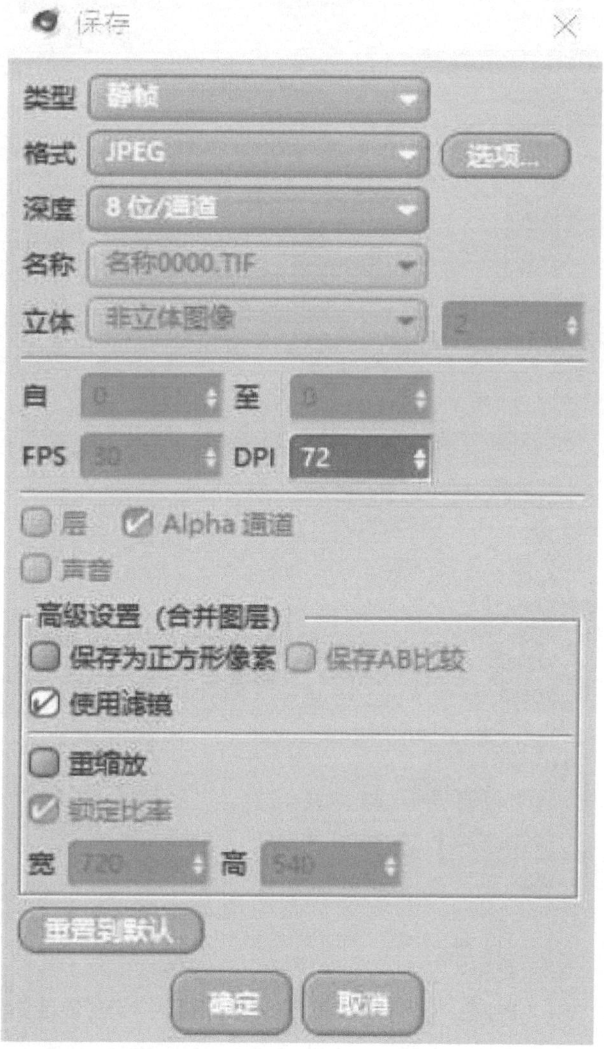

图 8-150

图 8-151

（14）按“确定”，保存到桌面或某个文件夹里，如图 8-152 所示。

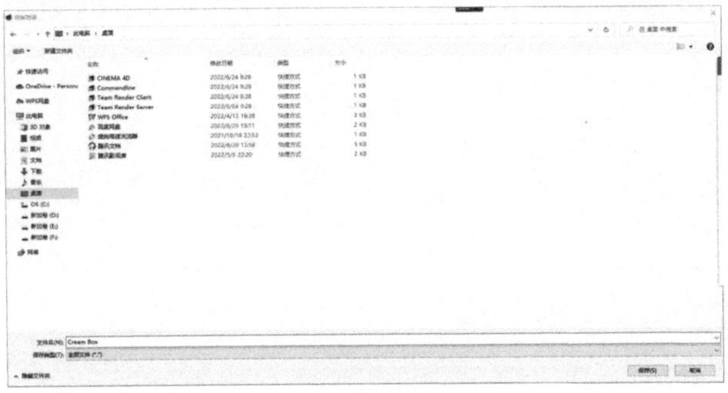

图 8-152

（15）打开保存的图片，这就是渲染输出的包装场景图，如图 8-153 所示。

图 8-153

课后习题：**为玻璃容器添加环境光。**

第九章　画面装饰效果处理方法

本章将讲述如何通过运用艺术设计手段，在效果图已完成产品包装的基本建模渲染表现功能的基础上，对画面进一步进行装饰处理。这是促使效果图更具完整而良好的视觉传达效果、增强其艺术感染力的一种重要手段。

教学目标：掌握画面装饰效果处理方法，包括其幅式的选择、画面的合理布局、画面形象背景与构图的处理方式。

第一节　幅式选择

效果图的幅式主要指画面的格式，即在渲染之前，首先应选择幅面的规格，考虑构图是横式的、竖式的，还是方形的，如选择幅式一般会选择 4 ：3、16 ：9 或自定义比率。选择画面幅式，首先要根据所表现对象的形态特点、透视角度和方向以及特定的表达意图来确定。合理的幅式可以增强包装的表现效果，有利于画面空间的利用和提高构图质量，如图 9-1 至图 9-3 所示。

图 9-1 横向构图

图 9-2　竖向构图

图 9-3　方形构图

第二节　合理布局

合理布局是指包装形象在幅面构图的位置和大小都要适当。要使设计的主体包装摆放位置的虚实空间合理适宜，应注意几点：

一是主体包装既不能设计太大，即构图不能太满；又不能设计太小，即幅面四周不能太空。

二是在构图时，主体包装既不能设计太左，又不能设计太右，太左或太右会使中心失去平衡；既不能设计太上，又不能设计太下，即构图的重心要稳。

包装形象在画面中所占面积过大，会显得拥塞、局促，不易表现空间感和深度感；包装所占面积过小，也会显得空旷、冷清、不紧凑。因此包装形象在幅面中的大小，应根据所表现对象的实际体量大小来确定。当实际包装体量小时，在效果图幅面中的表现就不应该过小，这样就比较适合于人的视觉经验及对不同于包装的尺度感觉。

包装在幅面构图中偏上或偏下、偏右或偏左都会使画面显得不平衡，而过于居中也会显得呆板。通常的规律是将包装正面前方和下方的空间做得稍大一些，这样构图会比较均衡而不呆板，适合于人的视觉习惯，如图 9-4 至图 9-10 所示。

图 9-4　主体包装设计太大——构图太满

图 9–5 主体包装设计太小——构图太空

图 9–6 主体包装设计太左——重心偏左

图 9–7 主体包装设计太右——重心偏右

图 9–8 主体包装设计太上——重心偏上

图 9-9　主体包装设计太下——重心偏下

图 9-10　主体包装构图位置适中——视觉感较好

第三节 背景处理与构图

效果图中的背景具有界定画面空间和衬托包装主体形象的重要作用，使包装的形象特征更为鲜明和突出。同时，恰当的背景处理可以渲染气氛，丰富画面效果。

效果图中的背景处理往往依包装的不同形态、色彩配置和质感效果而定，运用统一协调、对比变化的艺术设计手法进行综合处理，使其具有一定的艺术感染力。因而背景的处理形式也是多种多样的。无论选择哪一种形式，其目的都是充分表现包装容器的造型效果，而背景只能是一种陪衬，决不能喧宾夺主。背景处理与构图的常用形式有以下几种：

一、全背景形式

全背景形式即背景为整个画面空间。这种背景通常是利用画面本身的颜色做背景，背景颜色可以设计有白色、灰色、深色和渐变渲染。这种处理方式的整体效果庄重、简洁，包装形象鲜明、突出，如图 9-11 至图 9-13 所示。

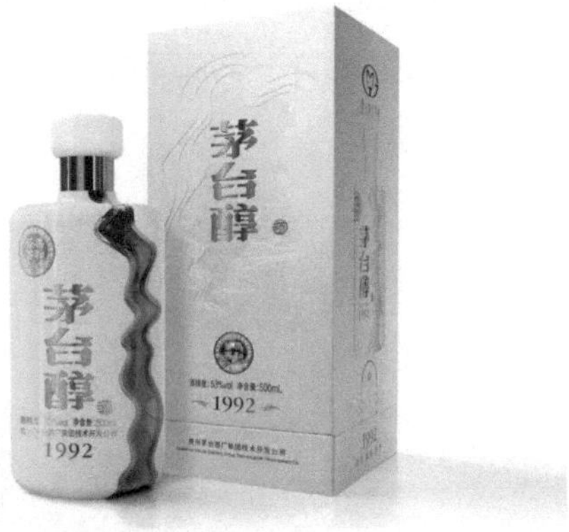

图 9-11

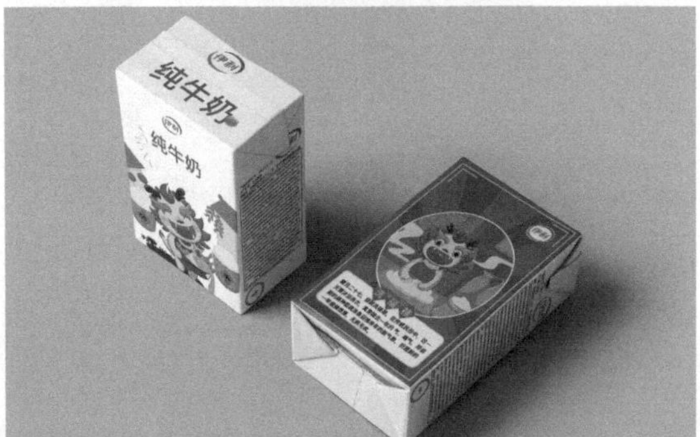

图 9-12

图 9-13

二、局部背景形式

局部背景形式即背景仅占画面的一部分，并和包装容器形象有机配合，组成既和谐又生动自然的画面效果。局部背景是在包装容器建模渲染之后，通过后期处理进行各种方式的装饰设计，如图 9-14 和图 9-15 所示。

三、辅助视图背景形式

为了进一步说明包装，效果图的画面除主要表现包装的形、色、质之外，还可利用画面空间的背景，辅以与包装相关的图样进一步加以说明。这种辅助图可以是工程结构图、设计草图，也可以是平面展开图或其他方式等。这样处理背景具有良好的说明性，如图 9-16 所示。

图 9-14

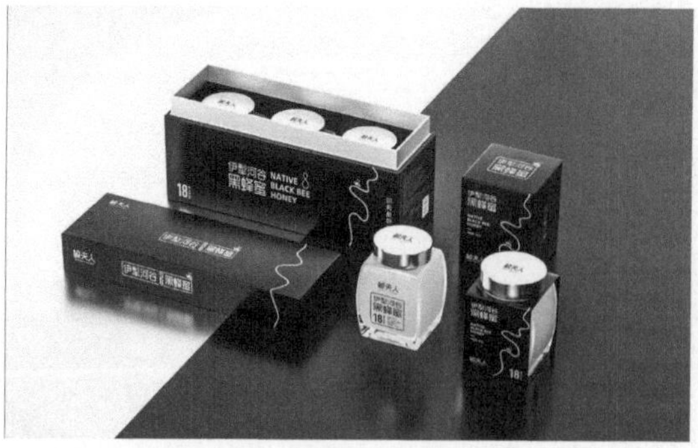

图 9-15

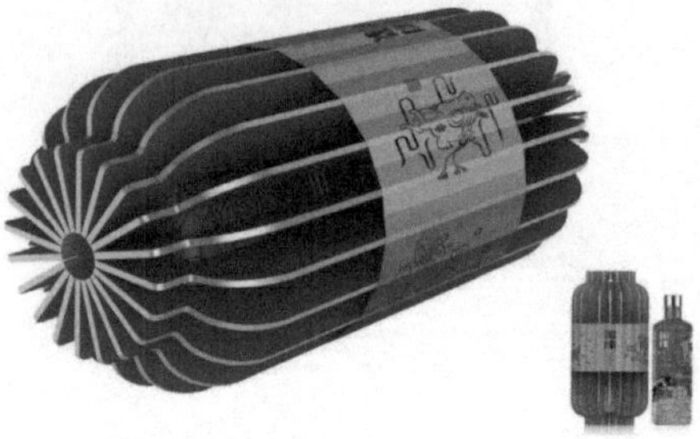

图 9-16

四、立体感背景形式

立体感背景形式指的是在效果图画面空间，根据透视关系，以相应的垂直面和水平面作为衬托包装的背景，可以进一步增强效果图画面的空间感和深度感，垂直面和水平面也可单独使用，如图 9-17 所示。

图 9-17

五、阵列斜排形式

阵列斜排形式的特点是画面有动感，设计感较强，是当今包装效果图设计运用较多的构图形式之一，如图 9–18 所示。

六、散点式

散点式构图的特点是比较活泼，打破了一般性构图的呆板乏味，如图 9–19 所示。

七、场景搭建式

场景搭建式构图是围绕主体包装展开搭建一些物体元素进行辅助，使整个场景看起来既有丰富性，又有空间感，如图 9–20 所示。

课后习题：**用场景搭建式方法搭建一个包装容器场景图。**

图 9–18

图 9–19

图 9–20

第3部分

C4D应用

C4D
YINGYONG

综合实例

优秀C4D产品包装效果图作品赏析

第十章　综合实例

本章将通过两个综合实例，全面梳理通过 C4D 制作效果图的流程。本章是一个综合性章节，需要读者将之前学习的知识穿插运用。

教学目标：掌握化妆品容器效果图的制作方法，掌握酒品包装创意视觉效果图的制作方法，掌握饮料类包装视觉效果图的制作方法

第一节　化妆品包装效果图

一、模型制作

本案例的模型分为外包装纸盒模型、容器模型，下面将逐一讲解。

1.外包装纸盒模型

（1）使用立方体工具创建一个立方体，然后设置“尺寸.Y”为“110 mm”，“尺寸.X”为“30 mm”，“尺寸.Z”为“30 mm”，如图 10-1 所示。

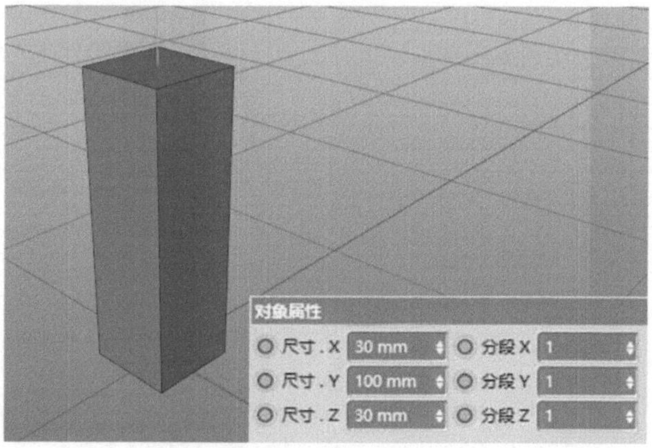

图 10-1

（2）接着把立方体转为可编辑对象，在模式工具栏里选“多边形”，然后点模型顶部，同时按鼠标右键，在弹出的面板选“内部挤压”，偏移0.5 mm，如图 10-2 和图 10-3 所示。

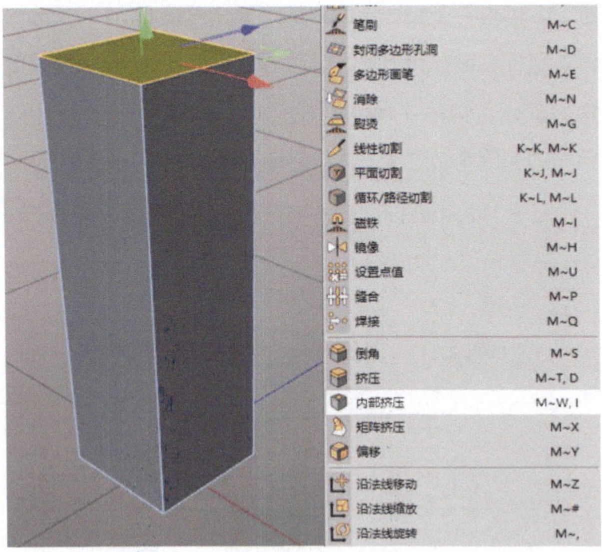

图 10-2

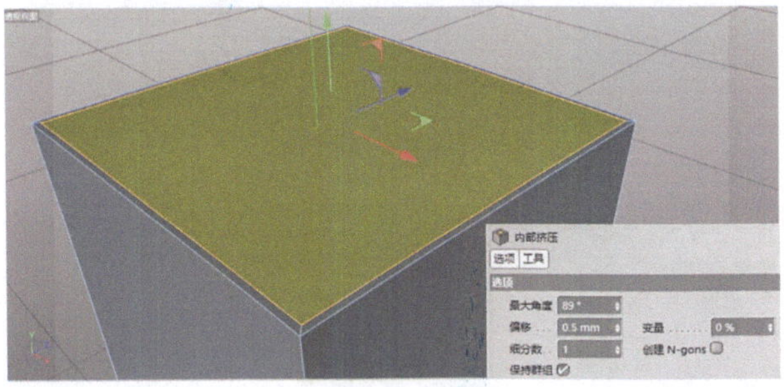

图 10-3

（3）然后选挤压，把顶面挤压到低端，低端厚度为 0.5 mm，如图 10-4 和图 10-5 所示。

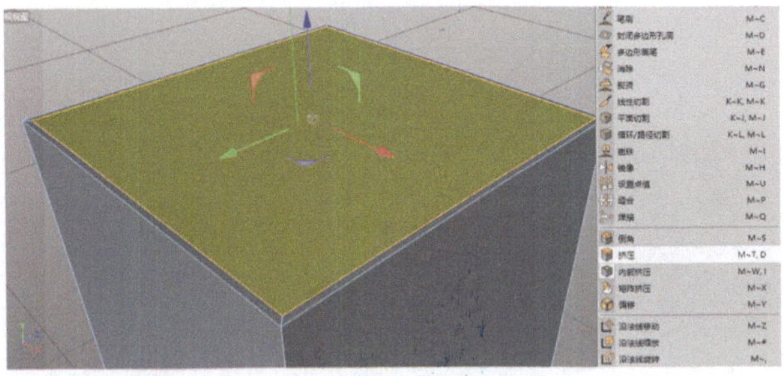

图 10-4

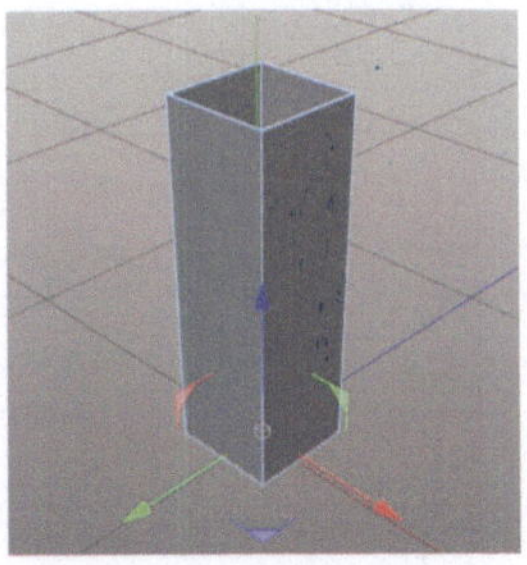

图 10-5

（4）进入“多边形”工具，选模型顶端 X 轴至 Z 轴坐标方向的两个边，先选左边的边，再按 Shift 键选右边的边，再点右键弹出边的面板选“挤压”，挤压出两边摇翼盖各 15 mm，再选“缩放工具”，把两个摇翼盖的上边缩小，如图 10-6 和图 10-7 所示。

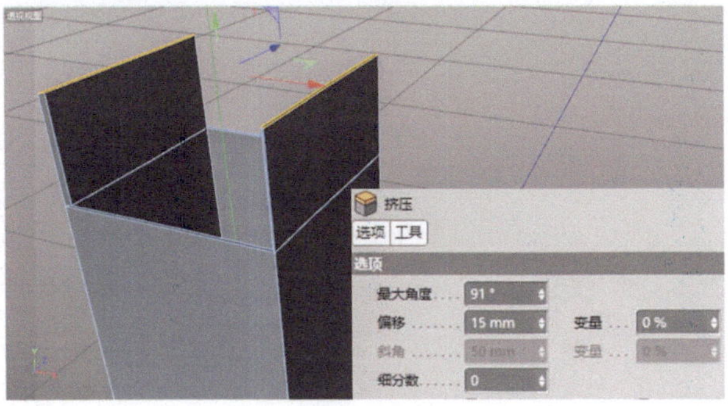

图 10-6

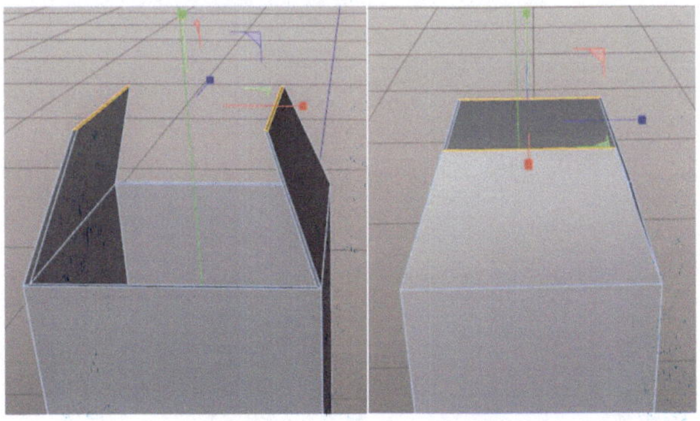

图 10-7

（5）然后选“多边形”工具，选左边的摇翼盖，选“旋转”工具，切换到正视图，旋转摇翼盖，用“移动工具”进行调整。右边的摇翼盖作图方法跟左边的一样。如果两个摇翼盖尺寸长了可以调整得短点，如图 10-8 至图 10-10 所示。

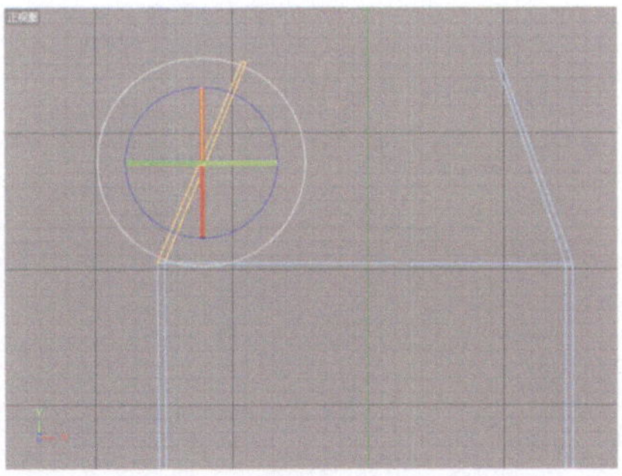

图 10-8

（6）把顶端 X 轴至 Z 轴坐标方向后面的边挤压 29.5 mm，做成盒盖，如图 10-11 所示。

（7）在盒盖边用循环路径切割 0.5 mm，选“多边形”工具，选被切割的边挤压 10 mm 做出插舌，如图 10-12 和图 10-13 所示。并对插舌两边进行倒角，选“，修形”工具，选两边的边线，再按 Ctrl+A 全选，再按鼠标右键在弹出的“边”面板选“优化”，再选“倒角”，偏移 4 mm，细分 17，如图 10-14 所示。另一边的倒角做法也一样，倒角效果如图 10-15 所示。

（8）按 Shift 键把盒盖部分全选，如图 10-16 所示，

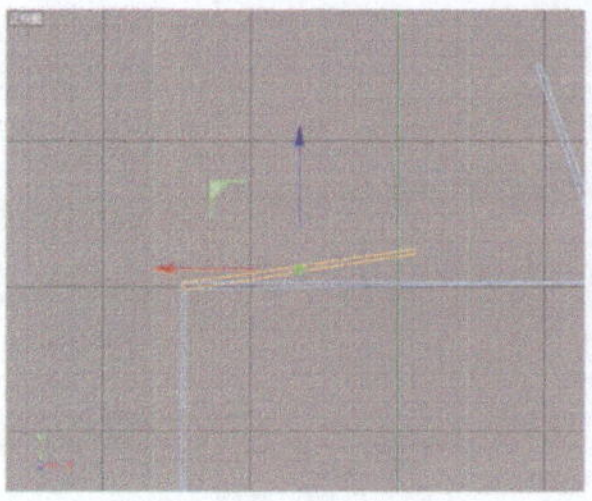

图 10-9

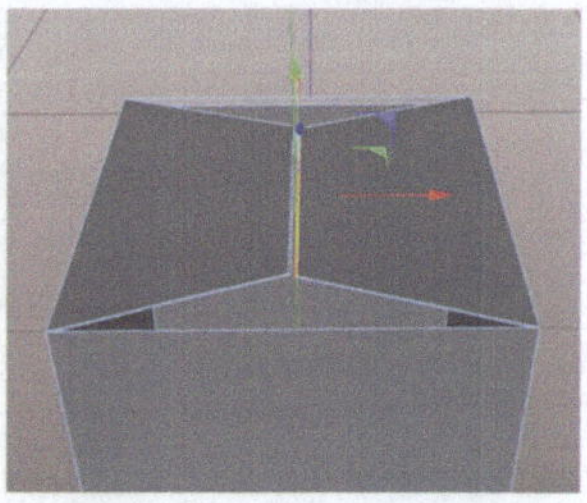

图 10-10

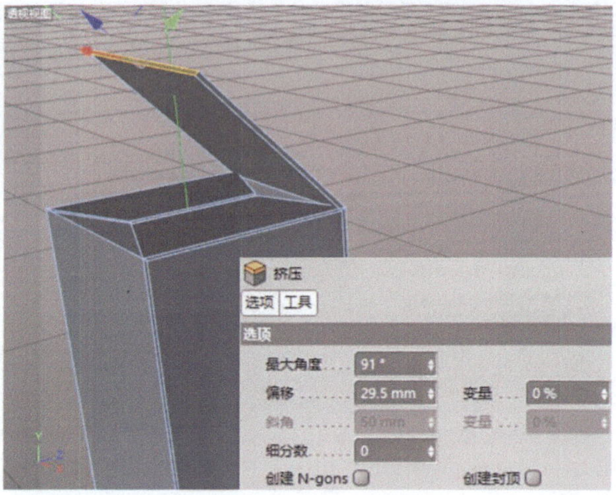

图 10-11

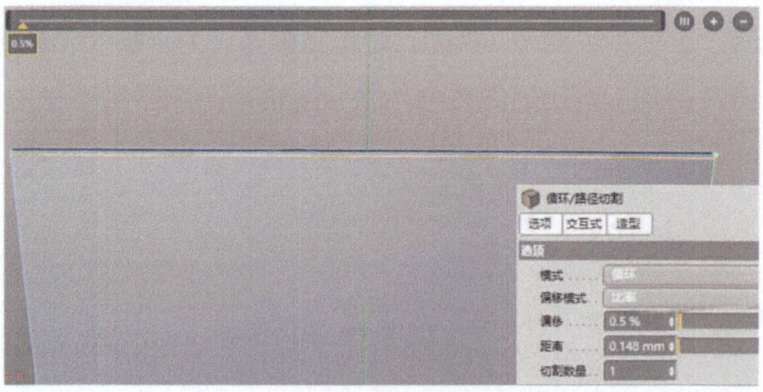

图 10-12

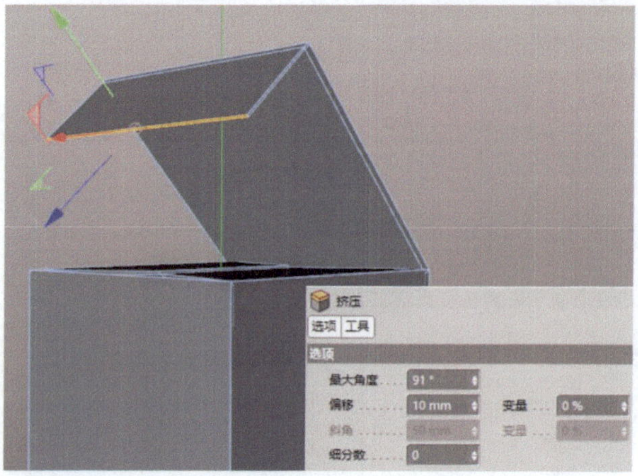

图 10-13

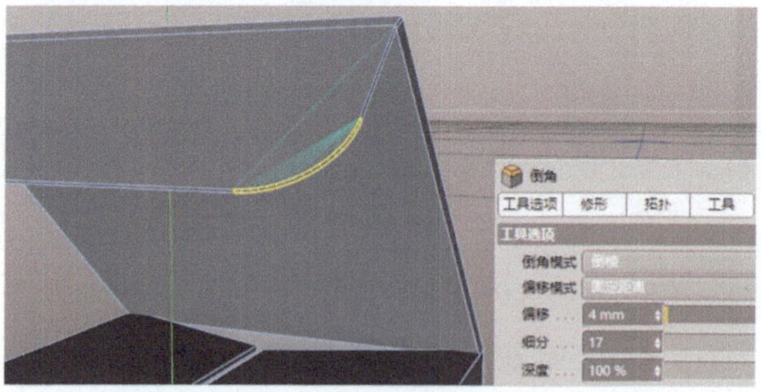

图 10-14

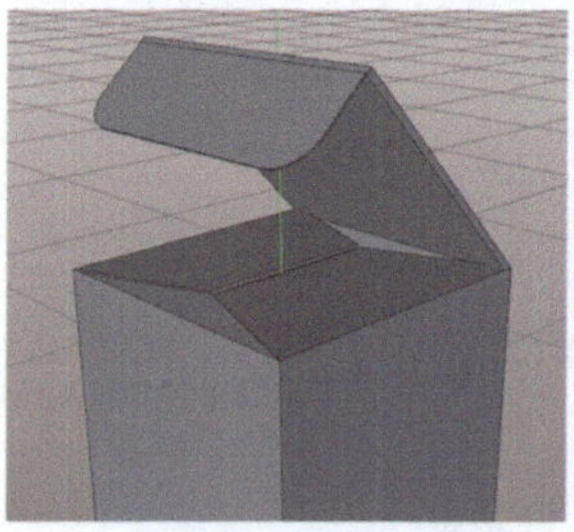

图 10-15

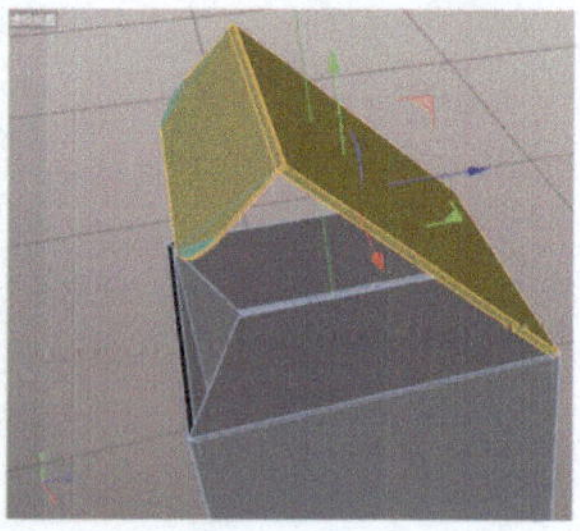

图 10-16

然后切换到右视图，选“旋转”工具，如图10-17所示。把盒盖旋转盖上，同时用“移动”工具进行调整，模型效果如图10-18和图10-19所示。

2.容器模型

（1）在点对象面板中点击纸盒模型旁边绿颜色的小圆点，隐藏刚才做好的纸盒模型，然后在菜单栏“对象”里选“圆柱”，视图窗口“显示”为“光影着色线条”模式。在“对象属性”面板调整圆柱对象模型参数，“半径”为“29 mm”，“高度”为“1 mm”，“高度分段”为“4”，“旋转分段”为“80”，如图10-20所示。

（2）在对象面板把圆柱名改为“容器模型”，然后在模式工具栏里转为可编辑对象，选“多边形”，选模型顶面在菜单栏“选择”里选“循环选择”，点鼠标右键在弹出的“多边形”面板选“内部挤压”，偏移1 mm，然后再选偏移1 mm的圆边，并循环选择，挤压60 mm，如图10-21至和图10-23所示。

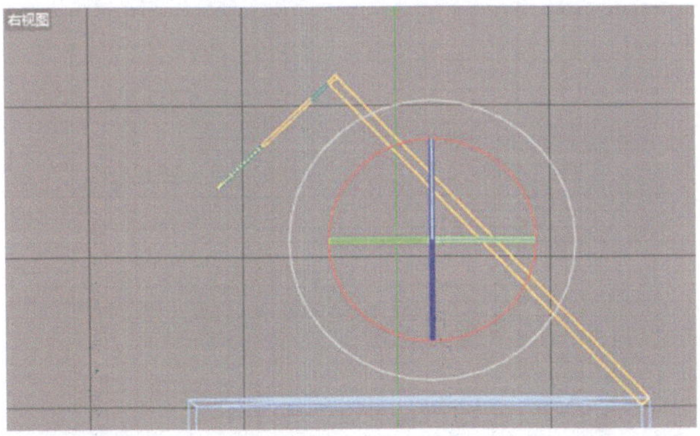

图10-17

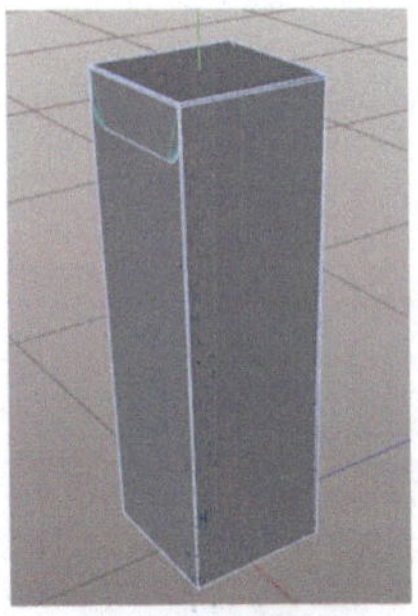

图10-19

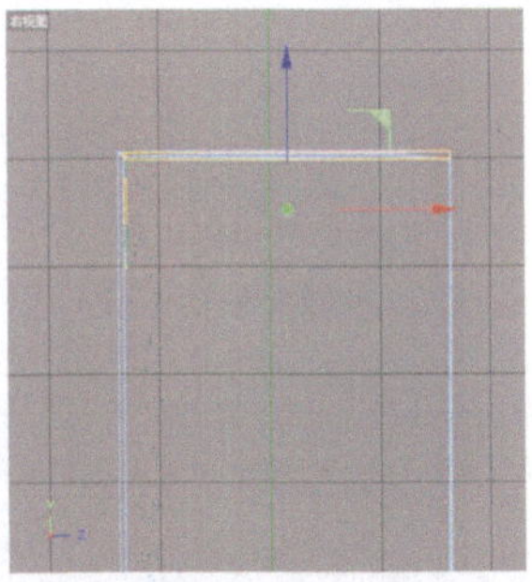

图10-18

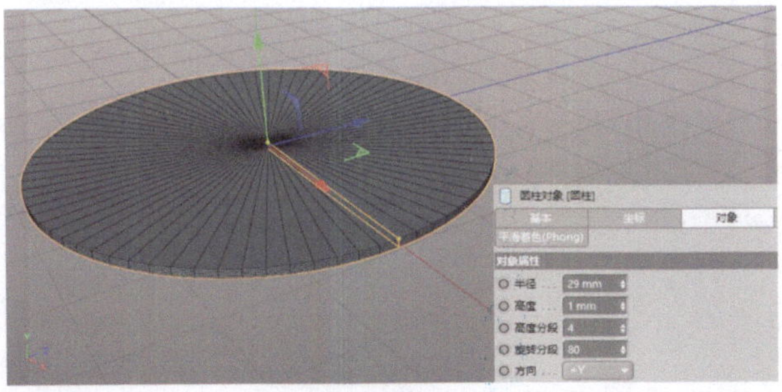

图10-20

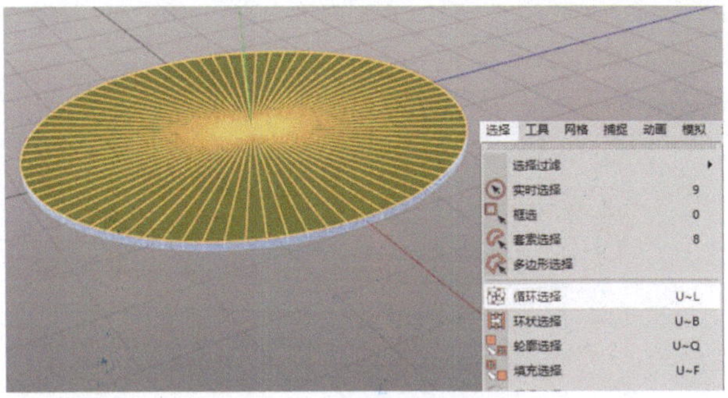

图10-21

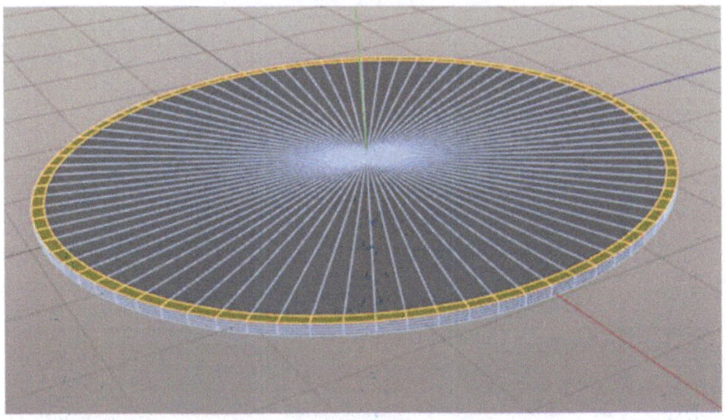

图10-22

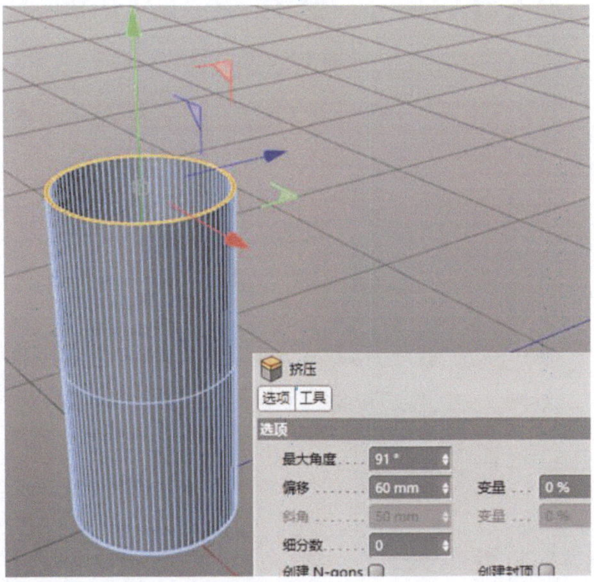

图10-23

（3）选“边”工具，用“循环选择”选“顶部内边”，选“缩放工具”，缩放尺寸 X：25 mm、Z：25 mm，挤压偏移 -1 mm，选“多边形”工具循环选择选 -1 mm 边，挤压 -20 mm 圆柱形，如图 10-24 至图 10-26 所示。

（4）用“边”工具选“内部边线”，选“挤压”，挤出 -1 mm，用“多边形”循环选择 -1 mm 边，挤压偏移 4 mm，用“边”工具选“边线”，用“移动”往上拉，用“缩放”工具调整斜度到合适，选“挤压”，挤出 1 mm，再按鼠标右键弹出面板选择“封闭多边形孔洞” 封闭多边形孔洞，将顶部封闭，如图 10-27 至图 10-29 所示。

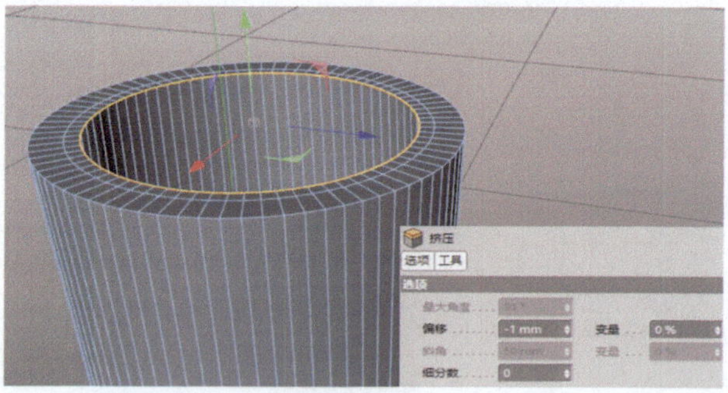

图 10-24

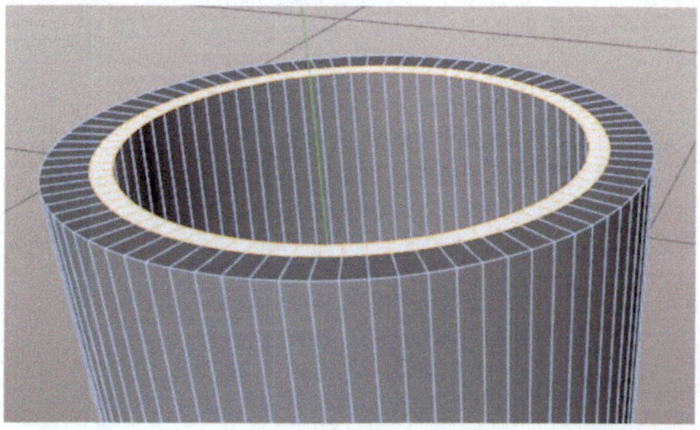

图 10-25

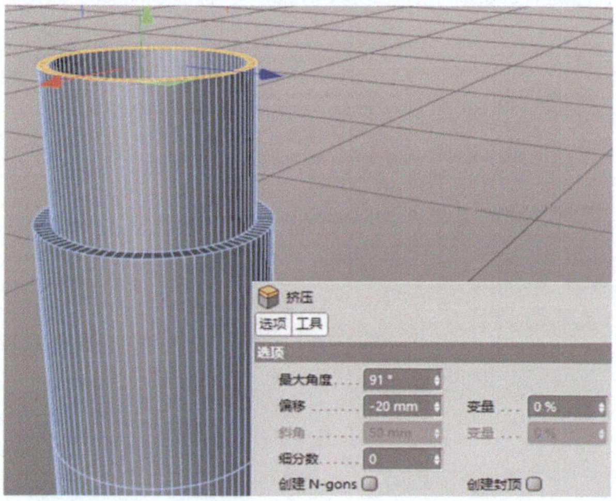

图 10-26

图 10-27

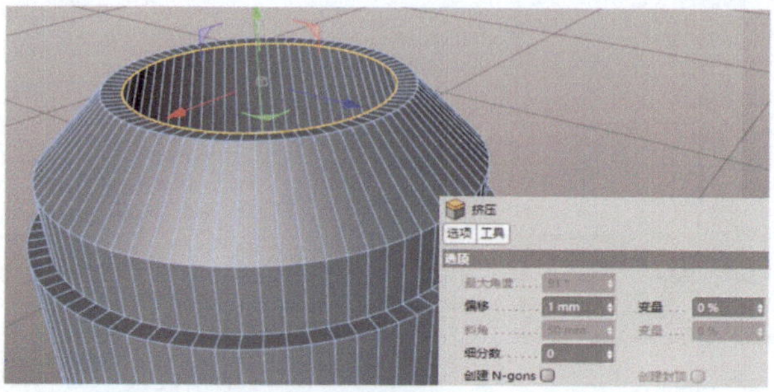

图 10-28

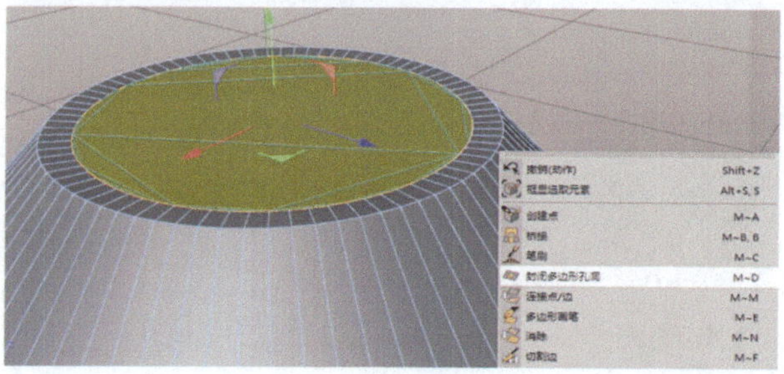

图 10-29

（5）然后再挤压出 10 mm 的圆柱形，至此容器瓶身主体部分的模型已做好，如图 10-30 和图 10-31 所示。

（6）接着再来做一个瓶盖。建立一个圆柱体，对象参数设置为“半径”为“18.5 mm”、“高度”为“30 mm”，如图 10-32 所示。

（7）在对象面板中把圆柱名改为“瓶盖模型”，然后转为可编辑对象，在模型的底部用模式工具栏中的“多边形”循环选择底面，内部挤压 2.5　mm，选“挤压”在右视图和正视图中可以调整挤到顶部的厚度，如图 10-33 和图 10-34 所示。

（8）用“多边形”循环选择模型顶面，内部挤压 1.5 mm，挤压出 10 mm 的圆柱形，再对圆柱顶边进行倒角，偏移 4 mm，细分 17，如图 10-35 和图 10-36 所示。

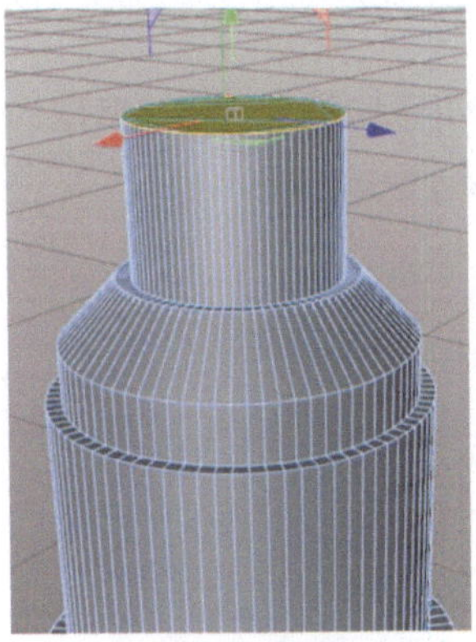

图 10-30

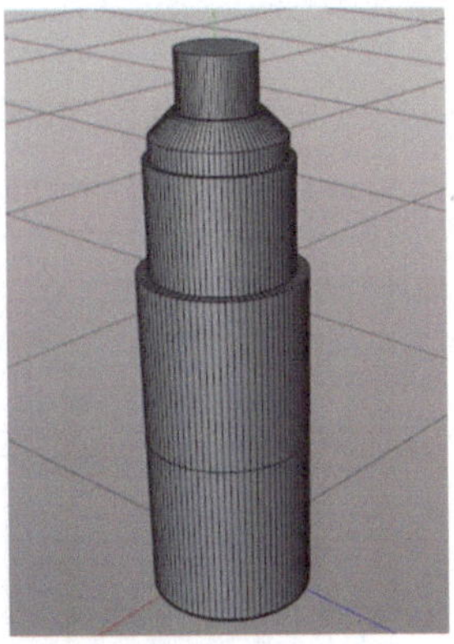

图 10-31

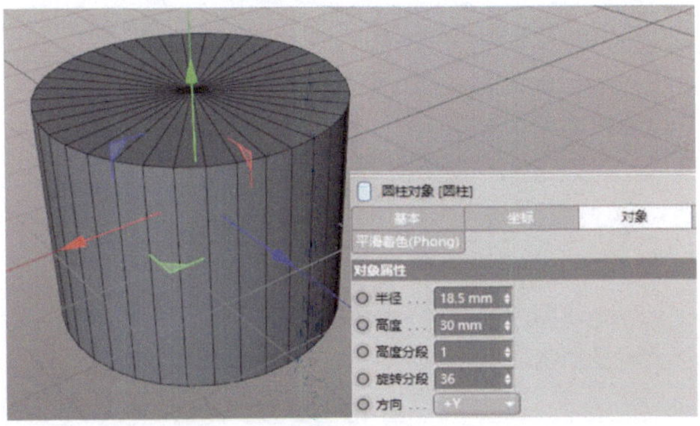

图 10-32

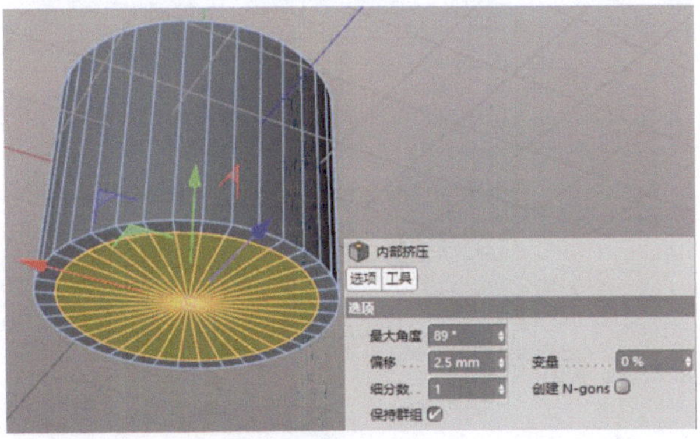

图 10-33

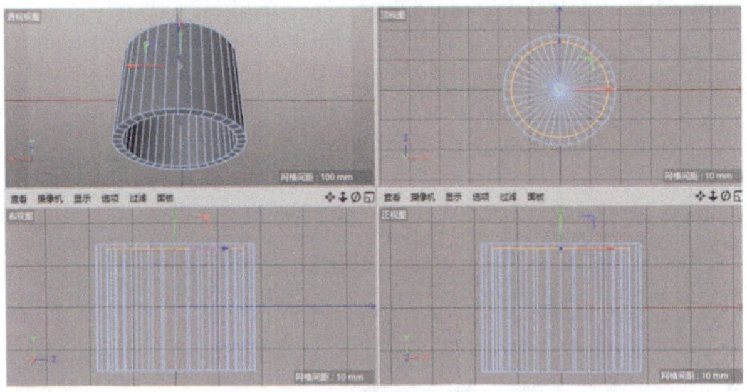

图 10-34

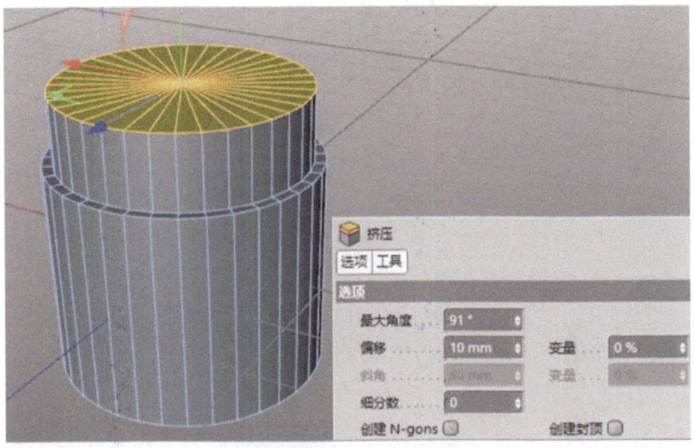

图 10-35

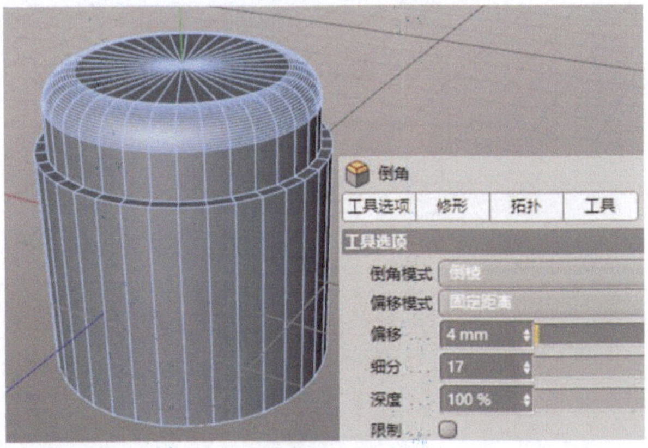

图 10-36

（9）接着再来做一个瓶盖。建立一个圆柱体，对象参数设置为：半径 18.5 mm、高度 12 mm，如图 10-37 所示。转为可编辑对象，同时对象面板名改为瓶盖模型 2，用“多边形”循环选择模型底面，内部挤压 11 mm，至此瓶盖模型 2 就做好了，如图 10-38 和图 10-39 所示。

（10）给一个“地面”模型，对做好的所有模型进行拼装组合，看看展示效果，并将做好的模型打组以便于查看，如图 10-40 和图 10-41 所示。

二、灯光创建

模型制作完成之后需要为场景创建灯光，本案例的灯光由主光源和辅助光源两部分组成。

1. 主光源

（1）使用“区域光”工具 区域光 在场景左侧设置一盏灯光，位置如图 10-42 所示。

（2）选中创建的灯光，在“常规”选项卡中设置“颜色”为“白色”，“投影”为“区域”，如图 10-43 所示。

（3）切换到“细节”选项卡，然后设置“衰减”为“平方倒数（物理精度）”，“半径衰减”为“1000 mm”（100 cm），如图 10-44 所示。

（4）测试灯光效果，如图 10-45 所示。模型的右侧发黑，需要添加辅助光源照亮模型。

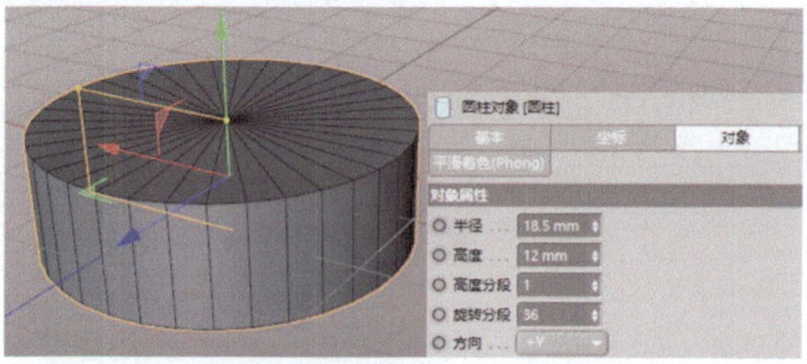

图 10-37

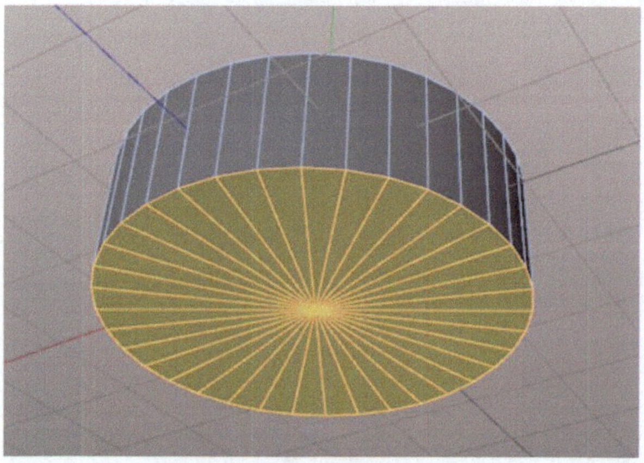

图 10-38

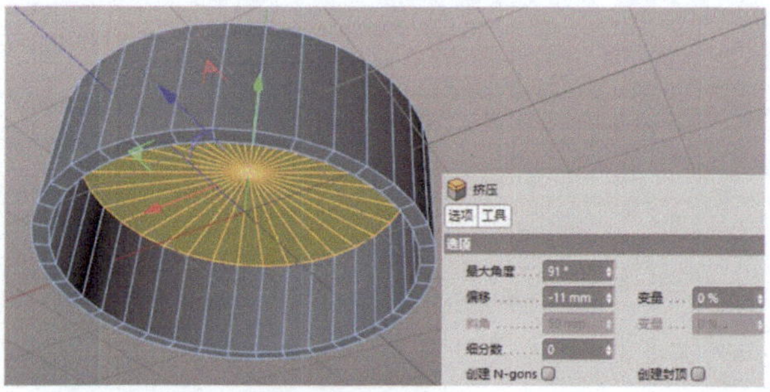

图 10-39

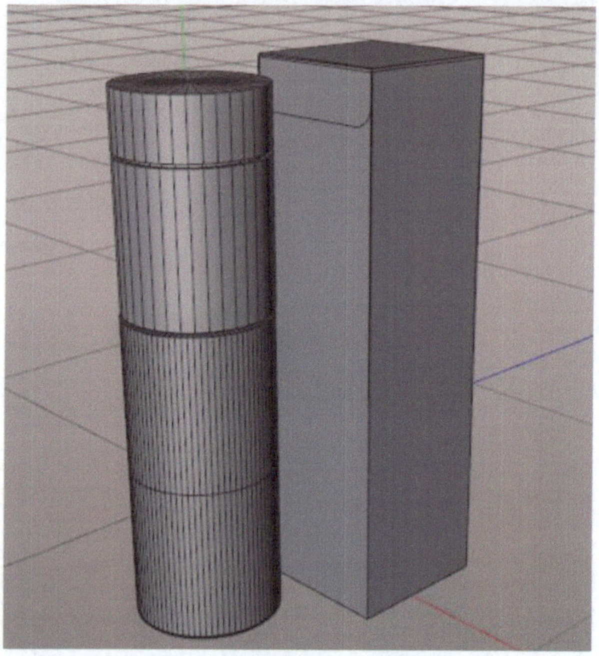

图 10-40

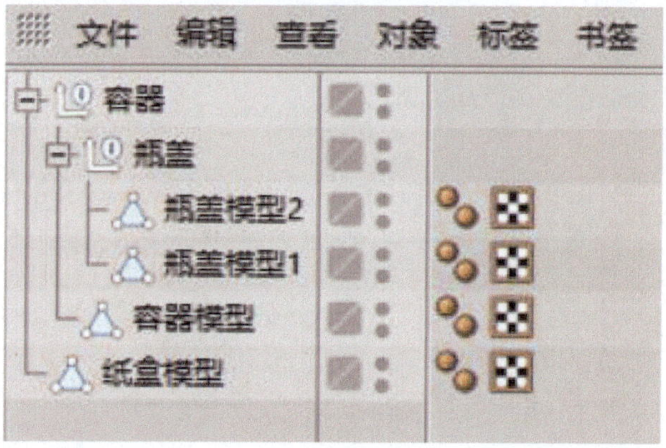

图 10-41

2. 辅助光源

（1）将主光源复制一盏，然后放置在场景的前方，如图 10-46 所示。

（2）选中复制的灯光，然后在“常规”选项卡中设置“颜色”为白色，“强度”为“60%”，“投影”为“无”，如图 10-47 所示。

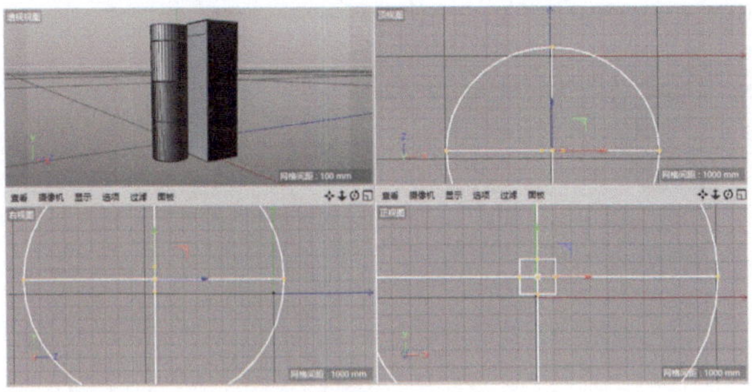

图 10-42

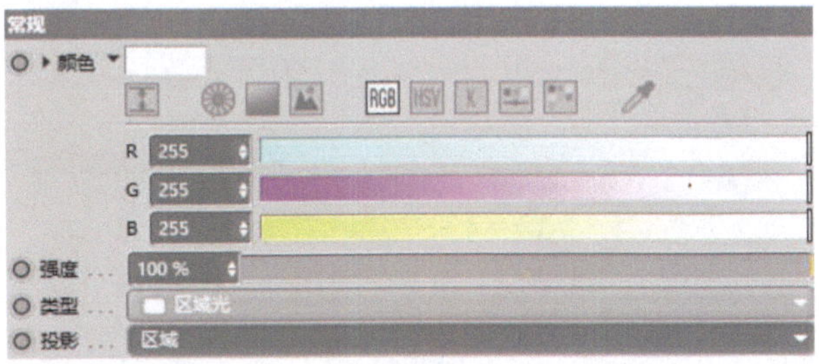

图 10-43

图 10-44

图 10-45

（3）切换到“细节”选项卡，然后设置“衰减”为“平方倒数（物理精度）”，“半径衰减”为“8050 mm”（805 cm），如图 10-48 所示。

（4）用白模测试灯光效果，更好地观察灯光强度、阴影方向和软硬度，如图 10-49 所示。

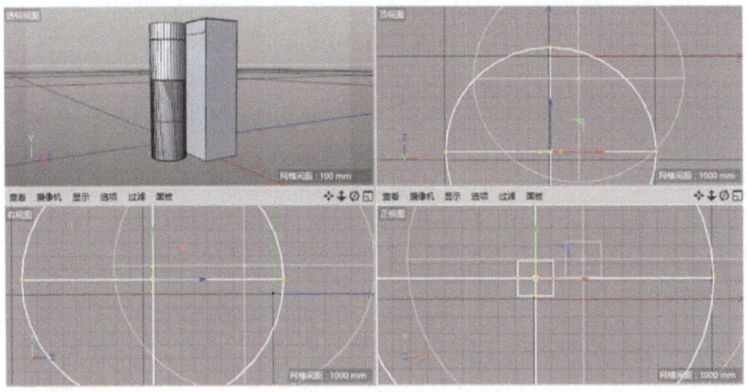

图 10-46

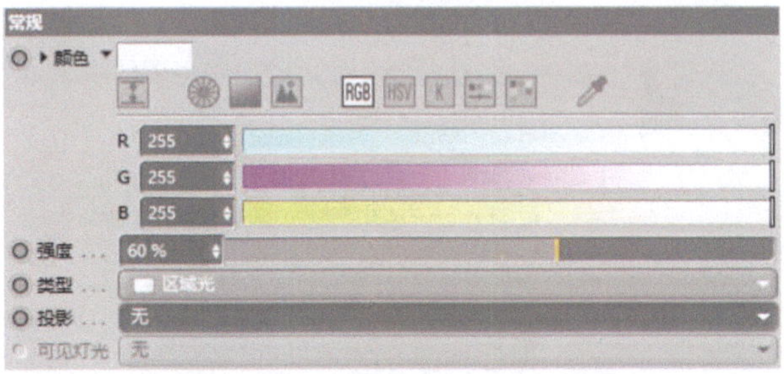

图 10-47

图 10-48

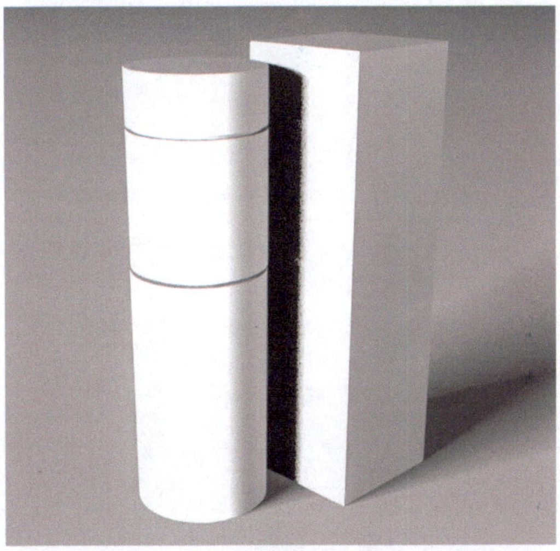

图 10-49

三、材质创建

灯光创建完成后，需要为模型创建材质，本案例的材质由有色塑料材质、有色纸材、金属材质和透明塑料材质组成。

1.墨绿塑料

（1）在材质面板新建一个材质球，然后打开“材质编辑器”，接着在“颜色”选项组中设置“颜色”为“（R：68，G：101，B：87）”，如图 10-50 所示。

（2）在“反射”选项组中添加“GGX”，然后设置“粗糙度”为“15%”，“菲涅耳”为“绝缘体”，“预置”为“聚酯”，如图 10-51 所示。材质效果如图 10-52 所示。

2.金属材质

（1）在材质面板新建一个材质，然后打开“材质编辑器”，接着在“颜色”选项组中设置“颜色”为“（R：184，G：104，B：35）”，如图 10-53 所示。

（2）在“反射”选项组中添加“GGX”，然后设置“粗糙度”为“15%”，“菲涅耳”为“导体”，“预置”为“铜”，如图 10-54 所示。材质效果如图 10-55 所示。

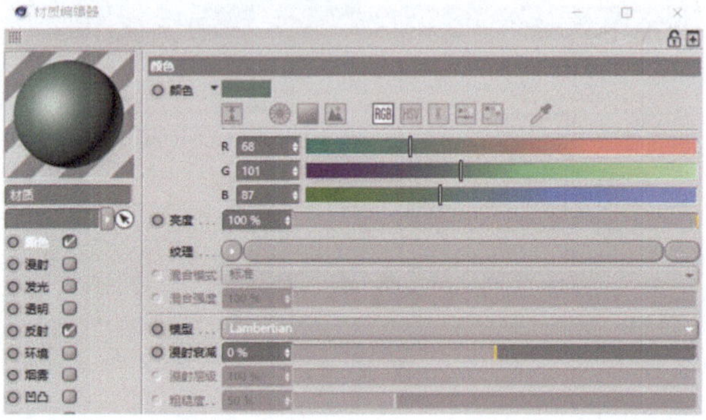

图 10-50

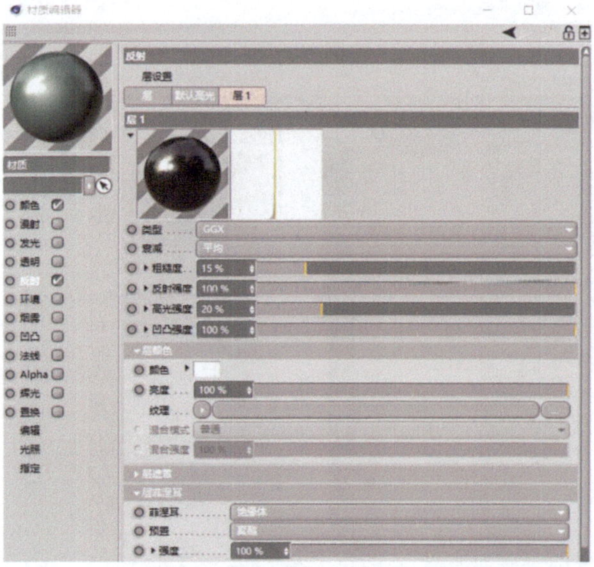

图 10-51

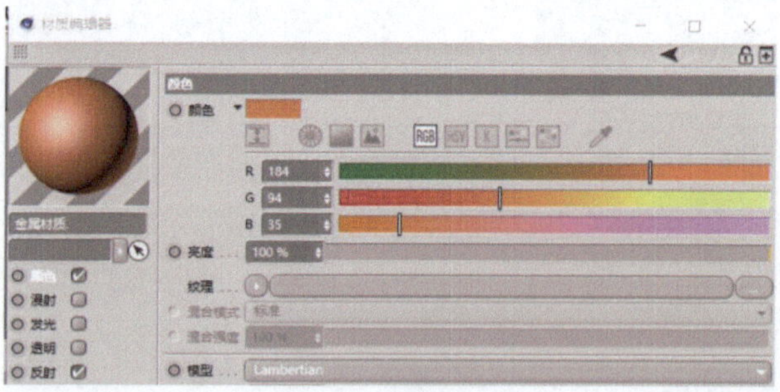

图 10-53

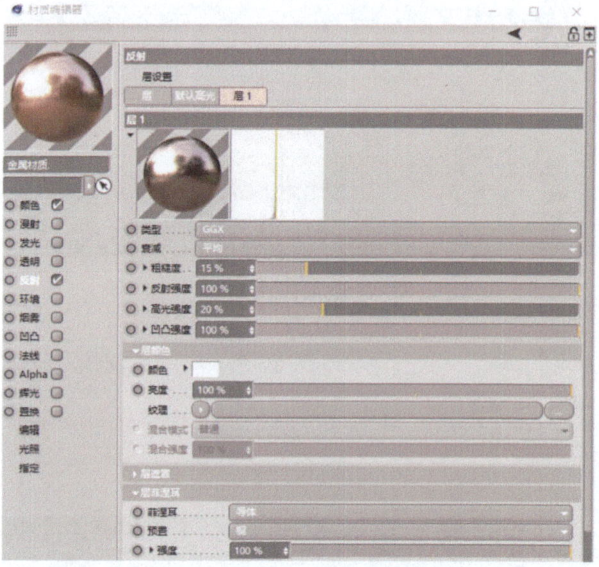

图 10-54

图 10-52

图 10-55

3.透明塑料材质

（1）在材质面板新建一个材质，然后打开“材质编辑器”，接着在“透明”选项组中设置“折射率预设”为“塑料 PET”，如图 10-56 所示。

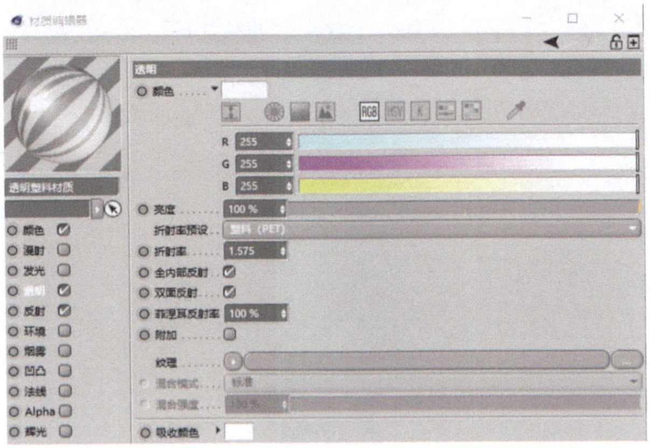

图 10-56

（2）在“反射”选项组中添加“GGX”，然后设置“粗糙度”为“5%”，“菲涅耳”为“绝缘体”，“预置”为“聚酯”，如图 10-57 所示。材质效果如图 10-58 所示。

图 10-58

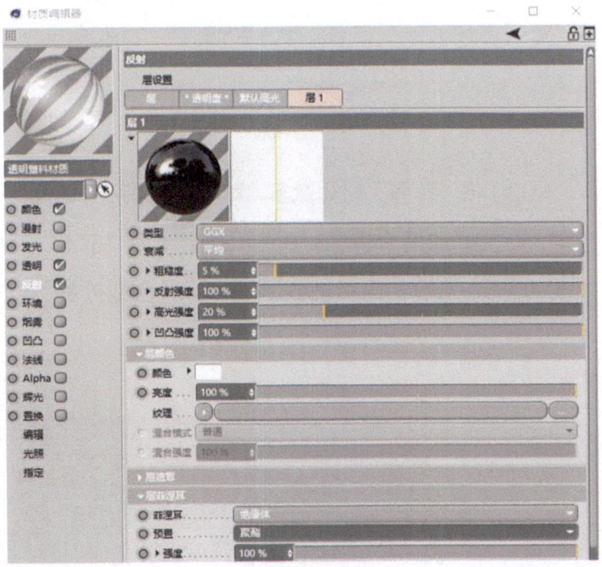

图 10-57

4.蓝色纸材

（1）在材质面板新建一个材质，然后打开“材质编辑器”，接着在“颜色”选项组中设置“颜色”为“（R: 1110，G: 131，B: 212）”，如图 10-59 所示。

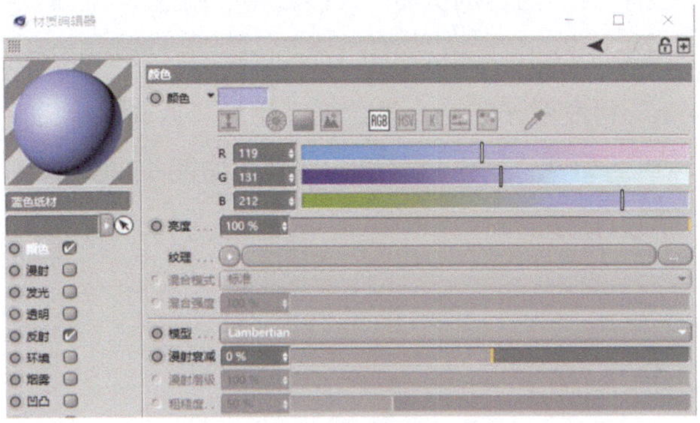

图 10-59

（2）在“反射”选项组中添加“GGX”，然后设置“粗糙度”为“30%”，“菲涅耳”为“绝缘体”，“预置”为“聚酯”，如图 10-60 所示。材质效果如图 10-61 所示。

图 10-61

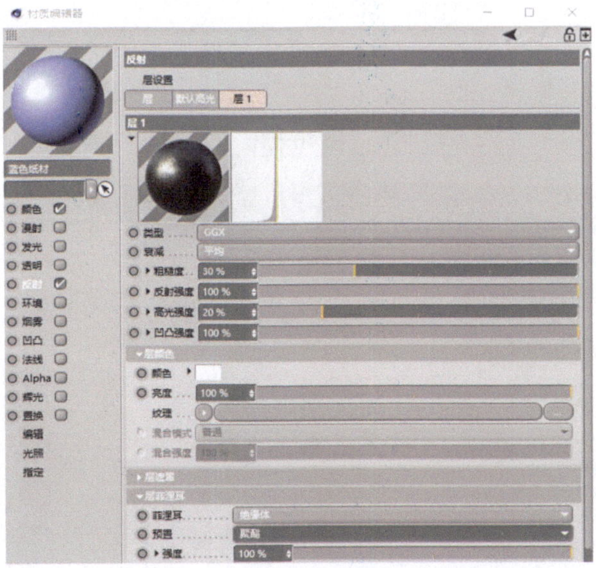

图 10-60

四、环境添加

创建完灯光和材质后，需要为场景添加环境，本案例的环境由天空 HDRI 贴图和背景两部分组成。

1.天空 HDRI 贴图

（1）使用“天空”工具在场景中创建一个天空，然后打开“内容浏览器”，接着将“预置 \Visualize\Presets\Light Setups\HDRI\Cityscape BrightDay.hdr”材质赋予天空，再给天空添加“合成”标签，并取消勾选“摄像机可见”选项，如图 10-62 和图 10-63 所示。

图 10-62

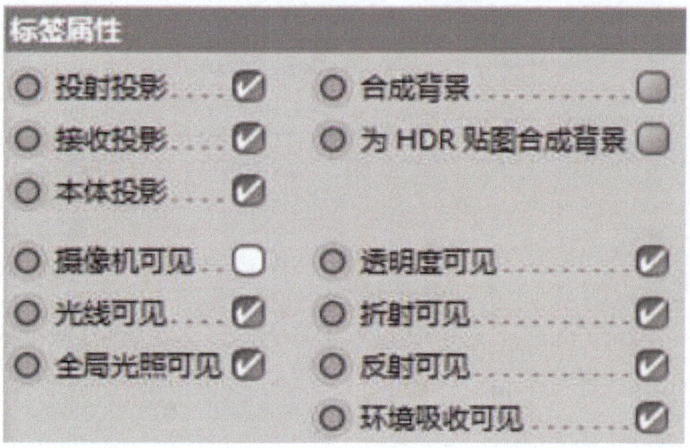

图 10-63

（2）渲染场景效果，如图 10-64 所示。

图 10-64

2.背景

（1）使用“背景”工具，在场景中创建一个背景模型，然后新建一个材质，接着打开“材质编辑器”，再在“颜色”项组的“纹理”通道中加载一张自己设计好的 JPG 文件，如图 10-65 所示。

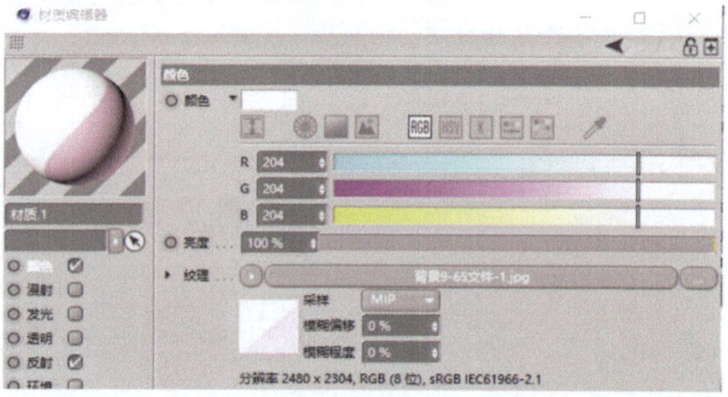

图 10-65

（2）将“背景”材质赋予“背景”模型和“地面”模型，然后修改两个模型材质的“投射”为“前沿”，如图 10-66 所示。再给地面添加一个“合成标签”，

图 10-66

在标签属性中勾选“合成背景”。

（3）渲染场景效果，如图 10-67 所示。

五、添加摄像机

场景调整完毕后需要为场景添加摄像机，然后渲染输出。在透视图中找到合适的角度，然后使用“摄像机”工具在场景中创建一台摄像机，接着加载“保护”标签防止移动摄像机，如图 10-68 和图 10-69 所示。

六、渲染输出

（1）按快捷键 Ctrl + B 打开“渲染设置”面板，然后在“输出”选项组中设置“宽度”为“1280 像素”，“高度”为“1060 像素”，如图 10-70 所示。

（2）在“抗锯齿”选项组中设置“抗锯齿”为“最佳”，然后设置“最小级别”为“2×2”，“最大级别”为“4×4”，“过滤”为“Mitchell”，如图 10-71 所示。

图 10-67

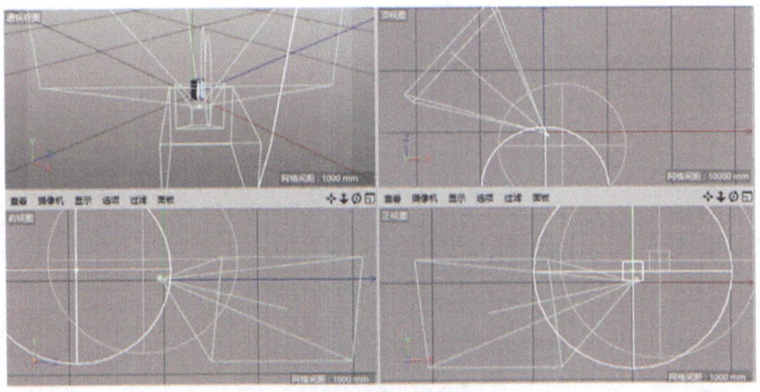

图 10-68

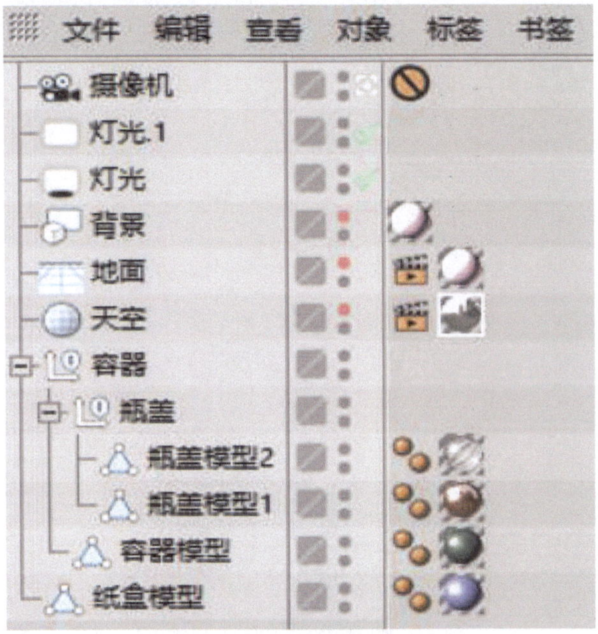

图 10-69

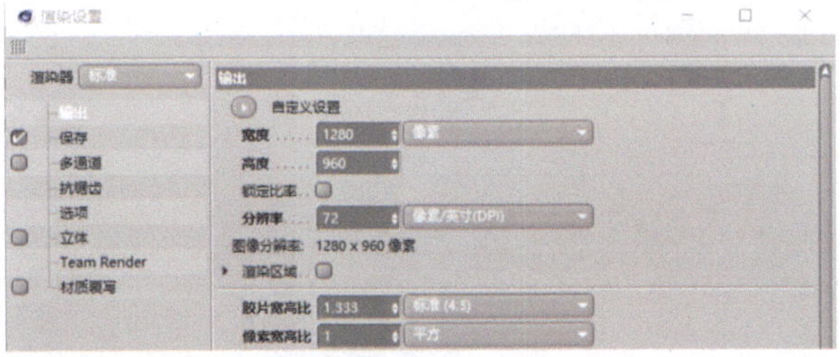

图 10-70

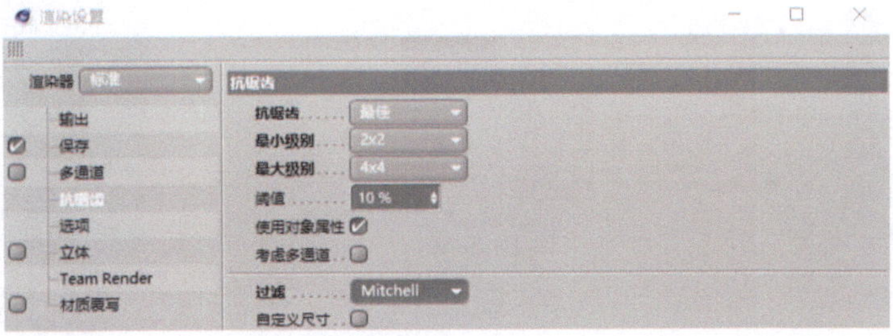

图 10-71

（3）在“全局光照”选项组中设置“首次反弹算法”和“二次反弹算法”都为“辐照缓存”，如图 10-72 所示。

（4）按快捷键 Shift +R 渲染场景，效果如图 10-73 所示，然后将渲染后的图片进行保存。

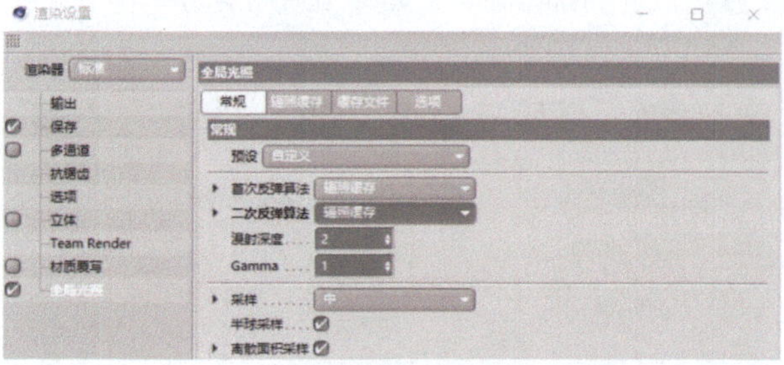

图 10-72

图 10-73

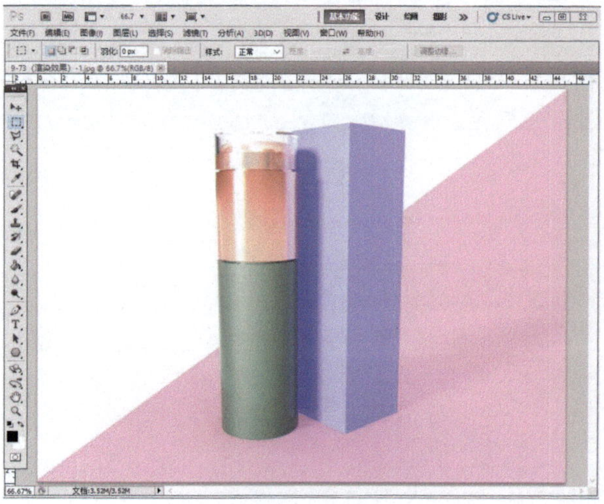

图 10-74

七、后期调整

（1）打开 Photoshop 软件，然后打开渲染好的图片，如图 10-74 所示。

（2）选中“背景图层”，然后为其添加“色阶”调整图层，参数及效果如图 10-75 和图 10-76 所示。

（3）保持选中的图层不变，然后为其添加“色彩平衡”调整图层，参数及效果如图 10-77 和图 10-78 所示。

（4）保持选中图层不变，然后为其添加“自然饱和度”调整图层，参数及效果如图 10-79 所示。视觉创意效果图最终效果如图 10-80 所示。

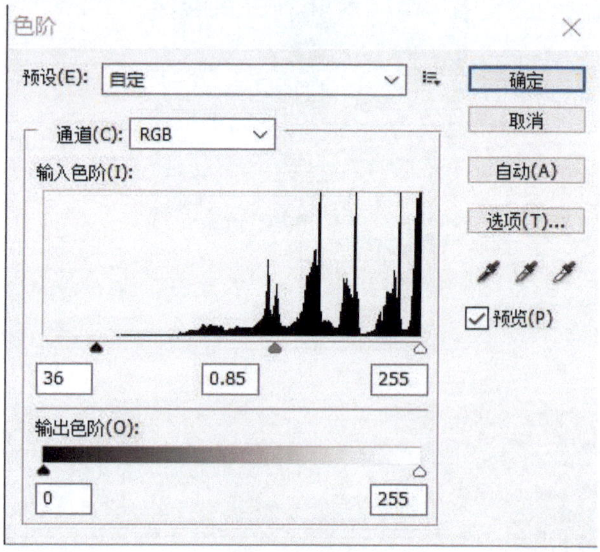

图 10-75

图 10-76

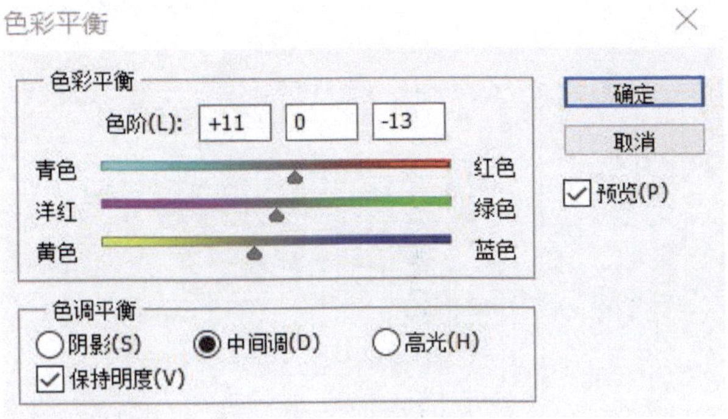

图 10-77

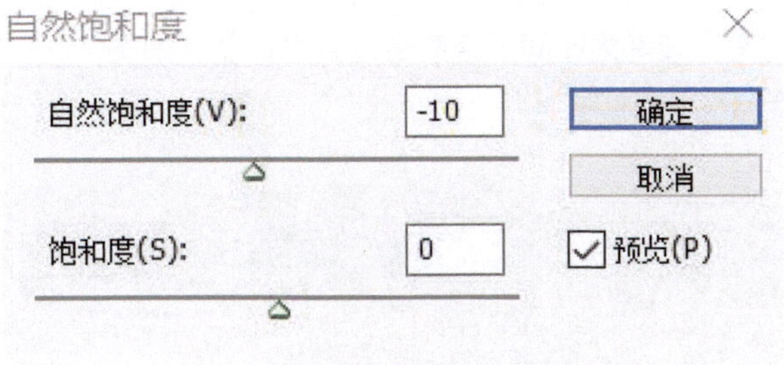

图 10-79

图 10-78

图 10-80

第二节　食品包装效果图

一、模型制作

本案例为自热火锅包装的模型，分为盒身模型和盒盖模型，下面将逐一讲解。

1. 盒身模型

（1）打开 C4D，新建立方体，在属性面板中将“尺寸 .X”设置为“22”，“尺寸 .Y”设置为“8”，“尺寸 .Z”设置为“15”，分段 X:50，Y:1，Z:30，勾选“圆角”，“圆角半径”为“1”，“圆角细分”设置为“6”，如图 10-81 所示。

（2）将立方体转化为可编辑对象，进入多边形模式，按快捷键 U~L 循环选择选中中间立面，中间需要做出突出部分的面，如图 10-82 所示。

（3）在空白区域按鼠标右键，在弹出的菜单面板中选“内部挤压”，也可以按快捷键 I 或 M~W 内部挤压，

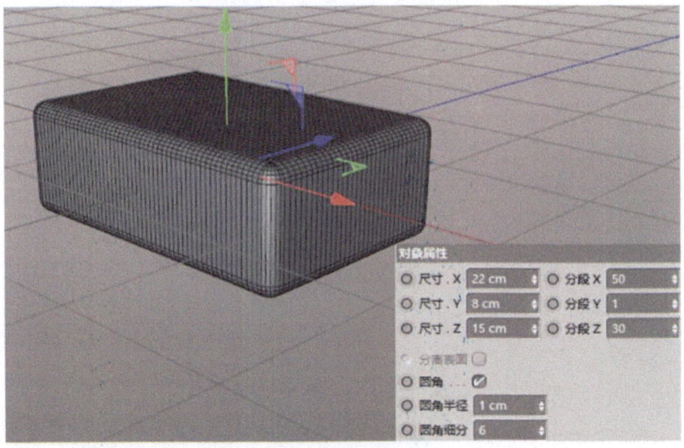

图 10-81

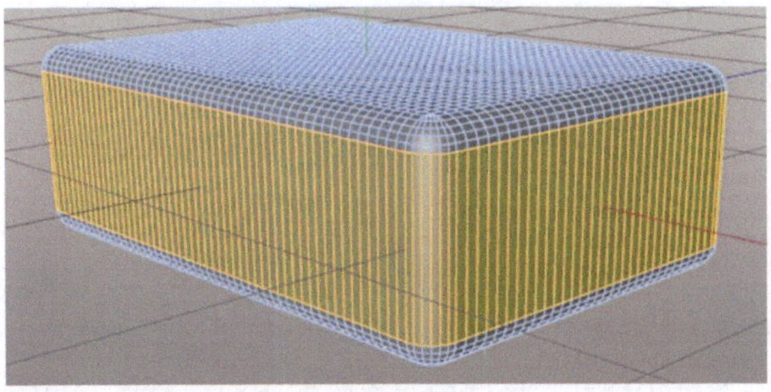

图 10-82

在内部挤压属性面板“选项”中把“保持群组”的勾选去掉，需要每一个长方体都向内部挤压一段距离，使中间有一段间隔，间隔距离合适就可以了，如图 10-83 所示。

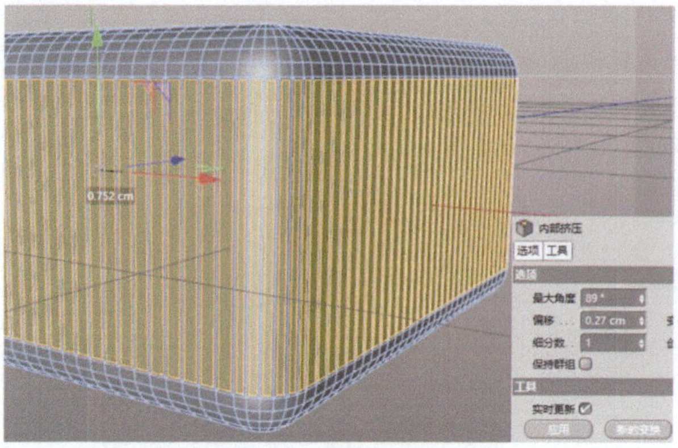

图 10-83

（4）按快捷键 D 挤压，同样在挤压属性面板“选项”中把“保持群组”的勾选去掉，向外挤压偏移 0.12 cm，挤压凸出的厚度合适就可以了，如图 10-84 所示。

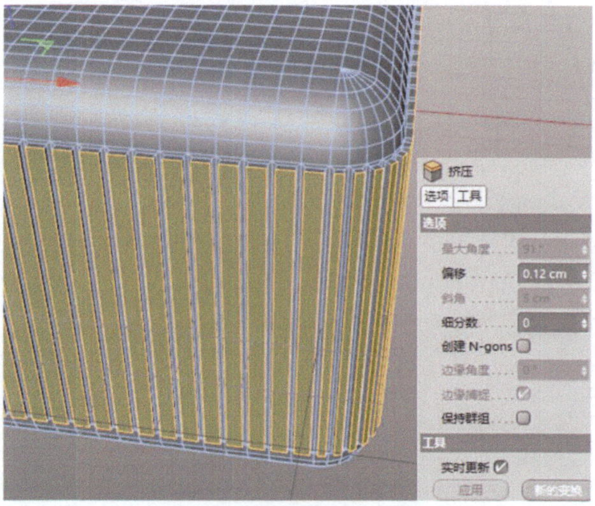

图 10-84

（5）在对象面板中增加“细分曲面”，将立方体放在细分曲面下方作为子层级，如图 10-85 所示，接着在“显示”中选择“光影着色”看效果，可以看到凸出的方形太圆滑了，如图 10-86 所示。

（6）形式不贴合的情况需要调整，需要对方形模型进行卡边圆角。先关闭“对象面板”中的“细分曲面”，接着选边模式，再选用对象面板中的立方体，如图 10-87 所示。

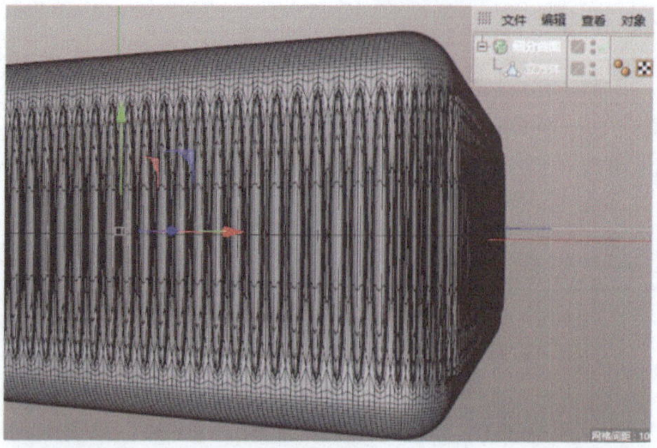

图 10-85

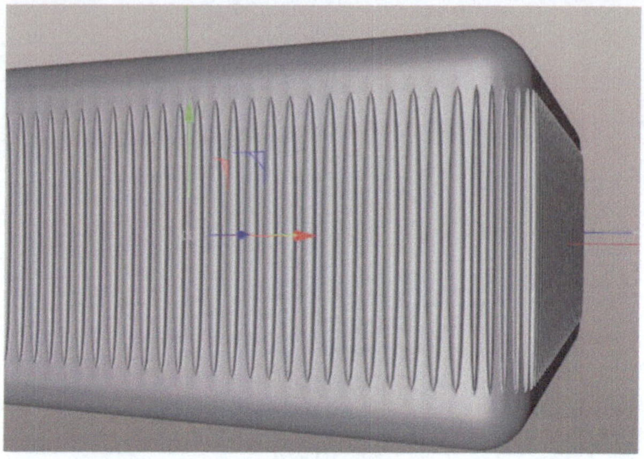

图 10-86

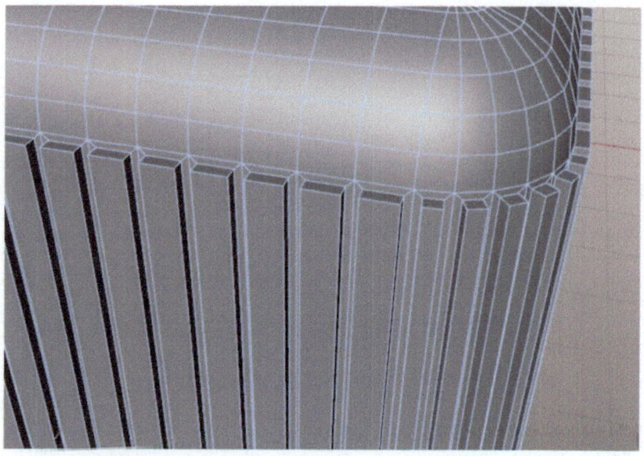

图 10-87

（7）按快捷键 U+L 循环选择上下两个边，接着按住 Shift 键选择向外突出的面，围绕盒型一圈全选上，如图 10-88 所示。在空白区域按右键，在弹出的菜单面板中选倒角工具，在空白区域按左键向内向右拖动，在倒角属性面板“工具选项”中“偏移”设置为“0.02 cm”，“细分”为“1”，直至全部倒角完成，再在“对象面板”中把“细分曲面”打开，如图 10-89 和图 10-90 所示。

（8）先把细分曲面关掉，切换到正视图，进入点模式，用框选工具框选盒型底部一排点，如图 10-91 所示，接着用缩放工具选中底部的点使其向内缩一点，打开细分曲面，就会看到有一个向内缩的过渡效果，如图 -92 所示。

（9）在正视图中，进入点模式，用框选工具选择模型上面的点并删除，如图 10-93 和图 10-94 所示。切换到透视视图中看盒身模型效果，如图 10-95 所示。

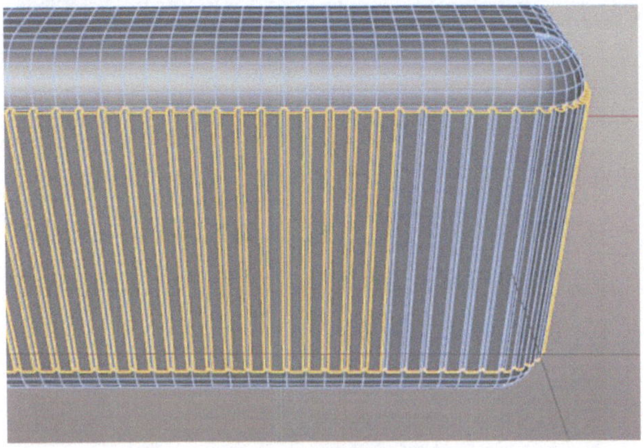

图 10-88

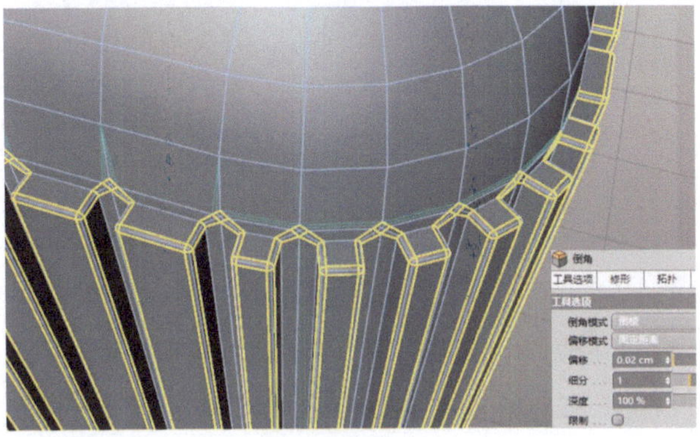

图 10-89

图 10-90

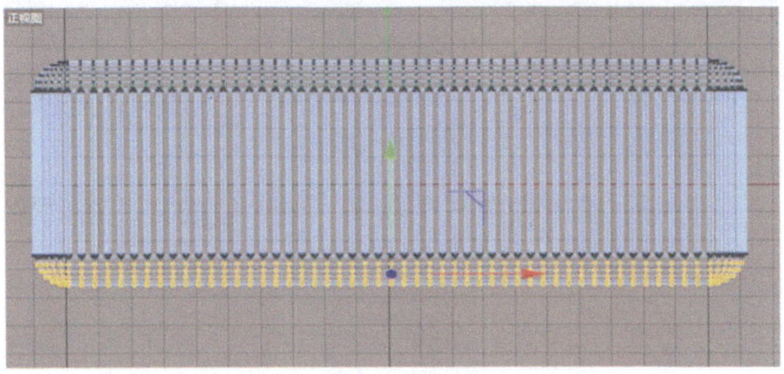

图 10-91

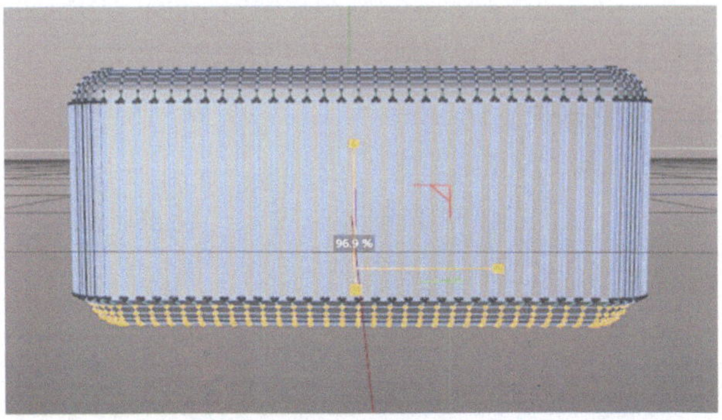

图 10-92

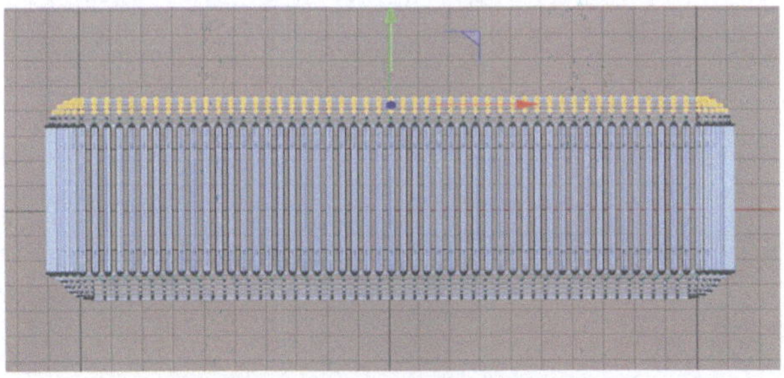

图 10-93

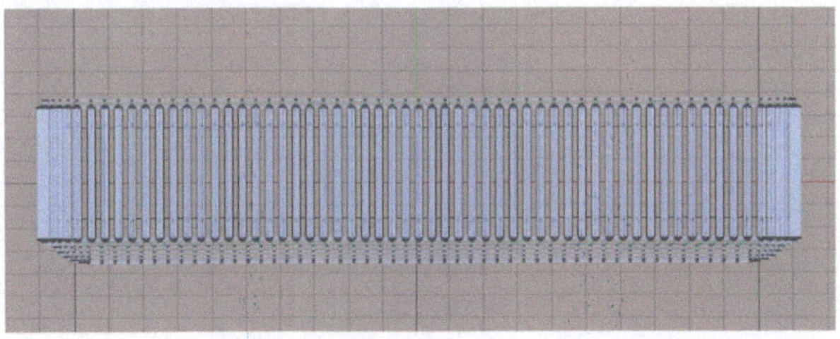

图 10-94

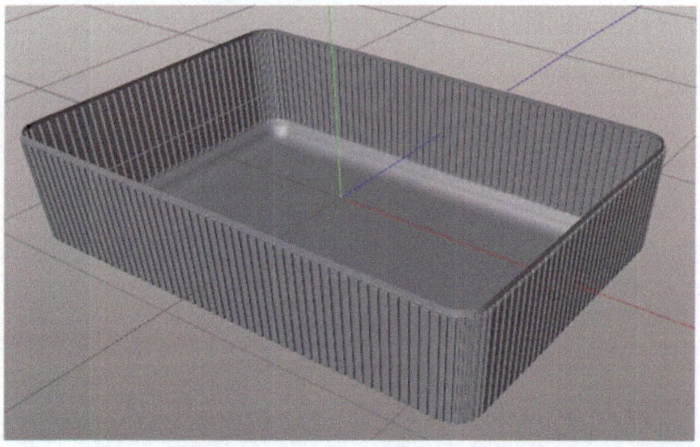

图 10-95

（10）接下来做一个盖子。进入线模式，在对象面板中先关闭细分曲面，选立方体，按快捷键 U+L 循环选择模型上面的线，如图 10-96 所示。点菜单栏“网格”选项，在弹出的菜单中选“命令”、再选“提取样条”，如图 10-97 所示。在对象面板中的立方体下方会生成一个样条，接着把样条拉出跟细分曲面平级，如图 10-98 所示。

图 10-96

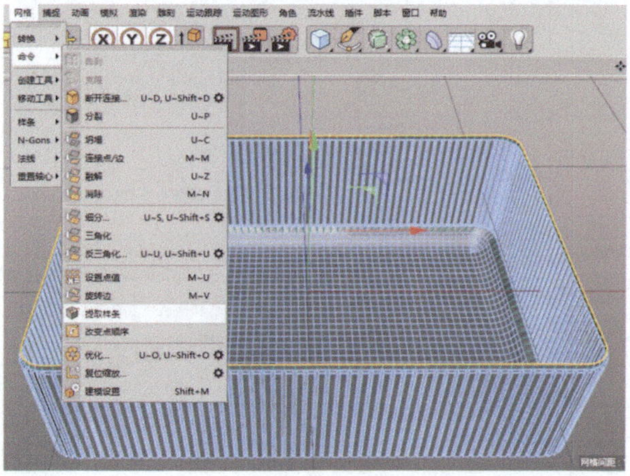

图 10-97

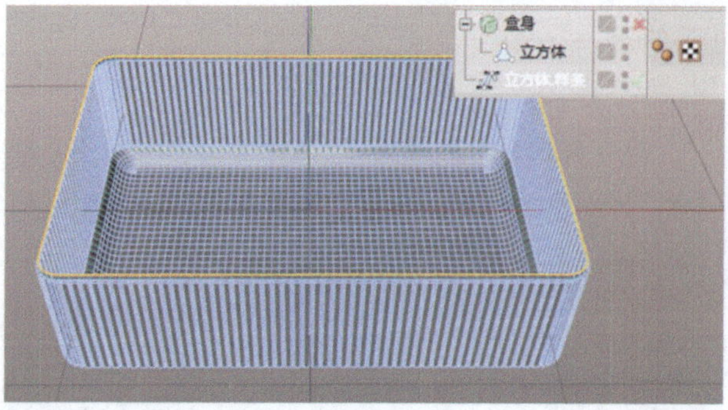

图 10-98

（11）在对象面板中增加一个“挤压”生成器，把样条放在挤压下方作为子层级，在挤压属性面板中 Y 轴方向设置为 1 cm 厚度，X 轴方向和 Z 轴方向为 0 cm，接着用缩放工具把盒盖扩大，使其超过盒身的大小，如图 10-99 所示。

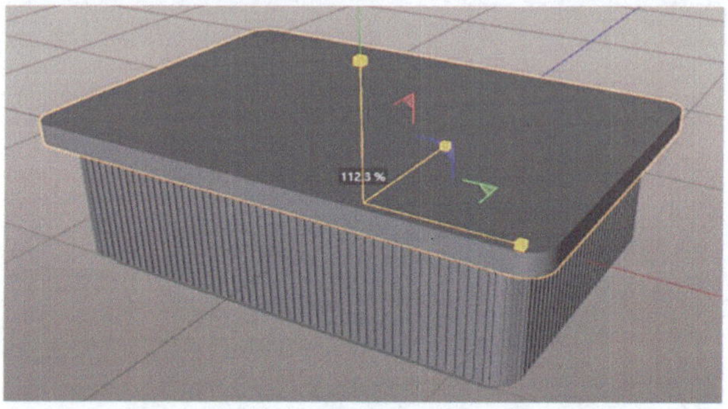

图 10-99

（12）按快捷键 C 键，把盒盖方体模型转为可编辑对象，在对象面板中把挤压图层全选，按鼠标右键在弹出的菜单面板中选择“连接对象 + 删除” 连接对象+删除 转化成一个图层，模型成为一个新的长方体，如图 10-100 所示。

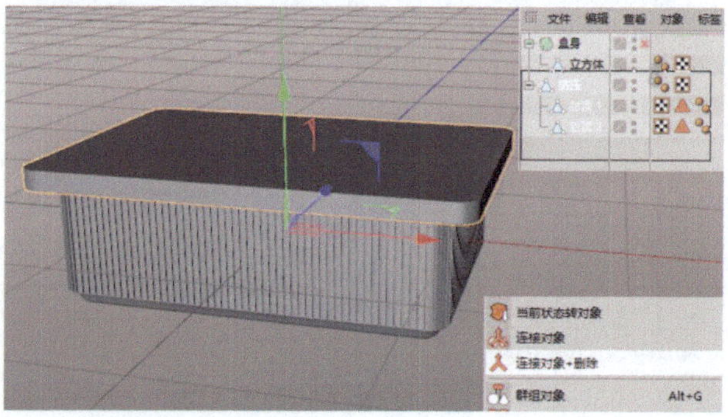

图 10-100

（13）进入多边形模式，选中盒盖底面，按鼠标右键在弹出的菜单面板中选择“内部挤压”，向内挤压，按 Ctrl 键再向上移一点深度，如图 10-101 所示。同样顶面也选择向内挤压，按 Ctrl 键再向下移一点深度，如图 10-102 所示。

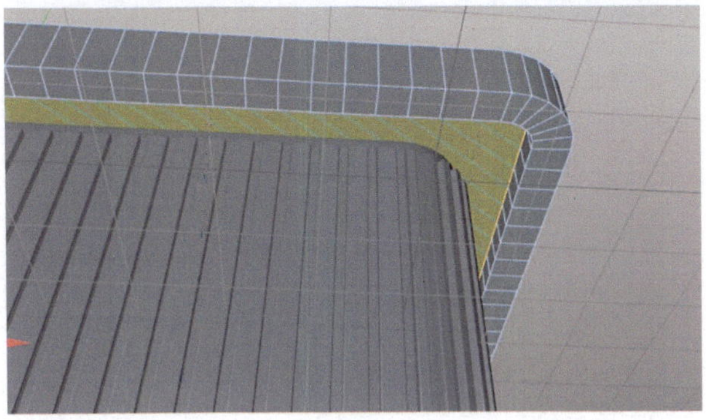

图 10-101

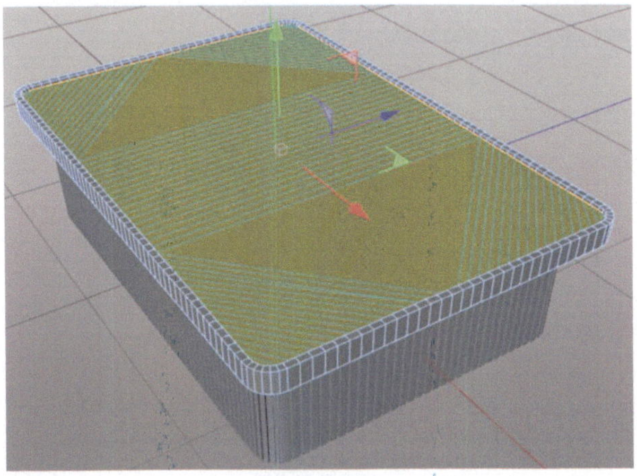

图 10-102

（14）从仰视角度看盒盖有点长，用缩放工具稍微缩短一点，并将盒盖进一步向下移，使其盖在盒身上端，如图 10-103 所示。

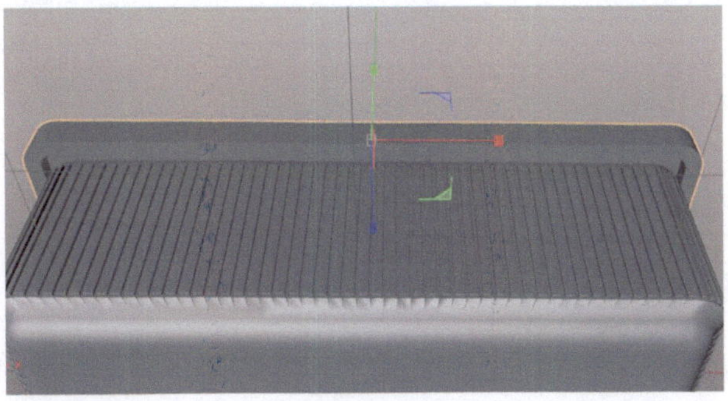

图 10-103

（15）给盒盖进行倒角。进入点模式，按 Ctrl+A 全选盒盖上的点进行优化，再到边模式中进行倒角，按 U+L 快捷键循环选择要倒角的线条，如图 10-104 和图 10-105 所示。按 M+S 快捷键倒角，在倒角属性面板工具选项中“偏移”设置为“0.05 cm”，“细分”为“5”，如图 10-106 所示。打开细分曲面看效果，如图 10-107 所示。

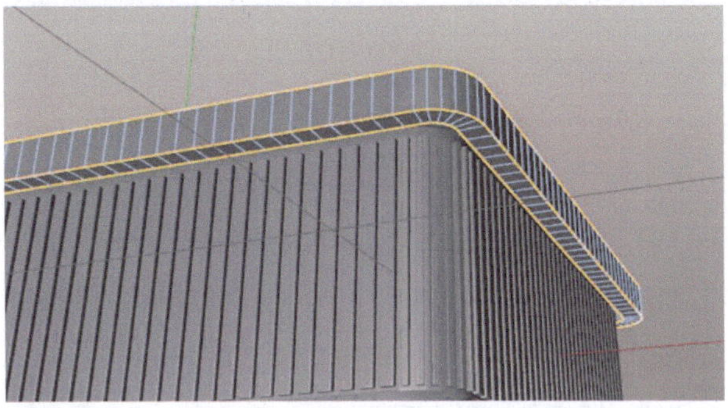

图 10-104

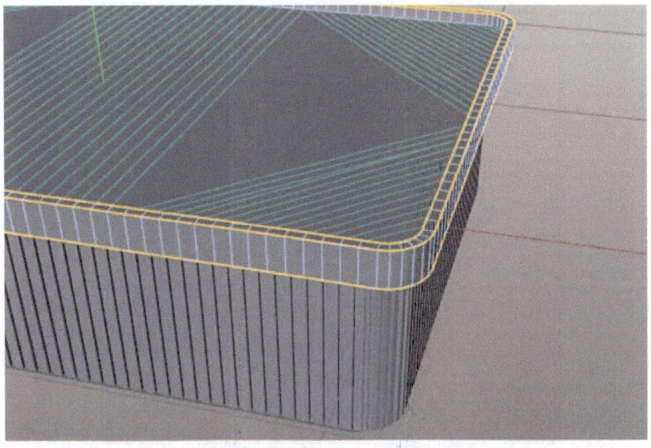

图 10-105

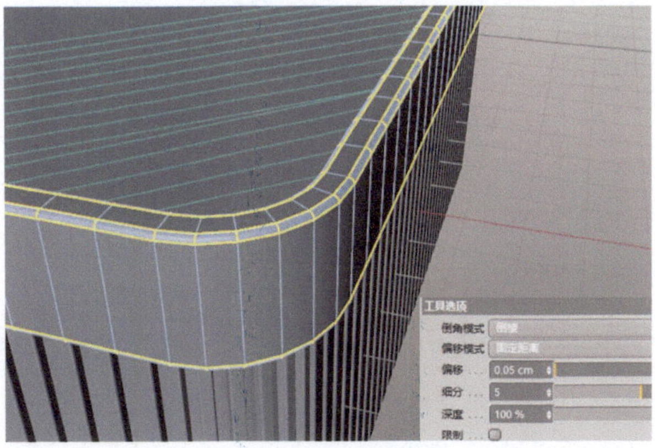

图 10-106

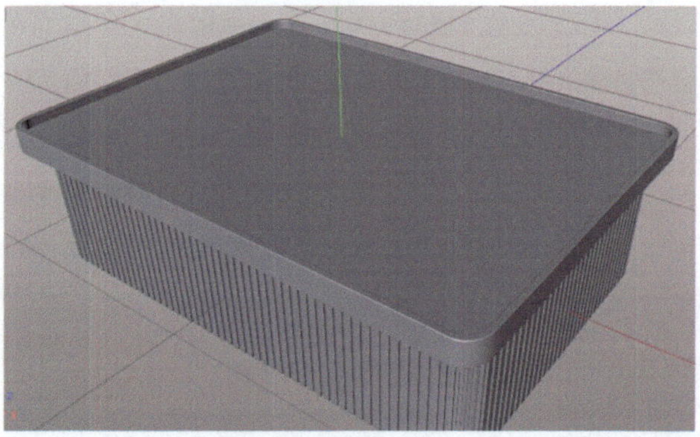

图 10-107

（16）“显示模式”改为“光影着色（线条）”，进入边模式，按 U+L 快捷键“循环选择”选择盒盖内测线条，如图 10-108 所示。同样点菜单栏“网格”选项，在弹出的菜单中选“命令”，再选“提取样条”，在对象面板中的立方体下方把样条拉出，增加一个“挤压”生成器，把样条放在挤压下方作为子层级，在挤压属性面板中 Y 轴方向设置为“0.1 cm”，给纸张模型增加厚度，将其往上移动看效果，如图 10-109 所示。

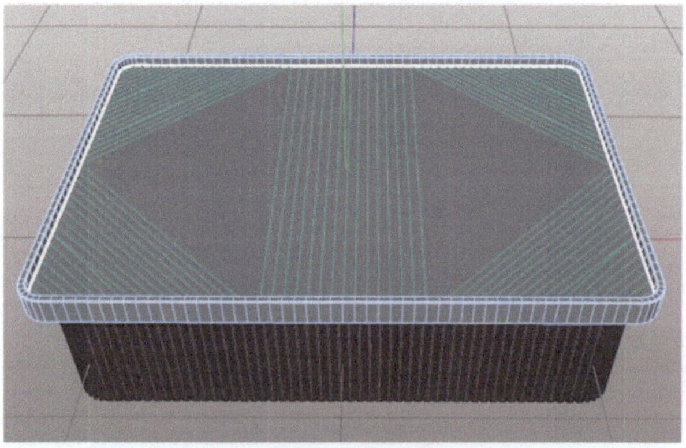

图 10-108

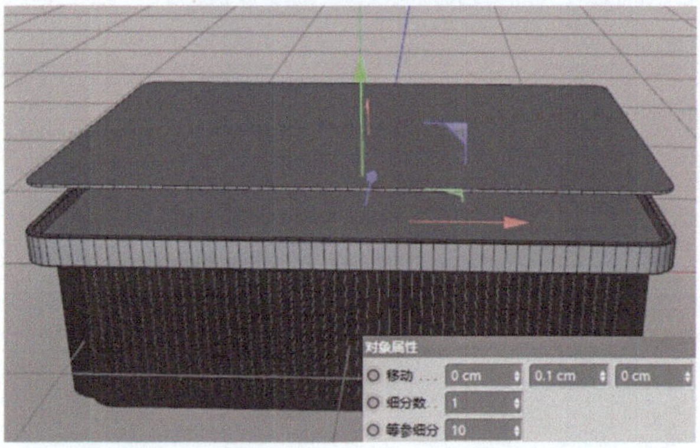

图 10-109

（17）切换到顶视图，用缩放工具调整纸张模型为合适大小，注意 X 轴方向要拉长一点，如图 10-110 所示。

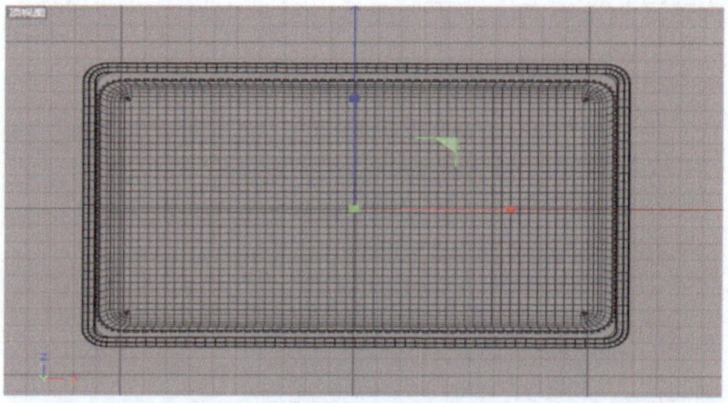

图 10-110

（18）回到透视视图，用移动工具将纸张模型往下移至盒身模型上面，如图 10-111 所示。接着将其转为可编辑对象，之后将对象面板里的挤压图层“链接对象 + 删除”，如图 10-111 所示。

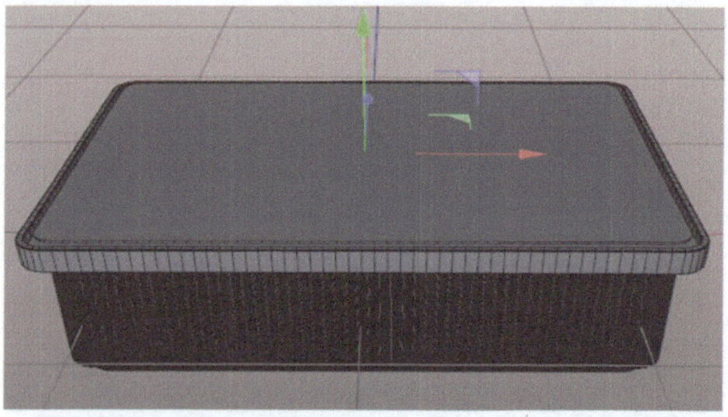

图 10-111

（19）进入多边形模式，把图切换到正视图，沿着绿色中心轴向两侧选取面，各选取八个面，如图 10-112 和图 10-113 所示。

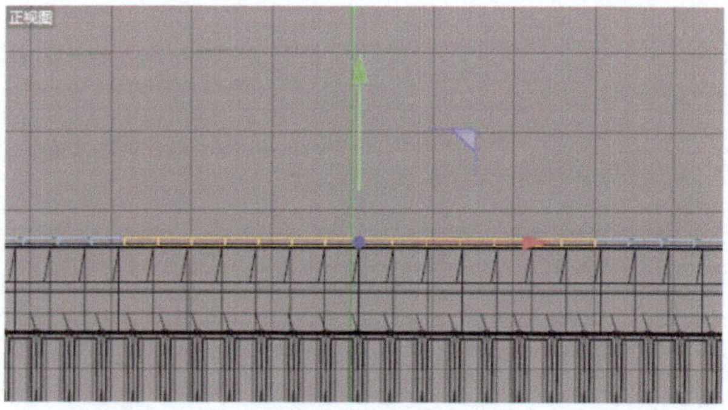

图 10-112

（20）按 Ctrl 键向外拉伸一个边出来，如图 10-114 所示，再拖动一段出来，如图 10-115 所示，往下移动一点，如图 10-116 所示，用旋转工具对底面向内进行旋转，如图 10-117 所示，按 Ctrl 键用移动工具再拖出一段出来，如图 10-118 所示，接着往下拖动，做出过渡效果，如图 10-119 所示，按 Ctrl 键再往下拖出一段，如图 10-120 所示，再将其底面旋转一下与平面对齐，如图 10-121 所示，接着切换到移动工具按 Ctrl 键再往下拖动一下，如图 10-122 所示，然后对底面向内进行旋转一下，如图 10-123 所示，接着再往下拖动一段，往内拖动一点，使其完全贴合，如图 10-124 所示。

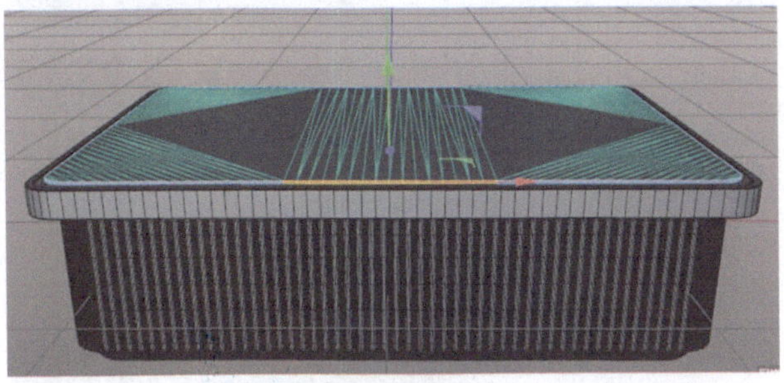

图 10-113

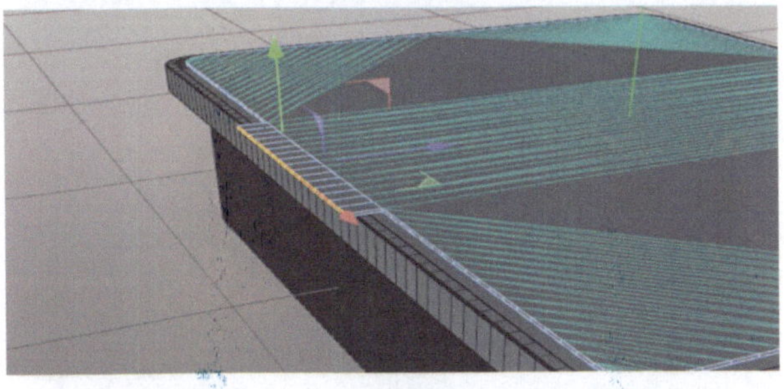

图 10-114

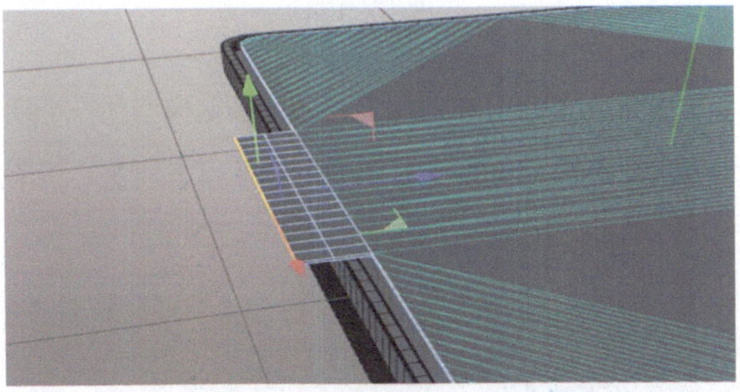

图 10-115

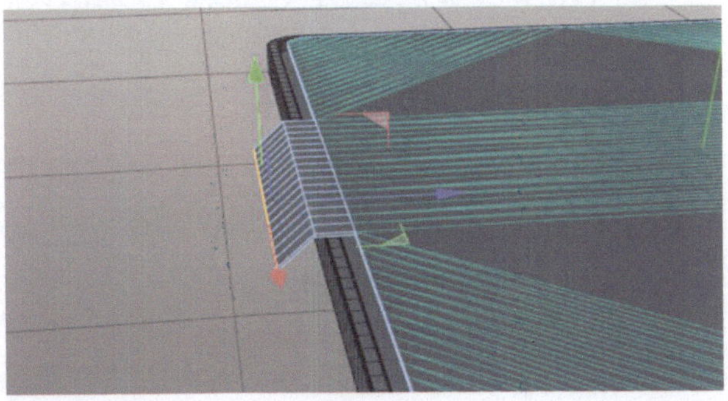

图 10-116

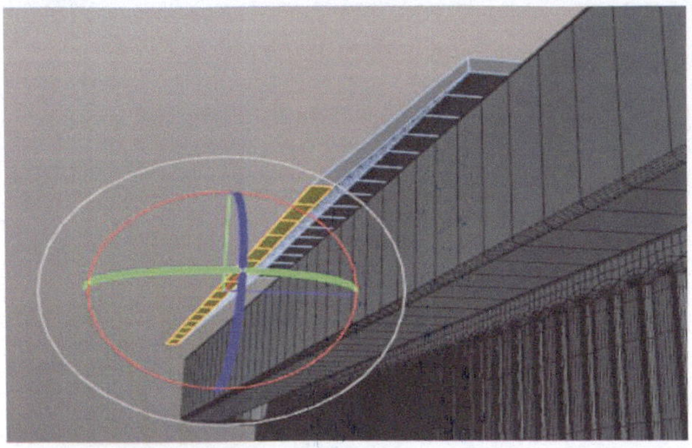

图 10-117

图 10-118

图 10-119

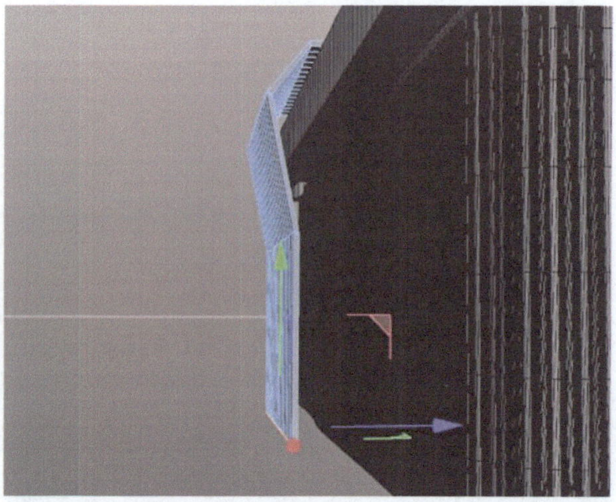

图 10-120

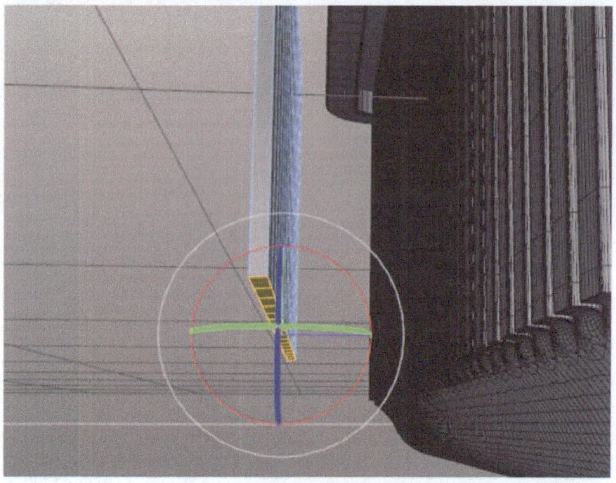

图 10-121

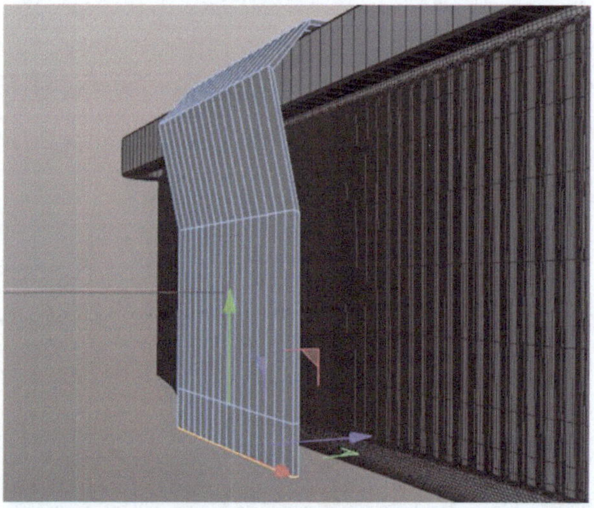

图 10-122

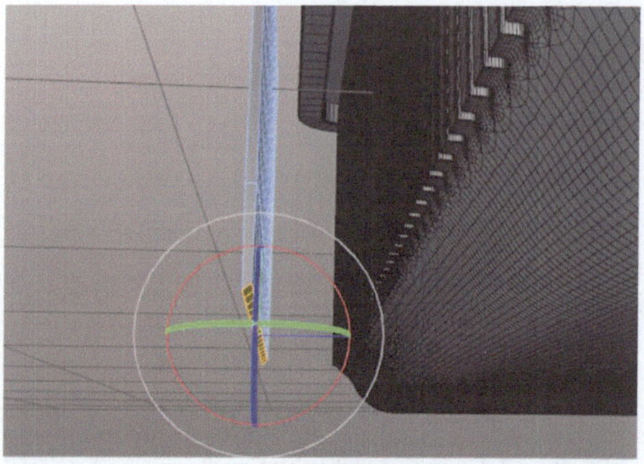

图 10-123

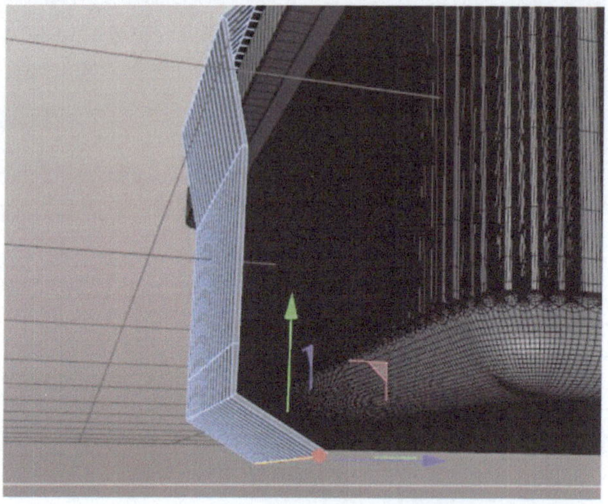

图 10-124

（21）然后，在对象面板中给纸贴模型加一个细分曲面，在透视视图中可以看到纸的过渡效果，如图 10-125 所示。

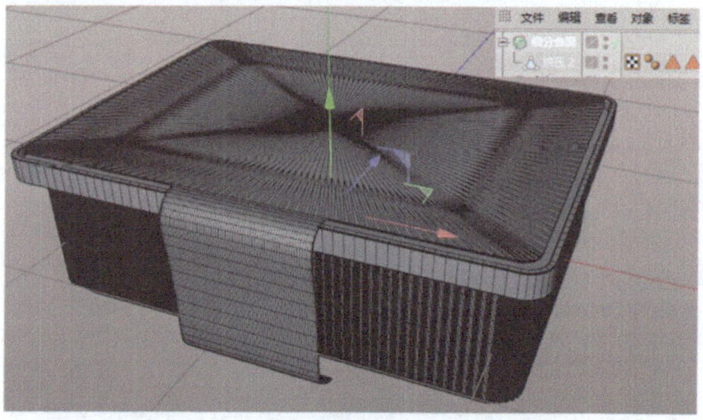

图 10-125

（22）可以看到纸没有贴合在盒身模型上，需要调整。进入点模式，关闭细分曲面，切换到右视图，用框选工具、移动工具、旋转工具把纸贴合到盒身模型上，调整完后再把细分曲面打开，看纸有没有贴合上去，如图10-126所示。

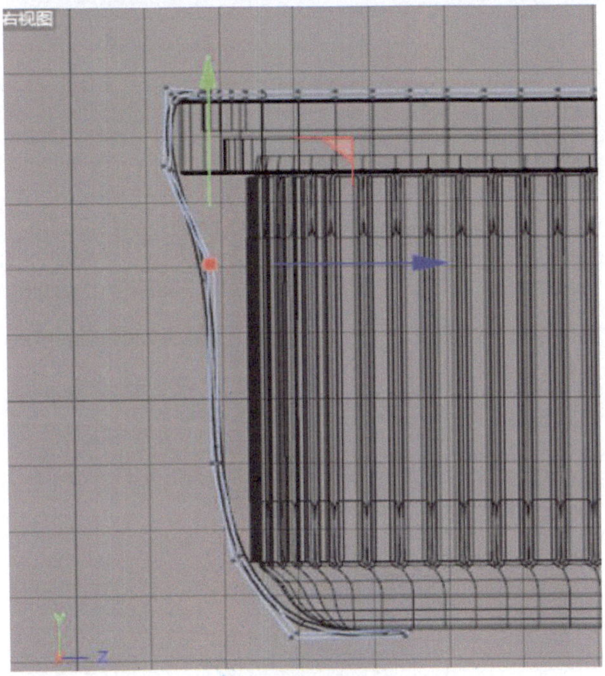

图10-126

（23）切换到正视图，用框选工具框选纸表面的点，对齐绿色对称轴中线，如图10-127所示。

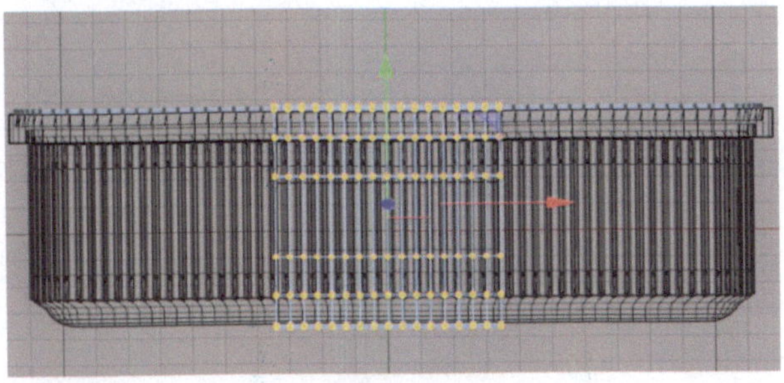

图10-127

（24）切换到右视图，到模式当中看一下对称轴是否集中，模型两边是否对称。进入点模式，沿对称轴删除右边另外一半，如图10-128和图10-129所示。

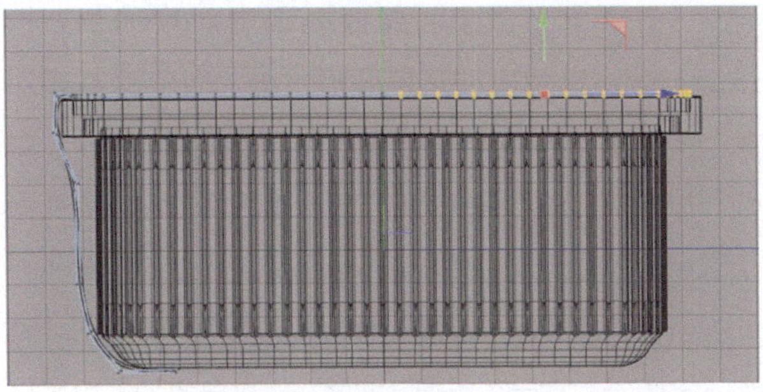

图10-128

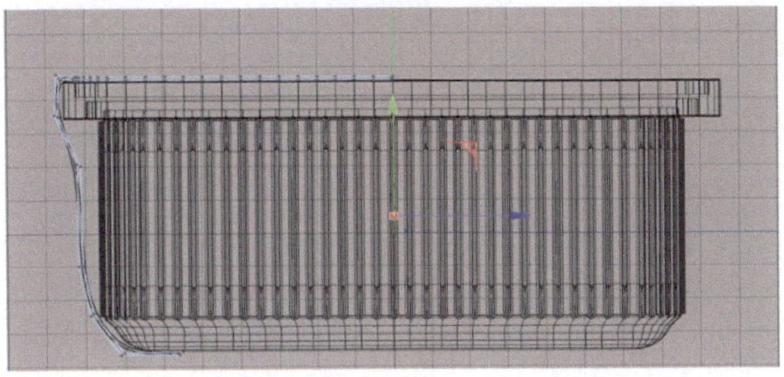

图10-129

（25）在对象面板中增加“对称”造型生成器，放在“细分曲面”下方作为子层级，“挤压.2”放在“对称”下方作为子层级，在“对称”的对象属性中“镜像平面”选“XY”，就会出现一个对称的面，如图10-130所示。光影效果如图10-131所示。

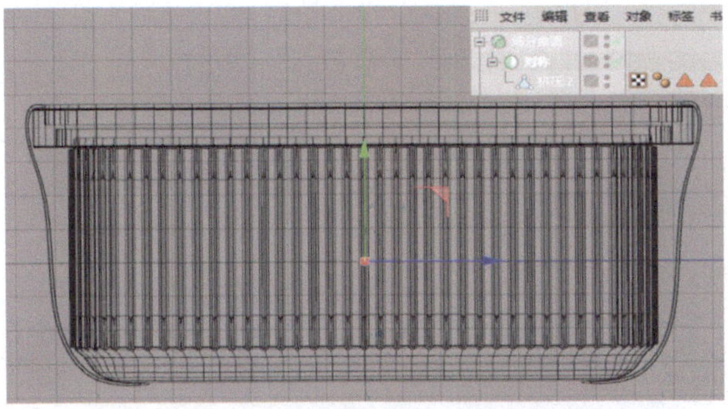

图10-130

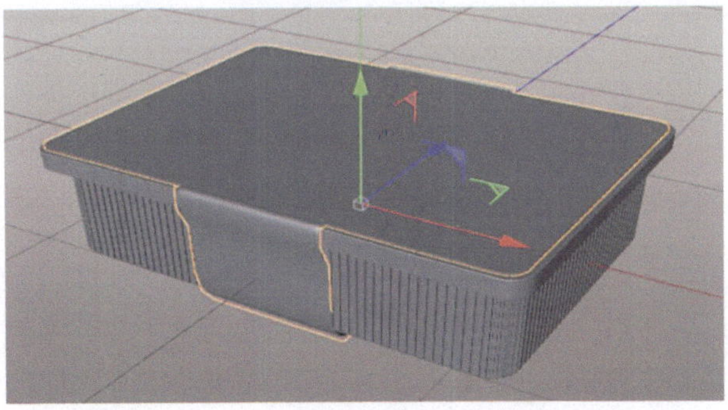

图10-131

（26）在“对象”面板中选中对称图层，按鼠标右键，在弹出的菜单面板中选“当前状态转对象”当前状态转对象，生成一个“对称”，再把这个“对称”拉出来，在“细分曲面”里把上下两个小绿点变为小红点，把“细分曲面”当作备份保存起来，如图 10-132 所示，接着把“对称”删除，保留“挤压 .2”，再给“挤压 .2”加一个“细分曲面”，重命名为“包装贴纸”，然后把“挤压 .1”重命名为“盒盖”，如图 10-133 所示。

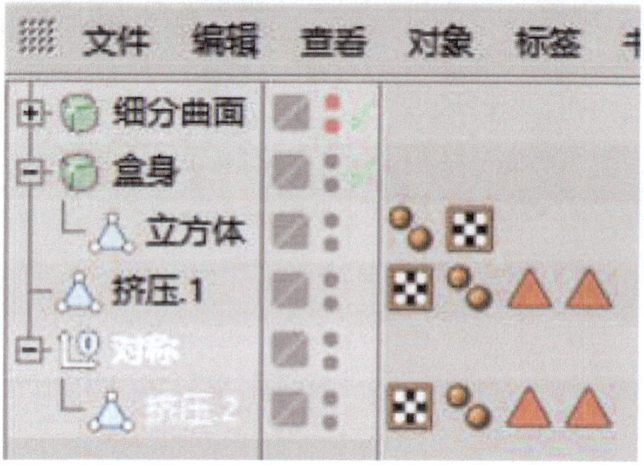

图 10-132

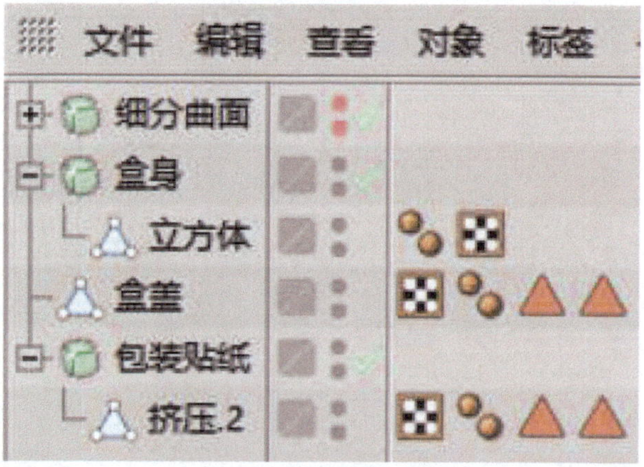

图 10-133

（27）在对象面板中框选盒身、盒盖、包装贴纸图层编组，按快捷键 Alt+G，给“空白”重命名为“产品包装”，如图 10-134 所示。

（28）在对象面板中删除细分曲面，下一步做渲染和场景搭建。新建一个“平面”平面对象，先把产品包装对齐平面，在对象属性中“宽度”设置为“200

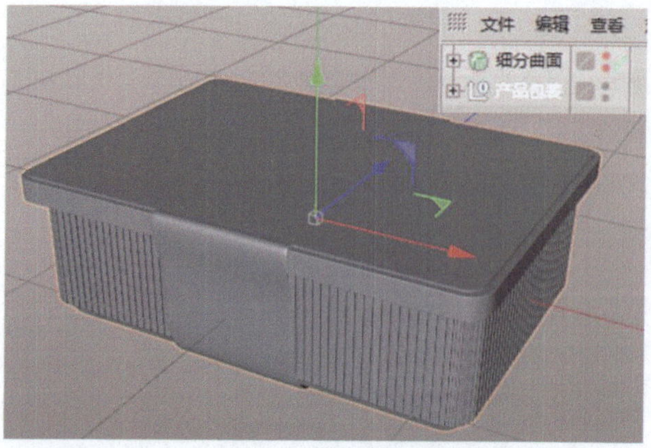

图 10-134

cm”，“高度”设置为“200 cm”，“宽度分段”为“20”，“高度分段”为“90”，接着在对象面板中增加一个“扭曲”变形器扭曲，放在“平面”下方，在扭曲对象属性里点“匹配到父级”，调整尺寸“X：12 cm，Y：12 cm，Z：12 cm，”“强度”设置为“30°”，接着用旋转工具横向旋转 90°，如图 10-135 所示，纵向旋转 90°，如图 10-136 所示。

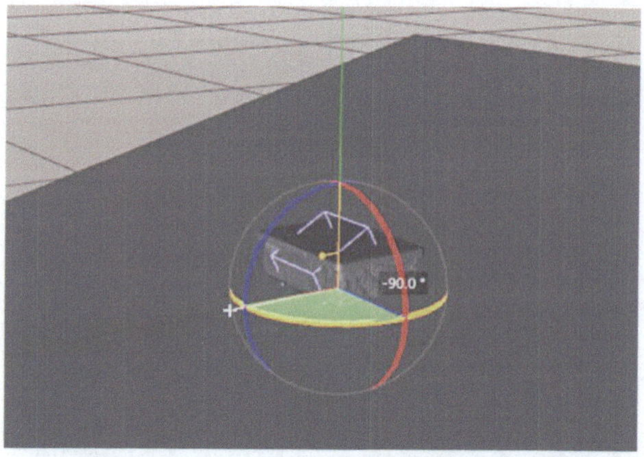

图 10-135

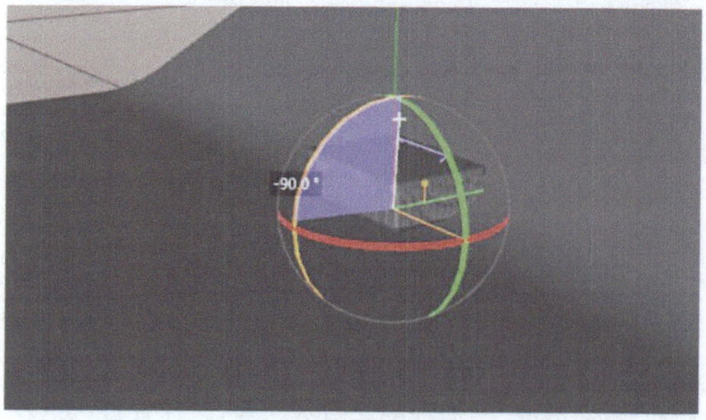

图 10-136

（29）然后在“扭曲”对象属性中把“强度”设置为“80° ”，用移动工具把“平面”往后拖一点，如图 10-137 所示。

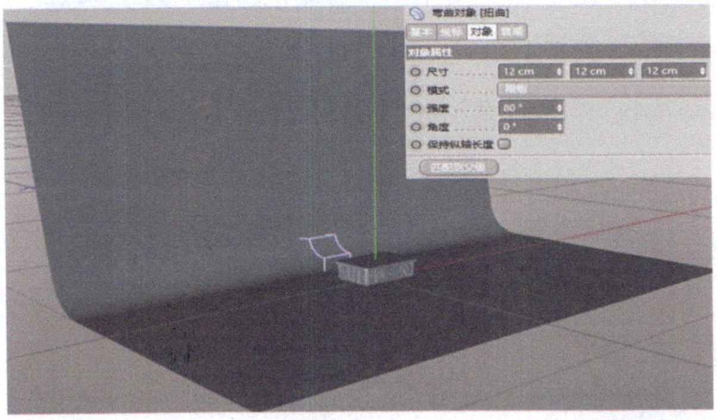

图 10-137

（30）在对象面板中添加一个摄像机，把黑色按钮点亮，光标移到“摄像机”图标处点鼠标右键，在弹出的菜单面板中选“CINEMA 4D 标签”，再选“保护”，如图 10-138 所示。“保护”标签就生成到被点亮的按钮旁，如图 10-139 所示。

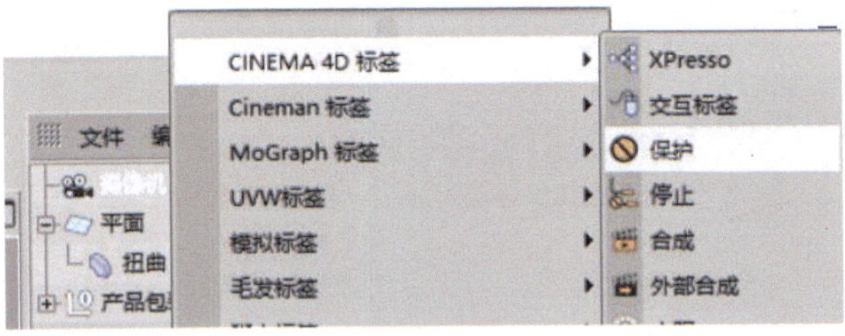

图 10-138

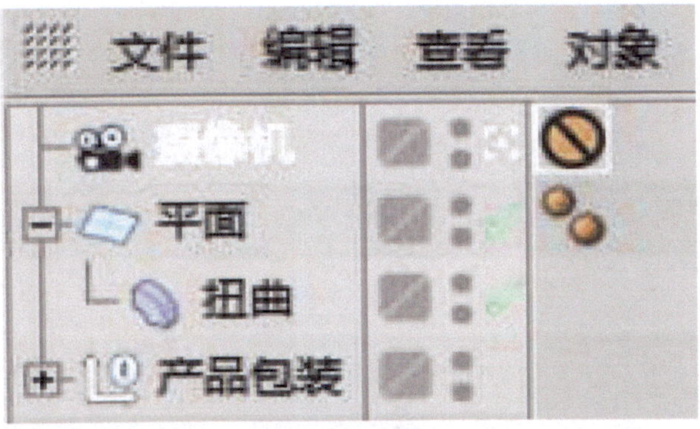

图 10-139

（31）把产品包装转动一点调至合适位置，打开摄像机视角黑色按钮，添加“区域光”为主光，默认形状为矩形，移到右边，在区域光“常规”选项中选“投影”为“区域”，在“细节”选项中调整“水平尺寸”为“20 cm”、“垂直尺寸”为“20 cm”，用旋转工具调整灯光，对准产品包装位置，复制区域光移到左边为辅光，旋转灯光 Z 轴，对准产品包装位置，接着在主光“细节”选项中把灯光的“衰减”类型“平方倒数（物理精度）”开启，“半径衰减”设置为“40 cm”，也可以调整矩形尺寸大一点，辅光也开启“衰减”“平方倒数（物理精度）”，“半径衰减”设置为“30 cm”，在“常规”选项中选“投影”为“无”，如图 10-140 所示，渲染效果如图 10-141 所示。

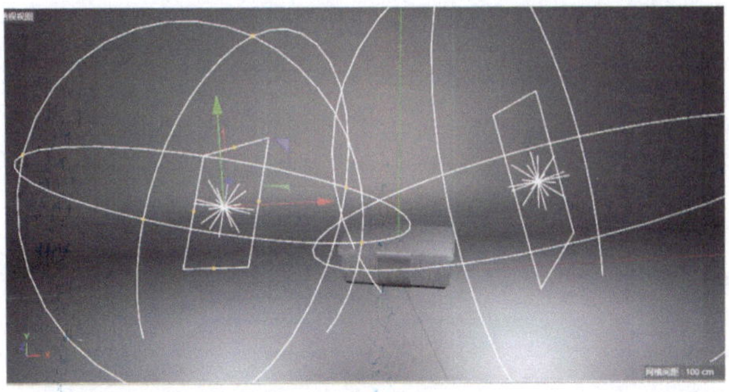

图 10-140

图 10-141

（32）复制一个包装盒模型叠加在第一个包装盒模型之上，旋转到合适的角度，并随时调整灯光的高度和角度，如图 10-142 所示。

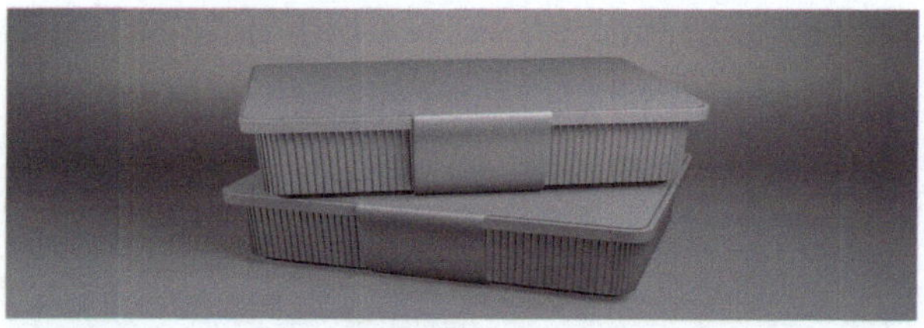

图 10-142

（33）双击材质面板空白区域创建一个材质球，双击材质球，在材质编辑器中“颜色”选项中设置“H”为“15%”，“S”为“93%”，“V”为“83%”，“反射”选项中选“类型”为“GGX”，“衰减”为“平均”，在“层菲涅耳”下选“菲涅耳”中的“绝缘体”，“预置”选“聚酯”，接着调整“粗糙度”为“6%”，“反射强度”为“100%”，“高光强度”为“20%”，如图 10-143 所示。接着勾选“法线”选项，打开“纹理”菜单面板在“效果”当中选“法线生成”，如图 10-144 所示，点浅紫色方块进去，如图 10-145 所示。在着色器属性中选“纹理”，添加一个纹理贴图，在着色器属性中选“滤镜”中的“索贝尔 4x”，“强度”为“20%”，如图 10-146 所示。

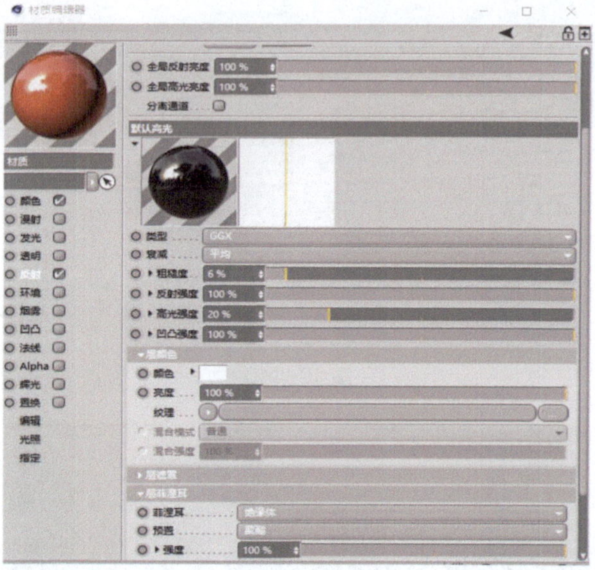

图 10-143

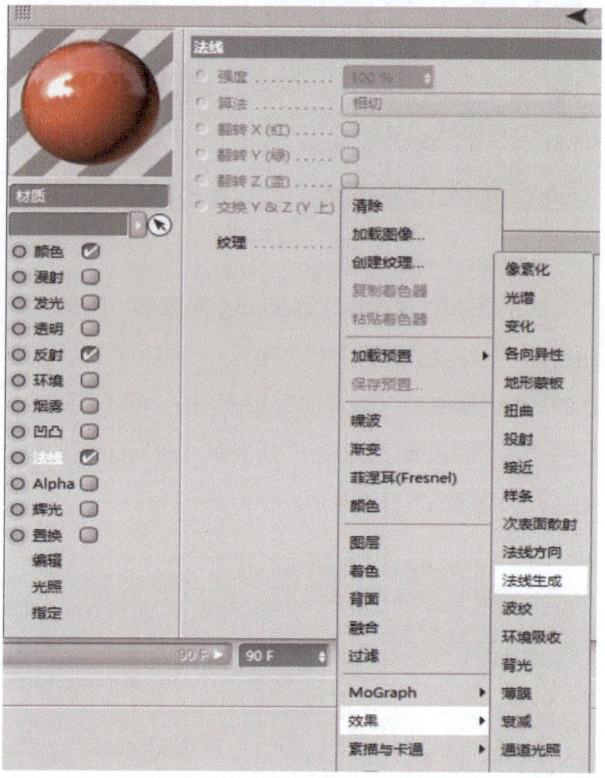

图 10-144

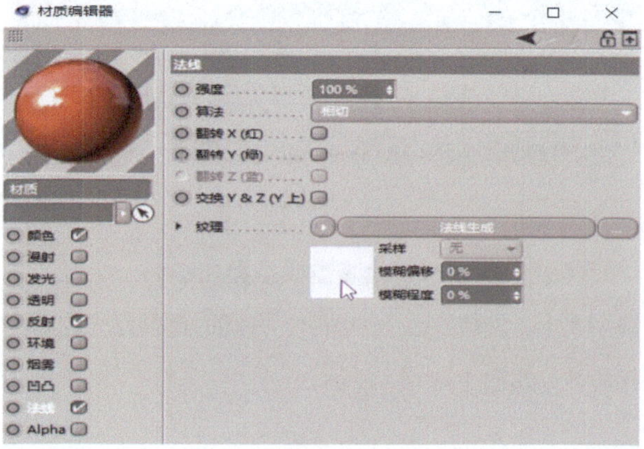

图 10-145

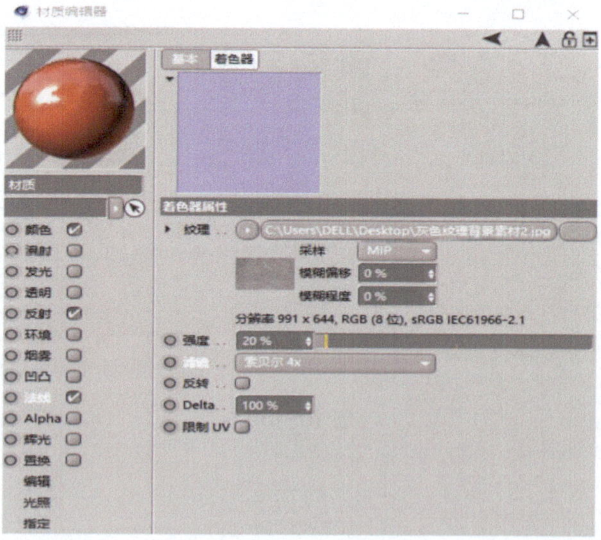

图 10-146

（34）将做好的橘红色塑料材质球拖入到叠加在上面的盒身、盒盖上色，在在材质面板中复制一个橘红色塑料材质球，在材质编辑器中改“颜色”选项，“H”为“182°”，“S”为“93%”“V”为“83%”，将做好的绿色塑料材质球拖入到下面的盒身、盒盖上色，渲染效果如图 10-147 所示。

图 10-147

（35）发现高光和细节不明显，需要给它一个环境，如果在菜单栏“插件”选项中安装了“HDRI Studio”插件，可以在对象面板中添加“HDR Studio Rig”插件。如果没有装，可以在对象面板中先添加一个“天空”工具，给场景创建“天空”，然后打开“内容浏览器”，接着将“预置\Visualize\Presets\Light Setups\HDRI\Cityscape BrightDay.hdr”材质赋于天空，再给天空添加“合成”标签，并取消勾选“摄像机可见”选项，如图 10-148 所示。

图 10-148

（36）把包装贴纸从文件夹里直接拖入材质面板内，成为材质球，如图 10-149 所示。双击贴纸材质球，在材质编辑器“反射”选项中，将“宽度”“衰减”“高光强度”参数都增大，增加纸质材质感，如图 10-150 所示。

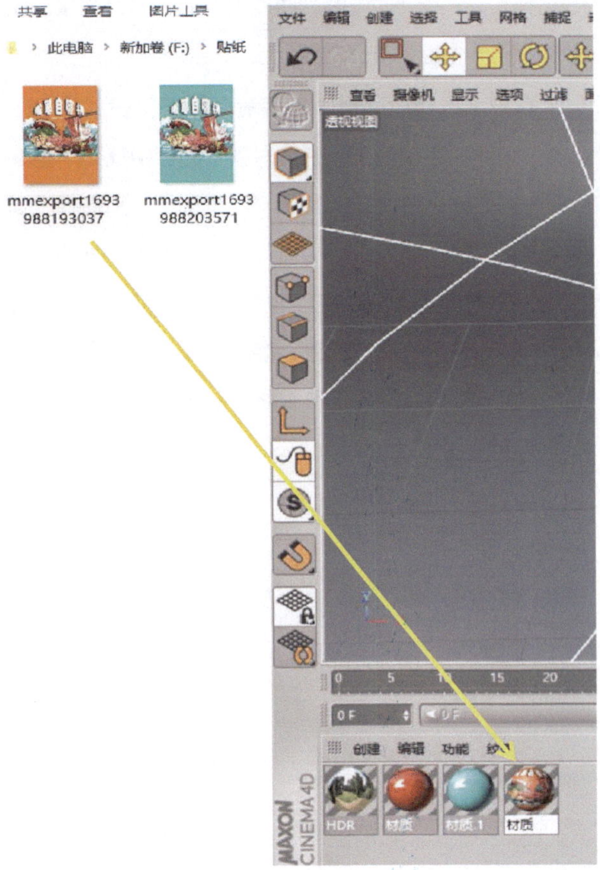

图 10-149

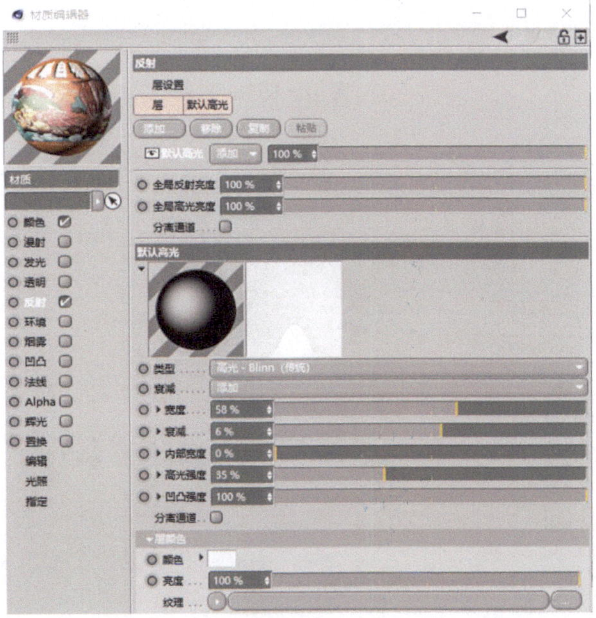

图 10-150

（37）勾选“漫射”通道，在“噪波”中选“噪波”，进入着色器属性，把“全局缩放”改为 5%，如图 10-151 所示。返回到“漫射”通道里，把“混合强度”改为“2%”，如图 10-152 所示。

（38）把材质面板中的橘黄色贴纸材质球拖到上面的包装盒贴纸模型上，在“对象”面板中找到“包装贴纸”下方的“挤压 .2”里的“纹理标签”，在标签属性中选“投射”类型为“平直”，把“平铺”关掉，如图 10-153 所示。把编辑工具栏中的“纹理”模式、“启用轴心”打开，根据贴图的方向、大小，用移动工具、缩放工具、旋转工具调整到合适位置，如图 10-154 所示。

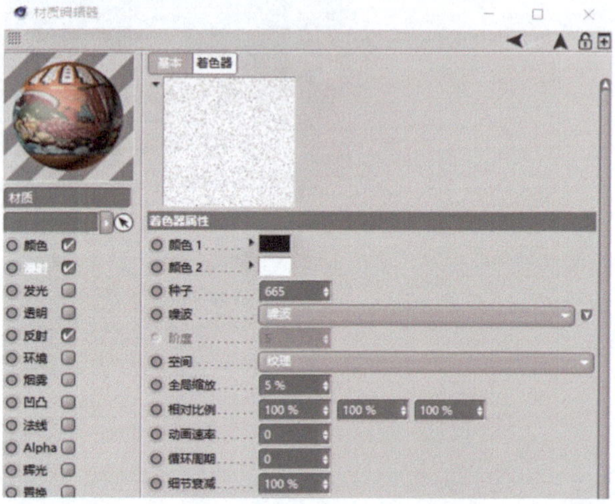

图 10-151

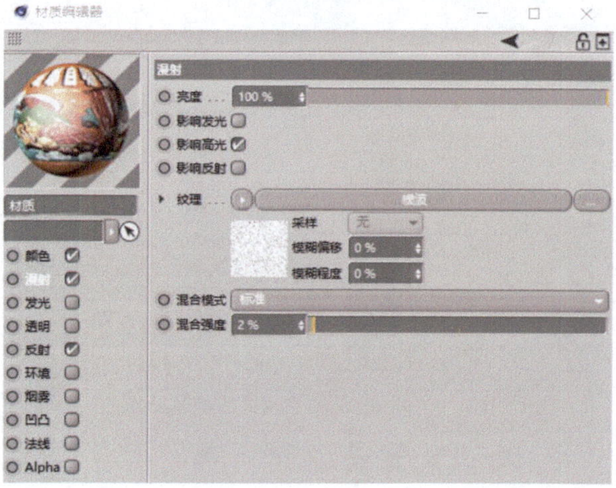

图 10-152

（39）下面包装盒的绿色贴图与上面橘黄色贴图参数一样，在材质面板中把绿色贴图材质球直接拉到下面的绿色包装盒模型上方，做法步骤完全一样，这里就不赘述了。两个包装盒模型渲染效果如图 10-155 所示。

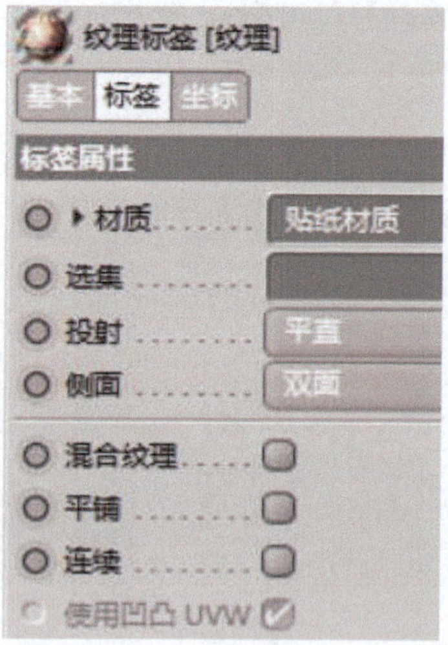

图 10-153

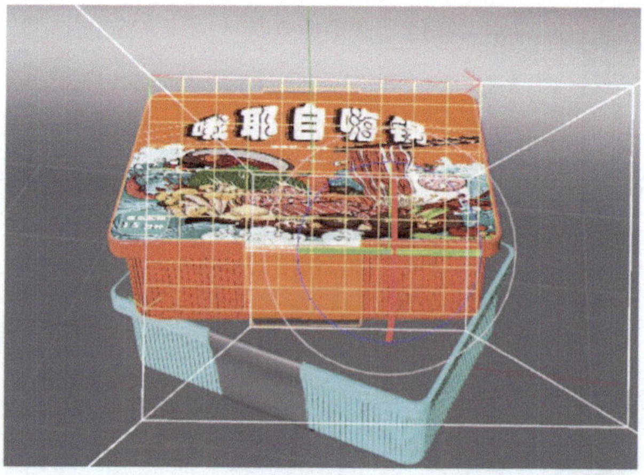

图 10-154

图 10-155

（40）创建新的材质球，在材质编辑器中的“颜色”为“白色”，“反射”中的“宽度”为“35%”，“衰减”为“-1%”，“内部宽度”为“4%”，“高光强度”为“62%”，如图 10-156 所示。把材质球拖到地面，产品包装建模基本完成。最后在渲染设置当中点“效果”，选“全局光照”，在“常规”选项里的“预设”类型选“室内—高品质（高漫射深度）”，接着再点“效果”选“环境吸收”，在基本属性里双击“颜色”中的黑色滑动按钮，在弹出的颜色拾取器面板中设置“H”为“0%”，“S”为“0%”，“V”为“22%”，然后，渲染器类型选“物理”，再点渲染器下方的“物理”，在物理基本属性里的“采样器”类型选“固定的”，“采样品质”选“中”，“模糊细分（最大）”设置为“3”，“阴影细分（最大）”设置为“3”，“环境吸收细分（最大）”设置为“3”，“次表面散射细分（最大）”设置为“5”，如图 10-157 所示。

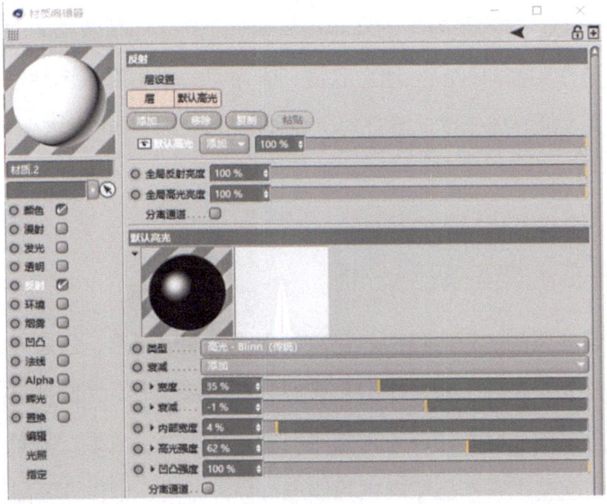

图 10-156

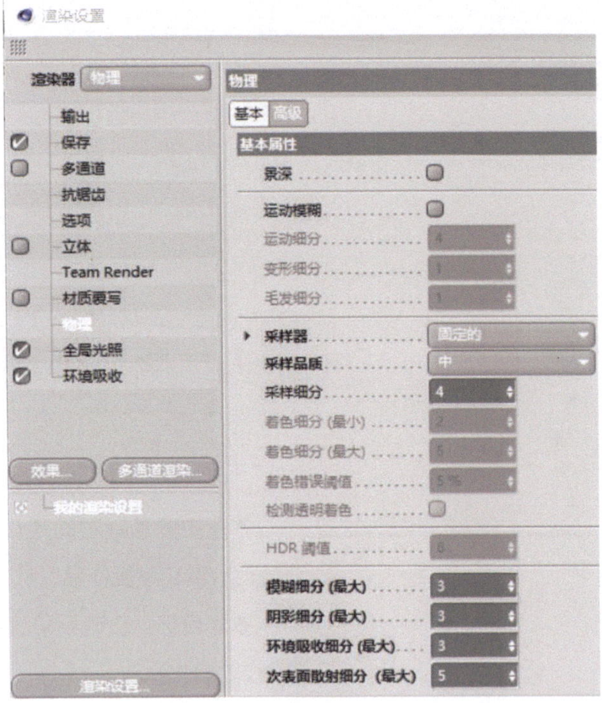

图 10-157

（41）最后在“对象”面板中点摄像机黑色按钮，使其变为白色，进入已设定保护的摄像机视图，按 Shift+R 进行渲染，最终场景效果如图 10-158 所示。

图 10-158

课后习题：**果汁包装**

要求：综合运用已学知识理清完整制作步骤，明确制作作品的思路。

第十一章　优秀C4D产品包装效果图作品赏析

本章主要是针对优秀 C4D 产品包装效果图作品进行细致深入的点评，旨在引导读者正确地欣赏和鉴赏作品，从中领悟美的设计艺术真谛和艺术美带来的视觉享受。

教学目标：正确引导读者对优秀 C4D 产品包装效果图作品的欣赏，提高鉴赏力和审美力。

包装效果图应用广泛，是专业性很强的设计艺术。包装效果图有着极强的目的性及特点，因此在学习和应用中应充分地理解、准确地把握其艺术规律。本章选录的示范作品中有的是在国内国际设计竞赛中获奖作品，有的是笔者近几年在从事 3D 产品包装效果图课程教学指导中收集的部分学生课堂习作和资料作品。通过欣赏、学习可使学生掌握包装形态结构、造型艺术的表现力以及色彩、材质的表现力，提升对优秀作品的鉴赏力和审美水平，为学生今后的创新设计夯实基础。

第一节　典型案例分析

通过前几章的学习，学生对包装效果图的概念特点、包装效果图的构成要素、包装效果图的各种建模技术等方面有了较全面深入的了解、认识和掌握。在此基础上，为增强其对包装效果图的直观认识和理解，分享前几届学生在效果图课程学习中的部分成果，笔者选取了有代表性的部分教师指导学生获奖优秀作品和学生习作进行点评分析，以供读者品读、领悟和鉴赏。

图 11-1 设计灵感来源于福建非遗文化建筑代表——永定客家围屋，作品将客家经典围屋的瓦楞以交替穿插的简约视觉效果加以呈现，瓶身采用大气、端庄的半圆造型，通过镜面玻璃反射呈现出俯视围屋的正圆效果，以虚实相对的表现手法追求视觉上的艺术美感和力学上的稳定感。该作品获得 2023 年第十一届“未来设计师 · 全国高校数字艺术设计大赛”（NCDA）国赛一等奖。

图 11-1　白米酒包装设计 / 郭凯旋

指导老师：黄丹

图 11-2 包装采用 100% 环保木浆材料制造，具有韧性高、可塑性强、易于成型、安全性高等特点。该作品运用纸浆模塑技术构成弧形曲面造型效果，整体圆润舒适、萌宠可爱，采用仿生奶嘴设计，儿童在饮用时可贴伏于嘴部，感受犹如婴儿时期贴伏于妈妈乳房般的舒适、安心，体现了对下一代健康成长的关注。该作品获得 2023 年“世界学生之星”包装奖金奖。

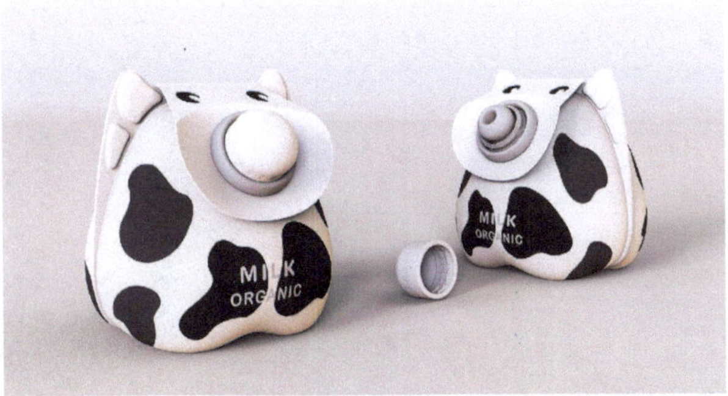

图 11-2　儿童乳饮品仿生拟态环保包装设计 / 郭凯旋

指导老师：黄丹　陈达强

图 11-3 是一款饮料包装容器仿生设计，设计的亮点是瓶身凹凸的肌理和颜色，灵感来源于苦瓜，本身纹理和颜色，表达了产品是原汁原味的天然食品。具有退晕效果的灰白色背景处理简洁大气，很好地衬托了瓶子主体。该作品获得 2022 年“Pentawards”国际包装设计金奖。

图 11-3　回甘苦瓜汁 / 毛缔朝

指导老师：莫快

图 11-4 包装融入了陕西民间传统庆典敲击乐器“陕北腰鼓”“宝鸡社火马勺脸谱”和“陕南白鹿原竹编”三种非物质文化遗产的元素。酒瓶装潢运用了“马勺脸谱”的色彩图样，表达中国人民祈福纳祥的美好愿望。外包装采用“陕北腰鼓”的形态，在鼓面下加入了芯片，用过压电陶瓷片这一发电元件，使鼓槌敲击时发出鼓声，给消费者较强的互动体验感。外包装中部运用陕西传统竹编工艺，符合原生态绿色环保理念，起到装饰作用的同时又能很好地保护产品。该作品获得 2022 年“Pentawards”国际包装设计金奖。

图 11-4　“沉浸式”声敏智能陕西西凤酒包装 / 姚雨昕

指导老师：刘毅

图 11-5 是一种单药快速送药瓶的包装设计。瓶身由医用高密度聚乙烯制成。该结构由药瓶外壳、内部储药螺钉、转轴、固定轴、三层转台等组成。该作品获得 2022 年“世界学生之星”包装奖“荣誉提名”奖。

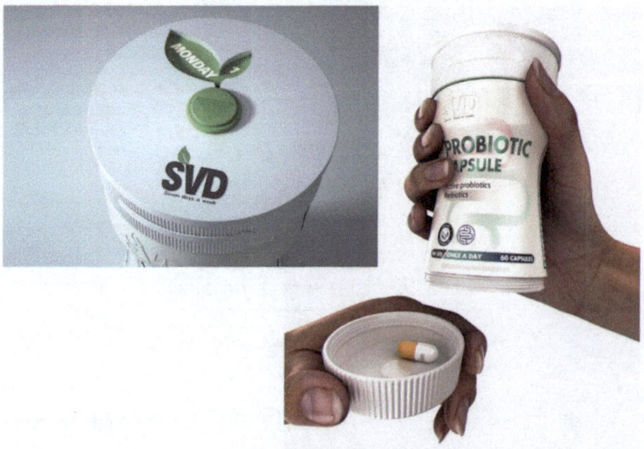

图 11-5　转盘打卡交互式结构智能药瓶包装设计 / 孙连凯

指导老师 / 刘毅

图 11-6 的酒瓶容器采用大米的形状作为负形，瓶子装满酒后，刚好是一粒液体的大米。外包装盒采用稻子的形态，采用塑料材质，镀金，外盒就是一粒金色的稻子。金色的稻子这个形状也用到了瓶盖上。瓶盖也是一粒金色的稻子。这是一个整体，首先拿到金色的稻子，打开稻子，内部是一粒液体的大米。包装符合米酒的产品属性。包装材料为玻璃和塑料，都是可回收再利用的材料。该作品获得 2023 年 iF 设计奖。

图 11-6　古堆窖——堆花米酒 / 火狼设计

包装材料的环保性和包装的可持续性回收是图 11-7 作品最突出的特点。竹酒包装设计围绕竹元素、“竹”形外包装、竹框、水墨竹画标签，竹元素由内而外渗透。该作品获得 2022 年“世界学生之星”包装奖“荣誉提名”奖。

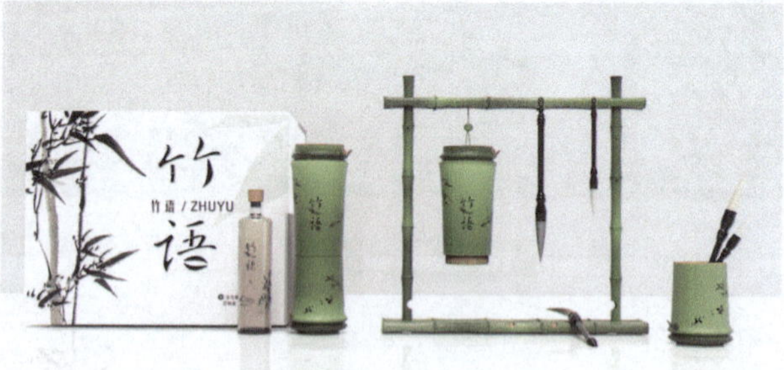

图 11-7　竹言 & 酒语：竹酒包装 / 黄思佳

指导老师：姚进

图 11-8 设计意图是帮助视障人士按时正确服药。通过手机 App 将视障人士的服药情况反馈给家人，让家人更放心。该作品利用智能科技为视障人士的生活提供便利，获得 2022 年“世界学生之星”包装奖“入围证书”奖、2022 年“中国包装创意设计大赛”一等奖。

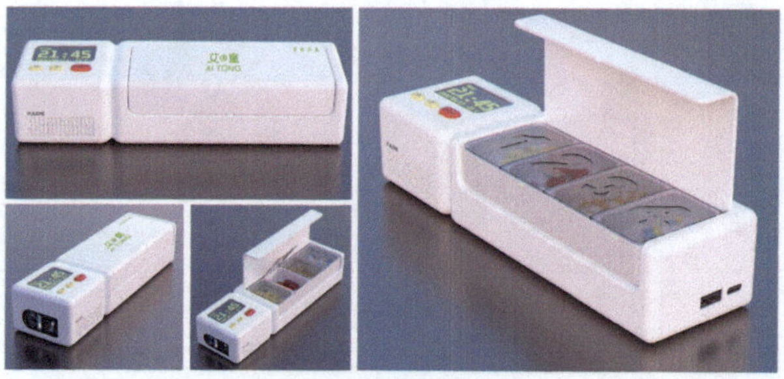

图 11-8　视障人士智能交互便携药盒包装设计 / 周莉莉

指导老师：陈达强

图 11-9 包装提取了各民族传统元素，加上民族中秋习俗，以藏族转经轮、朝鲜族长鼓等元素为载体，形成了“民月之下”月饼包装。整体色调以蓝绿色为主，根据各个民族的特色点缀了其代表性颜色，并结合 AR 技术，用户扫描识别图即可了解不一样的民族特色中秋。主体包装与辅助物件的场景搭配整体协调稳重。

图 11-9　“民月之下”AR 月饼包装设计 / 雷梦屿

指导老师：陈达强

图 11-10 作品是一幅 C4D+OC 渲染的效果图，整体效果非常好，不论是材质、模型还是光影氛围，都表现出来了，绿底色和植物很好地衬托了主体容器，瓶子和背景色调处理融为一体，和谐自然。

图 11-10　女士卸妆水瓶效果图 / 虎课网学员 C4D 作业

图 11-11 作品是一幅 C4D+OC 渲染的效果图，口红场景建模非常好，造型把控和结构搭建不错，模型结构细节突出，膏体颜色深浅合适，画面透视角度选择比较好，摄像机的焦距数值适中，材质和灯光调整的不错，渲染很有古风的韵味。

图 11-11　国潮化妆礼盒效果图 / 虎课网学员 C4D 作业

第二节　获奖作品欣赏

产品包装融艺术设计、包装技术和商品营销于一体，具有浓重的艺术与商业成分，但不是纯粹的艺术欣赏品，而是具有实际应用和审美观赏的双重性能。产品包装效果图的实现过程是开展有条件限制的感性形象思维与艺术表现创造活动的过程。因此，产品包装效果图是包装艺术设计的重要组成部分，是典型的艺术设计，属于视觉传达设计范畴。在欣赏产品包装效果图作品过程中，需要借助现代包装视觉传达设计形式美法则，从包装设计的创意思维方法、艺术形式与技术表现手法以及对现代包装科技的应用等方面得到启示和领悟。后文是笔者收集的一些在包装领域设计竞赛获奖的作品图片、资料，表现风格各异，读者可从中体会。

图 11–12 “春笋”竹叶青白酒包装 / 柏星龙创意包装设计公司

图 11–15 “德健寿”面条包装 / 兰州大学 中国，兰州

图 11–13 “春笋”竹叶青白酒包装 / 柏星龙创意包装设计公司

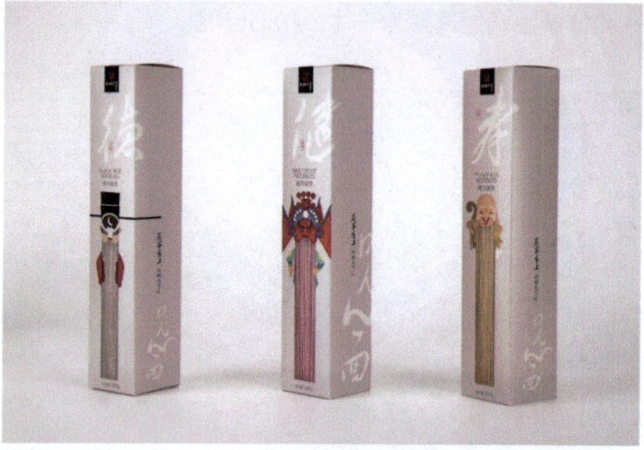

图 11–16 “德健寿”面条包装 / 兰州大学 中国，兰州

图 11–14 “德健寿”面条包装 / 兰州大学 中国，兰州

图 11–17 CARPOS® 橄榄油包装 / Panos Tsakiris 英国，伦敦

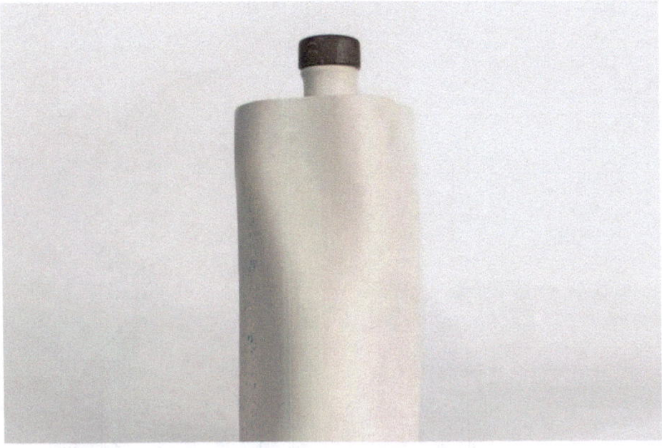

图 11-18 CARPOS® 橄榄油包装 / Panos Tsakiris 英国，伦敦

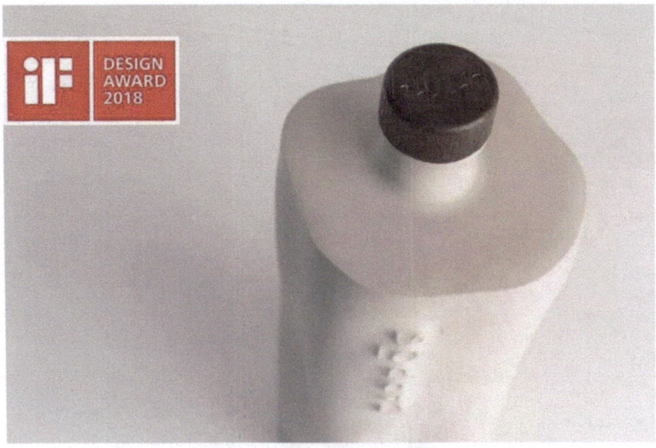

图 11-19 CARPOS® 橄榄油包装 / Panos Tsakiris 英国，伦敦

图 11-20 Huafu Liang 酒包装 /Shenzhen BXL Creative PKG Co.， Ltd. 中国，深圳

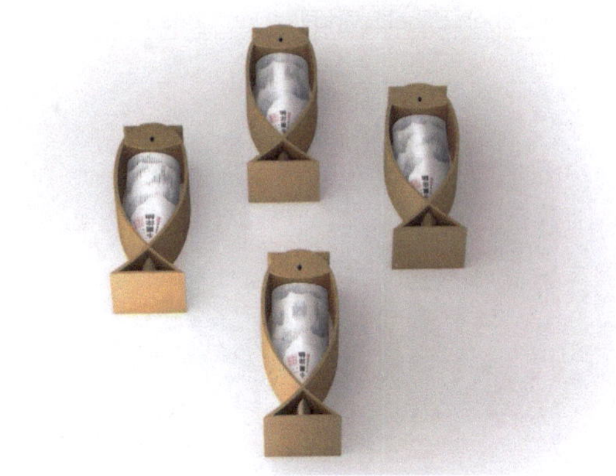

图 11-21 Huafu Liang 酒包装 /Shenzhen BXL Creative PKG Co.， Ltd. 中国，深圳

图 11-22 Allvit Fermented Caviar 护肤品包装 /Coway Co.， Ltd. 韩国，首尔

图 11-23 Allvit Fermented Caviar 护肤品包装 /Coway Co.， Ltd. 韩国，首尔

图 11–24　Changyu ·KOYA Brandy 白兰地酒瓶包装 / Shenzhen Excel Brand Design Consult 中国，深圳

图 11–25　Changyu · KOYA Brandy 白兰地酒瓶包装 /Shenzhen Excel Brand Design Consult 中国，深圳

图 11–26　Chilsung Cider / LOTTE Chilsung Beverage Co.， Ltd. 韩国，首尔

图 11–27　Doi chang 咖啡包装 /Prompt Design 泰国，曼谷

图 11–28　Doi chang 咖啡包装 /Prompt Design 泰国，曼谷

图 11–29　6501 酒瓶包装 /Oracle Creative Design Co.，Ltd 中国，深圳

图 11-30 酒瓶包装 /Oracle Creative Design Co.，Ltd 中国，深圳

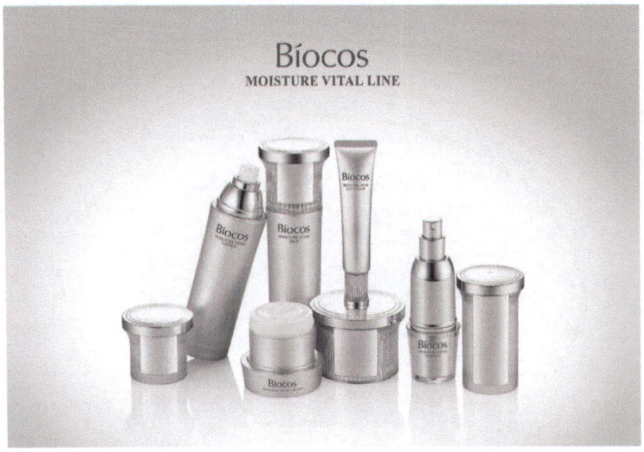

图 11-31 Biocos Moisture Vital 护肤品包装 / Biocos 韩国，京畿道

图 11-32 Bocksbeutel PS 酒瓶包装 / Peter Schmidt Group 德国，汉堡

图 11-33 Marysharon 月饼礼盒包装 /Invisible 中国，广州

图 11-34 Marysharon 月饼礼盒包装 / Invisible 中国，广州

图 11-35 Marysharon 月饼礼盒包装 / Invisible 中国，广州

图 11–36　nuMe Slim Food 包装 / Karim Rashid

美国，纽约

图 11–37　nuMe Slim Food 包装 / Karim Rashid

美国，纽约

图 11–38　Junzhong Ou 蜂蜜包装 /SZ Baixinglong

Creative PKG Co.， Ltd. 中国，深圳

图 11–39　F Series/BEST–

AWARDS 包装设计奖

图 11–40　Butcher & Butcher ltd/BEST–

AWARDS 包装设计奖

图 11–41　Butcher & Butcher ltd / BEST–

AWARDS 包装设计奖

图 11–42 Butcher & Butcher ltd / BEST–AWARDS 包装设计奖

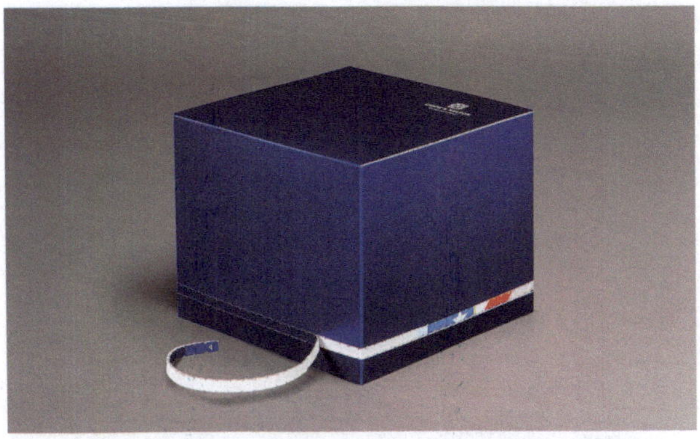

图 11–43 Butcher & Butcher ltd/BESTAWARDS 包装设计奖

图 11–44 Butcher & Butcher ltd/BEST–AWARDS 包装设计奖

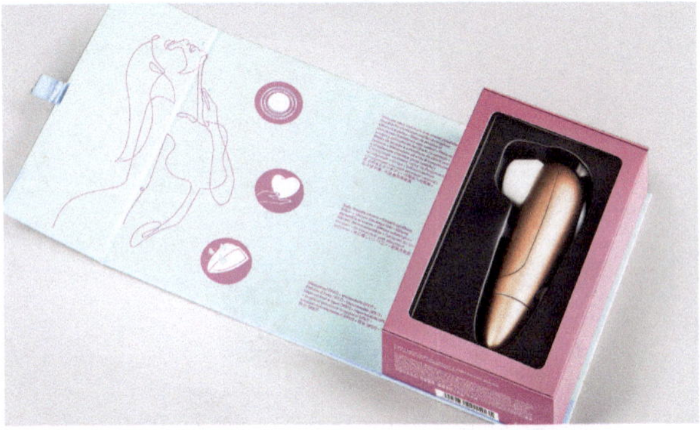

图 11–46 情趣包装设计 /Triple A Internetshops，Satisfyer 德国，比勒费尔德

图 11–45 情趣包装设计 /Triple A Internetshops，Satisfyer 德国，比勒费尔德

图 11–47 Barolo Balena 葡萄酒包装设计 / 意大利 Spoltore，Spazio Di Paolo S.r.l.

图 11-48　Barolo Balena 葡萄酒包装设计 / 意大利 Spoltore，Spazio Di Paolo S.r.l.

图 11-49　卫生纸包装设计 /Shenzhen Tiger Pan Packaging Design Co　中国，深圳

图 11-50　“古井贡酒・节节高升”酒包装 / 柏星龙创意包装设计公司

图 11-51　张裕・瑞那 / 刘文 深圳市甲古文创意设计有限公司

图 11-52　张裕・瑞那 / 刘文 深圳市甲古文创意设计有限公司

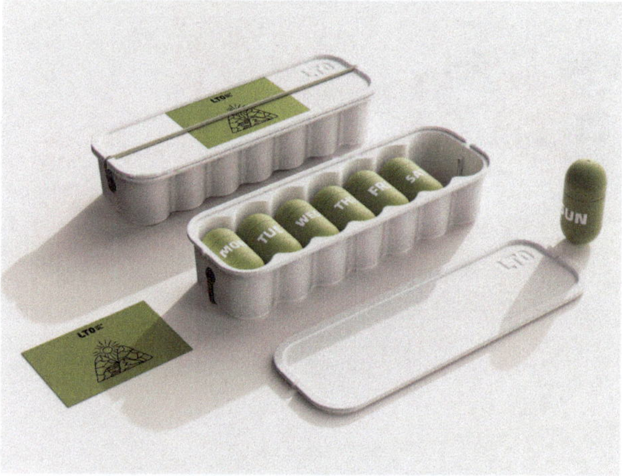

图 11-53 LTO 冻干咖啡包装设计 / 俞健古德智造文化创意（上海）有限公司

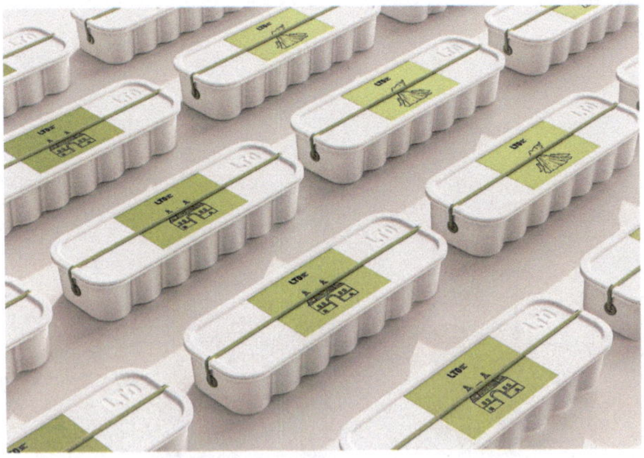

图 11-54　LTO 冻干咖啡包装设计 / 俞健

古德智造文化创意（上海）有限公司

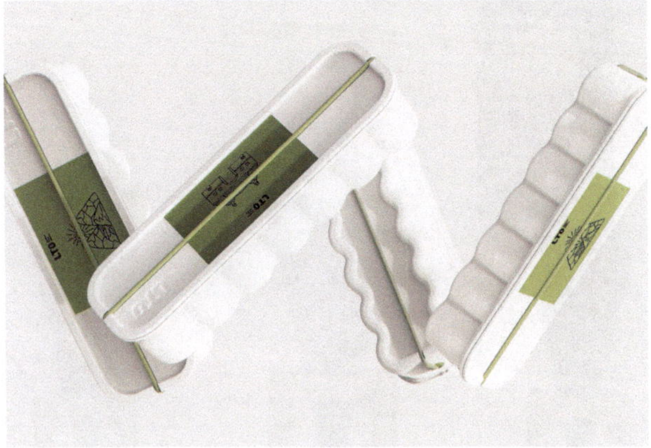

图 11-55　LTO 冻干咖啡包装设计 / 俞健

古德智造文化创意（上海）有限公司

图 11-56　“古堆窖”堆花米酒包装 /

火狼设计

图 11-57　METHOD/Method Products

PBC 英国

图 11-58　METHOD/Method Products

PBC 英国

图 11-59　AHAEAN LAND/KM

Creative 希腊

图 11-60 AHAEAN LAND/KM Creative 希腊

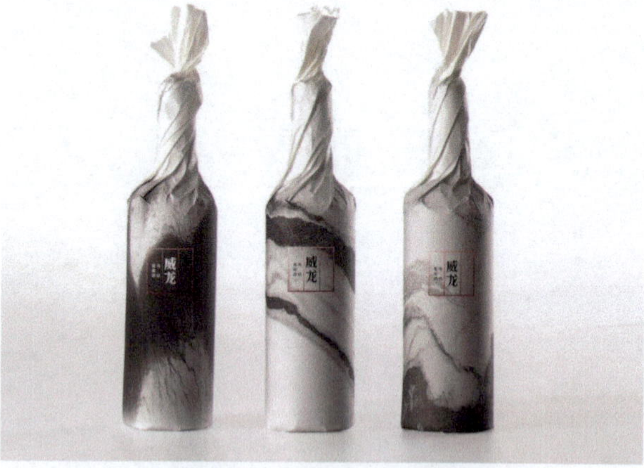

图 11-61 威龙葡萄酒包装 / 柏星龙创意包装设计公司

图 11-62 江小白果立方系列 /

Diot&DOG946

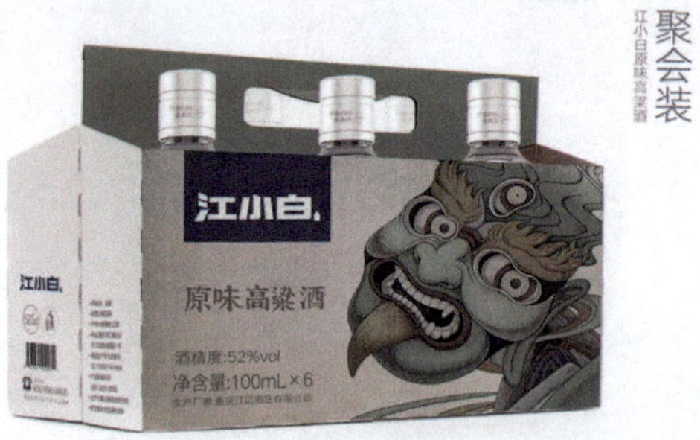

图 11-63 原味江小白 – 非遗经典系列 /

长沙市贺氏璧品牌设计

图 11-64 原味江小白 – 非遗经典系列 /

长沙市贺氏璧品牌设计

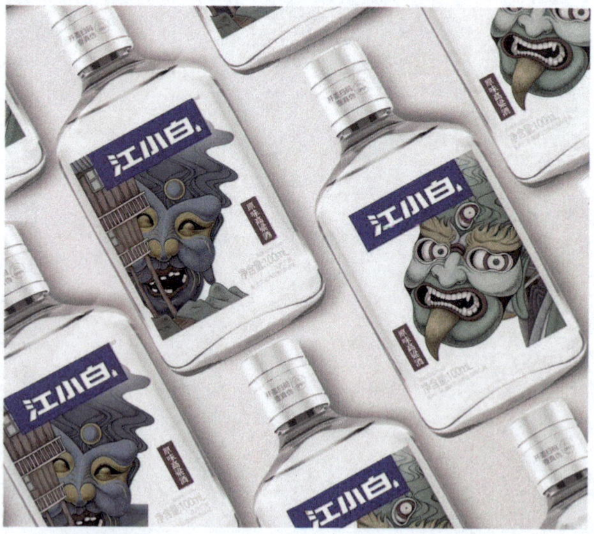

图 11-65 原味江小白 – 非遗经典系列 /

长沙市贺氏璧品牌设计

图 11-66 R&C Fragrance Duo 香水瓶 / Precious Brands

图 11-67 Shiseido Cosmetics Set 资生堂化妆品套装 / 慕平 上海视觉艺术学院

图 11-68 半暗啤酒 /SHENZHEN ONELI CREATIVE DESIGN，中国，深圳

图 11-69 半暗啤酒 /SHENZHEN ONELI CREATIVE DE-SIGN，中国，深圳

图 11–70 HBN 包装设计（1）/ 石俊峰

2023 第 15 届全国大学生广告艺术大赛一等奖

图 11–71 HBN 包装设计（2）/ 石俊峰

2023 第 15 届全国大学生广告艺术大赛一等奖

图 11–72 HBN 包装设计（3）/ 石俊峰

2023 第 15 届全国大学生广告艺术大赛一等奖

第三节　其他优秀作品

图 11-73　护肤品包装 / 站酷 ZCOOL

图 11-74　仙人掌卸妆油包装 / 以左品牌创意，站酷 ZCOOL

图 11-75　仙人掌卸妆油 / 以左品牌创意，站酷 ZCOOL

图 11-76　仙人掌卸妆油 / 以左品牌创意，站酷 ZCOOL

图 11-77　尚·马爹利至尊特别版包装 /Eric Gizard 法国

图 11-78　“国色清香”白酒包装 / 宝丰酒业

图 11–79 仙人掌卸妆油包装 / 站酷 ZCOOL

图 11–80 护肤品 / 站酷 ZCOOL

图 11–81 年货小零食包装 / 虎课网学员 C4D 作业

图 11–82 牛奶包装 / 魏雯萱

指导老师：陈达强

图 11–83 情人节礼盒包装设计 / 黄菁

指导老师：陈达强

图 11–84 牛奶文创包装设计 / 杨丽莹

指导老师：陈达强

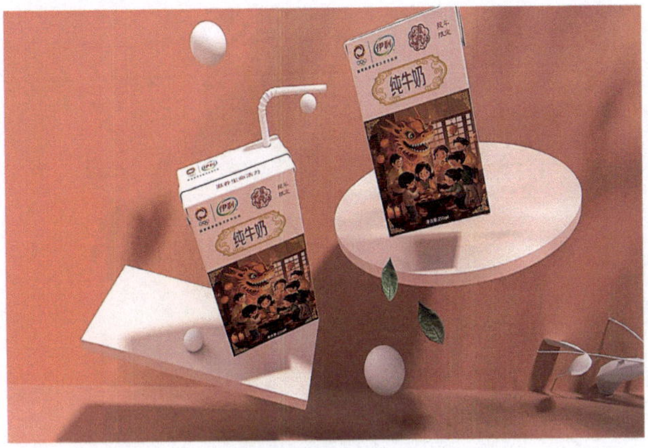

图 11-85　牛奶文创包装设计 / 杨丽莹

指导老师：陈达强

图 11-86　牛奶文创包装设计 / 杨丽莹

指导老师：陈达强

图 11-87　护肤品能量水包装 / 站酷 ZCOOL

图 11-88　中秋节月饼包装效果图 / 虎课网学员 C4D 作业

课后习题 1：如何欣赏产品包装效果图作品？

课后习题 2：如何看待产品包装效果图作品中的艺术美感？

后 记

改革开放以来，我国包装工业迅猛发展，在国民经济中的地位日益重要。我国艺术设计院校包装设计专业开设的包装课程虽很多，使用的包装设计类教材也不少，但关于产品包装效果图设计方面的教材和编著却寥寥无几。为了适应现代包装工业发展的新要求，也为了适应现代包装教学需要，充实完整包装设计教材体系，本书作者拟定编一本全新的产品包装效果图教材。该教材在吸收行业已有研究成果的基础上，努力克服现有同类教材的不足，旨在为包装设计专业师生提供一本实用的包装效果图教材。为此，在编写过程中，本书作者参考和引用了任嫒嫒、宋鑫等同志的著作、文章和网上收集的图片。书中的部分插图作品采用了湖南工业大学包装设计艺术学院学生的课堂习作，力求使本书内容做到尽善尽美。我院的黄丹副教授编写了本书的第四章和第五章，并为第十一章提供了大量获奖包装设计效果图作品资料。湖南工业大学在读硕士研究生计发亭同学也参与了本教材第十章的编写工作，在此，对他们的付出、支持和帮助深表谢意。由于作者水平有限，书中难免有不足之处，期望广大读者和同仁不吝赐教，批评指正，深表谢意！

陈达强　黄丹

2023 年 8 月于株洲